Faiçal Massad

MECÂNICA DOS SOLOS EXPERIMENTAL

Faiçal Massad

MECÂNICA DOS SOLOS EXPERIMENTAL

oficina de textos

Copyright © 2016 Oficina de Textos
1ª reimpressão 2020

Grafia atualizada conforme o Acordo Ortográfico da Língua
Portuguesa de 1990, em vigor no Brasil desde 2009.

Conselho editorial   Arthur Pinto Chaves; Cylon Gonçalves da Silva;
Doris C. C. Kowaltowski; José Galizia Tundisi;
Luis Enrique Sánchez; Paulo Helene; Rozely Ferreira
dos Santos; Teresa Gallotti Florenzano.

Capa e projeto gráfico   Malu Vallim
Diagramação   Alexandre Babadobulos
Fotos   Marcelo Saad
Preparação de figuras   Letícia Schneiater
Preparação de textos   Carolina A. Messias
Revisão de textos   Hélio Hideki Iraha
Impressão e acabamento   BMF gráfica e editora

Dados Internacionais de Catalogação na Publicação (CIP)
(Câmara Brasileira do Livro, SP, Brasil)

Massad, Faiçal
　Mecânica dos solos experimental / Faiçal
Massad. -- São Paulo : Oficina de Textos, 2016.

Bibliografia
ISBN 978-85-7975-200-1

1. Geotécnica 2. Mecânica dos solos I. Título.

16-00919   CDD-624.1513

Índices para catálogo sistemático:
1. Mecânica dos solos : Engenharia geotécnica
624.1513

Todos os direitos reservados à Editora **Oficina de Textos**
Rua Cubatão, 798
CEP 04013-003 São Paulo SP
tel. (11) 3085 7933
www.ofitexto.com.br   atend@ofitexto.com.br

Ao Prof. Carlos de Sousa Pinto,
Mestre de Mestres, sempre presente,
desde os tempos de convívio no IPT e na Epusp.
Aos Técnicos Joaquim Costa Junior e Antônio Carlos Heitzmann,
pelo apoio às aulas e dedicação ao Laboratório de Solos da Epusp.

Prefácio

Na solução de muitos problemas de Engenharia Civil, o solo intervém como material de construção (aterros de estrada; barragens de terra e enrocamento etc.) ou como material natural (fundações de edifícios; escavações de valas e túneis; estabilização de encostas etc.). Para a elaboração de projetos adequados e a realização de obras seguras e econômicas, torna-se indispensável conhecer as suas características de identificação e de classificação e, em geral, as suas propriedades de engenharia.

Este livro trata de ensaios de laboratório visando ao conhecimento das características e propriedades dos solos. É fruto das aulas de pós-graduação ministradas na Escola Politécnica da USP (Epusp), na disciplina Mecânica dos Solos Experimental. Procura transmitir, em parte, conhecimentos auferidos do Prof. Arthur Casagrande, de quem fui aluno em 1969, e do Prof. Carlos de Sousa Pinto.

Os capítulos são organizados de forma a introduzir os conceitos básicos, direcionados para a parte experimental. A obra inicia com o estudo da constituição dos solos; a mineralogia e plasticidade das argilas; e a estrutura e compacidade das areias, culminando com a discussão crítica das classificações mais usuais dos solos. Posteriormente, enverada pelo estudo do comportamento dos solos compactados e pelo seu controle no campo e termina abordando duas das mais importantes propriedades de engenharia dos solos, a saber, a permeabilidade e a compressibilidade oedométrica. São discutidas: a) as técnicas e equipamentos de ensaio, lastreados nas normas brasileiras e, quando pertinentes, estrangeiras; e b) as principais fontes de erro, como mitigá-las e sua propagação em diversos parâmetros de projeto. São propostos exercícios, com solução, e "questões para pensar", considerados essenciais para o entendimento da matéria.

Como pano de fundo, são abordados os seguintes tópicos: a) a relevância da descrição tátil-visual das amostras de solo, as formas de seu armazenamento em laboratório e a prevalência das propriedades de estado em relação às propriedades físicas; b) a importância relativa das análises granulométricas e da mineralogia das argilas, esta última com papel importante na compreensão de comportamentos anômalos de solos; c) o resgate do valor dos limites de Atterberg pela teoria do estado crítico; d) a primazia da compacidade na caracterização das areias, explicando o seu comportamento estrutural em termos de dilatação e contração, à luz do estado crítico; e) a estrutura e o comportamento dos solos compactados, com ponderações sobre a "homogeneidade" dos aterros compactados; f) a lei de Darcy, a equação de Kozeny-Carman e os fatores que afetam a permeabilidade, com destaque para a estrutura dos solos; e g) a determinação dos parâmetros de compressibilidade e de adensamento primário e secundário, em laboratório e no campo.

São propostos roteiros para a execução dos ensaios de laboratório por grupos de no máximo quatro alunos. Recomenda-se que os relatórios dos ensaios sejam individuais e sucintos, contendo: a) os objetivos; b) a descrição do solo ensaiado, com indicações sobre o tipo e o estado da amostra recebida; o nome regional (se existir) do solo; a origem; a cor; o odor; a presença de matéria orgânica ou de estruturas reliquiares etc.; c) a identificação tátil-visual do solo; d) as condições em que os ensaios foram feitos; e) os equipamentos e os procedimentos utilizados, com fotos ilustrativas; f) os cálculos ilustrativos, evitando-se repetições desnecessárias; g) os resultados obtidos, na forma de tabelas ou gráficos; h) as folhas de ensaio, preenchidas no próprio laboratório; e i) as discussões sobre os resultados obtidos.

Espera-se que este livro seja proveitoso não só para os estudantes de pós-graduação como também para os profissionais que atuam no nosso meio geotécnico.

Faiçal Massad

Sumário

1. Constituição e origem dos solos 13
    1.1   O que é solo? 13
    1.2   Origem e constituição – classificação genética 13
    1.3   Importância do conhecimento genético dos solos 19

2. Descrição e armazenamento das amostras e determinação dos índices físicos 33
    2.1   Descrição e armazenamento das amostras 33
    2.2   Índices físicos: generalidades 40
    2.3   Teor de umidade 41
    2.4   Densidade natural 47
    2.5   Densidade dos grãos 50

3. Análise granulométrica dos solos 63
    3.1   Métodos mecânicos para a determinação da composição granulométrica dos solos 63
    3.2   Lei de Stokes 64
    3.3   Teoria da sedimentação contínua 65
    3.4   Técnicas de ensaio 69
    3.5   Fontes de erro do ensaio de sedimentação 77

4. Mineralogia das Argilas 85
    4.1   Conceito e classificação dos minerais 86
    4.2   Propriedades químicas dos argilominerais 89
    4.3   Partículas de solo 92
    4.4   Importância relativa da Mineralogia na Engenharia de Solos 99
    4.5   Sinais indicativos de comportamentos anômalos 100
    4.6   Mineralogia e estrutura de solos da Baixada Santista 101
    4.7   De como os conhecimentos de Mineralogia são úteis para a compreensão das estabilizações físico-químicas dos solos 101

5. Limites de Atterberg 105
- 5.1 Um panorama sobre a evolução histórica dos conceitos ligados à plasticidade dos solos 105
- 5.2 O que é o limite de liquidez de um solo? 109
- 5.3 O que é o limite de plasticidade de um solo? 110
- 5.4 Comportamento de misturas de areia com argilas no LL e no LP 110
- 5.5 Atividade de misturas de argilas 114
- 5.6 Técnicas de ensaio 115
- 5.7 Limites de liquidez obtidos com um só ponto 121
- 5.8 Previsão da resistência não drenada de solos com baixa sensibilidade 122
- 5.9 Ensaio do cone de penetração 123
- 5.10 Os limites de Atterberg e os solos tropicais 125

6. Caracterização das areias 149
- 6.1 Introdução à caracterização das areias 149
- 6.2 Forças nos contatos grão a grão 152
- 6.3 Arranjos estruturais das areias e pedregulhos 154
- 6.4 Formato dos grãos 159
- 6.5 Técnicas de ensaios para a determinação dos índices de vazios máximo e mínimo 161

7. Compactação dos solos 171
- 7.1 Conceito 171
- 7.2 Ensaios de compactação 173
- 7.3 Tipos de compactação, estrutura e comportamento de solos compactados 174
- 7.4 Técnica do ensaio de Proctor normal 180
- 7.5 Precisão 184
- 7.6 Fontes de erro do ensaio 185

8. Métodos para o controle da compactação no campo 191
- 8.1 Colocação do problema 191
- 8.2 Métodos diretos e indiretos de controle de compactação 192
- 8.3 Método de Hilf 193
- 8.4 Medida da densidade in situ 201
- 8.5 Notas sobre o quão homogêneos são os aterros compactados 203

9. Permeabilidade dos solos 209
- 9.1 A lei de Darcy e seus desvios 209
- 9.2 A equação de Kozeny-Carman e os fatores que afetam a permeabilidade 211

9.3	Determinação da permeabilidade em laboratório	218
9.4	Ensaio de permeabilidade com carga variável	221
9.5	Ensaio de permeabilidade com carga constante	223
9.6	Ensaio de permeabilidade valendo-se da capilaridade horizontal	224
9.7	Fontes de erro	225

10. Adensamento 231
10.1 Conceito 231
10.2 Teorias do adensamento primário 231
10.3 Ensaio de adensamento 241
10.4 Adensamento secundário 251

Referências bibliográficas 275

Constituição e origem dos solos | 1

1.1 O que é solo?

Para os engenheiros geotécnicos, solo é todo material da crosta terrestre que pode ser escavado por meio de ferramentas e que, além disso, desagrega perante longa exposição à água. Já rocha é todo material que necessita de explosivos para o seu desmonte. Essa conceituação, de cunho prático, foi evidenciada por Vargas (1977).

1.2 Origem e constituição – classificação genética

Os solos se formam por decomposição das rochas, as quais, por sua vez, apresentam-se próximo à superfície da terra, fraturadas e fragmentadas em razão da sua própria origem (esfriamento de lavas no caso de rochas basálticas, por exemplo) ou em virtude de movimentos tectônicos (nos quartzitos, que são rochas friáveis), ou ainda pela ação do meio ambiente (expansão e contração térmicas etc.).

É através dessas fraturas ou fendas que se dá o ataque do meio ambiente, sob a ação das águas e das variações de temperatura. As águas de chuvas, aciduladas por ácidos orgânicos provenientes da decomposição de vegetais, penetram pelas fraturas e provocam alterações químicas dos minerais das rochas, transformando-os em areias e argilas. Os solos podem, assim, ser encarados como o resultado de uma espécie de equilíbrio temporário entre o meio ambiente e as rochas.

Sob certo ângulo, interessa conhecer a gênese dos solos para entender melhor suas propriedades físicas e de engenharia. Ademais, os conhecimentos geológicos e pedológicos têm sido indispensáveis na criação de classificações específicas e, às vezes, até para a nomeação dos solos.

A questão da gênese dos solos brasileiros tem sido preocupação desde a década de 1940. Vargas (1970) e Nápoles Neto (1970) fazem menção aos primeiros estudos geológico-geotécnicos, com caráter regional, feitos nas cidades de São Paulo, Rio de Janeiro, Porto Alegre e Belo Horizonte.

A vinda de Terzaghi ao Brasil como consultor e conferencista, um engenheiro acima de qualquer suspeita falando sobre Geologia, imprimiu rumos aos estudos sobre os processos de formação dos solos brasileiros de decomposição de rocha.

Incumbiu os engenheiros brasileiros da "missão de investigar e descobrir as intrincadas propriedades dos solos residuais, em proveito da técnica universal" (Terzaghi, s.d. apud Nápoles Neto, 1970, p. 183). Há vários casos brasileiros em que a inter-relação Geologia-Geotecnia produziu ou tem produzido frutos.

Além disso, ganhou grande impulso o emprego de técnicas de ensaios antes inacessíveis para caracterizar a composição mineralógica e a estrutura de solos brasileiros. Essa caracterização propicia um melhor entendimento de certos aspectos da gênese e das propriedades dos solos (ver Fontoura, 1985). Para solos saprolíticos de gnaisse, Sandroni (1981) apresenta tipos de feições microestruturais, utilizados em pesquisa desenvolvida na PUC-RJ. As descrições micromorfológicas foram feitas imbricadas nas caracterizações mineralógicas e na dinâmica da decomposição dos minerais.

Vargas (1977) classifica os solos nas seguintes categorias: solos residuais, solos transportados, solos orgânicos e solos evoluídos pedologicamente, com subdivisões, conforme indicado nos itens adiante.

- Residuais: jovens (saprolitos) e maduros.
- Transportados: coluviões (tálus); aluviões (fluviais, litorâneos e deltaicos). sedimentos (quaternários, terciários); eólicos (dunas).
- Orgânicos: areias ou argilas orgânicas e turfas.
- Evoluídos pedologicamente: solos porosos, lateritas.

Ao classificar um solo, prevalece o último fenômeno que o envolveu (Vargas, 1977). Por exemplo, as argilas porosas vermelhas do Espigão da Paulista, na cidade de São Paulo, são solos lateríticos, apesar de, originalmente, terem sido solos sedimentares, como se verá adiante.

1.2.1 Solos residuais ou de alteração de rocha

Os solos de decomposição de rocha que permaneceram no próprio local de sua formação são denominados solos residuais ou solos de alteração.

O tipo de solo resultante vai depender de uma série de fatores, tais como: a natureza da rocha matriz, o clima, a topografia, as condições de drenagem e os processos orgânicos. A título de ilustração, em clima tropical úmido: a) os granitos, constituídos pelos minerais quartzo, feldspato e mica, decompõem-se dando origem a solos micáceos, com partículas de argila (do feldspato) e grãos de areia (do quartzo); b) os gnaisses e micaxistos geram solos predominantemente siltosos e micáceos; c) os basaltos, constituídos por feldspatos, alteram-se essencialmente em argilas; e d) os arenitos, que não contêm feldspato nem mica, mas sim quartzo cimentado, decompõem-se liberando o quartzo e dando origem a solos arenosos.

Nas regiões do Pré-Cambriano, como as da Serra do Mar e da Mantiqueira, ocorrem os solos residuais de gnaisses, micaxistos e granitos, enquanto no interior do Estado de São Paulo encontram-se os solos de alteração de basalto, as terras roxas (argilas vermelhas), e de arenito, os solos arenosos finos.

O Prof. Vargas (1977) propôs, há algum tempo, uma classificação dos solos de alteração de rocha que ocorrem na Região Centro-Sul do Brasil. Reportando-

-se à Fig. 1.1, subdividiu os solos residuais em três horizontes em função da intensidade de intemperismo, a saber: (I) os solos residuais maduros; (II) os solos saprolíticos; e (III) os blocos em material alterado. Os solos residuais maduros (I) são os solos residuais que perderam toda a estrutura original da rocha matriz e tornaram-se relativamente homogêneos.

Quando essas estruturas, herdadas da rocha, que incluem veios intrusivos, juntas preenchidas, xistosidades etc., se mantêm, têm-se os solos saprolíticos (II) ("pedra podre") ou solos residuais jovens. Trata-se de materiais que aparentam ser rochas, mas que se desmancham com a pressão dos dedos ou com o uso de ferramentas pontiagudas.

Os blocos em material alterado (III) correspondem ao horizonte de rocha alterada, em que a ação intempérica progrediu ao longo das fraturas ou zonas de menor resistência, deixando intactos grandes blocos da rocha original, os matacões, envolvidos por solo. Trata-se de um material de transição entre solo e rocha, no qual se encontra, no presente, a frente de ataque do meio ambiente.

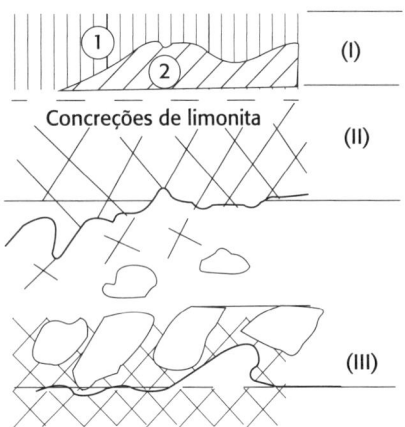

Fig. 1.1 *Solos de alteração na Região Centro-Sul do Brasil*
Fonte: Vargas (1977).

Os solos residuais, principalmente os saprolíticos, apresentam em geral baixa resistência à erosão, e, por isso mesmo, precisam ser protegidos em obras que envolvem cortes e escavações em encostas naturais. Os solos saprolíticos possuem, via de regra, elevada resistência ao cisalhamento. Não raro, no entanto, apresentam planos de maior fraqueza ao longo das estruturas herdadas da rocha, por exemplo, juntas ou fraturas preenchidas com solo de baixa resistência, que, numa situação de corte ou escavação, podem levar o talude a um escorregamento.

Em diversos trabalhos, Vargas (1953, 1973a, 1974) procurou sintetizar os conhecimentos adquiridos nos estudos dos solos da Região Centro-Sul do Brasil. Com base nas condições climáticas, geomorfológicas e geológicas, apresentou um mapa do Centro-Sul em que distingue as regiões do Pré-Cambriano (Serra do Mar e Mar de Morros), de um lado, e a região da Bacia Sedimentar do Paraná, de outro. Mostrou também perfis de intemperismo de rochas metamórficas, arenitos e basaltos, como os ilustrados na Fig. 1.2.

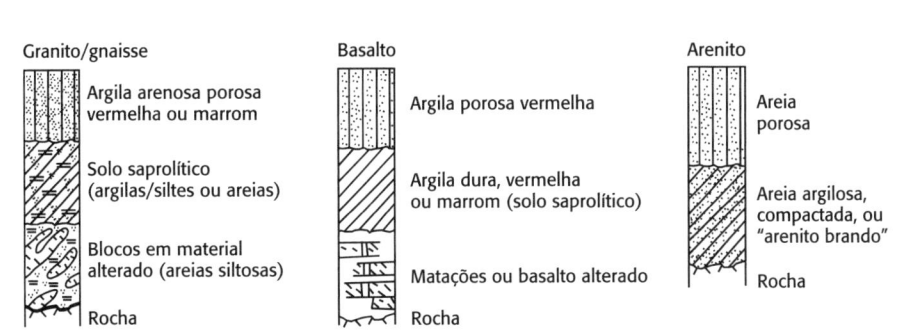

Fig. 1.2 *Perfis de intemperismo na Região Centro-Sul do Brasil*
Fonte: Vargas (1977).

Descrições pormenorizadas e ricas em detalhes sobre os horizontes constitutivos desses perfis de intemperismo foram realizadas por Nogami (1977). A rápida expansão urbana da cidade de São Paulo, com a ocupação de extensas áreas periféricas por loteamentos e conjuntos habitacionais, tem confirmado as descrições feitas por esse autor de que as unidades constitutivas das rochas metamórficas do Pré-Cambriano são, quase sempre, associações complexas de mais de um tipo de rocha, tais como: granitos-migmatitos, gnaisses-migmatitos, micaxistos-filitos, gnaisses etc. Os contatos são difíceis de serem estabelecidos, existindo desde o tipo intrusivo até o gradual. O quadro se torna ainda mais complexo se forem consideradas as intrusões de veios de quartzo e diques de diabásio, por exemplo.

Quanto a solos de decomposição de basalto, Marques Filho et al. (1981) apresentaram perfis de intemperismo nas bacias dos rios Iguaçu e Uruguai. O importante a frisar é que esses autores alertam para o fato de as características de alteração diferirem de área para área em função de fatores litológicos, topográficos, estruturais, climáticos, história erosiva regional, entre outros, o que desautoriza extrapolações de um local para outro.

Para realçar ainda mais que a ênfase deve ser colocada nas peculiaridades, vale dizer, no caso a caso, escavações feitas em solos saprolíticos, em áreas do Pré-Cambriano, têm revelado a presença de juntas ou fraturas reliquiares, por vezes estriadas (*slickensides*), preenchidas por material de resistência mais baixa do que a dos "solos hospedeiros", que se constituem em planos potenciais de escorregamentos. Essas juntas ou fraturas são de difícil detecção nas fases de investigação geológico-geotécnica e têm sido a causa de muitos escorregamentos em escavações ou cortes de taludes, inclusive no Brasil, conforme Oliveira (1967) e Massad (2005a).

A gênese dessas descontinuidades é assunto complexo e controverso. Esses planos de maior fraqueza originaram-se do preenchimento de juntas ou fraturas reliquiares por materiais de decomposição das rochas, que podem ser pretas ou escuras em face da mistura com substância húmica lixiviada dos horizontes superiores pelas águas das chuvas. As estrias se formariam pela expansão não uniforme da rocha em decomposição, que induziria deformações cisalhantes, preferencialmente pelas juntas, que podem ter direção caótica, ou então pelo alívio de tensões provocado pelas escavações, que, inclusive, podem reativar antigos movimentos do maciço rochoso. Nos casos em que ocorrem essas descontinuidades, a Mecânica dos Solos parece ser "negada" e a solução requer mais a aplicação de engenhosidade do que de conhecimentos de Mecânica.

Neste ponto, menciona-se novamente a pesquisa feita no Brasil sobre solos saprolíticos, desenvolvida na PUC-RJ e relatada por Sandroni (1981), em que se constatou uma relação entre, de um lado, o grau de intemperismo e a mineralogia da fração grossa e, de outro, a microestrutura e as propriedades de engenharia. Foram notadas, por exemplo, as seguintes tendências: a) a resistência ao cisalhamento diminui com o aumento do teor de mica; e b) quanto mais ricos em mica e com feldspatos muito ou totalmente alterados, mais compressíveis são os solos saprolíticos. Ademais, como já mencionado anteriormente, verificou-se que as propriedades de engenharia correlacionam-se com o índice de vazios, o qual, por sua vez, é uma medida do grau de intemperismo. Conforme Sandroni (1981), essa inter-relação tem validade local ou quando os solos apresentam composição mineralógica semelhante. Os feldspatos, em graus variados de alteração, e as micas determinaram a microestrutura e o comportamento dos solos ensaiados.

1.2.2 Solos transportados

Nessa categoria, estão compreendidos: solos coluvionares (tálus), aluviões e solos sedimentares, e solos eólicos.

O que diferencia um tipo do outro é o meio de transporte: a gravidade, grandes volumes de água e o vento.

Solos coluvionares (tálus)

Quando o solo residual é transportado pela ação da gravidade, como nos escorregamentos, a distâncias relativamente pequenas, recebe o nome de solo coluvionar, coluvião ou ainda tálus. Em geral, esses solos são encontrados no pé das encostas naturais e podem ser constituídos de solos misturados com blocos de rocha. A Fig. 1.3 ilustra o processo de formação desse tipo de solo.

Os contatos com o solo residual são, às vezes, difíceis de serem distinguidos. Outras vezes ocorrem camadas de seixos separando os dois horizontes.

Aluviões e solos sedimentares

Os aluviões se formam graças ao transporte de sedimentos por meio de grandes volumes de água. São exemplos: os terraços fluviais das margens de rios; os de baixadas litorâneas; os leques aluviais dos deltas dos rios ou dos pés de morros próximos a planícies costeiras etc. Quando os solos são depositados em lagoas ou lagunas, formam-se os solos sedimentares, como os que ocorrem nas baixadas litorâneas.

Solos eólicos

Os solos eólicos são solos granulares, em geral areia fina a média, transportados pelos ventos. De ocorrência generalizada nas regiões litorâneas, as dunas de praias apresentam estratificação cruzada.

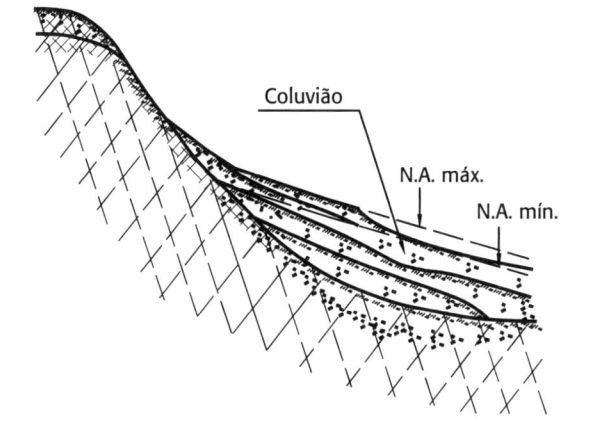

Fig. 1.3 *Ilustração do processo de formação de um tálus*
Fonte: adaptado de Deere e Patton (1971).

1.2.3 Solos orgânicos

Os solos aluvionares e sedimentares podem ser impregnados por húmus, produzidos pela decomposição de matéria orgânica, e possuem coloração escura. Em regiões litorâneas, os solos orgânicos apresentam ainda carapaças de animais marinhos (conchas e que tais).

Esses solos também podem dar origem às turfas, que contêm matéria fibrosa, de origem vegetal, a qual é proveniente de transformações carboníferas de folhas, caules e troncos de árvores.

1.2.4 Solos lateríticos

Os solos superficiais bem drenados, isto é, situados acima do lençol freático, sofrem ainda a ação de processos físico-químicos e biológicos complexos, em regiões de clima quente e úmido, ocorrentes em países tropicais como o Brasil. Esses processos compreendem a lixiviação (carreamento, pela água) de sílica e bases, e mesmo de argilominerais, das camadas mais altas para as camadas mais profundas, deixando na superfície um material rico em óxidos hidratados de ferro e alumínio. Pode-se dizer, por esse motivo, que esses solos superficiais são solos "enferrujados". Algumas de suas características mais marcantes são os macroporos, visíveis a olho nu, e a presença de caulinita como argilomineral dominante, além da cor vermelha ou marrom.

A laterização pode ocorrer em qualquer tipo de solo superficial: nos solos residuais, nos coluvionares e mesmo nos sedimentares. A condição é que haja drenagem e o clima seja úmido e quente.

Exemplos de ocorrência de solos lateríticos são: a) os solos porosos da Região Centro-Sul do Brasil, oriundos de solos residuais dos mais variados tipos de rocha (granitos, gnaisses, basalto, arenito etc., conforme Fig. 1.2); e b) as argilas vermelhas do centro da cidade de São Paulo, solos originariamente sedimentares.

Os solos lateríticos apresentam elevada resistência contra a erosão em face da ação cimentante dos óxidos de ferro. Suportam também cortes e escavações subverticais de até 10 m de altura sem maiores problemas. No entanto, os seus macroporos conferem-lhes uma elevada compressibilidade, além de serem colapsíveis, o que significa que esses solos sofrem deformações bruscas quando saturados sob carga.

Pode-se também afirmar que para os solos lateríticos cabem as mesmas observações feitas para os solos saprolíticos: os estudos genéticos devem ser feitos em nível local, isto é, caso a caso. As diferenças climáticas, topográficas, o tipo e o grau de alteração ou intemperismo, entre outros fatores, podem levar a diferenças acentuadas nos tipos de solo (Melfi et al., 1985). Contudo, apesar da diversidade de mecanismos propostos para a gênese dos solos lateríticos, existem alguns pontos em comum: lixiviação de sílica e de bases, formação de sesquióxidos, transformação dos minerais em caulinita e formação de solos porosos.

Para ilustrar o que se acaba de dizer, cita-se o trabalho de Tuncer e Lohnes (1977) sobre solos lateríticos de basalto do Havaí e de Porto Rico. Os solos estudados eram provenientes da mesma rocha-mãe, mas de locais com grandes diferenças nas precipitações pluviométricas (57 mm/ano a 381 mm/ano) e com pequenas variações topográficas. Fotos tiradas com microscópio eletrônico de varredura revelaram que os solos mais alterados (de regiões mais chuvosas) apresentavam agregados maiores, isto é, o tamanho dos poros aumentava com o progresso da alteração ou do intemperismo. Nesse mesmo sentido de progressão, o teor de caulinita diminui e o de sesquióxidos aumenta. No entanto, a conclusão mais interessante e prática refere-se ao fato de a densidade dos grãos aumentar com o grau de alteração. Isso possibilitou o estabelecimento de correlações empíricas entre os parâmetros de resistência ao cisalhamento e os índices físicos (índice de vazios e densidade dos grãos), que, ademais, serviram para fins de classificação. Finalmente, os limites de Atterberg e a granulometria não se prestaram para se correlacionar quer com os graus de alteração, quer com as propriedades de engenharia.

1.3 Importância do conhecimento genético dos solos

A seguir, e no mesmo contexto, serão abordados, a título de ilustração, os casos dos solos da Bacia Sedimentar da cidade de São Paulo e dos sedimentos da Baixada Santista, com ênfase na importância dos conhecimentos sobre a sua gênese.

1.3.1 Caso 1: Bacia Sedimentar da cidade de São Paulo

Grande parte da cidade de São Paulo está construída numa bacia sedimentar de origem fluviolacustre localizada ao longo da costa atlântica da Região Centro-Sul do Brasil. Os sedimentos que preenchem a bacia acima de determinado nível sofreram um processo de intemperismo que deixou sinais tais como a cor variegada e o pré-adensamento por secamento, o que lhes confere características *sui generis*. Os solos mais superficiais foram submetidos a um processo de laterização, que deu origem às argilas vermelhas, ricas em óxidos de ferro. Em geral, ainda em idades antigas, esses solos foram parcialmente erodidos e seus resquícios são encontrados nas partes mais altas da cidade. A Fig. 1.4 mostra perfis típicos desses solos.

Informações detalhadas sobre as características geotécnicas dos solos da Bacia Sedimentar da cidade de São Paulo podem ser encontradas em Pinto e Massad (1972), Massad (1985a, 2005a, 2012), Massad, Pinto e Nader (1992) e Penna (1983). Descrições qualitativas, enfatizando o comportamento desses solos em escavações profundas, tal como proposto por Peck (1981), foram realizadas por Habiro e Braga em 1984 (ver Massad, 2005a).

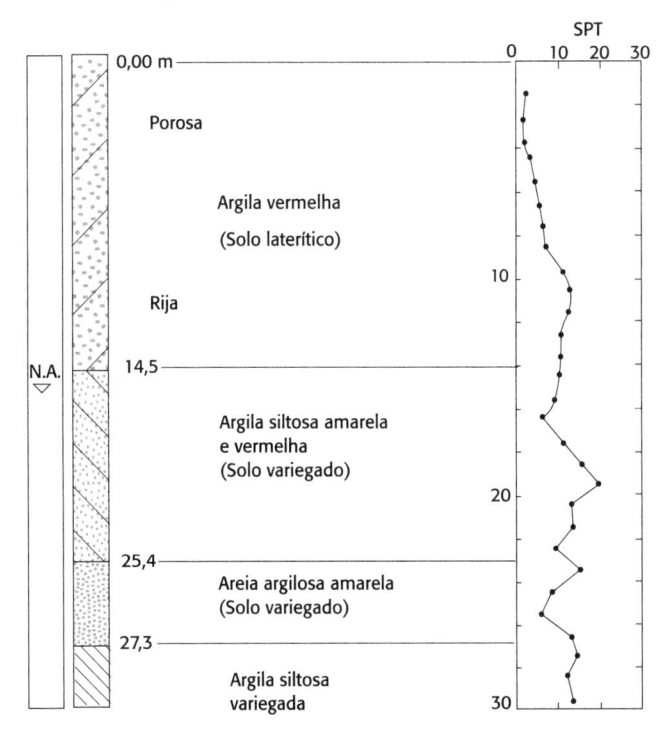

Fig. 1.4 *Condições típicas do subsolo das partes altas da cidade de São Paulo*

Segundo Vargas (1970), os primeiros estudos regionais de solos no Brasil foram feitos em São Paulo. Assim é que, em 1945, Bernardo e Vargas divulgaram resultados relacionados a solos do centro da cidade de São Paulo, com a apresentação de cortes geológicos até o cristalino. Vargas (1970) acrescenta ainda que essas informações destinavam-se inicialmente a fornecer subsídios para que o Prof. Terzaghi preparasse o seu relatório de 1947 sobre o metrô de São Paulo. É curiosa essa referência, pois a construção do metrô transformou-se em marco histórico a delimitar períodos de investigações geotécnicas diferenciadas. Antes de 1960, a preocupação dos engenheiros geotécnicos era fornecer subsídios para atender a demanda de construção de grandes edifícios no centro de São Paulo. Com o início do projeto do metrô, foram desenvolvidos novos esforços e investigações geotécnicas que permitiram um aprofundamento dos conhecimentos de, pelo menos, três "camadas" de solos, a saber, as argilas porosas vermelhas, as argilas rijas vermelhas e os solos variegados.

Um aspecto se sobressai quando se estudam os solos do Terciário da Bacia Sedimentar de São Paulo: o seu sobreadensamento parece não estar ligado apenas a um processo de alívio de peso de terra erodida, mas ser de origem mais complexa, consequência de fenômenos relacionados com a intemperização dos solos. Exceção deve ser feita às argilas cinza-esverdeadas, que estiveram sempre abaixo do nível de drenagem de base da bacia, isto é, do nível dos rios.

Argilas vermelhas da cidade de São Paulo

De há muito se sabe que as argilas porosas vermelhas são solos lateríticos (Pichler, 1948), devido à sua alta porosidade, ao aumento de sua consistência com a profundidade, à sua colapsividade e à presença de lentes de limonita na altura do nível d'água. Nesse ponto, ocorrem as argilas rijas vermelhas (Fig. 1.5), que, apesar de possuírem as mesmas características de identificação e classificação das argilas porosas vermelhas, diferem substancialmente delas em suas propriedades de engenharia (Massad, 1985a, 2012).

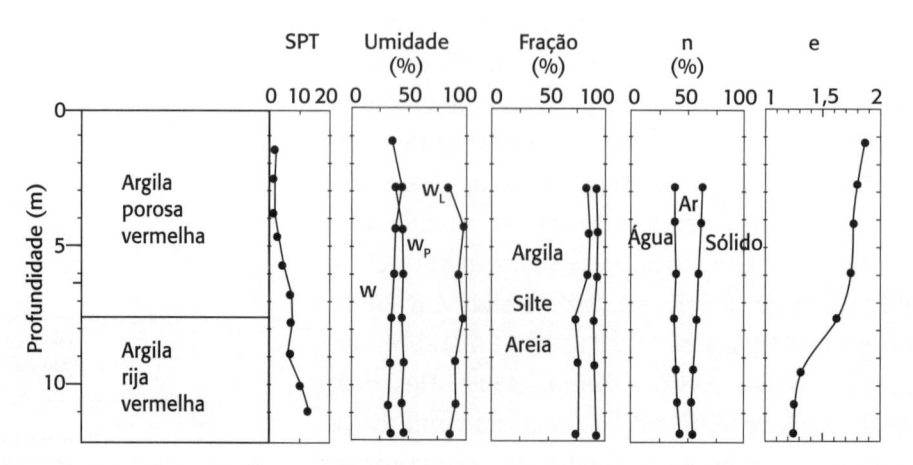

Fig. 1.5 *Índices físicos das argilas vermelhas da cidade de São Paulo*

Os estudos feitos revelaram indícios de que as duas camadas devem ser tratadas como sendo geneticamente diferentes:

a. porque o teor de argila das duas camadas é praticamente idêntico, o que invalida o argumento da precipitação;
b. porque análises feitas em fotos de microscópio eletrônico de varredura, em amostras das duas camadas, confirmaram uma formação mais acentuada de agregados na camada superior;
c. porque análises mineralógicas revelaram a presença de caulinita com traços de gibsita, para a camada superior, e de caulinita com ilita, para a inferior; ademais, a relação sílica-sesquióxidos variou, da superfície à profundidade, de 0,8 até cerca de 1,8; e
d. porque a presença de concreções de limonita na camada inferior parece provar que "alguns milhares de anos atrás o clima não era tão úmido como o de hoje, mas era mais seco, com verões mais prolongados; as temperaturas também eram mais elevadas" (Setzer, 1955, p. 54). O horizonte superior, que não apresentava essas concreções, aparentava a esse autor ter se formado num período com o clima úmido e a estação suavemente seca dos dias de hoje. Assim, as chuvas mais intensas do período mais recente seriam responsáveis pelos poros maiores encontrados na camada superior.

Oito amostras extraídas de até 10 m de profundidade de um mesmo local (Fig. 1.5) e envolvendo as duas camadas mostraram que o índice de vazios dá um salto quando se passa de uma camada para outra. Ademais, foi possível, valendo-se de uma grande quantidade de dados de diversos locais da cidade, coligidos por Massad (1985a, 2012), mostrar que o índice de vazios correlaciona-se bem com as propriedades de engenharia (ver Figs. 1.6 e 1.7). Daí a sugestão feita no sentido de utilizar esse índice com propósitos classificatórios, em virtude também de sua fácil obtenção.

Em geral, esses solos são sobreadensados, mas a pressão de pré-adensamento não guarda relação com o peso – atual ou passado – de terra erodida. Há indícios de que o sobreadensamento desses solos é ditado por fenômenos associados à fração argila, mais especificamente à cimentação de partículas de solos laterizados. Os valores da pressão de pré-adensamento variam de 50 kPa a 400 kPa para as argilas porosas vermelhas e de 400 kPa a 1.000 kPa para as argilas rijas vermelhas.

Outra característica marcante desses solos se refere à relação E/c (razão entre o módulo de deformabilidade e a resistência ao cisalhamento não drenada). Para 1% de deformação, essa relação é da ordem de 150 para os dois tipos de solo mencionados. Para as argilas porosas vermelhas, as razões E_{50}/c (módulo para 50% da resistência ao cisalhamento) e E_i/c (módulo inicial) assumem valores muito próximos, da ordem de 500, consequência da cimentação de partículas. Observe-se que esse valor é muito superior ao que seria razoável esperar para solos que apresentam: a) consistência de mole para média; b) relativamente elevada compressibilidade; e c) baixos valores (de dois a seis) de SPT (Standard Penetration Test). Além dessas, há outras evidências de que as argilas porosas vermelhas comportam-se, em alguns tipos de obras civis, como solos de rijos a duros (Massad, 1985b, 2012).

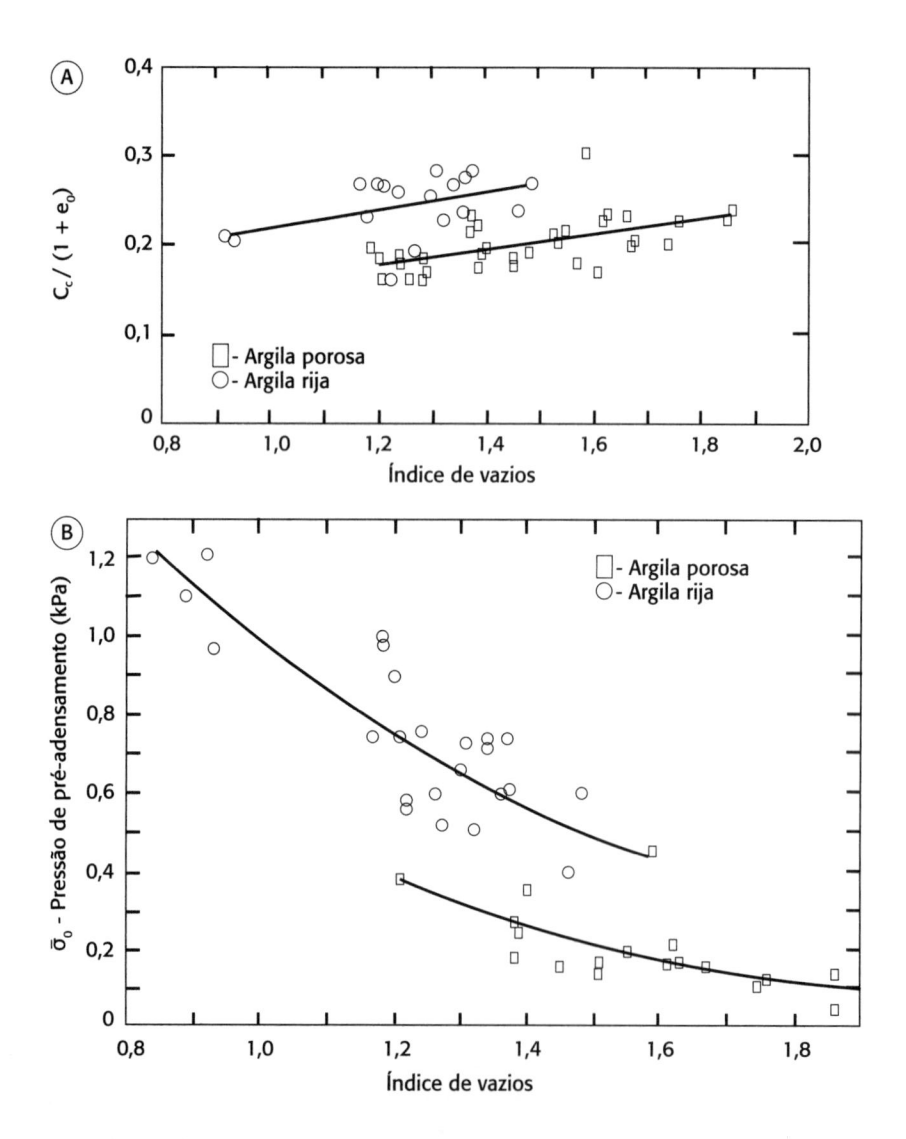

Fig. 1.6 *Pressão de pré-adensamento e índice de compressão em função do índice de vazios – argilas vermelhas da cidade de São Paulo*

Solos variegados da cidade de São Paulo

Os solos variegados são sedimentos intemperizados depositados em camadas alternadas de areias e argilas bastante heterogêneas. Apresentam propriedades de engenharia que variam amplamente, dada a ocorrência de solos muito diferentes, desde areias até argilas gordas.

Pinto e Massad (1972) constataram que as pressões de pré-adensamento correlacionam-se bem com o teor de argila. Pode-se conjecturar que ciclos de sedimentação sucessivos, com secagem dos solos, tenham afetado as pressões de pré-adensamento através das tensões capilares, que são tanto maiores quanto mais finas são as partículas de solo, ou que houve uma cimentação química das partículas de solo, consequência de evolução pedológica. A presença de crostas de limonita na bacia de São Paulo tem sido observada de forma generalizada e mesmo a grandes profundidades (Suguio, 1980). Outro indício desse intemperismo é a coloração variegada ou mosqueada desses solos, que se apresenta na forma de manchas em vários tons: vermelho, amarelo, roxo, branco, rosa etc. (Cozzolino, 1980). A Fig. 1.8 mostra um perfil de subsolo da praça Clóvis Beviláqua, em que foram colocados, lado a lado, valores da pressão de pré-adensamento e do teor de argila, com paralelismo muito significativo.

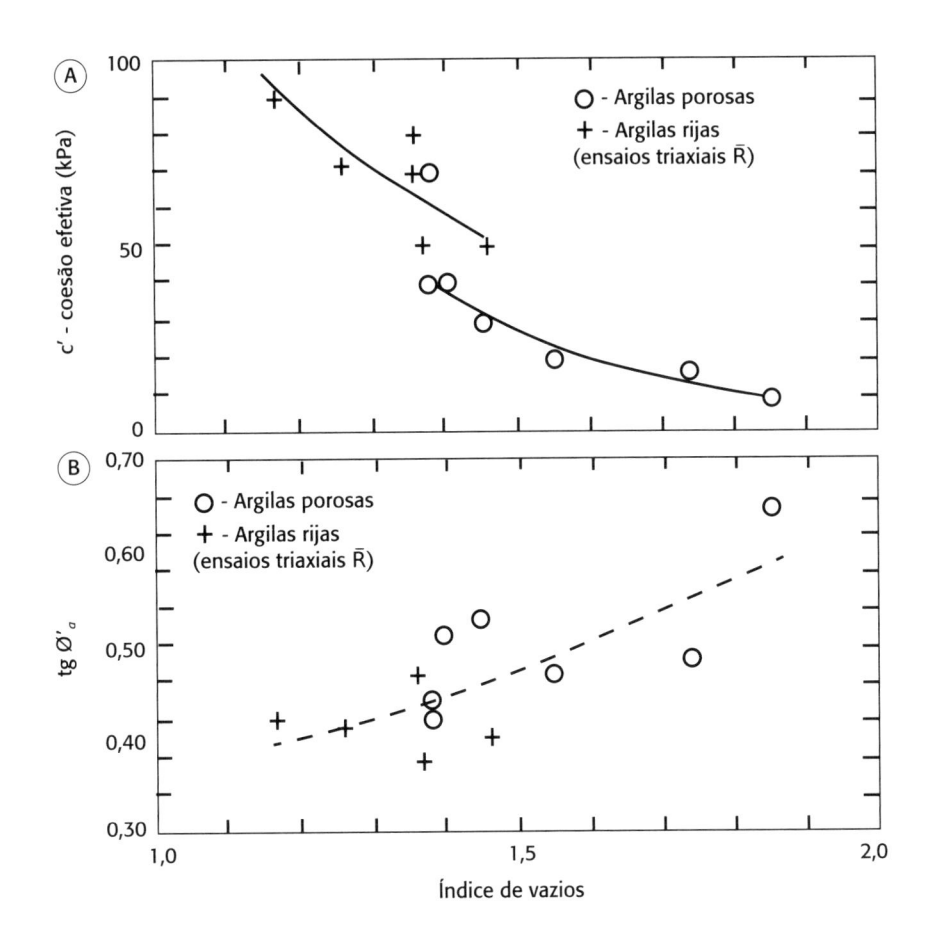

Fig. 1.7 *Variações da coesão efetiva e do ângulo de atrito com o índice de vazios – argilas vermelhas da cidade de São Paulo*

Assim, valem as mesmas observações feitas anteriormente para as argilas vermelhas: a) os solos variegados são sobreadensados, e a pressão de pré-adensamento não guarda relação com o peso, atual ou passado, de terra erodida; e b) esse sobreadensamento seria devido ao ressecamento desses solos, associado, portanto, à fração argila. Os valores da pressão de pré-adensamento variam de 200 kPa a 1.500 kPa para os solos variegados. A relação E/c para 1% de deformação também é da ordem de 150, a mesma cifra das argilas vermelhas.

Os solos variegados podem apresentar consistência de média a rija, mas se comportam como solos rijos e até mesmo duros. Porém, esses solos podem apresentar trincas e fissuras, cuja origem é tema de debate e tem sido atribuída à ação sísmica após a formação da Bacia Sedimentar de São Paulo (Ricomini, 1989), ao alívio de tensão em vales íngremes ou ao secamento (Wolle; Silva, 1992).

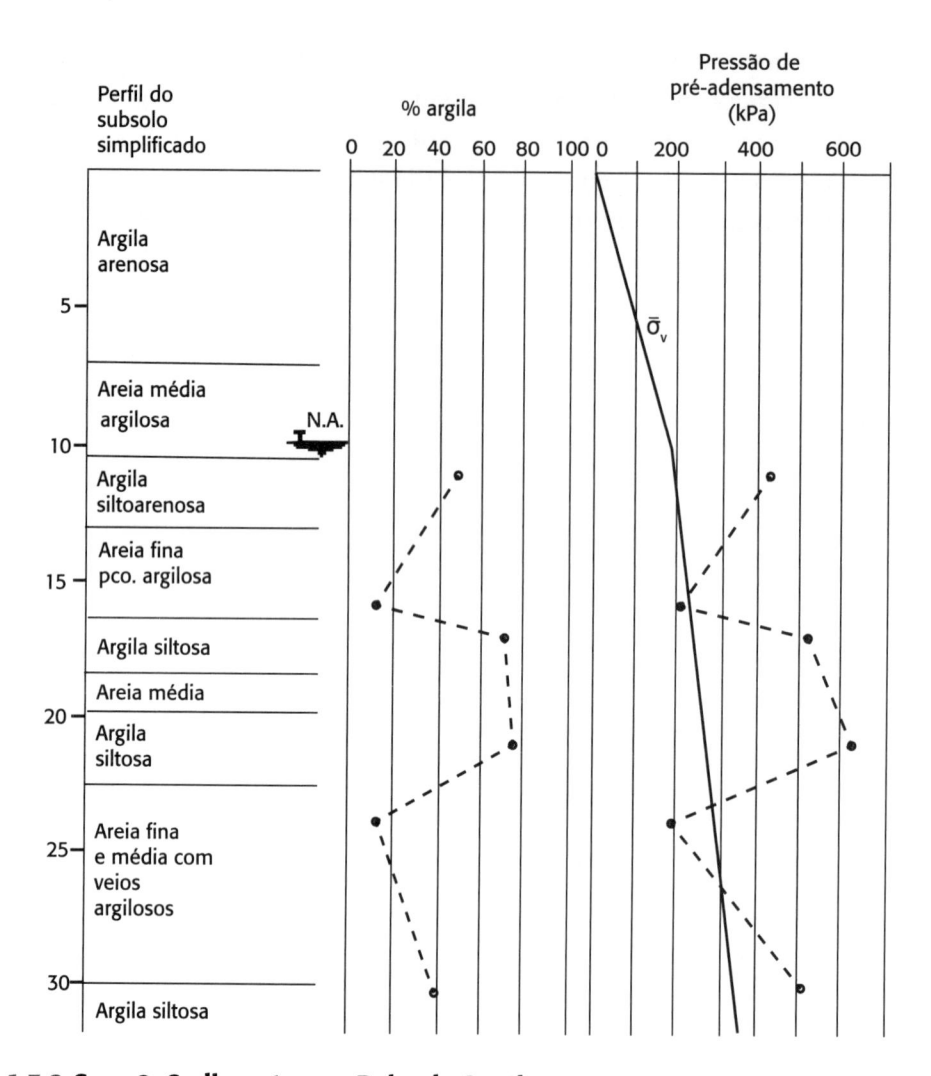

Fig. 1.8 *Dados de solos variegados da cidade de São Paulo*
Fonte: Massad (1992, 2012)

1.3.2 Caso 2: Sedimentos na Baixada Santista

Em dois trabalhos memoráveis, Vargas (1970, 1994) historia sucintamente o desenvolvimento dos estudos feitos nas Baixadas Santista e Fluminense, bem como sobre as argilas orgânicas do Recife. Dos trabalhos para as Docas de Santos e para o antigo Departamento Nacional de Estradas de Rodagem (DNER), atual Departamento Nacional de Infraestrutura de Transportes (DNIT), resultaram as primeiras publicações sobre as propriedades das argilas quaternárias marinhas, de autoria de Costa Nunes e Pacheco Silva. Segundo Nápoles Neto (1970), Casagrande recomendou que se encetassem estudos para o conhecimento da origem geológica de solos marinhos brasileiros, por ocasião de sua passagem por São Paulo, por volta de 1950, como consultor do Departamento de Estradas de Rodagem (DER-SP) no caso das fundações da ponte sobre o Casqueiro, travessia da Via Anchieta.

Em outro trabalho memorável, apresentado na revista inglesa *Géotechnique*, Pacheco Silva (1953b) define, com o rigor que lhe era característico, o conceito de *história geológica simples*, um ciclo ininterrupto de sedimentação sem que tenha havido qualquer processo erosivo. Pacheco Silva havia se debruçado sobre as argilas orgânicas moles da Baixada Fluminense pois, a pedido do DNER, o Instituto de Pesquisas Tecnológicas (IPT) conduzia estudos desde 1947 relacionados com problemas de fundações na Variante Rio-Petrópolis. Esse conceito de história geológica simples era também admitido como válido para a região da Baixada Santista; por um longo período, as argilas moles que lá ocorrem foram tidas como normalmente adensadas, conforme Teixeira (1960a) e Vargas (1973b).

No entanto, diversos achados geotécnicos intrigavam os especialistas de solos. Um deles diz respeito à existência de bolsão de argila fortemente sobreadensado, detectado por Teixeira (1960b) na praia de Itararé, São Vicente, no fim da década de 1940. Em uma área bem restrita, como se fosse uma ilha cercada pelos sedimentos normalmente encontrados em Santos, uma espessa camada de argila apresentava pressões de pré-adensamento da ordem de 500 kPa a 700 kPa. Um outro caso aconteceu por ocasião dos estudos para a construção das fundações da ponte sobre o Casqueiro, em fins da década de 1940. Não só as sondagens revelaram a existência de camada profunda de argila, com consistência média a rija, por vezes dura, como também ensaios de adensamento indicaram pressões de pré-adensamento elevadas, que não guardavam nenhuma relação com o peso efetivo de terra. Na ocasião, engenheiros do IPT chegaram a aventar a hipótese de que a história geológica do local não era simples. Não havia, no entanto, base científica para fundamentar tal hipótese. Essas e outras ocorrências semelhantes foram documentadas por Massad (1985b, 1994, 1999, 2009) em estudo abrangente sobre as argilas quaternárias da Baixada Santista.

A gênese dos solos marinhos da Baixada Santista

O fato é que estudos geológicos e geomorfológicos do Litoral Paulista (Suguio; Martin, 1981, 1994) revelaram que a sua história geológica não é simples. As oscilações relativas do nível do mar (NM) durante o Quaternário estão na raiz da sedimentação costeira no Brasil (Suguio; Martin, 1994).

Ocorreram pelo menos dois ciclos de sedimentação, entremeados por intenso processo erosivo. Esses ciclos, associados a dois episódios transgressivos, de níveis marinhos mais elevados que o atual, deram origem a dois tipos de sedimentos, com propriedades geotécnicas distintas.

a. O primeiro tipo, conhecido como Formação Cananeia, depositado há 100.000-120.000 anos, é argiloso (argilas transicionais) ou arenoso na sua base e arenoso no seu topo (areias transgressivas). O nome *transicional* é devido ao ambiente misto, continental-marinho, de sua formação. Durante a fase regressiva que se sucedeu, o NM baixou 130 m em relação ao atual, há cerca de 15 mil anos, em virtude da última era glacial. Como consequência, os sedimentos ficaram emersos, sofreram intenso processo erosivo e são fortemente sobreadensados, por peso total.

b. O segundo tipo de sedimento, Formação Santos, é mais recente, formado há 7.000-5.000 anos AP (Antes do Presente), por vezes pelo retrabalhamento dos sedimentos da Formação Cananeia, areias e argilas e, outras, por sedimentação em lagunas e baías – daí a nomeação sedimentos fluviolacustres e de baías (SFL). Trata-se de sedimentos levemente sobreadensados, em face da flutuações *sui generis* do NM, nos últimos 7.000 anos (Fig. 1.9), envolvendo primeiramente processos de submersão do continente, até cerca de 4.000 anos, e, posteriormente, de emersão entremeados por "rápidas" oscilações negativas do NM, de 2 m a 3 m (Massad, 1985b, 1999). A superfície do geoide, essencialmente do NM, não tem a forma de um elipsoide contínuo: ela se encontra deformada pela ação não uniforme da gravidade e de fenômenos complexos, entre os quais os movimentos orbital e de rotação da Terra. A superfície deformada do geoide, com picos e "vales" desnivelados em até 80 m, movimenta-se ao longo do tempo, provocando as oscilações negativas do NM nos continentes e ilhas.

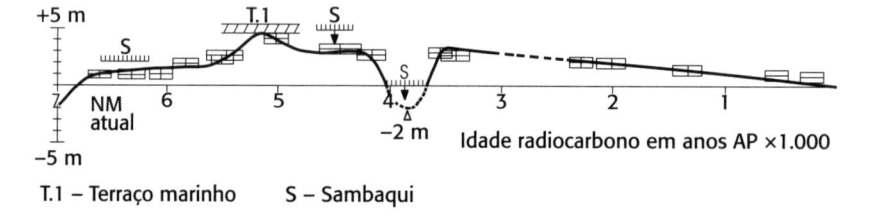

Fig. 1.9 *Curva de variação do NM nos 7.000 anos AP – Baixada Santista*

T.1 – Terraço marinho   S – Sambaqui

Que houve recuo do NM nos últimos 500 anos é fato conhecido desde o início do século passado. Benedito Calixto, celebrado pintor, humanista e cientista, num trabalho sobre as origens dos sambaquis no litoral santista (ver Calixto, 1904), apresentou dois mapas do Lagamar de Santos, um na época de Martim Affonso, por volta de 1532, e o outro em 1904. O primeiro, reconstituído com base em documentos e mapas antigos, mostra o Casqueiro, entre Cubatão e o Monte Serrat (Fig. 1.10), debaixo d'água e o Canal de Bertioga com grande largura, por onde passavam navios portugueses. No segundo, com o recuo "lento e apreciável" do NM, o Casqueiro já aparece emerso e o Canal de Bertioga, com uma pequena largura.

Há indícios da existência de paleolagunas, anteriores a 7.000 anos AP, que devem ter dado origem às argilas da cidade de Santos, pois, sobre elas, estão assentadas areias regressivas, provavelmente de 5.100 anos de idade (Martin et al., 1982). Pode-se fazer a hipótese, bastante plausível, de que os SFL da Baixada Santista também se depositaram nessa época, por um mecanismo de ilhas-barreira e lagunas, conforme esquema concebido por Martin, Suguio e Flexor (1993). No caso específico da Baixada Santista, as ilhas-barreira deram origem às areias de Praia Grande, de Santos e do Guarujá.

Compartimentação dos sedimentos

Ademais, a sedimentação ocorreu em dois ambientes diferentes: a) em águas fluviomarinhas turbulentas, em face da presença dos rios mais importantes da região (Núcleo 1 da Fig. 1.10); e b) em águas tranquilas de baías (Núcleo 2 da

Fig. 1.10). No Núcleo 1, o subsolo apresenta-se muito heterogêneo, com alternâncias mais ou menos caóticas de camadas de areias e argilas, estas com lentes finas de areia. No Núcleo 2, impera uma maior homogeneidade nas camadas de argilas, com pouca intercalação de camadas de areias.

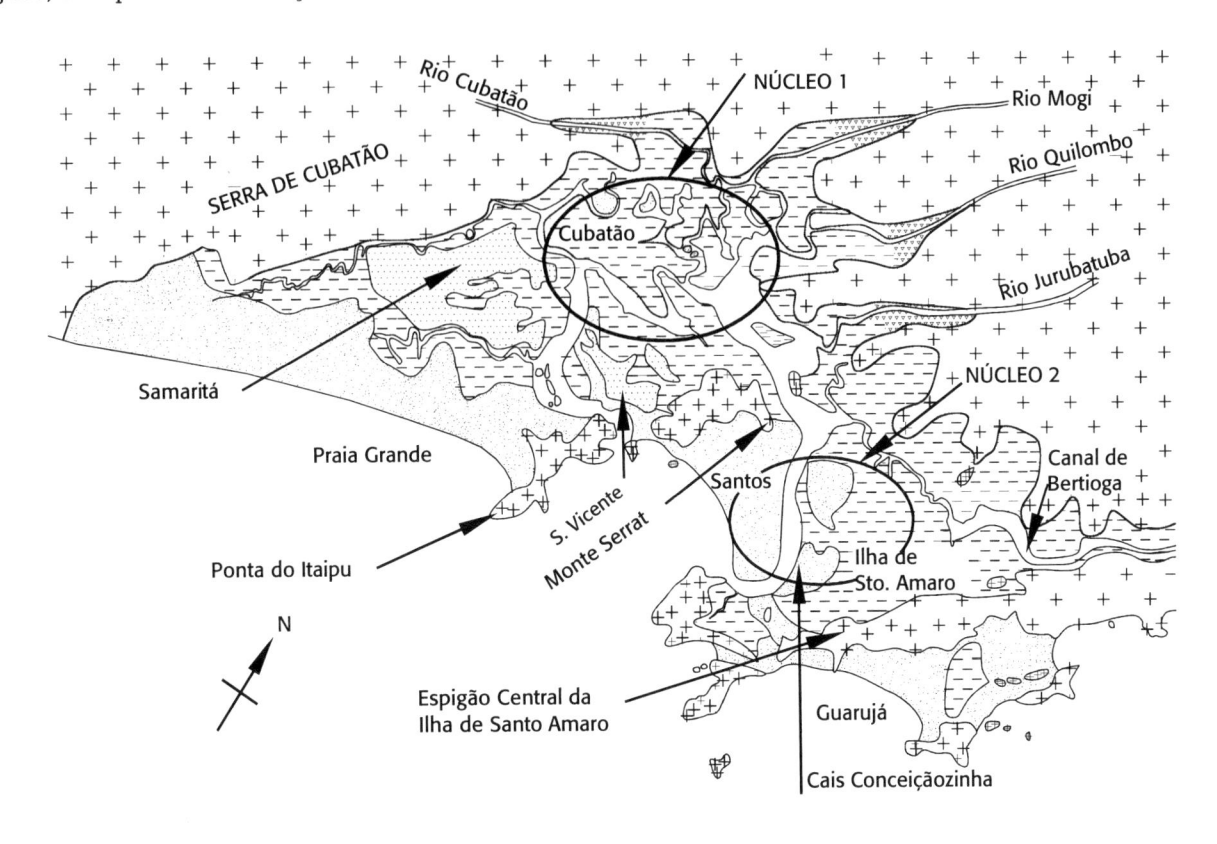

Fig. 1.10 *Baixada Santista – principais locais referidos no texto*

O que possibilitou essa compartimentalização foi a existência de um cenário geográfico *sui generis*, formado pelas disposições tanto dos esporões Monte Serrat-Ponta de Itaipu, do Espigão da Ilha de Santo Amaro e das areias de Samaritá, resquícios do Pleistoceno, quanto dos principais rios da região, como se observa na Fig. 1.10. É interessante destacar, nesse contexto, que esses rios e os esporões e espigões rochosos têm a mesma direção (NE-SW) da xistosidade das rochas (Massad, 2005b, 2006, 2009).

As unidades genéticas

O Quadro 1.1 apresenta os vários tipos de sedimentos que ocorrem na Baixada Santista, com a indicação de algumas de suas características. Em particular, as argilas marinhas podem ser classificadas nas seguintes unidades genéticas: a) ATs (argilas transicionais); b) argilas de SFL (sedimentos fluviolacustres e de baías); e c) argilas de manguezais, sendo estas duas últimas de deposição recente (Holoceno). A Fig. 1.11 mostra a provável distribuição dessas unidades em subsuperfície ao longo da orla praiana da cidade de Santos. Para outras localidades da Baixada Santista, remete-se o leitor para os estudos de Massad (1985b, 1994, 1999, 2009).

Quadro 1.1 Características gerais e distribuição dos sedimentos

	Sedimentos	Características gerais	Distribuição
Pleistoceno	Areias	Terraços alçados de 6 m a 7 m acima do NM. As areias são amareladas na superfície e marrom-escuras a pretas em profundidade.	SW da planície de Santos (Samaritá; Bairro Areia Branca etc.).
	Argilas transicionais (ATs)	Ocorrem de 20 m a 35 m de profundidade, às vezes, 15 m, ou até menos. Argilas médias a rijas, com folhas vegetais carbonizadas (Teixeira, 1960b). Podem apresentar, nas partes mais basais, nódulos de areia quase pura, quando argilosas, ou bolotas de argilas, quando arenosas (Petri; Suguio, 1973).	SW da planície de Santos, incluindo Alemoa e o Casqueiro Leste da planície de Santos (Ilha de Santo Amaro, próxima ao Cais Conceiçãozinha); cidade de Santos.
Holoceno	Areias	Terraços de 4 m a 5 m acima do NM. Não se apresentam impregnados por matéria orgânica. Revelam a ação de dunas.	Entre o mar e os terraços de areias pleistocênicas, com grandes extensões em Santos e Praia Grande.
	Argilas de SFL	Deposição em águas calmas de lagunas e de baías. Camadas mais ou menos homogêneas e uniformes de argilas muito moles a moles (regiões de "calmaria", Núcleo 2 da Fig. 1.10).	Cidade de Santos, Ilha de Santo Amaro e partes da Cosipa, por exemplo.
		Deposição pelo retrabalhamento dos sedimentos pleistocênicos ou sob a influência dos rios. Acentuada heterogeneidade, disposição mais ou menos caótica de argilas muito moles a moles (regiões "conturbadas", Núcleo 1 da Fig. 1.10).	Na Ilha de Santana ou Candinha. Nos vales dos rios Cubatão, Piaçaguera; Mogi; Jurubatuba etc.
	Argilas de mangues	Sedimentados sobre os SFL. Por vezes, alternâncias, de forma caótica, de argilas arenosas e areias argilosas.	Nas margens e fundos de canais, braços de marés e da rede de drenagem.

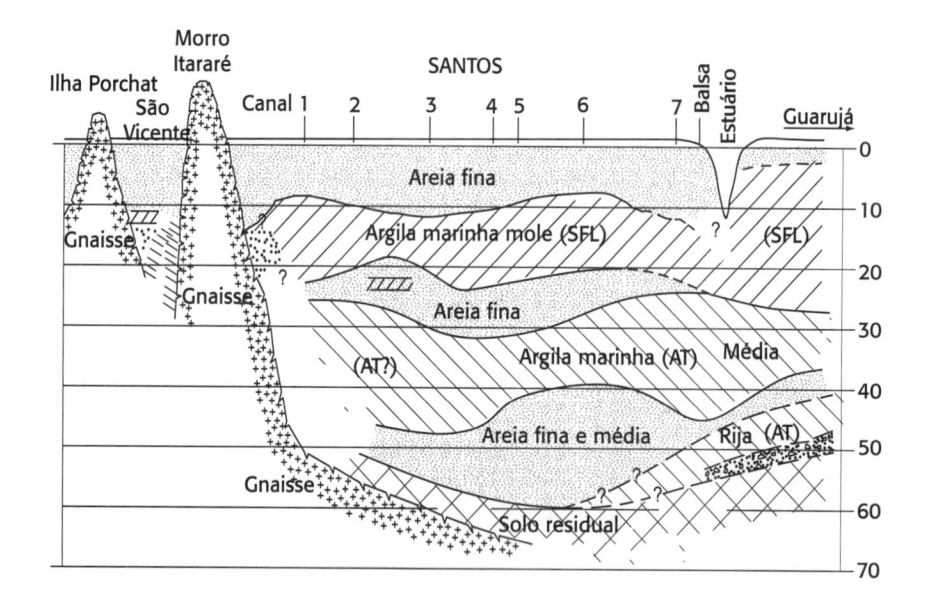

Fig. 1.11 *Provável seção geológica pela orla praiana de Santos*
Fonte: adaptado de Teixeira (1994).

O pré-adensamento

Para as argilas pleistocênicas (ATs), as pressões de pré-adensamento (σ'_p) obtidas de ensaios odométricos em amostras indeformadas extraídas de seis furos de sondagens, como ilustrado nas Figs. 1.12 e 1.13, confirmam a história geológica delineada anteriormente: elas são consistentes com as pressões totais de terra (Massad, 1999, 2004, 2009).

Com relação às argilas holocênicas (SFL), Massad (1999, 2004, 2009) identificou os seguintes mecanismos de pré-adensamento: a) a oscilação negativa do NM; b) a ação de dunas; e c) o *aging* ou envelhecimento das argilas. Para cada um de cerca de 30 perfis de história das tensões (PHT), obtidos por ensaios odométricos (Massad, 1985b, 1999, 2009), em amostras indeformadas, e por ensaios de cone

(CPTU) (Massad, 2004, 2005b, 2006, 2009), conforme indicado na Fig. 1.13, vale a seguinte relação:

$$\sigma'_p - \sigma'_{vo} = \text{constante} \quad (1.1)$$

em que σ'_{vo} é a tensão vertical efetiva inicial. A Tab. 1.1 mostra valores da constante da Eq. 1.1 para as quatro classes de argilas holocênicas (SFL), classificação esta que levou em conta tanto o tipo de sedimento aflorante quanto o mecanismo de pré-adensamento. As classes 1 e 2 predominam principalmente nas partes centrais da planície costeira de Santos e as classes 3 e 4 ocorrem na cidade de Santos. Para as classes 1 e 3, o intervalo de 20-30 kPa para a constante, indicado na Tab. 1.1, tem um significado geológico: a máxima amplitude das oscilações negativas foi de 2 m a 3 m (Massad, 1999). O efeito do *aging* pode resultar numa taxa de crescimento $\Delta\sigma'_p/\Delta\sigma'_{vo} = 1,15$ em vez de 1, como indicado pela Eq. 1.1. Na sequência, esse efeito será, em primeira aproximação, ignorado.

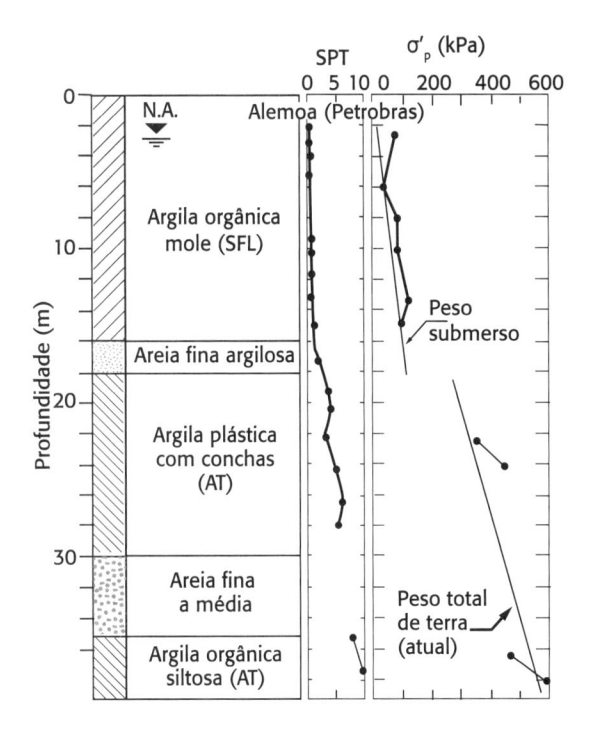

Fig. 1.12 *Perfil de história de tensões: AT e SFL*

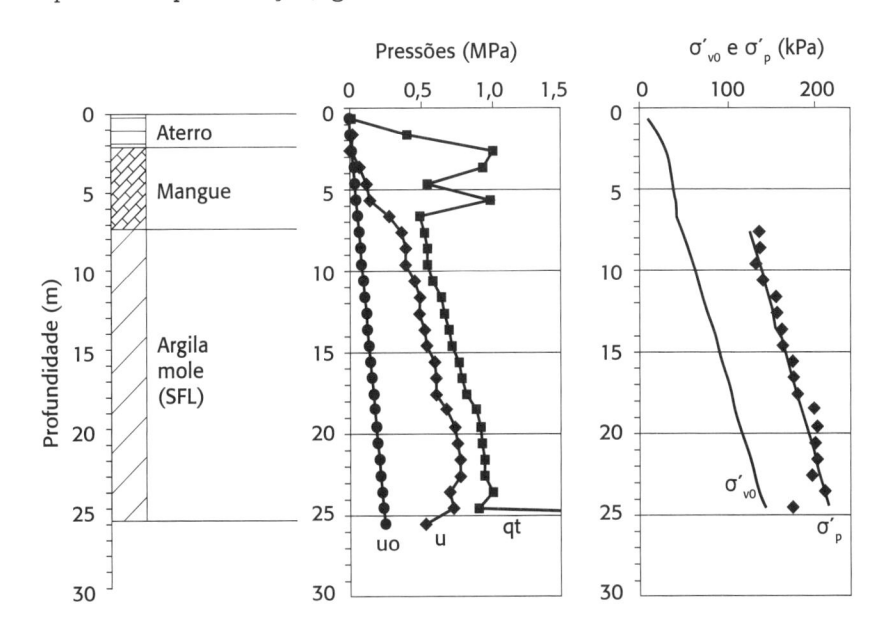

Fig. 1.13 *CPTU-9, Ilha de Santo Amaro, próximo a Conceiçãozinha*

Propriedades-índice: a diferença (identificação e classificação)

A Tab. 1.2 apresenta as principais propriedades desses sedimentos, agrupadas para destacar as semelhanças e diferenças. Como se pode constatar, as propriedades-índice são praticamente as mesmas e as diferenças residem nas *propriedades de estado*, termo usado por Vargas (1977) para designar parâmetros como a resistência ao cisalhamento, o índice de vazios e o SPT.

Tab. 1.1 Classes de argilas holocênicas (SFL) – Baixada Santista

Nº	Condição da argila	Mecanismo de pré-adensamento	SPT	RSA	Tipo de ensaio	Local	$\sigma_p' - \sigma_{vo}'$ (kPa)	c_o (kPa)
1	Aflorante	Oscilação negativa do NM	0	1,3-2,0	Oedométrico (12 PHT)	Interior da Baixada Santista	20-30	5-20 (VT)
2	Aflorante	Ação de dunas	1-4	>2,0	Oedométrico (2 PHT + 10 CPTU)	Ilha de Santo Amaro	50-120	25-35 (VT)
3	Sob camada de 8-12 m de areia	Oscilação negativa do NM	1-4	1,0-1,3	Oedométrico (4 PHT + 1 CPTU)	Orla praiana da cidade de Santos	15-30	10-20 (UU)
4	Sob camada de 8-12 m de areia	Ação de dunas	1-4	>1,4	Oedométrico (2 PHT)	Cidade de Santos	40-80	>35 (VT)

Legenda: RSA: relação de sobreadensamento; c_o: constante da expressão $s_u = c_o + c_1 \cdot z$; PHT: perfis de história das tensões; CPTU: *cone penetration test*, com medida da pressão neutra; VT: *vane test*; UU: ensaio triaxial não adensado, rápido; σ_p' e σ_{vo}': pressão de pré-adensamento e pressão vertical efetiva inicial, respectivamente.

Tab. 1.2 Síntese das propriedades geotécnicas

	Características	Mangue	SFL	AT
	Profundidade (m)	≤ 5	≤ 50	20 ≤ z ≤ 45
	δ (kN/m³)	26,5	26,6	26,0
	% < 5µ	–	20-90	20-70
	LL	40-150	40-150	40-150
	IP	30-90	20-90	40-90
	IA	1,2-2,2	0,7-3	0,8-2,0
Semelhanças	IL (%)	50-160	50-160	20-90
	$C_c/(1+e_o)$	0,35-0,39 (0,36)	0,33-0,51 (0,43)	0,35-0,43 (0,39)
	C_r/C_c (%)	12	8-12	9
	E_1/s_u [4]	–	138	143
	E_{50}/s_u [4]	–	237	234
	$s_u/\overline{\sigma}_c$ [4]	–	0,34 RSA^{0,78}	0,40 RSA^{0,60}
	$s_u/\overline{\sigma}_a$ [4]	–	0,28	0,30
	K_o (LAB)	–	0,57 RSA^{0,45}	0,58 RSA^{0,45}
	e	>4	2-4	<2
	$\overline{\sigma}_a$ (kPa)	<30	30-200	200-700
	RSA	1	1,1-2,5	>2,5
	SPT	0	0-4	5-25
	s_u (kPa)	3	10-60	>100
Diferenças	γ_n (kN/m³)	13,0	13,5-16,3	15,0-16,3
	Argilominerais	K/I	K/M/I	K/I
	Matéria orgânica	25%	6% [1]	4% [1]
	Sensitividade	–	4-5	–
	ϕ' [1] e [2]	–	24	19
	$C_{\alpha\varepsilon}$ (%)	–	3-6	–
	C_v^{LAB} (cm²/s) [3]	(0,4-400) 10^{-4}	(0,3-10) 10^{-4}	(3-7) 10^{-4}
	C_v^{LAB}/C_v^{CAMPO}	–	15-100	–

Legenda: [1] para teores de argila (% < 5µ) ≥ 50%;
[2] ϕ' de ensaios CID ou S;
[3] normalmente adensada;
[4] ensaios CIU ou R;
K: caulinita; M: montmorillonita; I: ilita.

Existe, em geral, uma característica comum às três unidades, a saber, a grande heterogeneidade dos solos, manifestada na plasticidade, textura e índices físicos em geral. Ela se reflete nos perfis do subsolo na Baixada Santista, com alternâncias de camadas de argilas e areias, e, entre elas, transições de camadas de argilas arenosas ou areias argilosas.

Por meio das propriedades-índice (Tab. 1.2), não foi possível diferenciar os sedimentos ocorrentes na Baixada Santista. As curvas granulométricas e os limites de Atterberg praticamente se sobrepõem, o que também acontece com o índice de atividade de Skempton (IA) e o índice de liquidez (IL) – tudo isso apesar de haver diferenças na composição mineralógica (Tab. 1.2). Tal fato se deve, aparentemente, à ocorrência de mais de dois argilominerais nos sedimentos das três unidades genéticas.

Constatou-se que para a diferenciação é necessário recorrer a uma propriedade de estado, tal como o índice de vazios, a resistência não drenada ou mesmo o SPT (ver a Tab. 1.2).

Propriedades de estado: as semelhanças

Antes disso, convém relembrar que o conceito de semelhança entre solos, proposto por Terzaghi, baseava-se na história geológica e nos limites de consistência. De fato, a sua premissa era: "Se vários solos com origem geológica semelhante têm limites aproximadamente idênticos, suas propriedades físicas também serão idênticas [...]" (*"If several soils with similar geologic origin have fairly identical limits, their physical properties too will be identical [...]"*). Com a ressalva de que hoje diríamos: "[...] suas propriedades físicas também serão semelhantes [...]" (*"[...] their physical properties too will be similar [...]"*), graças principalmente a Skempton, ao correlacionar a relação c/σ'_p com o índice de plasticidade (IP):

$$\frac{c_1}{\sigma_{p1}} = \frac{c_2}{\sigma_{p2}} = \frac{c_3}{\sigma_{p3}} = \ldots = f(IP) \tag{1.2}$$

Modernamente, os conceitos estabelecidos pelos modelos Shansep (Stress History and Normalized Soil Engineering Properties) e Ylight (Yield Locus Influenced by Geological History and Time) refletem a questão da semelhança entre solos, e é o que se constata para os solos da Baixada Santista: as suas propriedades de engenharia são semelhantes. Isto é, quando adimensionalizadas, propriedades como o módulo de deformabilidade (E), a resistência não drenada (s_u) e mesmo o coeficiente de empuxo em repouso (K_0) aproximam-se entre si, como revela a Tab. 1.2.

? Questão para pensar

No Cap. 1 do livro *Introdução à Mecânica dos Solos* (1977), como o Prof. Milton Vargas classifica os solos de um perfil de decomposição de rocha na Região Centro-Sul do Brasil?

Descrição e armazenamento das amostras e determinação dos índices físicos | 2

2.1 Descrição e armazenamento das amostras

A primeira preocupação de quem executa ensaios de laboratório reside na qualidade da amostra recebida, pela qual não é responsável.

Essa marginalização, provocada pela especialização profissional do meio geotécnico, força que algumas precauções bastante elementares sejam tomadas a fim de permitir uma avaliação *a posteriori* dessa qualidade, a começar pela observação do tipo e estado da embalagem, pela designação ou nomeação da amostra em etiquetas a ela afixadas, incluindo-se informações sobre o local de extração, sua profundidade etc.

Abrir a amostra e identificá-la pelo tato, por exemplo, permite um confronto com a classificação de campo, o que, vez por outra, tem evitado a execução de ensaios em outros solos que não os escolhidos.

Permite também avaliar o grau de perturbação de amostras supostamente indeformadas, por meio de técnicas baseadas na variação da cor de um solo com a sua secagem (ver Lambe (1951), por exemplo).

É frequente ouvir o argumento de que rigores na precisão de ensaios esbarram na realidade das condições erráticas dos solos no campo. Isso significa que os índices físicos podem variar muito num mesmo solo, em vista de sua heterogeneidade, a tal ponto de Lambe (1951) citar um caso em que, numa distância de 5 cm, o teor de umidade oscilou na faixa de 25% a 57%. Mesmo concordando com a validade desse argumento, é preciso reconhecer que um certo nível de precisão é desejável para se obterem valores consistentes dos parâmetros dos solos. A questão da heterogeneidade é assunto a ser levado em conta numa outra etapa, na qual intervém o bom senso ou a criatividade do engenheiro de solos. Além disso, só se pode inferir a heterogeneidade se as medidas forem suficientemente (e não excessivamente) precisas.

Como não se fará nenhuma menção às técnicas de amostragem, remete-se o leitor à obra clássica de Hvorslev (1948) e ao trabalho de Mohr (1940). Referências modernas e atuais sobre técnicas de amostragem em solos e rochas brandas, inclusive com o controle de qualidade, podem ser encontradas em Fonseca, Ferreira e Cruz (2001).

2.1.1 Identificação e descrição das amostras de solo

Antes do início de qualquer ensaio de laboratório, deve-se primeiramente examinar a amostra a ser utilizada e oferecer uma sucinta classificação do solo por meio de uma descrição das condições em que ela se encontra.

Existem três razões para a identificação e descrição das amostras de solos:

a. esse procedimento auxilia o técnico a desenvolver, com o tempo, uma certa sensibilidade em prever comportamentos do solo pelo simples tato;
b. a descrição do solo auxilia na interpretação dos resultados a serem obtidos após o ensaio, podendo, inclusive, responder a questões diante de resultados inesperados; e
c. possibilita comprovar, em laboratório, uma classificação preliminar efetuada no campo, quando da retirada da amostra, ou mesmo constatar erros na numeração das amostras, como, aliás, foi mencionado na introdução deste capítulo.

Identificação tátil-visual: testes manuais

Deve-se, inicialmente, identificar o solo como sendo uma areia, uma argila, um silte ou uma mistura desses componentes. A distinção entre os dois primeiros é relativamente fácil, já a diferenciação entre os dois últimos é mais difícil, principalmente para iniciantes.

Se um solo é predominantemente de granulação grosseira, isto é, mais de 50% de suas partículas podem ser distinguidas individualmente a olho nu, ele pode ser identificado como um pedregulho ou uma areia. Será um pedregulho se 50% ou mais dos grãos tiverem diâmetro maior do que 5 mm (correspondente à peneira nº 4).

Para auxiliar na diferenciação entre uma argila e um silte, existem três testes relativamente rápidos, a saber: resistência a seco, a dilatância e a plasticidade.

a. *Resistência a seco (resistência ao esmagamento)*. Tomar-se uma porção de solo, umedecê-lo e, após remodelá-lo, formar uma bola. Secá-la completamente ao sol ou na estufa e determinar sua resistência esmagando-a e reduzindo-a a pó entre os dedos. Essa resistência, chamada resistência a seco (*dry strength*), é uma medida da plasticidade do solo e grandemente influenciada pela fração coloidal nele existente. A resistência a seco é considerada pequena se a amostra for facilmente reduzida a pó; média se for necessária uma considerável pressão dos dedos; e elevada se essa operação for impossível.
b. Shaking test (*reação à vibração*). Adicionar água a uma porção de solo de forma a saturá-lo, tornando a amostra macia, mas não pegajosa. Colocar a pasta na palma da mão e sacudi-la horizontalmente, batendo-a vigorosamente contra a outra mão diversas vezes. Se surgir água na superfície da pasta durante a vibração e esse líquido desaparecer ao se apertar a pasta com movimentos da palma da mão, tem-se uma reação positiva. A reação é rápida se a água aparece e desaparece rapidamente; lenta se

a água aparece e desaparece devagar; e negativa quando as condições anteriores não se verificam. Um silte apresenta reação rápida, enquanto uma argila gorda reage negativamente.

c. *Consistência nas proximidades do limite de plasticidade* (toughness). Moldar uma porção de solo numa pasta de consistência mole. Se a amostra estiver seca demais, adicionar água, mas, se estiver pegajosa demais, deixá-la secar um pouco. Enrolar, então, a pasta sobre uma superfície lisa ou entre as palmas das mãos até atingir o limite de plasticidade. Depois que o rolinho se fragmentar, juntar os pedaços e continuar com uma leve ação de amassamento até que a porção esmigalhe. Se a porção puder continuar a ser enrolada quando estiver ligeiramente mais seca que o LP (limite de plasticidade) e se uma elevada pressão dos dedos é necessária para enrolar o rolinho, então diz-se que o solo possui *toughness* (dureza) elevada; o solo terá *toughness* média quando a dureza do rolinho for média e a massa formada com seus fragmentos esmigalhar logo abaixo do LP; e, finalmente, a *toughness* será pequena se o rolinho for frágil, fragmentando-se facilmente sem que se forme uma massa mais seca que o LP. Uma argila apresenta *toughness* elevada; um silte, baixa.

Itens de uma descrição dos solos

Uma vez feita a identificação, deve-se, então, iniciar a descrição do solo, observando-se os itens que seguem.

- ▶ *Cor*: esta característica pode ser bastante útil para se identificar a presença de certos minerais, tais como o óxido de ferro, que dá uma certa coloração vermelho-escura ao solo, ou a presença de matéria orgânica. Convém lembrar, entretanto, que a cor do solo está na dependência da umidade em que este se encontra, não sendo, portanto, uma característica permanente. A cor escura indica a presença de matéria orgânica.
- ▶ *Odor*: característica bem pronunciada quando se trata de solos orgânicos. Amostras recentes desses solos têm, em geral, um cheiro característico de matéria orgânica em decomposição. As argilas inorgânicas, quando úmidas, apresentam um "cheiro de terra" inconfundível.
- ▶ *Origem geológica*: deve-se procurar informações geológicas disponíveis sobre a região de proveniência da amostra. Mesmo assim, existem situações em que é difícil fazer um julgamento sobre a origem geológica, por exemplo, se a amostra que se tem é proveniente de um coluvião ou de um solo residual. A observação cuidadosa da natureza do local da extração, aliada a conhecimentos sobre a rocha matriz e o maciço rochoso (descontinuidades), pode possibilitar essa distinção. No exemplo citado, ocorre, com frequência, camada de seixos entre os dois horizontes.
- ▶ *Minerais presentes*: a identificação de minerais em areias, dos quais o quartzo é o que tem maior destaque, pode ser feita facilmente, o que não ocorre com os argilominerais (montmorillonita, caulinita, haloisita etc.).

Entretanto, é justamente no comportamento das argilas que os minerais têm maior influência, sendo o comportamento das areias, em geral e em contrapartida, pouco influenciado pelos minerais presentes.

- *Presença de matéria orgânica ou outros elementos estranhos*: a presença de matéria orgânica pode ser detectada pelo seu odor característico e por conferir uma cor escura ao solo, como já foi dito anteriormente. Elementos estranhos, como raízes, conchas etc., podem auxiliar em muito na caracterização da origem do solo a ser estudado.
- *Estrutura*: denomina-se estrutura de um solo o arranjo ou a configuração de suas partículas. Para as argilas sedimentares, os arranjos possíveis podem ser extremamente variados e complexos, pois as partículas, além de estarem sob a ação da gravidade, sofrem a ação de potenciais elétricos de repulsão ou de atração, como se verá em outro capítulo. Pode-se adiantar que tais estruturas dependem de diversos fatores, como tipos de minerais – argila presente e cátions dissolvidos na água etc. Certas argilas apresentam estrutura instável, destruída com o remoldamento. As macroestruturas de solos residuais são de grande importância e designadas pelos nomes das estruturas da própria rocha originária. No caso de solos com avançada evolução pedológica, pode-se ter também uma macroestrutura diferente da já mencionada, na qual se enquadrariam os solos da Região Centro-Sul do Brasil, os chamados solos *porosos*. Trata-se de solos laterizados cuja estrutura, constituída de macroporos, visível a olho nu, é proveniente da lixiviação, pelas águas de chuva, de sílica e matéria coloidal, que são depositadas nas camadas inferiores. É usual encontrar concreções de limonita na altura do nível de água, com espessuras de centímetros a decímetros, resultado do processo de laterização já descrito brevemente. Como esse nível pode variar ao longo do tempo, essas concreções podem se dispor em vários níveis de profundidade.
- *Nomes regionais*: os nomes regionais dos solos devem ser preservados, pois, vez por outra, revelam alguma característica especial e importante. Os exemplos são inúmeros entre nós, citando-se o solo que ocorre no Sul do Brasil e que em Araucária, Paraná, recebe o nome de "sabão de caboclo". Taludes naturais desses solos são bastante suaves, compatíveis com o ângulo de atrito residual, da ordem de 10°, e, em épocas de chuvas, tornam-se escorregadios. Análises mineralógicas indicaram a predominância do mineral argila conhecido como saponita.

Registro e etiquetas

Para qualquer tipo de amostra, deformada ou indeformada, procede-se ao registro e etiquetagem logo após sua chegada ao laboratório.

As etiquetas devem conter informações como: o projeto ou local da obra, a data de recebimento; o número da amostra e da sondagem ou poço. É necessário também assinalar o topo e a base das amostras indeformadas. Nestas, as etiquetas são fixadas por meio de parafinagem, já no caso de amostras deformadas colocadas em sacos plásticos, costuma-se amarrar as etiquetas com barbante.

O registro é feito em livros apropriados, lançando-se, além das informações indicadas anteriormente, as profundidades do topo e da base da amostra; a sua localização no laboratório; o tipo de amostra (vidro, plástico, bloco parafinado etc.); o seu tamanho original; entre outras. Às vezes, anota-se na etiqueta apenas um número que remete a um livro de registros, que contém as informações relevantes.

No caso de tubos selados, em vez de usar etiquetas, pode-se escrever na superfície externa dos próprios tubos. As etiquetas também podem ser presas ao tubo ou dobradas e inseridas na sua parte superior, que, em geral, é vazia.

2.1.2 Notas sobre a preservação, o armazenamento e o manuseio das amostras

O ideal é que as amostras de solo provenientes do campo sejam ensaiadas logo após a sua chegada ao laboratório. Entretanto, isso nem sempre é possível, por vários motivos, por exemplo: quando o programa de ensaio é longo (alguns meses), ou quando o laboratório não pode atender, de imediato, à solicitação de ensaios, ou ainda nos casos de pesquisas como aquelas sobre os efeitos tixotrópicos em certos parâmetros geotécnicos.

Já se tornou rotina o armazenamento das amostras, devendo-se observar cuidados especiais não só para esse fim como também no seu manuseio.

Preservação das amostras de solo

Após a extração das amostras, o principal problema é como protegê-las para evitar variações na unidade e na composição química.

As amostras deformadas costumam ser armazenadas em sacos plásticos ou em frascos com tampa. Quando a manutenção do teor de umidade natural não é essencial, usam-se sacos de tecidos; no entanto, o período de armazenamento não pode ser longo, pois o tecido se deteriora com o tempo.

Já as amostras indeformadas são preservadas cobrindo-as totalmente com cera ou deixando-as em tubos selados, com cera em suas extremidades.

a. *Parafinagem*

Apesar de a parafina ser a pior dentre 12 tipos de ceras testadas por Osterberg e Tseng (1946), por ser a mais barata, ela é a mais utilizada. Ela é mais quebradiça e mais suscetível ao trincamento, durante o endurecimento, e mais permeável à água do que as outras ceras.

As experiências de Osterberg e Tseng (1946) revelaram, ademais, o que segue:

▶ para um período de 300 dias, porções do mesmo solo, na mesma umidade, protegidos pelos diversos tipos de ceras, perdem aproximadamente iguais pesos dentro ou fora da câmara úmida;

- a parafina permitiu maior perda de peso do que as outras ceras, cerca de 8% em 300 dias;
- as ceras devem ser aquecidas apenas alguns graus acima de seus respectivos pontos de fusão; superaquecimentos as tornam mais quebradiças e mais permeáveis: as ceras perdem alguns de seus componentes mais voláteis (hidrocarbonetos); e
- telas de tecido, colocadas entre camadas de cera, reduziram bastante a sua tendência de trincar quando resfriadas.

Qual seria, então, a função das câmaras úmidas?

Aparentemente, elas reduzem a tendência de perda de água do solo e da plastificação da cera, desde que a umidade relativa do ar esteja em torno dos 100%. Aliás, segundo Hvorslev (1948), outras desvantagens da parafina referem-se à sua característica de plasticidade: ela deforma, é difícil de trabalhar e exige um dispêndio de tempo excessivo durante o verão. Esse autor relata alguns casos de amostras envolvidas por parafina que apresentaram uma pequena perda de peso durante 1 a 2 anos de armazenamento; no entanto, após esse período de tempo, houve perdas acentuadas e rápidas, causadas por deformações plásticas que reduziram a espessura da parafina, forçando o surgimento de pequenos buracos. Vejam-se os casos 4, 5 e 6 indicados na Tab. 2.1. Essa tabela mostra a evolução do peso de amostras de um mesmo solo, bastante homogêneo, armazenadas de diversas maneiras.

Tab. 2.1 Influência de condições de armazenagem no teor de umidade de amostras de solos

Nº	Condição	Dias					Mês	Anos		
		1/2	1	2	4	12	1	1	1,5	3,5
1	Sem proteção	3,4	6,5	11,9	18,2	20,4	21,1	20,4	21,2	21,3
2	Coberta com uma folha de papel encerado	0,4	0,8	1,5	2,8	9,7	20,6	20,4	21,2	21,2
3	Coberta com duas folhas de celofane	0,1	0,1	0,3	0,5	1,0	2,4	20,4	21,2	21,2
4	Parafinada com pinceladas (1,6 mm)	0	0	0	0	0	0	1,2	4,4	15,0
5	Parafinada por imersão (3,2 mm)	0	0	0	0	0	0	0,1	0,1	8,3
6	Parafinada por injeção, isto é, despejando parafina (12,7 mm)	0	0	0	0	0	0	0,2	0,2	7,8
7	Tubo selado com *plug* de parafina de 19 mm de espessura	0	0	0	0	0	0	6,3	21,1	21,9
8	Tubo selado com *plug* de parafina de 19 mm e disco metálico	0	0	0	0	0	0	0,4	1,5	19,6
9	Idem nº 7 mais tampa	0	0	0	0	0	0	3,1	7,5	20,9

Notas: as quantidades indicam as perdas de peso, expressas em porcentagem do peso inicial; o teor de umidade natural era de 28%.
Fonte: Hvorslev (1948).

Os dois melhores processos de parafinagem consistem em a) imersão de amostra em parafina e b) jogar parafina sobre a amostra.

É aconselhável dar umas pinceladas de parafina sobre a amostra antes de sua imersão, pois, procedendo dessa forma, força-se a cera a se solidificar rapidamente, minimizando sua penetração em trincas e poros do solo. A seguir, imerge-se a amostra diversas vezes, até que a película de parafina tenha, no mínimo, espessura de 3 mm.

A imersão de grandes porções de amostras é desaconselhável. Usualmente, elas são colocadas em caixas de madeira desmontáveis, com dimensões maiores do que a dos blocos de solos, e o espaço vazio é preenchido jogando-se parafina. A película de parafina, cuja espessura mínima é de 1 cm, não é tão uniforme e resistente quanto aquela obtida por imersão. Após a retirada da amostra da caixa de madeira, pode-se envolvê-la com tela de tecido e, posteriormente, cobri-la com pinceladas de cera. Quando o solo é muito poroso ou contém materiais granulares, a amostra pode ser coberta com papel encerado antes de se derramar a parafina. Finalmente, se o espaço a ser preenchido é pequeno, a parafina deve ser lançada numa temperatura bem acima de seu ponto de fusão, de modo que possa penetrar até o fundo da caixa ou recipiente.

O peso de blocos de grandes dimensões, aliado a temperaturas elevadas, pode levar a parafina à plastificação na sua base, reduzindo a sua espessura e provocando pequenos buracos.

Quando o bloco permanecer de um dia para o outro fora da câmara úmida, é necessário pincelar as partes expostas ao ar com parafina líquida.

b. *Tubos selados*

Há algumas vantagens em extrair os solos dos amostradores:

▶ o amostrador fica em disponibilidade para reúso;
▶ a amostra pode ser examinada no seu todo, evitando-se eventual migração de água de uma parte para outra, se ela for heterogênea ou se houver uma parte remoldada; e
▶ evita-se o contato solo-metal, eliminando-se o risco de reações químicas e eletrolíticas, que podem provocar descoloração do solo e sua secagem, quando não produzem uma forte ligação solo-metal (adesão).

Esses últimos efeitos, que provocam a corrosão do tubo metálico, dependem do tipo de metal, do solo, dos sais dissolvidos na água dos poros e da presença de ar. A corrosão pode ser diminuída untando-se o interior do tubo com óleo, laqueando-o.

Para aumentar a eficiência do selo de parafina colocado nas extremidades do tubo – selo este que, ao se solidificar, contrai-se, abrindo um espaço anelar no seu contato com o metal –, recomenda-se o uso de discos metálicos entre duas camadas de parafina.

Esses discos funcionam também como reforço da parafina, especialmente quando se é obrigado a armazenar os tubos horizontalmente, o que, em temperaturas elevadas, pode levar a parafina a plastificar-se, abrindo canais em direção à amostra. Amostras guardadas dessa forma por Hvorslev (1948) não apresentaram perdas de peso significativas durante 1,5 ano. Comparem-se os casos 7 e 8 da Tab. 2.1.

A colocação de tampas nas extremidades do tubo melhora as condições de armazenagem, como mostra o caso 9 da Tab. 2.1.

Manuseio de amostras indeformadas

Trabalhar, sempre que possível, em câmaras úmidas e não tocar diretamente nas amostras, valendo-se, em vez disso, de papel encerado ou celofane, são alguns cuidados a serem tomados no manuseio das amostras.

É importante também tomar algumas precauções na extrusão de solos de amostradores. Observar, inicialmente, se a superfície da amostra está plana e perpendicular ao eixo do amostrador, evitando-se, assim, deformações plásticas numa parte da amostra. Ademais, a amostra deve ser retirada da base para o topo, tal como penetrou no amostrador, procedimento que não força uma reversão no *pattern* de deformação do solo, causado pela amostragem.

Certos tipos de ensaios, como o de permeabilidade, podem ser realizados no próprio tubo, com a vantagem de não perturbar o solo.

Amostra indeformada

2.2 Índices físicos: generalidades

É curioso notar que os pioneiros da Mecânica dos Solos tenham se valido muito do conceito de índice de vazios em detrimento da porosidade, aparentemente porque variações do primeiro, por ser uma relação entre o volume de vazios e o volume de sólidos, este último invariante, são medidas de deformações volumétricas.

Em símbolos, têm-se:

$$e = \frac{V_v}{V_s} \quad (2.1)$$

e

$$\eta = \frac{V_v}{V_v + V_s} \quad (2.2)$$

em que V_v é o volume de vazios; V_s, o volume dos sólidos; e, o índice de vazios; e η, a porosidade.

O volume total, para um volume unitário de sólidos, é:

$$v = 1 + e$$

e a deformação volumétrica específica (ε):

$$\varepsilon = \frac{\Delta v}{v} = \frac{\Delta e}{1+e} \quad (2.3)$$

Outro índice de importância capital é o teor de umidade relativa de um solo (h), definido por:

$$h = \frac{P_a}{P_s} \quad (2.4)$$

isto é, como sendo a relação entre o peso da água dos poros (P_a) e o peso dos sólidos (P_s). Por ora, será focada apenas a relação matemática, deixando para uma discussão posterior a questão do que é a água dos poros.

A densidade dos grãos, ou seja,

$$\delta = \frac{P_s}{V_s} \quad (2.5)$$

é, dos índices físicos, o que apresenta maior dificuldade de determinação em laboratório. Ela varia num intervalo de valores relativamente estreito, em função dos minerais constitutivos das partículas, conforme a Tab. 2.2.

Os outros índices usados na Mecânica dos Solos são:

a. densidade natural, ou seja, peso total ou úmido do solo (P_u) dividido pelo volume total (V):

$$\gamma_n = \frac{P_u}{V} \quad (2.6)$$

b. densidade aparente seca:

$$\gamma_s = \frac{P_s}{V} \quad (2.7)$$

c. grau de saturação, isto é, relação entre o volume de água (V_a) e o volume de vazios:

$$S = \frac{V_a}{V_v} \quad (2.8)$$

Tab. 2.2 Densidade dos grãos e tipos de minerais

Quartzo	2,65
Feldspato K	2,54-2,57
Feldspato Na-Ca	2,62-2,76
Calcita	2,72
Muscovita	2,85
Biotita	2,8-3,2
Clorita	2,6-2,9
Caulinita	2,64
Haloisita ($2H_2O$)	2,55
Ilita	2,60-2,86
Montmorillonita	2,75-2,78
Atapulgita	2,30
Fonte: Lambe e Whitman (1969).	

As seguintes relações, que podem ser deduzidas facilmente (Pinto, 2000), serão de utilidade neste e nos capítulos seguintes:

$$\gamma_s = \frac{\gamma_n}{1+h} \quad (2.9A)$$

$$e = \frac{\delta}{\gamma_s} - 1 \quad (2.9B)$$

$$e \cdot S = \frac{\delta \cdot h}{\gamma_o} \quad (2.9C)$$

É fácil constatar que, em geral, basta o conhecimento de três índices físicos para que os outros sejam determinados.

2.3 Teor de umidade

2.3.1 Conceito físico e técnica de ensaio

A relação puramente formal dada pela Eq. 2.4 deve ser substituída por uma definição mais física: o teor de umidade é a relação entre a perda de peso de uma amostra de solo e o seu peso após secagem em estufa até constância de peso, com temperatura mantida entre 105 °C e 110 °C.

Não há nenhuma razão de ser para esses níveis de temperatura, como mostrou exaustivamente Lambe (1951). Os 105-110 °C não têm nenhum significado físico; ademais, o uso do dessecador a vácuo pode conduzir a teores de umidades outros que os da definição.

Para solos orgânicos, costuma-se sugerir a manutenção da temperatura de 60 °C na estufa, para evitar a oxidação de matéria e a ocorrência de transformações irreversíveis no solo; a primeira consequência levaria a um teor de umidade maior do que o real. Em alguns casos, a única diferença é o tempo necessário para se atingir a constância de peso (Fig. 2.1); em outros, porém, ocorrem diferenças na umidade (Fig. 2.2).

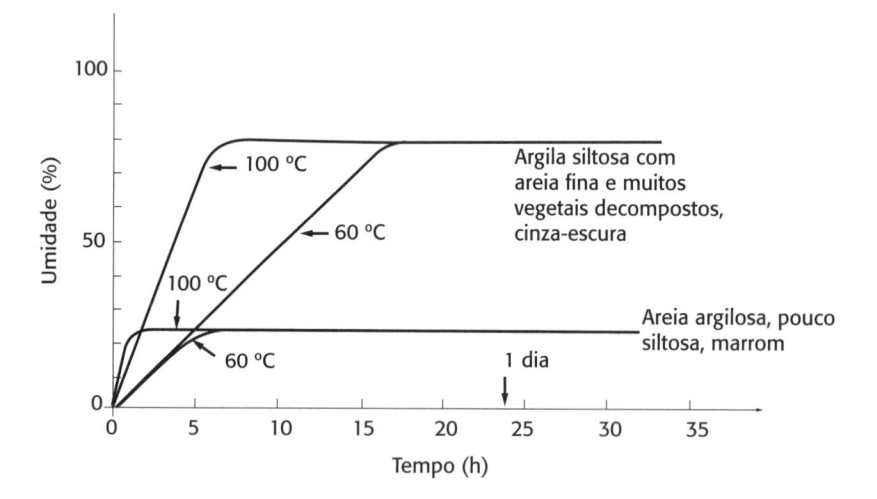

Fig. 2.1 *Influência da temperatura no tempo de permanência de solos orgânicos na estufa*

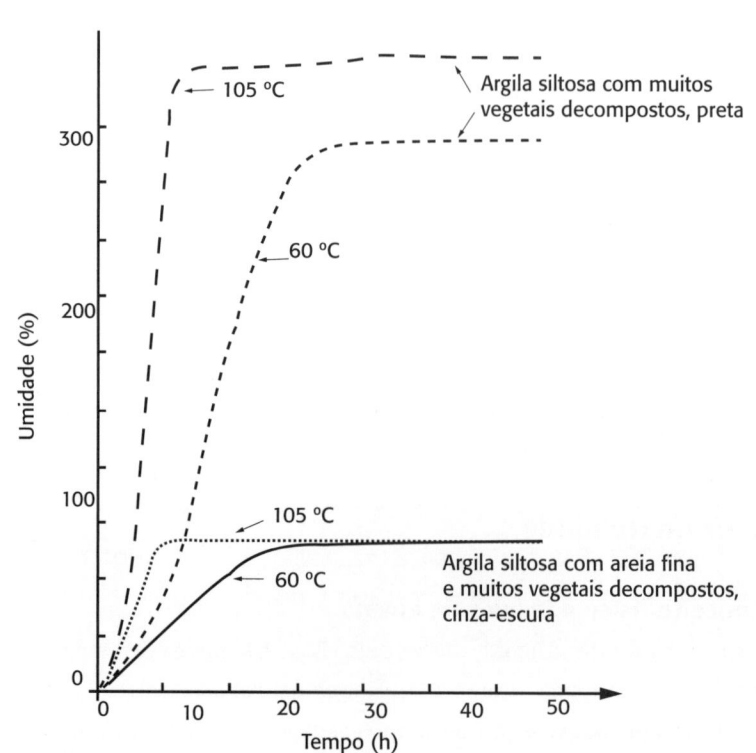

Fig. 2.2 *Influência da temperatura da estufa nos valores da umidade (h) de solos orgânicos*

Solos que contêm haloisita na sua forma mais hidratada devem ser tratados com cuidado, uma vez que a 50 °C esse mineral perde água irreversivelmente. Esse fato já acarretou desencontros no controle de compactação, pois a secagem prévia do material era suficiente para que sucedesse a transformação mencionada.

Em vez da estufa, usam-se às vezes dessecadores a vácuo (740 mmHg), pretendendo-se, com isso, remover apenas a água dos poros, sem tocar na água adsorvida, deixando, portanto, sem alteração a concentração eletrolítica do sistema partícula-água da camada dupla. Embora se esteja pisando no terreno da possibilidade, o fato é que a secagem por esses processos exige um longo tempo até se atingir o equilíbrio (constância de peso). Enquanto o dessecador com cloreto de cálcio (temperatura de 21 °C a 26 °C) toma 12 dias para secar uma amostra de argila montmorillonítica, um dessecador a vácuo precisará de três dias; para um solo arenoso, essas diferenças de tempo não são significativas.

Em geral, o tempo necessário para se atingir constância do peso é função do tipo de solo (argiloso ou arenoso), do tamanho da amostra e de sua forma.

Apesar de bastante simples, a determinação do teor de umidade deve ser feita com alguns cuidados:

a. é preferível o uso de lentes de "vidro de relógio", presas com grampos, em vez de cápsulas de alumínio, por conta de sua corrosão, com a consequente mudança de peso; e

b. nunca transferir o recipiente da estufa para o prato da balança, que, por aquecimento diferencial, pode acusar peso errôneo. O resfriamento deve ser feito em dessecador, usando-se sílica-gel, cloreto de cálcio (CaCl$_2$) ou sulfato de cálcio (CaSO$_4$), para manter seco o ar ambiente. Lambe (1949) mostra que os solos montmorilloníticos podem reabsorver até 2,3% de umidade do ar (umidade relativa de 50% a 60%) e até 1% em dessecador com cloreto de cálcio. Sugere, inclusive, a possibilidade de usar certas argilas no lugar do cloreto de cálcio, tal a facilidade em reabsorver a água.

Secagem das amostras em forno controlado

A norma brasileira referente à medida do teor de umidade é a NBR 6457 (ABNT, 1986a).

2.3.2 Precisão da medida em laboratório

Uma das maiores fontes de erro na medição da umidade em laboratório é a não constância da temperatura na estufa. Desvios de 40 °C e até mesmo 100 °C já foram observados.

Foram feitas medições de temperatura em várias posições dentro de uma estufa. A resistência elétrica encontrava-se na base e os pontos de medida estão indicados na ilustração presente na Tab. 2.3. As leituras de temperatura, feitas com pares termoelétricos, iniciaram-se às 11h40, quando a porta foi fechada. Nesse momento, a temperatura no ponto 0 foi de 64,7 °C. A Tab. 2.3 mostra as variações observadas.

Tab. 2.3 Variações de temperatura observadas em estufas sem circulação de ar

Ponto/hora	11h45	11h50	11h55	Média
0	127,3	156,8	151,5	145
1	94,1	107,6	113,6	105
2	98,2	113,2	117,8	110
3	97,8	110,3	116,3	108
4	97,3	109,1	114,7	107

Na região de uso da prateleira, pontos 1, 2 e 3, a média foi de 108 °C.

Para evitar esse tipo de problema, as estufas devem ser providas de sistema de circulação de ar no seu interior, e verificações periódicas de sua temperatura precisam ser feitas.

Sendo $\bar{P}_u$ o peso do recipiente com o solo úmido, $\bar{P}_s$ o peso do recipiente com o solo seco, após se atingir constância de peso, e P_c o peso do recipiente limpo (tara), tem-se:

$$\bar{P}_u = P_u + P_c$$

$$\bar{P}_s = P_s + P_c$$

em que P_u e P_s são os pesos úmido e seco do solo, respectivamente.

Supondo que ΔP seja a precisão da balança usada, o máximo erro no teor de umidade é dado por:

$$\Delta h = \frac{(\bar{P}_u + \Delta P) - (\bar{P}_s - \Delta P)}{(\bar{P}_s - \Delta P) - (P_c + \Delta P)} - \frac{\bar{P}_u - \bar{P}_s}{\bar{P}_s - \bar{P}_c}$$

ou, após transformações:

$$\frac{\Delta h}{h} = \frac{\Delta(\bar{P}_u - P_s)}{(\bar{P}_u - \bar{P}_s)} - \frac{\Delta(\bar{P}_s - P_c)}{(\bar{P}_s - P_c)}$$

ou ainda, na pior hipótese de combinação de erros em P_u, P_s e P_c:

$$\frac{\Delta h}{h} = \frac{2\Delta P}{P_a} + \frac{2\Delta P}{P_s} = \frac{2\Delta P}{P_s}\left(\frac{P_s}{P_a} + 1\right)$$

$$\therefore \frac{\Delta h}{h} = \frac{2\Delta P}{P_u} \cdot \frac{(1+h)^2}{h} \qquad (2.10)$$

A Tab. 2.4, que será útil para extrair algumas conclusões interessantes, mostra como varia a função $(1 + h)^2/h$, cujo mínimo encontra-se em 100% de teor de umidade:

Tab. 2.4 Variação da função $(1 + h)^2/h$

h (%)	$\dfrac{(1+h)^2}{h}$	h (%)	$\dfrac{(1+h)^2}{h}$
1	102	50	4,5
2	52	75	4,1
5	22	100	4,0
10	12	150	4,1
20	7,2	200	4,5
30	5,6	300	5,3
40	4,9	400	6,3

a. Inicialmente, vê-se que, para obter precisão equivalente, amostras de solos argilosos (teores de umidade mais elevados) devem ser menores do que as de solos arenosos.

b. O erro relativo do teor de umidade ($\Delta h/h$), quando ele varia de 30% a 200% e quando se trabalha com balança tal que

$$\frac{\Delta P}{P_u} = \frac{1}{1.000},$$

é da ordem de

$$\frac{\Delta h}{h} = 2 \times \frac{1}{1.000} \times 4{,}5 \cong \frac{1}{100}$$

ou 1%.

c. A pesagem de 20 g de solo com balança sensível a 0,01 g fornece um teor de umidade de igual precisão ao obtido em uma pesagem de 2.000 g do mesmo solo com balança sensível a 1 g.

2.3.3 Efeito da umidade nos outros índices físicos

O efeito isolado da umidade é acentuado na determinação de e, η e δ, e o grau de saturação é pouco afetado.

De fato, suponham-se conhecidos γ_n, h e δ e imagine-se que na determinação da densidade dos grãos o peso seco foi obtido pelo peso úmido (P_u) e o teor de umidade, por meio da equação:

$$P_s = \frac{P_u}{1+h}$$

Dessa forma, pode-se provar que, supondo-se que Δh é pequeno:

$$\frac{\Delta \gamma_s}{\gamma_s} = -\frac{h}{1+h}\left(\frac{\Delta h}{h}\right) \qquad (2.11\text{A})$$

$$\frac{\Delta \delta}{\delta} = +\frac{(\delta/\gamma_o - 1)h}{1+h}\left(\frac{\Delta h}{h}\right) = -(\delta/\gamma_o - 1)\frac{\Delta \gamma_s}{\gamma_s} \qquad (2.11\text{B})$$

$$\frac{\Delta e}{e} = \frac{1+e}{e}\cdot \delta/\gamma_o \cdot \frac{h}{1+h}\left(\frac{\Delta h}{h}\right) = +\frac{\delta/\gamma_o}{\eta}\cdot \frac{h}{1+h}\cdot \frac{\Delta h}{h} \qquad (2.11\text{C})$$

$$\frac{\Delta S}{S} = \frac{1-S}{1+h}\left(\frac{\Delta h}{h}\right) = -\frac{(1-S)}{h}\left(\frac{\Delta \gamma_s}{\gamma_s}\right) \qquad (2.11\text{D})$$

Fixando-se $\delta = 27$ kN/m³, pode-se construir as Tabs. 2.5 e 2.6, esta última sintetizando os resultados obtidos. Constata-se, portanto, que erros em h influem muito mais em e e δ e que S é pouco afetado.

Tab. 2.5 Variações de diversas funções do teor de umidade (h)

h (%)	$\dfrac{h}{1+h}$	$\dfrac{(\delta/\gamma_o - 1)h}{1+h}$	$\dfrac{\delta/\gamma_o}{\eta} \cdot \dfrac{h}{1+h}$		$\dfrac{1-S}{1+h}$		
			$\eta = 40\%$	$\eta = 80\%$	$S = 20\%$	$S = 50\%$	$S = 80\%$
5	0,05	0,08	0,32	0,16	0,76	0,48	0,19
10	0,09	0,15	0,61	0,31	0,73	0,45	0,18
20	0,17	0,28	1,13	0,56	0,67	0,42	0,17
50	0,33	0,57	2,25	1,12	0,53	0,33	0,13
100	0,50	0,85	3,38	1,64	0,40	0,25	0,10
500	0,83	1,42	5,63	2,82	0,13	0,08	0,03

Tab. 2.6 Erros em e, δ e S em função do teor de umidade (h)

h	$\dfrac{\Delta e}{e}$	$\dfrac{\Delta \delta}{\delta}$	$\dfrac{\Delta S}{S}$
10% a 20%	$(0{,}3 \text{ a } 1)\dfrac{\Delta h}{h}$	$(0{,}1 \text{ a } 0{,}3)\dfrac{\Delta h}{h}$	$0{,}5\dfrac{\Delta h}{h}$
50%	$(1 \text{ a } 2)\dfrac{\Delta h}{h}$	$0{,}5\dfrac{\Delta h}{h}$	$0{,}3\dfrac{\Delta h}{h}$
100% a 500%	$(2 \text{ a } 6)\dfrac{\Delta h}{h}$	$1{,}0\dfrac{\Delta h}{h}$	$0{,}2\dfrac{\Delta h}{h}$

Essas conclusões são corroboradas por uma análise qualitativa das seguintes equações:

$$\delta = \frac{\gamma_o}{1 - \dfrac{P_{sa} - P_a}{P_s}} \tag{2.12A}$$

em que P_{sa} e P_a são, respectivamente, o peso do picnômetro com solo e só com água, cuja demonstração será feita na seção 2.5 deste capítulo;

$$e = \frac{\delta(1+h)}{\gamma_n} - 1 \tag{2.12B}$$

obtida das Eqs. 2.9A e 2.9B; e

$$S = \frac{\delta h}{e} \tag{2.12C}$$

A primeira dessas três expressões mostra que uma secagem excessiva conduz a menores valores do P_s e, portanto, a maiores valores da densidade dos grãos e do teor de umidade, o que provoca aumentos excessivos de e, como se depreende da análise da Eq. 2.12B. A Eq. 2.12C mostra que a ação de h é virtualmente anulada, pois afeta, em primeira potência, os termos do numerador e, em segunda potência, o denominador.

Os exemplos apresentados na Tab. 2.7 ilustram a análise feita anteriormente. Os dados referem-se a solos reais e as determinações foram feitas para duas temperaturas da estufa.

Os valores dos erros relativos são coerentes com os da Tab. 2.6. Por exemplo, para os solos A e B, os erros relativos de δ são aproximadamente iguais aos de h; para o solo C, eles estão numa relação de 0,5, aproximadamente.

Tab. 2.7 Exemplos da propagação de erros para duas temperaturas da estufa

Solo	Temperatura na estufa (°C)	h (%)	$\frac{\Delta h}{h}$ (%)	δ (kN/m³)	$\frac{\Delta \delta}{\delta}$ (%)	e	$\frac{\Delta e}{e}$ (%)
A	105	345	9,3	23,5	11	8,11	22
	190	377		26,2		9,88	
B	105	625	24,8	20,0	28	1,25	60
	190	780		25,6		2,00	
C	105	44,5	3,4	27,7	1,8	1,23	5,5
	190	46,0		28,2		1,30	

2.3.4 Fontes de erro no ensaio de laboratório

Pelo que foi citado anteriormente, as principais fontes de erro na determinação do teor de umidade em laboratório são:

a. temperatura não uniforme na estufa;
b. tempo de secagem insuficiente;
c. absorção de umidade do ar, após secagem, ou na própria estufa, quando esta se encontra sobrecarregada;
d. pesar recipientes que contêm a amostra seca quentes, o que pode provocar aquecimentos diferenciais nos componentes da balança;
e. envelhecimento da substância absorvente do dessecador (certos solos podem até absorver a água dessas substâncias); e
f. falta de pesagem periódica das cápsulas de alumínio.

2.4 Densidade natural

A determinação da densidade natural em laboratório de solos requer, conforme a Eq. 2.6, a medição de um volume e uma pesagem. Enquanto esta última pode ser obtida de uma maneira fácil e direta, o contrário ocorre com o volume da amostra.

Os processos empregados usualmente são:

a. moldagem de corpo de prova com formato geométrico bem definido (cilindro ou cubo) e medição direta de suas principais dimensões; e
b. método da balança hidrostática, com emprego da parafina, em que corpos de prova de qualquer formato são envolvidos por película de parafina e pesados duas vezes, uma dentro d'água e a outra fora dela; a aplicação do princípio de Arquimedes permite o cálculo do volume.

2.4.1 Moldagem de corpo de prova

O primeiro processo está mais sujeito a erros diante da dificuldade em se imprimir uma forma geométrica com rigor, o que exige a adoção de valores médios para uma ou mais de suas dimensões. Além disso, existe sempre o problema de manuseio e contato direto do operador com a amostra, o que pode propiciar e facilitar sua secagem parcial, além de perturbá-la. Solos com grãos de areia grossa e pedregulho apresentam um problema a mais, que é a formação de uma superfície esburacada.

Como, em geral, amostras indeformadas de solos, mesmo aparentemente homogêneos, são heterogêneas, a densidade natural é função das dimensões do corpo de prova.

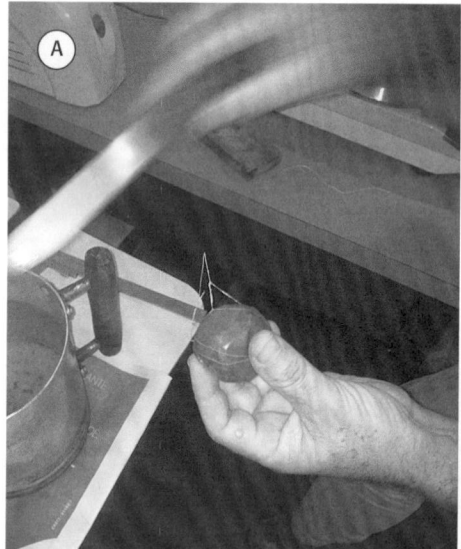

(A) Corpo de prova moldado e (B) cobertura com parafina

2.4.2 Método da balança hidrostática

Técnica de ensaio

Os cuidados apontados na seção 2.1.2 com relação ao uso da parafina devem ser observados. Em especial, deve-se aquecê-la um pouco acima do seu ponto de derretimento, para evitar que se torne quebradiça e permeável, fatores detrimentais, pois a amostra de solo terá que ser pesada submersa em água.

Em solos com macroporos, sugere-se a introdução do corpo de prova em parafina em temperatura pouco abaixo do ponto de fusão, para impedir que haja difusão dessa substância pelo interior da amostra.

Método da balança hidrostática

A parafina deve ser livre de impurezas e, de tempos em tempos, deve ser medida a sua densidade. Para tanto, basta envolver uma esfera de aço de volume conhecido com uma película de parafina e repetir o processo da balança hidrostática. Ou, o que é preferível para se atingir maior precisão, preencher um recipiente com peso e volume conhecidos com parafina derretida; após resfriamento, proceder à nova pesagem, tendo-se o cuidado de verificar se não há nenhum excesso de parafina no topo do recipiente.

Recomenda-se o uso de linhas de *nylon* em vez de fios de tecido, principalmente quando se utilizam balanças sensíveis até 0,001 g, para evitar que o gradual umedecimento dos fios perturbe a leitura do peso.

Reportando-se à Fig. 2.3, o volume é calculado por:

$$V = \frac{P_2 - P_3}{\gamma_o} - \frac{P_2 - P_1}{\gamma_p} \quad (2.13A)$$

em que P_1 é o peso do corpo de prova mais fio de *nylon*; P_2, o peso do corpo de prova com o fio de *nylon* após parafinagem; P_3, o peso do corpo de prova submerso; γ_o, a densidade da água; e γ_p, a densidade da parafina.

A norma brasileira referente a esse ensaio é a NBR 10838 (1988).

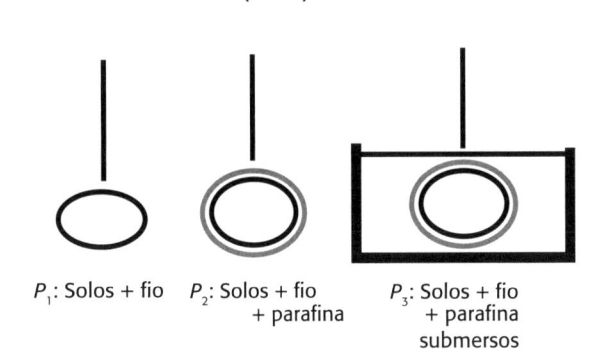

P_1: Solos + fio P_2: Solos + fio + parafina P_3: Solos + fio + parafina submersos

Fig. 2.3 *Método da balança hidrostática, com emprego da parafina para determinar a densidade natural*

Precisão

É fácil de provar que erros provenientes da falta de conhecimento de γ_p podem ser calculados pela seguinte equação:

$$\frac{\Delta V}{V} = \frac{V_p}{V} \cdot \frac{\Delta \gamma_p}{\gamma_p} \quad (2.13B)$$

em que V_p é o volume da película de parafina, dada por:

$$V_p = \frac{P_2 - P_1}{\gamma_p} \quad (2.13C)$$

Como a relação V_p/V varia, em geral, de 1/2 a 1/3, os erros relativos em γ_p são bastante amortecidos, o que leva à sugestão de usar corpos de prova maiores e películas de parafina as mais finas possíveis.

O erro relativo na densidade natural será:

$$\frac{\Delta \gamma_n}{\gamma_n} = \left|\frac{\Delta P_u}{P_u}\right| + \left|\frac{\Delta V}{V}\right| \quad (2.13D)$$

Exemplo: considerando-se a balança sensível a 0,01 g, P_u = 30 g, V = 15 cm³, V_p = 7,5 cm³ e $\Delta \gamma_p / \gamma_p$ = 5%, tem-se:

$$\frac{\Delta \gamma_n}{\gamma_n} = \frac{0,005}{30} + \frac{1}{2} \times 0,05 = 0,02\% + 2,5\% \cong 2,5\%$$

Vê-se logo que, de longe, desvios no valor da densidade da parafina são a maior fonte de erro.

2.5 Densidade dos grãos

2.5.1 Bases do ensaio

Teoricamente, a determinação da densidade dos grãos pelo ensaio do picnômetro é bastante simples: uma porção de solo que passa na peneira 4 (4,8 mm) com peso seco P_s é colocada dentro de um frasco de vidro cheio de água e é feita uma pesagem (P_{sa}), conforme a Fig. 2.4.

A diferença ($P_{sa} - P_a$), em que P_a é o peso do picnômetro só com água, é igual a P_s, descontado o peso do volume de água deslocado ($\gamma_o \cdot V_s$), sendo V_s o volume dos sólidos, isto é,

$$P_{sa} - P_a = P_s - \gamma_o \cdot V_s$$

ou

$$P_{sa} - P_a = P_s - \frac{\gamma_o \cdot P_s}{\delta}$$

e

$$\frac{P_{sa} - P_a}{P_s} = 1 - \frac{\gamma_o}{\delta} \quad (2.14)$$

donde:

$$\delta = \frac{\gamma_o}{1 - \frac{P_{sa} - P_a}{P_s}} \quad (2.15)$$

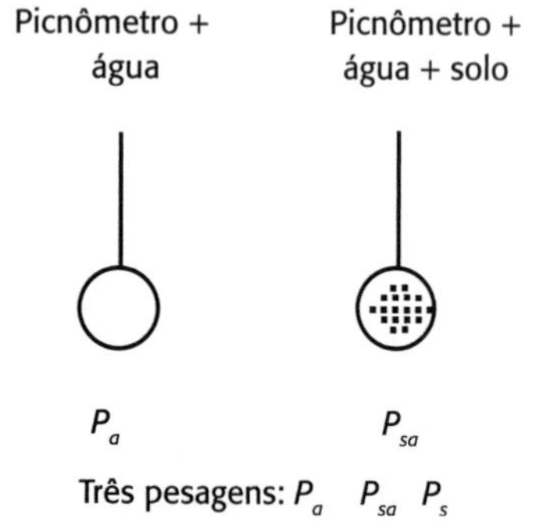

Fig. 2.4 *Determinação da densidade dos grãos usando o princípio de Arquimedes*

Na prática, as coisas se complicam ao se atentar para os pequenos valores tanto da diferença ($P_{sa} - P_a$) quanto de P_s.

A limitação da quantidade de solo seco (P_s) é imposta para facilitar a remoção do ar aderido às partículas de solo que, na dispersão mecânica a que é sujeito, sofre um processo intenso de aeração. A principal fonte de erro na determinação de P_s está na perda de material; caso se determine P_s antes do ensaio (*a priori*) pela medida de h, nenhuma partícula de solo pode ser perdida na transferência do dispersor ao picnômetro; caso se determine P_s após a execução do ensaio, não se pode perder material quando se passa do picnômetro para o recipiente que vai para a estufa.

A diferença ($P_{sa} - P_a$) é também pequena, cerca de 60% de P_s para δ da ordem de 27 kN/m³, e, pior ainda, está sujeita a erros, pois é impossível obter-se P_a na hora e na mesma temperatura em que se fez a pesagem P_{sa}. Usualmente, dispõe-se de uma curva de calibração, isto é, de P_a em função da temperatura (Fig. 2.5), o que desloca o problema da precisão a eventuais erros na medida da temperatura ou à caducidade de tal curva, como quando o pirex do picnômetro sofre dilatações irreversíveis diante de aquecimentos, usados às vezes para facilitar a remoção do ar aderido às partículas de solo.

2.5.2 Técnica de ensaio

Calibração do picnômetro

Iniciar com uma limpeza do picnômetro, valendo-se de água com detergente, álcool ou acetona, sendo esta a mais fácil de evaporar com jato de ar ou com aplicação de vácuo. O picnômetro deve ser pesado em balança sensível a 0,01 g.

Enche-se o picnômetro com água até que o ponto mais baixo do menisco tangencie a marca existente no seu gargalo, e espera-se pelo equilíbrio térmico. Para essa verificação, recomenda-se a medição da temperatura em três pontos da água, numa mesma vertical, com termômetro sensível a 0,1 °C.

Calibração do picnômetro

A diferença entre duas dessas três leituras deve ser inferior a 0,5 °C. Caso não supere esse valor, é necessário agitar a suspensão, virando o picnômetro para cima e para baixo, e deixá-la em repouso até se atingir a uniformidade pretendida da temperatura.

A seguir, pesa-se o picnômetro mais água e registra-se novamente a temperatura (média das leituras nos três pontos indicados anteriormente) (Fig. 2.5). Adota-se como temperatura a média dos valores obtidos antes e depois da pesagem.

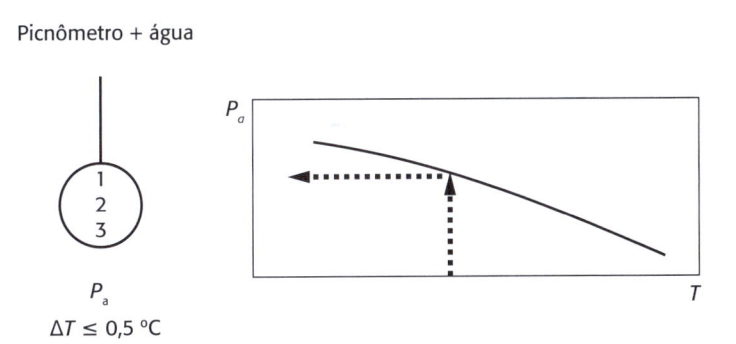

Fig. 2.5 *Obtenção experimental da curva de calibração de um picnômetro*

Sugere-se que a calibração de um picnômetro seja feita aproveitando-se as variações diárias da temperatura. Isso exigirá vários dias para se obter a curva de calibração, mas com a vantagem de precisão, pois o aquecimento e o resfriamento artificiais de água conduzem a erros ou dificuldades na medição da temperatura.

Uma alternativa de se proceder é determinar apenas um ponto da curva de calibração e ajustar a ele a seguinte fórmula (Método D854-58, da ASTM):

$$P_a^T = \frac{\gamma_o^T}{\gamma_o^o}(P_a^o - P_p) + P_p \qquad (2.16A)$$

em que P_a^T e P_a^o são, respectivamente, os pesos do picnômetro com água, na temperatura T e na temperatura T_o de referência (em geral, 20 °C); P_p é o peso do picnômetro seco; e γ_o^T e γ_o^o são as densidades da água nas temperaturas T e na de referência (T_o), respectivamente.

Outra alternativa é utilizar a fórmula proposta por Lambe (1951):

$$P_a^T = P_p + V_o\left[1 + (T - T_o)\varepsilon\right](\gamma_T - \gamma_{ar}) \qquad (2.16B)$$

em que V_o é o volume do picnômetro na temperatura de referência T_o; ε, o coeficiente de expansão cúbica do vidro pirex, que é da ordem de $0,1 \times 10^{-4}$/°C; e γ_{ar}, o peso específico do ar, igual a 0,012 kN/m³.

A temperatura de referência (T_o) é dada pelo fabricante e é nela que se mede o volume de um picnômetro. Por exemplo, um picnômetro de 500 cm³, 20 °C, possui nessa temperatura um volume de (500 ± 0,3) cm³.

Ensaio propriamente dito

a. *Solos arenosos*

Tomam-se cerca de 100 g de solo seco e adicionam-se 150 cm³ de água destilada. Transfere-se a suspensão para o picnômetro, completando a água até a metade do frasco.

Aplica-se vácuo durante 15 minutos, no início em níveis baixos, aumentando-se gradativamente à medida que se agita o picnômetro.

Completa-se o frasco com água até a base do gargalo, tomando-se o cuidado de não introduzir bolhas de ar. É possível fazer uma verificação final sobre a existência de ar aderido às partículas de solo: é só aplicar vácuo repentinamente. Se não houver ar, o nível d'água permanecerá estável, entrando a água em ebulição imediatamente a seguir; uma variação de 1 mm, no entanto, indica a presença de ar.

Mede-se a temperatura em três posições, como foi visto anteriormente, com termômetro sensível a 0,1 °C.

Limpa-se e seca-se o exterior do frasco, que deve ser completado com água até o menisco tangenciar a marca do gargalo do picnômetro. Em seguida, limpa-se e seca-se cuidadosamente o interior do frasco acima do menisco.

Pesa-se o picnômetro mais solo em suspensão em balança sensível a 0,01 g. Mede-se novamente a temperatura e toma-se a média das determinações feitas antes e após a pesagem.

Despeja-se a suspensão num recipiente, tomando-se o cuidado de não perder nenhuma porção do solo.

b. *Solos argilosos*

Costuma-se ensaiar pequenas porções de solo, cerca de 25 g a 50 g de peso seco, para facilitar a remoção do ar. Com esse procedimento, perde-se em precisão, como se verá adiante. Para solos com grãos porosos ou com baixos valores de δ, é essencial tomar pequenas porções.

Nesse ensaio, deve-se formar pasta, com a adição de água, e levar para um dispersor, onde a suspensão deve ficar durante 15 minutos. Como alternativa, pode-se deixar a pasta por um período de 12 horas de cura, após mistura manual. Com isso, diminui-se a quantidade de ar preso às partículas sólidas. Outra vantagem desse procedimento é que, após o tempo de cura, pode-se medir a umidade da pasta, pesá-la e ter assim o peso seco *a priori* da amostra de solo a ser ensaiado. É preciso evitar secagens prévias do solo, pois pode haver alteração nos resultados da medida. Para solos residuais, há uma tendência de sua redução, quando comparada com a medida feita na amostra em sua umidade natural (Fourie, 1997).

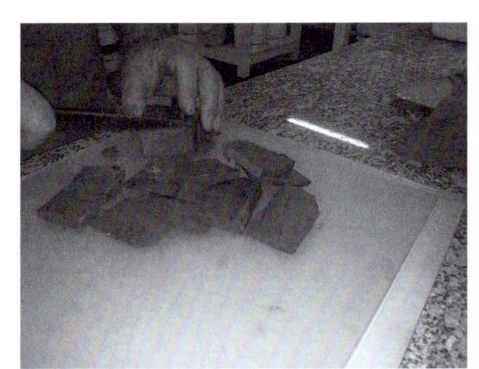

Preparação da amostra

Transfere-se a pasta (ou a suspensão do copo do dispersor) para o picnômetro, usando-se água destilada. Caso se trabalhe com o P_s medido *a priori*, essa operação deve ser feita cuidadosamente, sem perda de material.

Daí em diante o procedimento do ensaio é idêntico àquele para solos arenosos. Para solos orgânicos, costuma-se aquecer o picnômetro em banho-maria, para facilitar a remoção do ar.

Medindo-se P_s *a priori*, alivia-se a estufa de sobrecarga, o que é vantajoso para o laboratório, além de evitar que o solo que está em processo de secagem reabsorva umidade, mesmo estando dentro dela. No entanto, a prática mostra que é melhor pesar P_s depois do ensaio (*a posteriori*).

Dispersão da pasta de solo e colocação no picnômetro

2.5.3 Precisão

Supondo que P_s, P_{sa} e P_a estejam afetados pelos erros ΔP_s, ΔP_{sa} e ΔP_a, respectivamente, pela Eq. 2.14 tem-se:

$$\frac{(P_{sa} + \Delta P_{sa}) - (P_a + \Delta P_a)}{(P_s + \Delta P_s)} = 1 - \frac{\gamma_o}{\delta + \Delta \delta}$$

em que $\Delta\delta$ é o erro induzido na densidade dos grãos.

Subtraindo a Eq. 2.14 desta última, tem-se, após transformação e supondo que todos os erros envolvidos sejam pequenos:

$$\frac{\Delta\delta}{\delta} = (\delta/\gamma_o - 1)\left[\frac{\Delta(P_{sa} - P_a)}{P_{sa} - P_a} - \frac{\Delta P_s}{P_s}\right] \qquad (2.17)$$

Para fixar ideias, considere-se um picnômetro com volume de 1.000 cm³. Suponha-se também que o termômetro e a balança utilizados sejam sensíveis a 1 °C e 0,1 g, respectivamente, e que, na ajustagem do menisco, haja deficiência ou excesso de uma gota d'água (0,04 cm³).

a. *Influência da temperatura (precisão do termômetro: ± 0,5 °C)*

Pela Eq. 2.16A, tem-se:

$$\Delta P_a^T = \frac{\Delta \gamma_o^T}{\gamma_o}(P_a^o - P_p) = \Delta \gamma_o^T \cdot V_o$$

Um exame de dados como os da Tab. 2.8 revela que, de 20 °C a 30 °C, para $\Delta T = \pm 0,5$ °C, tem-se $\Delta\gamma_a = \pm 0,001$ kN/m³. Uma tabela mais completa encontra-se anexa à NBR 6508 (ABNT, 1984c).

Assim:

$$\Delta P_a^T = \pm 0,0001 \times 1.000 = \pm 0,1 g$$

Supondo que o peso seco do solo seja de 50 g, tem-se $P_{sa} - P_a$ da ordem de 0,6 × 50 = 30 g, donde, na pior das hipóteses:

$$\frac{\Delta(P_{sa} - P_a)}{P_{sa} - P_a} = \pm \frac{0,1}{30} = \pm 0,0035$$

Tab. 2.8 Variação do peso específico da água em função da temperatura

Temperatura (°C)	Peso específico (kN/m³)	Temperatura (°C)	Peso específico (kN/m³)
10	9,997	25	9,971
15	9,991	26	9,968
18	9,986	27	9,965
19	9,984	28	9,963
20	9,982	29	9,960
21	9,980	30	9,957
22	9,978	35	9,941
23	9,976	40	9,922
24	9,973	45	9,902

Substituindo-se essa equação na Eq. 2.17 tem-se, para $\delta = 27$ kN/m³:

$$\frac{\Delta\delta}{\delta} = \pm (27/10 - 1)\, 0,0035 = \pm 0,56\%$$

ou

$$\Delta\delta = \pm 0,15 \text{ kN/m}^3$$

Caso o picnômetro com 500 mL tivesse sido utilizado, esse erro cairia para a metade. Note-se que o uso de picnômetros de menores capacidades (100 mL, 50 mL ou 25 mL) tem que ser compensado pela inserção de menores pesos secos, mas sob o aspecto da precisão é bastante compensador.

Para dividir esse erro por 10, o melhor é usar termômetros sensíveis a 0,1 °C, como especificam as normas americanas e a NBR 6508 (ABNT, 1984c).

b. *Influência de uma gota d'água (erro na ajustagem do menisco)*

Supondo que haja uma gota em excesso ou em falta, tanto em P_{sa} quanto em P_a, e tomando-se a pior combinação, tem-se:

$$\frac{\Delta(P_{sa} - P_a)}{(P_{sa} - P_a)} = \pm \frac{2 \times 0,04}{30} = \pm 0,003$$

donde

$$\frac{\Delta\delta}{\delta} = \pm (27/10 - 1)\, 0,003 = \pm 0,45\%$$

ou

$$\Delta\delta = \pm 0,12 \text{ kN/m}^3$$

c. *Influência da balança*

Levando-se em conta, por ora, somente erros de pesagem de P_{sa} e P_a, tem-se, na pior das combinações:

$$\frac{\Delta(P_{sa} - P_a)}{P_{sa} - P_a} = \pm \frac{2 \times 0,05}{30} = \pm 0,003$$

donde

$$\frac{\Delta\delta}{\delta} = \pm\, 0{,}57\%$$

ou

$$\Delta\delta = \pm\, 0{,}15 \text{ kN/m}^3$$

Em resumo, têm-se os resultados apresentados na Tab. 2.9.

Caso tivesse sido utilizado termômetro e balança sensíveis a 0,1 °C e 0,01 g, respectivamente, o erro relativo cairia para 0,56%, e o erro absoluto, para 0,15 kN/m³, em vez de 1,59% e 0,43 kN/m³.

Erros no peso seco (P_s) são os mais graves e, por se referirem à perda de material, são de difícil quantificação. Perdas de material da ordem de 1% ($\Delta P_s/P_s = 1\%$), isto é, 0,5 g em 50 g, implicam, pela Eq. 2.17, $\Delta\delta/\delta = 1{,}7\%$ e $\Delta\delta = 0{,}46$ kN/m³.

Tab. 2.9 Erros em δ oriundos de várias fontes

Fonte de erro	$\frac{\Delta\delta}{\delta}$ (%)	$\Delta\delta$ (kN/m³)
$\Delta T = \pm 0{,}5°$ C	±0,56	±0,15
Ajustagem do menisco	±0,45	±0,12
Balança (±0,05 g)	±0,57	±0,15
Total	±1,59	±0,43

2.5.4 Principais fontes de erro

a. Remoção incompleta do ar preso às partículas de solo.
b. Pesagem do picnômetro úmido por fora ou por dentro (acima da marca no gargalo).
c. Erros de pesagem: a mesma balança deve ser usada na calibração e no ensaio propriamente dito.
d. Ajustagem errônea do menisco. Uma gota d'água tem um volume aproximado de 0,04 cm³.
e. Temperatura não uniforme em profundidade.
f. Perda de solo durante o ensaio.
g. Secagem incompleta do solo após o ensaio, ou absorção de umidade, durante o resfriamento ou na própria estufa.

Parte experimental

1) Coletar uma amostra indeformada de solo.
2) Abrir a amostra e realizar exame visual e tátil, com registro de suas principais características e aspectos peculiares.
3) Determinar a umidade natural da amostra.
4) Determinar o peso específico natural da amostra pelo método de balança hidrostática, com emprego de parafina.
5) Calibrar um picnômetro, experimental e teoricamente.
6) Determinar a densidade dos grãos da amostra com o picnômetro aferido.

7) Calcular, com os dados experimentais obtidos, as seguintes características da amostra:
   a) peso específico aparente seco;
   b) índice de vazios;
   c) porosidade; e
   d) grau de saturação.

Exercícios complementares

1) Uma amostra de solo parafinada perdeu, num certo período, 20% de seu peso total. Qual é o novo valor da umidade, que antes do armazenamento valia 40%?

Solução:

Designando como P_o o peso úmido inicial da amostra e como P_t o mesmo peso decorrido o tempo t, tem-se:

$$P_t = P_o(1-p)$$

em que p é a perda de peso.

Designando como P_{ao} e P_{at} os pesos de água numa e noutra das duas condições, tem-se:

$$P_{at} + P_s = (P_{ao} + P_s)(1-p) \therefore \frac{P_{at} + P_s}{P_s} = \frac{(P_{ao} + P_s)}{P_s}(1-p) \therefore (1+h_t) = (1+h_o)(1-p)$$

Para $h_o = 40\%$ e $p = 20\%$ resulta $h_t = 12\%$.

2) Para a execução de um ensaio com picnômetro visando à obtenção da densidade dos grãos de um solo, adotou-se o procedimento de determinar *a priori* o peso seco da amostra. Isto é, pesou-se o solo úmido que, depois de convenientemente preparado, foi introduzido no picnômetro, tomando-se o cuidado de colocar pequenas porções em cápsula de alumínio para a determinação da umidade.
   a) determinação do teor de umidade

peso úmido + tara	53,22 g
peso seco + tara	52,37 g
tara	45,91 g

   (balança sensível a 0,01 g)
   b) picnômetro

peso úmido	50,3 g
peso do picnômetro + água	1.281,4 g
peso do picnômetro + água + solo	1.309,6 g

   (balança sensível a 0,1 g)

   Determinar os intervalos de variação do teor de umidade; do peso seco do solo introduzido no picnômetro; e da densidade dos grãos.

Solução:

a. determinação do teor de umidade

(balança sensível a 0,01 g, portanto, ΔP = 0,005 g)

$$h = \frac{(\bar{P}_u \pm \Delta p) - (\bar{P}_s \mp \Delta p)}{(\bar{P}_s \mp \Delta p) - (P_c \pm \Delta p)} = \frac{(53,22 \pm 0,005) - (53,27 \mp 0,005)}{(53,27 \mp 0,005) - (P_c \pm 0,005)} = 13,16\% \pm 0,17\%$$

$$h_{máx} = 13,33\% \text{ e } h_{mín} = 12,98\%$$

b. picnômetro

peso úmido	50,3
peso do picnômetro + água	1.281,4
peso do picnômetro + água + solo	1.309,6

(balança sensível a 0,1 g, portanto, ΔP = 0,05 g)

▶ determinação do peso seco

$$P_s = \frac{P_u \mp \Delta P}{1 + (h \pm \Delta h)} = \frac{50,3 \mp 0,05}{1 + (13,16\% \pm 0,17\%)} = 44,47 \text{ g} \mp 0,11 \text{g}$$

$$P_s = 44,35 \text{ g} \quad a \quad 44,58 \text{ g}$$

▶ determinação de δ

$$\delta = \frac{\gamma_o}{1 - \frac{(P_{sa} \pm \Delta P) - (P_a \mp \Delta P)}{P_s \mp \Delta P_s}} = \frac{10}{1 - \frac{(1.309,6 \pm 0,05) - (1.281,4 \mp 0,05)}{44,47 \mp 0,11}} = (27,33 \pm 0,29) \text{ kN/m}^3$$

$$\delta = 27,05 \text{ kN/m}^3 \quad a \quad 27,62 \text{ kN/m}^3$$

3) Determinar os novos intervalos de variação da densidade dos grãos, supondo que no problema anterior, além da precisão da balança, interfiram os seguintes fatores acumulativamente:

a) termômetro graduado em 1,0 °C, de 0 °C a 50 °C;
b) variação de 0,04 cm³ (uma gota d'água) no volume de água, em virtude de erro na ajustagem do menisco no gargalo do picnômetro; e
c) temperatura média da suspensão desviando de ±1,5 °C da temperatura correta em virtude de erro de leitura.

Solução:

Basta empregar a fórmula de δ:

$$\delta = \frac{\gamma_o}{1 - \frac{P_{sa} - P_a}{P_s}}$$

introduzindo convenientemente os ΔP indicados na tabela adiante:

Exercício	Fonte de erro	ΔP	Δδ (kN/m³)
3a)	ΔT = ±0,5 °C	1.000 × 0,0001 = ∓0,1 g	± 0,17
3b)	Ajustagem do menisco	0,04 g	± 0,13
3c)	ΔT = ±1,5 °C	0,3 g	± 0,51
	Subtotal	–	± 0,81
2b)	Balança (0,1 g)	±0,05 g	± 0,29
	Total geral	–	± 1,10

4) Que conclusões podem ser tiradas dos resultados dos exercícios 2 e 3, no contexto da NBR 6508 da ABNT (1984c), no que se refere à precisão na determinação da densidade dos grãos?

Solução:

Novos valores dos erros, para balança sensível a 0,01 g e termômetro a 0,1 °C.

Os erros provenientes da balança e do termômetro poderão ser divididos por 10 caso sejam empregados termômetros sensíveis a 0,1 °C e balanças sensíveis a 0,01 g, como especificam as normas americanas e a NBR 6508. Dessa forma, o erro Δδ cairia para ±0,29 kN/m³, sem o erro grosseiro de ΔT = ±1,5°, em comparação com 0,59 kN/m³ (exercício 3, tabela acima).

5) De uma amostra de solo em que a umidade é de 18,3% e o peso específico aparente seco é de 17,8 kN/m³, há dúvida sobre a densidade dos grãos, que pode estar entre 26,8 kN/m³ e 27,2 kN/m³. Qual a consequência dessa incerteza na determinação do índice de vazios da amostra e do seu grau de saturação? (Carlos de Sousa Pinto)

Solução:

Propagação de erros

Dados: $h = 18,3\%$ $\gamma_s = 17,8$ kN/m³   e $\delta = 26,8$ kN/m³ a 27,2 kN/m³

$$e = \frac{\delta}{\gamma_s} - 1 \quad \text{donde:} \quad e_{mín} = \frac{26,8}{17,8} - 1 = 0,506 \quad \text{e} \quad e_{máx} = \frac{27,2}{17,8} - 1 = 0,528$$

Logo: $\dfrac{\Delta e}{e} = 2,2\%$

$$S = \frac{\delta h}{\gamma_o \cdot e} \quad \text{donde:} \quad S_{mín} = \frac{27,2 \cdot 18,3\%}{10 \cdot 0,528} = 94\% \quad \text{e} \quad S_{máx} = \frac{26,8 \cdot 18,3\%}{10 \cdot 0,506} = 97\%$$

Logo: $\dfrac{\Delta S}{S} = 1,6\%$

6) O peso específico natural de um solo é de 19,8 kN/m³. Tomou-se uma amostra, com sua umidade natural, pesando 80,0 g e com ela se determinou a densidade dos grãos, obtendo-se:

    peso do picnômetro com solo e água   838,2 g

    peso do picnômetro com água   796,2 g

Ao determinar a umidade, a amostra ficou numa região da estufa em que a temperatura era de 145 °C, com o que a umidade determinada foi de 20,2%, quando na realidade ela era de 19,4%. Qual a consequência desse erro na determinação da densidade dos grãos, no índice de vazios e no grau de saturação da amostra? (Carlos de Sousa Pinto)

Solução:
Propagação de erros devido a problemas na estufa

Dados: $P_u = 80$ g $\gamma_u = 19{,}8$ kN/m³ $P_{sa} = 838{,}2$ g   e $P_a = 796{,}2$ g

Valores errados	Valores corretos	Propagação dos erros
$h = 20{,}2\%$	$h = 19{,}4\%$	$\dfrac{\Delta h}{h} = 4{,}1\%$
$P_s = \dfrac{P_u}{1+h} = \dfrac{80}{1+20{,}2\%} = 66{,}56$ g	$P_s = \dfrac{80}{1+19{,}4\%} = 67{,}00$ g	$\dfrac{\Delta P_s}{P_s} = -0{,}66\%$
$\delta = \dfrac{\gamma_o}{1 - \dfrac{P_{sa}-P_a}{66{,}56}} = 27{,}1$	$\delta = \dfrac{\gamma_o}{1 - \dfrac{P_{sa}-P_a}{67}} = 26{,}8$	$\dfrac{\Delta \delta}{\delta} = 1{,}1\%$
$\gamma_s = \dfrac{\gamma_u}{1+h} = \dfrac{19{,}8}{1+20{,}2\%} = 16{,}47$ kN/m³	$\gamma_s = \dfrac{\gamma_u}{1+h} = \dfrac{19{,}8}{1+19{,}4\%} = 16{,}58$ kN/m³	$\dfrac{\Delta \gamma_s}{\gamma_s} = -0{,}7\%$
$e = \dfrac{\delta}{\gamma_s} - 1 = \dfrac{27{,}1}{16{,}47} - 1 = 0{,}645$	$e = \dfrac{\delta}{\gamma_s} - 1 = \dfrac{26{,}8}{16{,}58} - 1 = 0{,}616$	$\dfrac{\Delta e}{e} = 4{,}7\%$
$S = \dfrac{\delta h}{e} = 84{,}9\%$	$S = \dfrac{\delta h}{e} = 84{,}4\%$	$\dfrac{\Delta S}{S} = 0{,}6\%$

7) De uma camada de solo mole bastante homogênea com 5 m de espessura, extraiu-se cuidadosamente uma amostra indeformada de 5" e executou-se um ensaio de adensamento.

A densidade dos grãos do solo era de 28,0 kN/m³ e o corpo de prova tinha as seguintes características:

altura	4,13 cm
diâmetro	10,00 cm
peso úmido	477,5 g
peso seco	238,8 g

Utilizando-se a curva $e - \log p$, calculou-se um recalque final de 60 cm quando a pressão efetiva é aumentada de 100 kPa para 300 kPa no plano médio da camada.

Mais tarde, verificou-se que a estufa usada para a determinação do peso seco não estava com temperatura uniforme e que, por isso mesmo, conduzia a valores de umidade 10% acima do real.

Pergunta-se:
a) Em que intervalo de valores varia realmente o recalque final?
b) Que erro relativo afeta o índice de compressão?

c) Responder às questões a) e b) supondo que o problema da estufa não exista, mas que a densidade dos grãos esteja afetada por um erro relativo de ±5%.

Solução:

Pelos dados, pode-se determinar facilmente $h = 100\%$, $\gamma_n = 14{,}7$ kN/m³ e $S = 100\%$.

Sejam $p_1 = 100$ kPa e $p_2 = 300$ kPa.

a) O recalque, medido pelo defletômetro, não depende da estufa. Isso, portanto, também ocorre com a deformação.

Logo, $\varepsilon = \dfrac{\Delta e}{1+e_o}$ é invariante.

b) $C_c = \dfrac{\Delta e}{\log(p_2/p_1)} = \dfrac{\varepsilon(1+e_o)}{\log(p_2/p_1)} \quad \therefore \quad \dfrac{\Delta C_c}{C_c} = \dfrac{\Delta e_o}{1+e_o} = \dfrac{\Delta h}{1+h} = \pm 5\%$

pois de: $e_o = \dfrac{\delta}{\gamma_n}(1+h) - 1 \quad \therefore \quad \dfrac{\Delta(1+e_o)}{1+e_o} = \dfrac{\Delta e_o}{1+e_o} = \dfrac{\Delta(h\delta/\gamma_n)}{\delta(1+h)/\gamma_n} = \dfrac{\Delta h}{1+h}$

c) $C_c = \dfrac{\Delta e}{\log(p_1/p_2)} = \dfrac{\varepsilon(1+e_o)}{\log(p_1/p_2)} \quad \therefore \quad \dfrac{\Delta C_c}{C_c} = \dfrac{\Delta e_o}{1+e_o} = \dfrac{\Delta \delta}{\delta} = \pm 5\%$

Questões para pensar

▸ Como se faz a descrição de uma amostra? Por que ela é importante?

▸ Explicar e justificar qual a melhor forma de armazenar, por um longo período de tempo:
- um bloco de amostra indeformada extraída do fundo de um poço;
- uma amostra indeformada extraída de um furo de sondagem por meio de amostrador *shelby*; e
- uma amostra deformada, extraída de um furo de sondagem de simples reconhecimento.

▸ Mostrar, de forma qualitativa, como erros na medida do teor de umidade se propagam nos cálculos do índice de vazios, na densidade dos grãos e no grau de saturação.

▸ Explicar como erros de medida da temperatura afetam as determinações de laboratório da densidade dos grãos.

Análise granulométrica dos solos | 3

Os primeiros homens que se preocuparam com os solos para fins de Engenharia Civil acreditavam que o comportamento destes dependia exclusivamente do tamanho dos grãos: o problema todo seria a construção de uma Mecânica dos Materiais Granulares.

Com o passar do tempo, o centro das atenções deslocou-se para outros aspectos dos solos, a ponto de a composição granulométrica ter uma importância apenas relativa na Engenharia de Solos. Por exemplo, no dimensionamento de filtros de areia de barragens de terra; na previsão da potencialidade de um solo ser uma argila dispersiva; na estabilização granulométrica de bases e sub-bases para pavimentos e no controle do teor de areia de lamas bentoníticas reutilizadas, para a abertura de paredes-diafragmas.

Nas classificações dos solos, o tamanho das partículas desempenha um papel de certa importância, servindo para nomear as frações predominantes de solo fração argila, fração silte, fração areia etc. Na seção "Frações granulométricas dos solos" (p. 78), encontram-se várias terminologias para as frações granulométricas dos solos, inclusive a NBR 6502 (ABNT, 1995a). Note-se que um solo não é necessariamente uma argila se predominar a fração argila; é o caso do solo denominado *rockflour*, que contém partículas com dimensões inferiores a 5μ e, no entanto, trata-se de solo com comportamento de silte. Em oposição, um solo com apenas 20% de fração argila pode ter um comportamento de argila: alta plasticidade e elevada resistência a seco.

3.1 Métodos mecânicos para a determinação da composição granulométrica dos solos

O método mais simples e direto para a obtenção da distribuição granulométrica de solos consiste no peneiramento. Ele se aplica, no entanto, a solos granulares, pois a mais fina malha exequível de fabricação é a da peneira n. 200. Assim, um solo com predominância de finos tem que ser analisado por outros meios, como a sedimentação (Fig. 3.1).

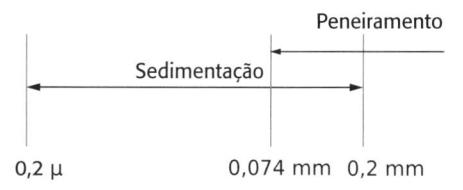

Fig. 3.1 *Métodos mecânicos para a determinação da granulometria dos solos*

Taylor (1948) e Akroid (1957) apresentam breves resenhas históricas sobre os métodos para a determinação da composição granulométrica dos solos. Exposição mais detalhada pode ser encontrada em Keen (1931).

Dos mais antigos, citam o processo de separação mecânica das partículas de solo provocada pela subida de um fluido (solo e água em suspensão), no qual as partículas menores do que certo valor são arrastadas pela força das águas. Outro método é o de Cumming ou de sedimentação sucessiva, em que os grãos com diâmetros menores do que certo valor são separados pela sedimentação repetida na mesma amostra: uma vez fixado esse valor, determina-se o tempo necessário para recolher os sedimentos que se acumulam no fundo de um recipiente, de altura prefixada, sedimentos esses que são sujeitos ao mesmo processo repetidas vezes.

Os dois primeiros métodos de sedimentação contínua surgiram em 1915 (Oden) e 1918 (Wiegner) e valiam-se da lei de Stokes. No primeiro caso (Sven Oden), determinavam-se variações, ao longo do tempo, do peso de partículas que se acumulavam num prato de uma balança imerso na suspensão; no outro (Wiegner), media-se a pressão do fluido em um ponto da suspensão ao longo do tempo.

O uso dos densímetros aconteceu mais tarde, com Goldschmidt, na Noruega, em 1926, e Bouyoucos, nos Estados Unidos, em 1927. Os densímetros eram mantidos em posição fixa, graças à remoção de pesos, à medida que o tempo passava. A introdução do densímetro com bulbo simétrico foi feita posteriormente por A. Casagrande (1939), quando ainda trabalhava no Bureau of Public Roads.

3.2 Lei de Stokes

Os métodos de sedimentação encontram seu embasamento teórico na lei de Stokes, estabelecida em 1850, que permite a determinação da velocidade limite de esferas em queda livre num fluido viscoso. Fisicamente, uma esfera inicia um movimento acelerado sob a ação da gravidade, encontrando resistência no atrito com o líquido viscoso. A força de atrito cresce com a velocidade até se igualar, em questão de segundos, ao peso da esfera, quando o movimento passa a ser uniforme. A velocidade limite (v) é dada pela lei de Stokes (Eq. 3.1):

$$v = \frac{\delta - \gamma_o}{18\mu} \cdot D^2 \qquad (3.1)$$

em que δ e γ_o são, respectivamente, as densidades do material da esfera e do fluido; μ, a sua viscosidade; e D, o diâmetro da esfera.

Por exemplo, para grãos esféricos de solos ($\delta = 27,0$ kN/m^3) com diâmetro de 0,074 mm (peneira n. 200) sedimentando em água na temperatura de 20 °C, tem-se:

$$\mu = 0,010009 \text{ dina} \cdot \text{s/cm}^2 = 1,029 \times 10^{-6} \text{ kPa} \cdot \text{s}$$

donde:

$$v = \frac{27,0 - 9,98}{18\,(1,029 \times 10^{-6})} \times 0,000074^2 = 0,50 \text{ cm/s} \qquad (3.2)$$

Isto é, grãos de solos com diâmetros equivalentes aos das aberturas das malhas da peneira n. 200 caem com uma velocidade de 0,50 cm/s em água na temperatura de 20 °C.

Uma aplicação prática desse resultado consiste na bipartição de uma amostra para análise granulométrica completa (sedimentação e peneiramento), sem a secagem prévia do solo. Tomando-se um recipiente com 15 cm de altura, deixa-se uma suspensão homogênea de solo sedimentar durante 15/0,5 = 30 segundos. Após esse tempo, os sedimentos são recolhidos e repete-se, com eles, o mesmo processo de sedimentação. O material nadante é guardado em outro recipiente, onde permanece até sedimentação completa. A adição de um floculante (ácido hidroclórico) facilita essa operação.

Para encontrar valores de viscosidade da água para diversas temperaturas, em milipoises (mP), ou seja, 10^{-3} poise (P) (1 P = 1 dina $\cdot$ s/cm^2 = 1/981 gf $\cdot$ s/cm^2 = 1/9.810 kPa $\cdot$ s), consultar a Tab. 3.1 ou usar a expressão aproximada $\mu = 18,1/(1 + 0,0337T + 0,000221T^2)$, em milipoises.

Tab. 3.1 Viscosidade da água (valores em mP)

°C	0	1	2	3	4	5	6	7	8	9
10	13,10	12,74	12,39	12,06	11,75	11,45	11,16	10,88	10,60	10,34
20	10,09	9,84	9,61	9,38	9,16	8,95	8,75	8,55	8,36	8,18
30	8,00	7,83	7,67	7,51	7,36	7,21	7,06	6,92	6,79	6,66

Segundo Taylor (1948), para materiais com densidades próximas às dos solos, a lei de Stokes é aplicável desde que o diâmetro das esferas esteja na faixa de 0,2 mm a 0,2µ. O limite superior deve ser imposto, pois a lei perde sua validade diante da turbulência provocada pela queda de grandes esferas. Uma porção do meio é forçada para baixo, na frente das partículas em queda, e a sua inércia tem que ser levada em conta (Keen, 1931). Quanto à limitação inferior, abaixo de 0,2µ as forças de superfície passam a interagir com as forças de volume, gravitacionais, no caso, resultando no fenômeno chamado *movimento Browniano*.

3.3 Teoria da sedimentação contínua

3.3.1 Hipóteses simplificadoras

O ensaio de sedimentação é feito jogando-se uma porção de solo, com peso seco (P_s) não superior a 50 g, em 1.000 cm^3 de água, o que dá uma densidade inicial da suspensão menor ou igual a 10,35 kN/m^3 (1,035 g/cm^3) para $\delta = 27,0$ kN/m^3.

Com essa densidade, postula-se que não há uma interferência entre as partículas de solo em queda livre, valendo, pois, a lei de Stokes.

Uma segunda hipótese refere-se à constância do valor da densidade dos grãos do solo, quando, na verdade, podem existir partículas com densidades bem diferentes entre si. Mais adiante, será feita uma análise da influência dessa dispersão nos resultados da sedimentação.

Finalmente, a terceira hipótese, que admite grãos de solo esféricos, é a mais severa. De fato, as partículas coloidais de um solo apresentam formas de placas ou tubos, mas nunca de esferas. A aplicação da lei de Stokes leva à determinação de diâmetros equivalentes, isto é, diâmetros de esferas que caem com a mesma velocidade que as placas ou tubos; tais diâmetros não dizem nada acerca das dimensões das partículas reais dos solos.

Segundo Lambe (1951), o diâmetro equivalente é menor do que a largura e o comprimento das partículas de solo. Isso porque a resistência à queda destas é maior do que a de uma esfera, em virtude de sua forma e também de a densidade dos grãos usada na lei de Stokes ser muito maior do que a real; e esta última razão se deve ao filme de água que envolve as partículas, reduzindo sua densidade. Apesar de esse mesmo filme ter uma tendência de fazer a queda mais rápida, o resultado final é um diâmetro equivalente menor do que a largura e o comprimento das partículas.

3.3.2 Densidade da suspensão

Considere-se V como o volume de uma suspensão de água e solo, de peso seco P_s, a ser submetida a ensaio de sedimentação.

Suponha-se que a suspensão seja uniforme no momento do início do ensaio. Isso significa que qualquer porção dessa suspensão (V_e) apresenta a distribuição granulométrica do solo a ser ensaiado (Fig. 3.2A).

Nessas condições, a densidade em qualquer ponto da suspensão pode ser expressa por:

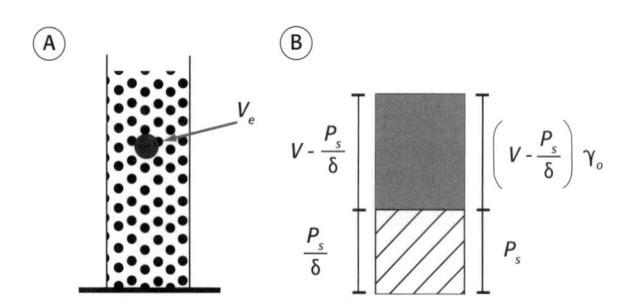

Fig. 3.2 *Condições iniciais (t = 0) – suspensão uniforme*

$$\gamma_i = \frac{\delta - \gamma_o}{\delta} \cdot \frac{P_s}{V} + \gamma_o \qquad (3.3)$$

como se deduz facilmente. De fato, como o volume dos sólidos é P_s/δ (ver a Fig. 3.2B), o volume de água é dado por $(V - P_s/\delta)$. Assim, o peso total da suspensão será P_s mais $(V - P_s/\delta)\gamma_o$, que, dividido por V, fornece a densidade γ_i da suspensão.

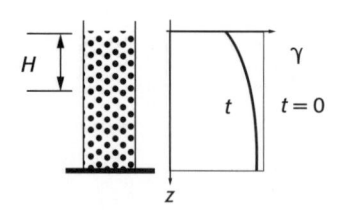

Fig. 3.3 γ *em função de* t *e de* z

Com o decorrer do tempo (t), a densidade da suspensão (γ) altera-se, pois os grãos maiores atingem mais depressa o fundo da proveta. A Fig. 3.3 indica esquematicamente tal variação em função do tempo (t) e da profundidade (z).

Após um tempo t e numa profundidade H medida a partir da superfície da suspensão, um elemento de volume V_e contém partículas com diâmetros menores ou iguais a:

$$\bar{D} = \sqrt{\frac{18\mu}{\delta - \gamma_o} \cdot \frac{H}{t}} \qquad (3.4A)$$

como se depreende da lei de Stokes. Ademais, todas as partículas com diâmetros menores encontram-se presentes no elemento na mesma concentração que na suspensão inicial.

Assim, a porcentagem (Q), em peso, de partículas de solo com diâmetro menor ou igual a $\bar{D}$ na amostra toda coincide com a do elemento.

Reportando-se à Fig. 3.4, a densidade da suspensão no elemento vale:

$$\gamma = \frac{\delta - \gamma_o}{\delta} \cdot \frac{P_s^{D \leq \bar{D}}}{V_e} + \gamma_o$$

em que $P_s^{D \leq \bar{D}}$ é o peso das partículas com diâmetro menor ou igual a $\bar{D}$, equação que pode ser obtida de forma análoga à Eq. 3.3, como ilustra a Fig. 3.4.

É fácil ver que:

$$\frac{P_s^{D \leq \bar{D}}}{V_e} = \frac{Q \cdot P_s}{V} \quad \text{(3.4B)}$$

donde:

$$\gamma = \frac{\delta - \gamma_o}{\delta} \cdot \frac{Q \cdot P_s}{V} + \gamma_o$$

ou

$$Q = \frac{\delta}{\delta - \gamma_o} \cdot \frac{V}{P_s} (\gamma - \gamma_o) \quad \text{(3.4C)}$$

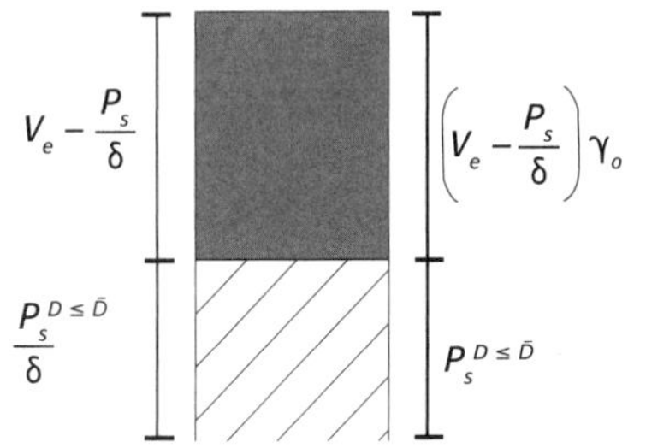

Fig. 3.4 *Condições após um tempo t > 0*

O par de valores Q-$\bar{D}$ fornece um ponto da curva granulométrica.

3.3.3 Medida da densidade da suspensão

Para aplicar a Eq. 3.4C, é necessário que seja medida a densidade da suspensão numa profundidade H e num tempo t.

a. Esse objetivo pode ser atingido recolhendo-se, numa certa profundidade e de tempos em tempos, porções da suspensão por meio de uma pipeta. Daí o nome dado ao ensaio de *método da pipeta*, que é usado rotineiramente em alguns laboratórios (Fig. 3.5). Para as normas britânicas, esse é o método padrão; sua descrição detalhada pode ser encontrada em Akroid (1957) ou Head (1989). Com a amostragem, ocorre, evidentemente, um abaixamento no nível da suspensão, o que gera erros de ensaios. Estes podem ser reduzidos usando-se, ao mesmo tempo, quatro suspensões idênticas do mesmo solo, o que torna o método laborioso. Uma variante desse método, o Harvard Field Method, consiste em utilizar um cilindro de sedimentação com três saídas em alturas diferentes. Em tempos apropriados, retira-se 1 cm³ da suspensão, iniciando-se com a mais inferior; após secagem em estufa, obtém-se γ da suspensão e, por meio das Eqs. 3.4A e 3.4B, um ponto na curva granulométrica. O primeiro exercício proposto no fim deste capítulo ilustra esse procedimento expedito.

b. Uma maneira mais rápida de determinação da densidade da suspensão requer o uso de densímetro de bulbos simétricos, como está indicado nas Figs. 3.6 e 3.7A. Trata-se do método do densímetro.

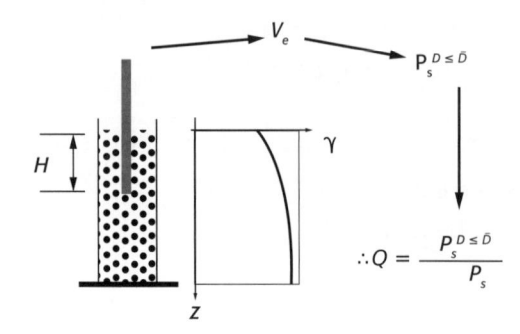

Fig. 3.5 Medida de γ num tempo t qualquer – método da pipeta

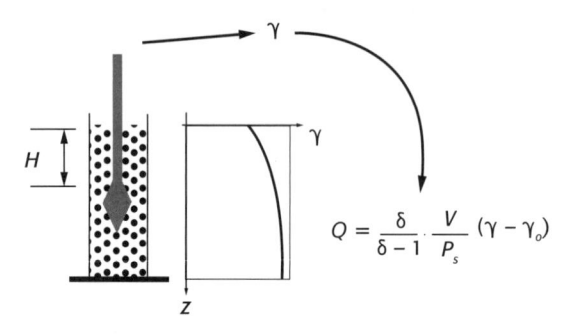

$$\therefore Q = \frac{P_s^{D \leq \bar{D}}}{P_s}$$

Fig. 3.6 Medida de γ num tempo t qualquer – método do densímetro

$$Q = \frac{\delta}{\delta - 1} \cdot \frac{V}{P_s} (\gamma - \gamma_o)$$

Após sua introdução e estabilização na suspensão, faz-se a leitura da densidade, que está associada ao centro de volume, desde que se admita linearidade de variação da densidade da suspensão com a profundidade no trecho do bulbo do densímetro (reta AB da Fig. 3.7B).

De fato, pelo princípio de Arquimedes, tem-se que o empuxo para cima (E), que equilibra o peso do densímetro, vale:

$$E = \int \gamma \cdot A \cdot dz$$

em que A é a área da sua seção transversal, a uma profundidade z, contada a partir da superfície da suspensão.

A linearidade postulada anteriormente permite que se escreva:

$$\gamma = C_1 + C_2 \cdot z$$

donde

$$E = C_1 \int A \cdot dz + C_2 \int z \cdot A \cdot dz \qquad (3.5)$$

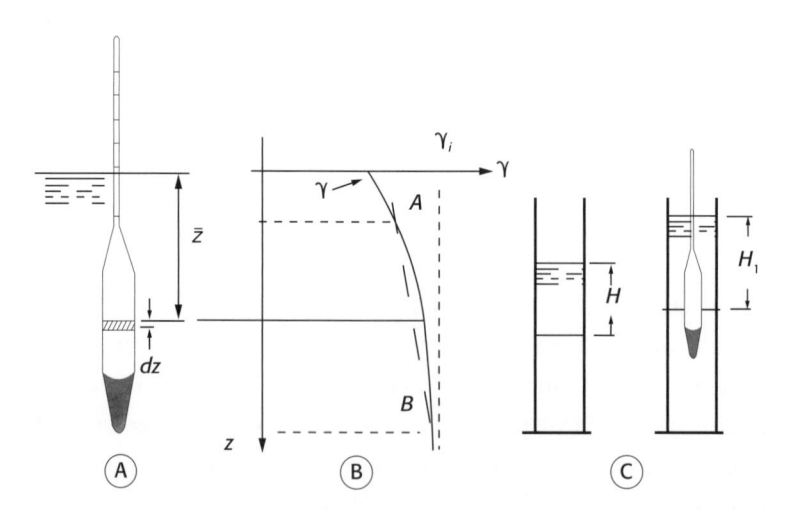

Fig. 3.7 γ em função de t e de z

Seja $\bar{\gamma}$ o valor da densidade média do trecho correspondente ao bulbo do densímetro; a ela está associada uma profundidade $\bar{z}$ na curva da Fig. 3.7B. Tem-se:

$$\bar{\gamma} = C_1 + C_2 \cdot \bar{z}$$

e a Eq. 3.5 pode ser reescrita da seguinte forma:

$$E = C_1 \int A \cdot dz + C_2 \cdot \bar{z} \int A \cdot dz \qquad (3.6)$$

Igualando-se a Eq. 3.5 com a Eq. 3.6, tem-se:

$$\bar{z} = \frac{\int z \cdot A dz}{\int A dz}$$

isto é, $\bar{z}$ é o centro de volume do densímetro, que coincide, para fins práticos, com o centro geométrico do bulbo.

Em resumo, o densímetro mede a densidade média ao longo da extensão do bulbo.

A hipótese da linearidade da densidade com a profundidade conduz, segundo Casagrande (1931), a erro máximo de 7% para a parte inicial da curva e 1% para a sua parte final, no caso de solos muito uniformes (coeficiente de uniformidade de 1,75). Para solos não uniformes, os erros são desprezíveis.

Finalmente, o argumento utilizado pelos defensores do método da pipeta reside justamente nesse ponto, isto é, a concentração de partículas (densidade) é medida num comprimento que não é pequeno em face da profundidade do centro do bulbo até a superfície da suspensão. Aliás, nas normas britânicas o método do densímetro é encarado como alternativo ao da pipeta.

3.4 Técnicas de ensaio

3.4.1 Preparação das amostras

Para solos com predominância de grossos, isto é, com porcentagem de finos em peso (fração que passa na peneira n. 200) inferior a 25%, é recomendável que se prepare uma mistura de solo e água destilada. A lama assim obtida, depois de desmanchados os torrões e homogeneizada, é lavada na peneira n. 200. A parte retida, depois de seca em estufa, é submetida ao peneiramento; com a parte passada, executa-se a sedimentação.

(A) Lavagem da amostra e (B) secagem dos finos

Se predominarem os finos, pode-se iniciar pelo ensaio de sedimentação e, na sequência, lava-se a amostra ensaiada na peneira n. 200. O material retido, após secagem em estufa, é submetido ao peneiramento.

Uma alternativa à lavagem na peneira n. 200 consiste em separar os finos dos grossos por meio de sedimentação sucessiva (decantação), valendo-se do resultado indicado pela Eq. 3.2. Isto é, partículas de solo com diâmetro equivalente igual ou maior do que 0,074 mm sedimentam-se com velocidade mínima de 0,50 cm/s. Após várias repetições dessa decantação, o material nadante constituirá a amostra do ensaio de sedimentação e o material decantado será o submetido ao peneiramento. O volume de água destilada utilizado não deve superar 1.000 cm³.

As Figs. 3.8 e 3.9 mostram, esquematicamente, os roteiros delineados anteriormente.

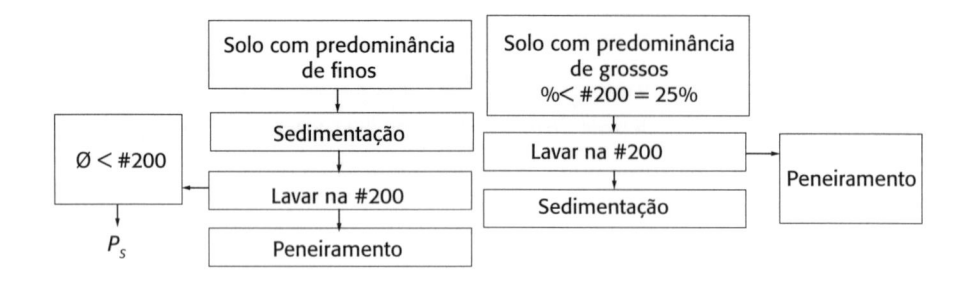

Fig. 3.8 *Análise granulométrica combinada, com predominância de finos e grossos*

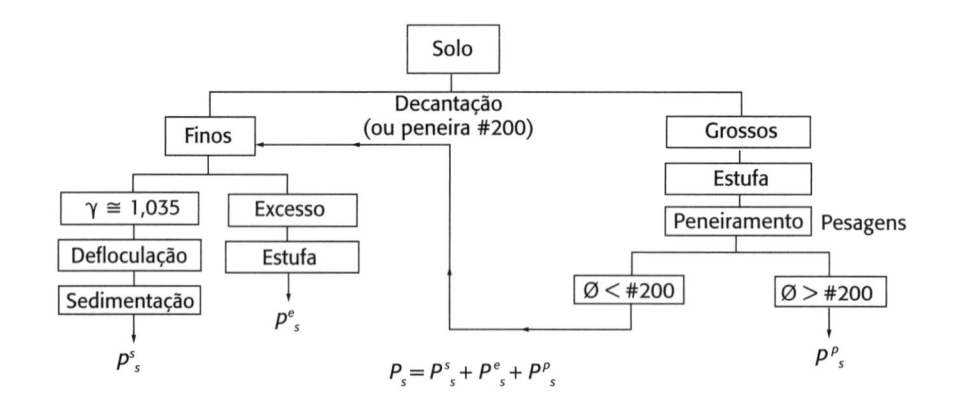

Fig. 3.9 *Análise granulométrica combinada, separando finos de grossos*

$P_s = P^s_s + P^e_s + P^p_s$

Grãos retidos na peneira

Note-se que em todos os procedimentos da Fig. 3.8 está sendo evitada a secagem de material fino ao ar ou em estufa, eliminando-se a possibilidade de haver mudança no tamanho das partículas ou outras alterações irreversíveis, ou ainda cimentação entre elas, que não se desfaz no destorroamento com almofariz e mão de borracha.

Quando o solo contiver grãos maiores do que 2 mm, recomenda-se que ele seja forçado com os dedos, suavemente, na peneira n. 10; a parte retida deve ser lavada, ainda nessa peneira, com um pouco de água.

3.4.2 Peneiramento

O conjunto de peneiras a ser utilizado deve ser cuidadosamente limpo e, posteriormente, cada uma delas é pesada com precisão de 0,1 g. Convém que a abertura das malhas de uma peneira seja a metade da mais grossa, que está acima dela, na posição vertical, o que dará um bom espaçamento dos diâmetros na curva granulométrica.

A amostra seca em estufa é transferida para o conjunto de peneiras, que é agitado horizontalmente durante certo tempo. Esse tempo depende do tamanho e forma das partículas e da quantidade de amostra utilizada. Para solos com partículas pequenas, costuma-se adotar um tempo de 10 minutos, se o peneiramento for feito manualmente, enquanto a norma do *Earth Manual*, do USBR (1963), estipula 15 minutos. Quanto à quantidade da amostra, Lambe (1951) cita um caso em que foram deixadas duas amostras de um mesmo solo peneirar durante tempos iguais; a primeira delas, com 250 g, revelou uma porcentagem passando 25% menor do que a outra, com apenas 25 g de material.

Amostra seca para peneiramento

Conjunto de peneiras sobre o agitador

Em seguida, pesa-se cada peneira com o solo retido, o que possibilita facilmente os cálculos finais.

Um procedimento alternativo consiste em transferir os conteúdos das peneiras, após o peneiramento, para uma folha de papel, tomando-se o cuidado de limpá-las com escovas.

Transferência de conteúdo da peneira para folha de papel

3.4.3 Sedimentação

Toma-se uma porção de solo com peso seco da ordem de 50 g (ou mais, no caso de solos granulares) e forma-se uma pasta com a adição de água destilada; junta-se defloculante a essa parte, que é deixada repousando de um dia para o outro. Uma alternativa é formar uma suspensão de água, solo e defloculante, deixando-a em repouso por no mínimo 12h antes de agitá-la no dispersor (ABNT, 1984e).

Preparação da amostra

A pasta é, posteriormente, transferida para o copo do aparelho de dispersão por meio de lavagem. A suspensão é misturada durante 10 a 15 minutos, a fim de separar as partículas de solo. Para as areias, esse tempo pode ser de 5 minutos.

Em seguida, a suspensão é colocada na proveta de vidro, adicionando-se água destilada até completar o volume de 1.000 cm³.

A suspensão assim obtida é homogeneizada tapando-se a boca com uma das mãos e, com o auxílio da outra, fazendo movimentos rápidos e enérgicos de rotação, de forma que a boca da proveta passe de cima para baixo e vice-versa, durante 30 a 60 segundos. Após essa operação de agitação, o cilindro é colocado na mesa, anota-se o tempo de início do ensaio e insere-se o densímetro na suspensão.

Ensaio de sedimentação

Com o densímetro em posição, sem removê-lo, são efetuadas as quatro primeiras leituras, tomadas nos tempos 1/4; 1/2; 1 e 2 minutos. A suspensão deve ser novamente agitada e as quatro leituras feitas novamente, até se conseguir consistência de valores.

Agita-se novamente a proveta e registram-se as leituras referentes aos tempos 2, 5, 10, 20 etc. minutos. O densímetro deve ser removido da suspensão após cada leitura e guardado numa segunda proveta de vidro contendo água destilada. O densímetro, com a haste limpa e seca, deve ser introduzido cuidadosamente na suspensão, sem rotação ou oscilação, para não provocar perturbações; o laboratorista deve gastar nessa operação, até a estabilização do densímetro, cerca de 5 segundos.

A proveta que contém a suspensão deve ser protegida contra a evaporação e a contaminação com poeira, bastando, para tanto, cobri-la apropriadamente.

Deve-se medir a temperatura (termômetro sensível a 0,1 °C) da suspensão com frequência, e a da água, de 30 em 30 minutos.

O ideal é que ambas as provetas fiquem num tanque para banho a temperatura constante (ver Akroid, 1957). Isso porque, se houver diferença de temperatura entre as paredes da proveta de vidro e o interior da suspensão, provocada pelo aumento da temperatura ambiente, vão se formar correntes de convecção, perturbando o movimento de queda das partículas de solo, podendo até invertê-lo.

O ensaio termina quando o densímetro acusar valores da ordem de 1. Após agitação enérgica, a suspensão é colocada em recipiente para secagem em estufa e determinação do peso seco (balança sensível a 0,1 g) da amostra ensaiada.

3.4.4 Calibração do densímetro

Como foi dito anteriormente, para as quatro primeiras leituras, convém deixar o densímetro na suspensão após cada leitura, pois a sua remoção e imersão pode perturbar a mistura. Em contrapartida, partículas de solo podem se acumular na superfície do densímetro, causando erros, razão pela qual ele não deve ficar mais do que 2 minutos na suspensão.

Nessa etapa inicial do ensaio, a altura de queda H é medida da superfície da suspensão até o centro do bulbo do densímetro.

Essas alturas de queda são, como se viu, indispensáveis para a determinação do diâmetro das partículas pela lei de Stokes (Eq. 3.4A) e, para a sua obtenção, basta correlacioná-las com as leituras do densímetro. De tal correlação, que é linear, resulta a denominada curva de calibração do densímetro.

Essa curva é obtida da seguinte forma (Fig. 3.10A):

a. mede-se a altura do bulbo (h);
b. determinam-se as distâncias de cada traço de graduação até a base da haste do densímetro (H_1);
c. calcula-se a altura de queda (H), correspondente a cada traço da graduação, por meio da expressão:

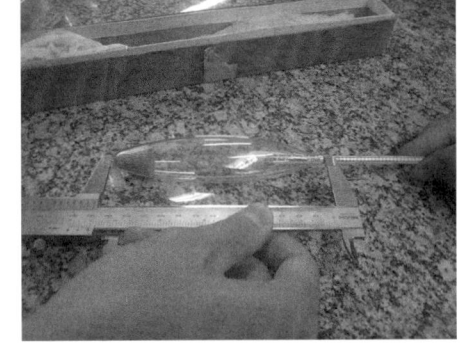

$$H = H_1 + \frac{1}{2}h \qquad (3.7)$$

Medida da altura do bulbo

d. o gráfico de H em função da leitura associada ao traço da graduação é a curva procurada (linha superior da Fig. 3.10B).

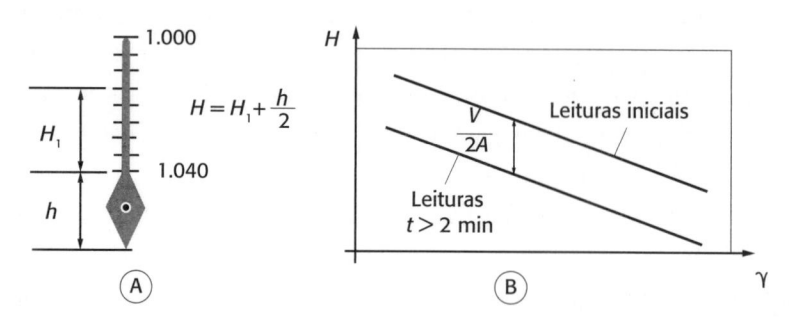

Fig. 3.10 *Calibração do densímetro – leituras iniciais*

Para a etapa subsequente, em que o densímetro é removido da suspensão, a curva de calibração é paralela à anterior, mas deslocada para baixo de V/2A, em que V é o volume do densímetro, e A, a área da seção transversal da proveta de vidro (ver a Fig. 3.10B).

De fato, a remoção do densímetro faz com que a superfície da suspensão desloque-se para baixo de V/A. Como um ponto qualquer do plano que passa pelo centro do bulbo desloca-se também para baixo de V/2A, tem-se que a altura de queda a considerar é, referindo-se à Fig. 3.7C:

$$H = \left(H_1 + \frac{1}{2}h\right) - \frac{V}{A} + \frac{V}{2A}$$

ou

$$H = H_1 + \frac{1}{2}\left(h - \frac{V}{A}\right) \tag{3.8}$$

O valor de V pode ser obtido medindo-se a variação do nível d'água contida numa proveta de vidro com a introdução do densímetro. Essa variação de nível, multiplicada pela área A, fornece o valor procurado. Esse valor também pode ser obtido valendo-se do fato de que o peso do densímetro é numericamente igual ao seu volume, isto é, admitindo-se que seu peso específico é unitário.

3.4.5 Correções das leituras do densímetro

As leituras do densímetro não podem ser utilizadas diretamente, pois são afetadas por uma série de fatores que exigem sua correção. Esses fatores são os seguintes:

a. variações de temperatura que alterem o volume do densímetro;
b. aumento da densidade da suspensão em virtude da adição de defloculante; e
c. formação de um menisco junto à haste do densímetro.

A melhor forma de corrigir esses efeitos é manter uma terceira proveta de vidro com água destilada e defloculante na concentração usada na suspensão, ao lado da proveta de ensaio. São feitas, concomitantemente, as leituras das densidades da suspensão e da água com defloculante, tomando-se o cuidado de lavar o densímetro na segunda proveta. Se essas leituras referirem-se ao traço no qual o menisco toca a haste, a sua diferença fornece o termo $(\gamma - \gamma_o)$ da Eq. 3.4C livre de qualquer um dos três efeitos já indicados. Evidentemente, essa forma de correção requer perdas de defloculante e uma proveta adicional.

A NBR 7181 (ABNT, 1984e) recomenda em seu anexo procedimento semelhante, só que sem o desperdício de defloculante: as medidas na terceira proveta são feitas em várias temperaturas. Dessa forma, é possível traçar a curva de variação das leituras do densímetro, no meio dispersor, em função da temperatura. O gráfico obtido fica disponível no laboratório e só vale para o defloculante utilizado na terceira proveta e em sua concentração.

A alternativa consiste em efetuar as correções separadamente, como segue.

a. *Correção da temperatura*

Mede-se, para várias temperaturas, a densidade de água destilada, com o que se obtém uma correlação entre ambas, que pode ser prontamente utilizada nos cálculos.

Existe um procedimento alternativo, baseado no conhecimento do coeficiente de expansão volumétrica do vidro e no fato de a temperatura de calibração do densímetro ser de 20 °C, isto é, ele apresenta uma leitura unitária da densidade da água nessa temperatura. Sobre esse procedimento, ver Akroid (1957).

b. *Correção da densidade*

Adiciona-se, a 1.000 cm³ de água destilada, defloculante na concentração a ser usada no ensaio de sedimentação. Prepara-se uma segunda proveta só com água destilada. Após ter a certeza de que as temperaturas são as mesmas, deve-se efetuar uma leitura em cada proveta. A diferença entre ambas é a correção da densidade, a considerar nos cálculos, podendo ser positiva ou negativa.

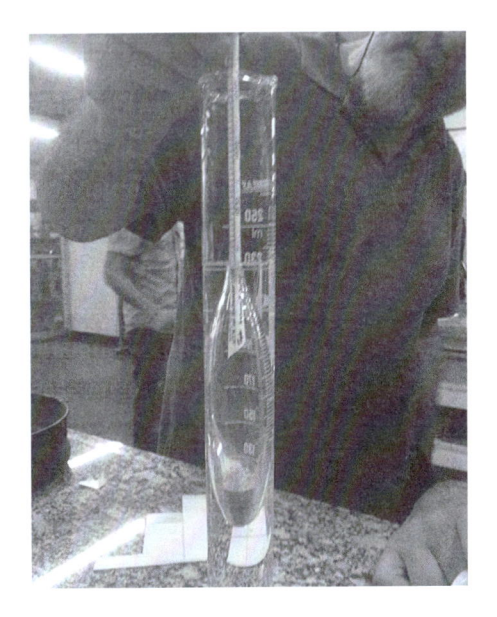

Correção da leitura do densímetro

c. *Correção do menisco*

Introduz-se o densímetro em proveta com água destilada, após limpar a sua haste com água e sabão. A diferença entre os traços de graduação correspondente à base e ao topo do menisco é a correção procurada, pois é este último que fornece a leitura do densímetro na suspensão solo--água, em virtude de sua opacidade.

Finalmente, na lei de Stokes considera-se como viscosidade do meio a da água, não se levando em conta a sua alteração pela adição de defloculante. Tal efeito foi abordado por Chu e Davidson (1955), podendo ser considerados desprezíveis os desvios que provoca (erros inferiores a 2% nos diâmetros das partículas).

3.4.6 Escolha do tipo de defloculante

Tipos de defloculante

Um defloculante pode agir formando uma película protetora em torno da partícula de solo ou alterando a carga elétrica das partículas, evitando a formação de flocos.

Akroid (1957) apresenta cinco grupos de defloculantes, dos quais os mais usados são o grupo do silicato de sódio e o dos polifosfatos de sódio, assim compostos:

a. *Grupo de silicato de sódio*
   - oxalato de sódio;
   - carbonato de sódio;
   - hidróxido de sódio;
   - silicato de sódio.

b. *Grupo dos polifosfatos de sódio*
   - hexametafosfato tetrassódio;
   - hexametafosfato de sódio;
   - tetrafosfato de sódio;
   - tripolifosfato de sódio.

Os defloculantes do primeiro grupo foram os primeiros a serem empregados nos ensaios de sedimentação. Eles são efetivos para uma pequena gama de solos e, pior ainda, em concentrações limitadas. Concentrações excessivas podem provocar floculação ou formação de gel. O silicato de sódio, o mais conhecido deles, é usado na concentração de 0,5 cm^3/L a 1 cm^3/L; deve ser mantido fresco, isto é, sem absorver gás carbônico da atmosfera.

Já os defloculantes do segundo grupo são eficientes até mesmo em baixas concentrações. O hexametafosfato de sódio é considerado um defloculante de uso universal. Ele é geralmente utilizado na concentração de 0,05 N, o que se obtém diluindo-se 40,0 g de defloculante em 1 L de água e utilizando 125 mL dessa dissolução. A norma americana da ASTM recomenda renovar a água para evitar que ela se transforme num ortofosfato, ou então adicionar carbonato de sódio para manter o seu pH de 8 a 9 (básico). Fourie (1997), tratando de solos residuais, recomenda o uso de solução fresca e, se o hexametafosfato de sódio se revelar ineficiente, de solução de fosfato trissódico.

No caso de haver dúvidas quanto ao defloculante e à concentração ideal a serem usados, pode-se determiná-los experimentalmente, como recomenda a NBR 7181 (ABNT, 1984e). É só preparar várias provetas com a suspensão solo-água e adicionar o defloculante em teste em várias concentrações: 0,1 N, 0,05 N, 0,01 N, 0,005 N etc. Após um ou dois dias, escolher a concentração mínima para a qual não existe uma linha demarcatória entre o solo sedimentado e a suspensão na proveta.

O poder relativo dos defloculantes

Neste ponto, convém trazer à baila o caso da argila utilizada na construção da barragem de Sasumua, na África. Trata-se de um solo de alteração de lavas basálticas, tufos e brechas.

Skempton usou, na análise granulométrica, o oxalato de sódio como defloculante, tendo encontrado 20% a 30%, em peso, de partículas com diâmetro inferior a 2μ. O hexametafosfato de sódio apontou valores dessa fração variando de 40% a 50%.

Investigações mineralógicas revelaram que 70% a 100% das partículas eram menores do que 1μ, valores esses que não foram atingidos nem com os mais eficientes defloculantes, como o pirofosfato tetrassódio.

Por se tratar de solo com predominância do mineral haloisita e com hidróxido de ferro, argumentou-se, na época, que a sua macroestrutura era constituída de grãos muito duros e porosos, resultantes da aglutinação das partículas de solo por cimentação. Esses grãos não se desmanchariam nem com os mais poderosos defloculantes. Essa explicação foi posteriormente contestada por Wesley (1977) e Wesley e Irfan (1997).

Independentemente da explicação, esse exemplo ilustra o fato de que as análises granulométricas dependem do tratamento mecânico ou químico dado à amostra.

Lambe e Martin (1957) apresentaram dados relativos a pouco mais de duas dezenas de solos que mostram que não há correlação alguma entre a % < 2μ, obtida de análises granulométricas, e o teor de argila em vista de fenômenos de cimentação entre partículas, como será discutido no Cap. 4. Além disso, os autores chegam a sugerir que se processe um mínimo ou nenhuma separação entre partículas para que as curvas granulométricas tenham algum sentido.

3.5 Fontes de erro do ensaio de sedimentação

As principais fontes de erro do ensaio de sedimentação podem ser assim sintetizadas:

a. uso de defloculante errado ou na concentração errada;
b. dispersão incompleta;
c. aquecimento assimétrico da proveta de vidro ou variação acentuada da temperatura durante o ensaio;
d. haste do densímetro suja ou úmida durante a leitura;
e. inserção do densímetro provocando turbulência na suspensão.

3.5.1 Influência do peso seco

Como o peso seco intervém no cálculo da porcentagem que passa (Eqs. 3.4B e 3.4C), o processo de secagem e toda sua carga de erros influi na curva granulométrica.

Por exemplo, se aquecer uma porção de solo em estufa na temperatura de 190 °C provoca um erro relativo no teor de umidade de 10%, o erro relativo na porcentagem que passa é de 7,5% para solos com teores de umidade de 300%. De fato, da Eq. 3.4B deduz-se, supondo erros pequenos:

$$\frac{\Delta Q}{Q} = -\frac{\Delta P_s}{P_s} = \frac{h}{1+h}\left(\frac{\Delta h}{h}\right)$$

Se $h = 300\%$, com $\frac{\Delta h}{h} = 10\%$, $\Delta Q/Q = \frac{3}{1+3} \times 0,10 = 7,5\%$. Se esse teor for de 50%, o erro relativo em Q passa a ser 3,3%.

3.5.2 Influência da densidade dos grãos

Das Eqs. 3.4A e 3.4C, pode-se deduzir também que:

$$\frac{\Delta D}{D} = -\frac{1}{2} \cdot \frac{\delta}{\delta - \gamma_o} \left(\frac{\Delta \delta}{\delta} \right)$$

e

$$\frac{\Delta Q}{Q} = -\frac{\gamma_o}{\delta - \gamma_o} \left(\frac{\Delta \delta}{\delta} \right)$$

supondo $\Delta \delta$ pequeno.

Ora, variando δ de 26,5 kN/m³ a 29,0 kN/m³, tem-se que $\gamma_o/(\delta - \gamma_o)$ decresce de 0,61 a 0,53, o que também ocorre com $1/2\delta/(\delta - \gamma_o)$, que decresce de 0,80 a 0,76. Assim, pode-se escrever, aproximadamente,

$$\frac{\Delta D}{D} = -0,80 \left(\frac{\Delta \delta}{\delta} \right)$$

e

$$\frac{\Delta Q}{Q} = -0,60 \left(\frac{\Delta \delta}{\delta} \right)$$

Por exemplo, para $\Delta \delta/\delta = 4\%$, têm-se $\Delta D/D = 3,2\%$ e $\Delta Q/Q = 2,4\%$, erros considerados desprezíveis diante das incertezas do ensaio de sedimentação, resultantes das hipóteses adotadas.

Aliás, isso mostra que a segunda hipótese simplificadora (seção 3.3.1) induz a erros pequenos nos resultados da sedimentação.

Saiba mais
Frações granulométricas dos solos

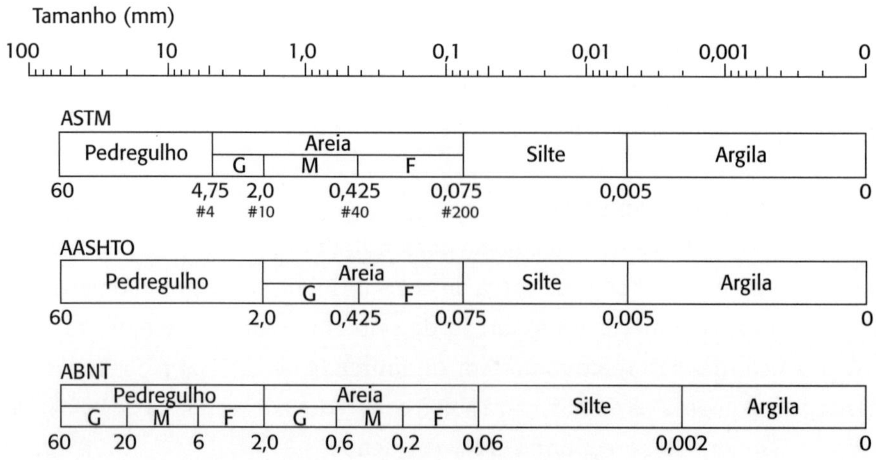

Escalas granulométricas adotadas pela A.S.T.M., A.A.S.H.T.O, M.I.T. e ABNT.

Fig. 3.11 *Escalas granulométricas adotadas pelas principais normas*

Parte experimental

Parte A
a) Fazer um exame tátil e visual da amostra em estudo visando à sua granulometria e traçar uma curva granulométrica estimada para essa amostra.
b) Calibrar um densímetro.
c) Iniciar o ensaio de granulometria.

Parte B
a) Realizar um ensaio de peneiramento com uma amostra de pedrisco ou pó de pedra.
b) Lavar a amostra na peneira n. 200.
c) Repetir o peneiramento.
d) Analisar a diferença entre os dois ensaios.

Exercícios complementares

1) Pretende-se determinar três pontos da curva granulométrica, correspondentes aos diâmetros 0,05 mm; 0,02 mm e 0,005 mm, de um solo com $\delta = 27,0$ kN/m³.

Como não se dispõe de densímetros, tomou-se uma bureta graduada de 1.000 cm³ de volume e 27,8 cm² de área de seção transversal e adaptaram-se três "saídas" A, B e C, conforme ilustrado na figura a seguir:

De cada saída, e em tempos apropriados T_A, T_B e T_C, serão retirados 100 cm³ de suspensão, para a determinação do peso seco (P_s), para se atingir o objetivo proposto.

a) Fixar valores para T_A, T_B e T_C.
b) Além do número de pontos ser bem limitado, que outros problemas tornam essa técnica expedita um tanto grosseira? Supor que durante o ensaio a temperatura ficou em torno dos 20 °C.

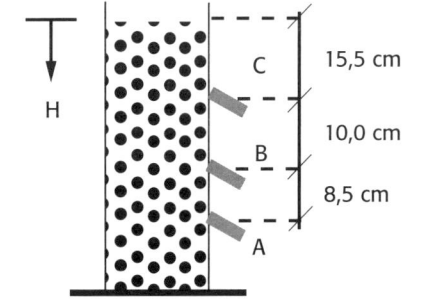

Solução:

Ensaio expedito de sedimentação.

Da Eq. 3.1 resulta:

$$v = \frac{\delta - \gamma_o}{18\mu} \cdot D^2 = \frac{27,0 - 9,98}{18(1,029 \times 10^{-4})} \cdot D^2 = 9189 D^2$$

pois, para $T = 20$ °C, tem-se $\mu = 0,010009$ dina · s/cm² $= 1,029 \times 10^{-6}$ kPa · s.

a. Levando-se em conta que a cada retirada de 100 cm³ de suspensão o seu nível abaixa de 100/27,8 = 3,60 cm, pode-se construir a seguinte tabela, que fornece os valores procurados de T_A, T_B e T_C.

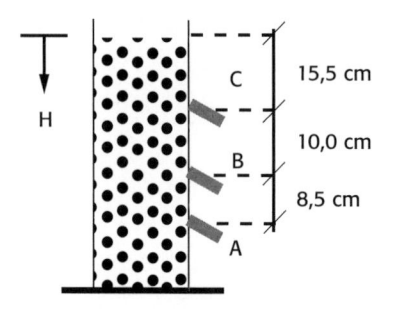

Saída	H (cm)	D (cm)	v (cm/s)	Tempo (min)
A	34,0	0,005	0,230	2,5
B	21,9	0,002	0,037	9,9
C	8,3	0,0005	0,002	60,2

b. A técnica expedita é um tanto grosseira em face das turbulências provocadas durante as retiradas da suspensão.

2) Desenhar a curva granulométrica de uma amostra de solo cujos resultados de peneiramento e sedimentação (segundo o processo descrito no exercício 1) foram os seguintes:

Peso total da amostra: 200 g.

Peneira	Peso retido (não acumulado)
3/4"	0
1/2"	9,22
4	7,27
10	8,74
40	30,72
100	30,25
200	33,01
Recipiente	80,79

Saída	H (cm)	Tempo decorrido até a retirada dos 100 cm³	Peso dos sólidos em 100 cm³ de suspensão (g)
A	34	T_C^*	6,23
B	25,5	T_B^*	4,73
C	15,5	T_A^*	2,32

*Valores obtidos no exercício 1.

Determinar o coeficiente de uniformidade e o diâmetro efetivo.

Solução:

Desenho da curva granulométrica.

Da teoria da sedimentação viu-se que (Eq. 3.4B):

$$\frac{P_s^{D \leq \bar{D}}}{V_e} = \frac{Q \cdot P_s}{V}$$

Portanto:

$$\frac{P_s^{D\leq \bar{D}}}{100} = \frac{Q \cdot P_s}{1.000} \quad \text{e} \quad Q \cdot P_s = 10 \cdot P_s^{D\leq \bar{D}}$$

Assim, é possível determinar o peso dos sólidos com $D \leq \bar{D}$:

Saída	H (cm)	Tempo decorrido até a retirada dos 100 cm³ (minutos)	$P_s^{D\leq \bar{D}}$ Peso dos sólidos em 100 cm³ de suspensão (g)	$Q \cdot P_s$ Peso dos sólidos ($D \leq \bar{D}$) em toda a suspensão (g)
A	34	2,5	6,23	62,3
B	25,5	9,9	4,73	47,3
C	15,5	60,2	2,32	23,2

A análise, incluindo o peneiramento, completa-se com a tabela e o gráfico a seguir:

Peneira	Peso retido (não acumulado)	% que passa	$\bar{D}$ (mm)
3/4"	0	100,0%	19,05
1/2"	9,22	95,4%	12,7
4	7,27	91,8%	4,8
10	8,74	87,4%	2
40	30,72	72,0%	0,42
100	30,25	56,9%	0,148
200	33,01	40,4%	0,074
0,05		31,2%	0,05
0,02		23,7%	0,02
0,005		11,6%	0,005

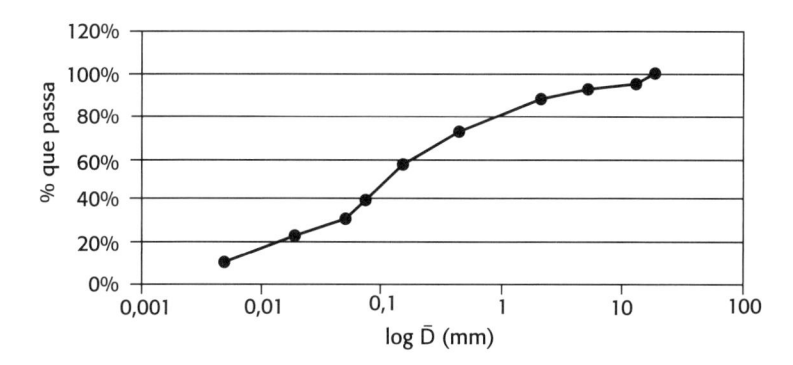

O D_{10} (diâmetro efetivo) é da ordem de 0,005 mm, e o coeficiente de uniformidade (D_{60}/D_{10}), de cerca de 30.

3) Um densímetro possui as seguintes características:
   Volume do bulbo .... 65 cm³
   Profundidade do centro de imersão abaixo da marca 1.000 ... 23,0 cm
   Profundidade do centro de imersão abaixo da marca 1.030 ... 10,5 cm
   Temperatura de calibração .... 15 °C
   Sabendo que a área da seção transversal de cilindro de sedimentação é de 30 cm², traçar a curva de calibração do densímetro.

Solução:

Leitura do densímetro	H (primeiras leituras) (cm)	V/2A	H (leituras subsequentes) (cm)
1,000	23	65/60 = 1,083	21,92
1,030	10,5		9,42

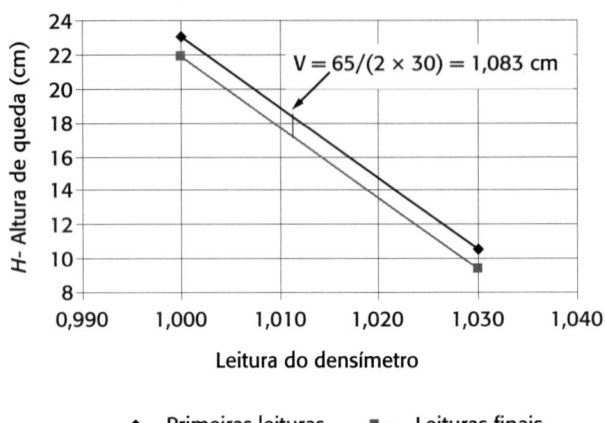

4) O material da área de empréstimo da barragem de Ilha Solteira foi classificado em quatro grupos, em função da densidade seca máxima do solo em cada local. Embora os solos dos quatro grupos fossem de mesma origem, eles apresentavam características diversas, entre elas, as seguintes:

Grupo	% com $D \leq 0,05$ mm	δ (Densidade dos grãos)
I	32%	27,4 kN/m^3
II	43%	28,1 kN/m^3
III	60%	28,7 kN/m^3
IV	66%	29,0 kN/m^3

Uma amostra dessa área foi tomada para uma pesquisa. A densidade dos grãos era de 2,84 kN/m^3. Na análise granulométrica, obteve-se que 50% do peso era inferior a 0,05 mm e 28% do peso, inferior a 0,002 mm. É possível corrigir as porcentagens correspondentes a esses diâmetros utilizando os dados indicados? (Carlos de Sousa Pinto)

Solução:

Seja Q a porcentagem de finos, isto é, de partículas com $D \leq 0,05$ mm, com densidade dos grãos dada por δ_f. A porcentagem de grossos será, obviamente, $(1 - Q)$, com densidade dos grãos dada por δ_g.

Designando como δ a densidade dos grãos do solo todo, é fácil provar a seguinte relação:

$$\frac{Q}{\delta_f} + \frac{1-Q}{\delta_g} = \frac{1}{\delta}$$

Com base nos dados, é possível construir a tabela e o gráfico adiante.

Grupo	Q (% abaixo de 0,05 mm)	δ/γ_o	γ_o/δ
I	32%	2,74	0,365
II	43%	2,81	0,356
III	60%	2,87	0,348
IV	66%	2,90	0,348

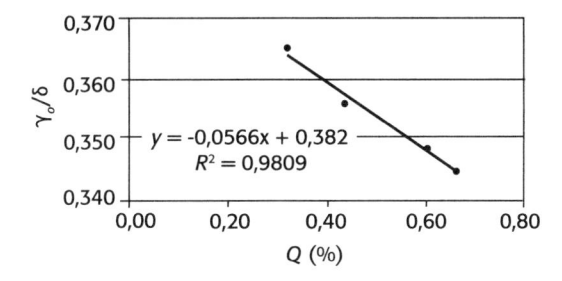

[Gráfico: γ_o/δ vs Q (%); $y = -0,0566x + 0,382$; $R^2 = 0,9809$]

Logo, $\delta_f = 30,73$ kN/m³ e $\delta_g = 26,18$ kN/m³.

Da Eq. 3.4A, pode-se obter:

$$\overline{D} = \sqrt{\frac{18\mu}{\delta-\gamma_o} \cdot \frac{H}{t}} = \frac{C_1}{\sqrt{\delta-\gamma_o}} \quad \text{donde} \quad 0,05 = \frac{C_1}{\sqrt{28,4-10}} \therefore C_1 = 0,2145$$

Para $\delta_f = 30,73$ kN/m³, resulta:

$$\overline{D}' = \frac{C_1}{\sqrt{\delta-\gamma_o}} = \frac{0,2145}{\sqrt{30,73-10}} = 0,047 \text{ mm} \quad \text{em vez de } 0,05 \text{ mm (erro de ~ 6\%).}$$

Da Eq. 3.4C, pode-se obter:

$$Q = \frac{\delta}{\delta-\gamma_o} \cdot \frac{V}{P_s}(\gamma-\gamma_o) = C_2 \cdot \frac{\delta}{\delta-\gamma_o} \quad \text{donde} \quad 50\% = C_2 \cdot \frac{28,4}{28,4-10} \therefore C_2 = 0,324$$

Para $\delta_f = 30,73$ kN/m³, resulta:

$$Q = C_2 \cdot \frac{\delta}{\delta-\gamma_o} = 0,324 \times \frac{30,73}{30,73-10} = 48\% \quad \text{em vez de 50\% (erro de ~ 4\%).}$$

Questões para pensar

▶ Qual é a importância da análise granulométrica na prática da Engenharia de Solos?

- Quais são as hipóteses básicas da teoria da sedimentação?
- Por que no ensaio de sedimentação o peso seco é limitado superiormente a 50 g?
- Como a temperatura afeta o ensaio de sedimentação e como considerar seus efeitos nos cálculos?
- Quais são e como são feitas as correções no ensaio de sedimentação contínua?
- Um engenheiro de campo precisa determinar, com precisão, o teor de argila de um solo, mas não dispõe de um densímetro. Ele tem à mão um termômetro graduado numa escala de 0,1 °C e de pipeta que permite coletar amostras de uma suspensão a até 15 cm de profundidade, dentro de um cilindro de sedimentação. Ademais, sabe que a densidade dos grãos do solo é de 26,8 kN/m³. Como esse engenheiro deve proceder para atingir seu objetivo? Deduzir as fórmulas necessárias para o cálculo do teor de argila.

Mineralogia das Argilas | 4

Define-se uma argila como um aglomerado de argilominerais e de outros elementos, como quartzo, feldspato e mica, e ainda de certo teor de impurezas, como óxidos de ferro e matéria orgânica.

A relevância da Mineralogia das Argilas, isto é, da ciência que trata dos argilominerais, reside no fato de eles serem os principais responsáveis pelo comportamento anômalo de certos solos, como se verá ao final deste capítulo.

O uso de argilas na fabricação de artefatos de cerâmica é antiquíssimo. Modernamente, além dessa indústria, a agricultura é um dos ramos de atividade humana que mais cuida do seu estudo. Também a química, a metalurgia e a indústria do petróleo empregam as argilas, desenvolvendo, de uma ou outra maneira, pesquisas sobre elas.

A Mecânica dos Solos recorreu a essas pesquisas nos anos 1940, empregando os métodos até então disponíveis. Acreditava-se que o comportamento dos solos argilosos dependia das propriedades dos argilominerais presentes. Numa colocação de bom senso, Pichler (1951) afirmava a conveniência, senão a necessidade, de conhecer essas propriedades, a fim de poder interpretar de modo mais rigoroso os resultados comuns dos ensaios da Mecânica dos Solos.

Na década de 1950, pesquisas sobre a composição mineralógica dos solos ganharam corpo, numa tentativa de entender os fundamentos do comportamento dos solos e sua dependência de fatores como o tempo, a pressão, a temperatura, o meio etc. Surgiu até uma ciência aplicada, a Tecnologia dos Solos (*Soil Technology*), que, no entender de Lambe (1961), deveria tratar da influência dos processos geológicos e da composição dos solos no seu comportamento. Essa ciência considera não só a natureza dos componentes dos solos como também o seu arranjo, recorrendo à Química dos Cristais, à Química Coloidal e à Química Inorgânica, além da Mineralogia, Sedimentologia e Geologia Física. Em resumo, a Tecnologia dos Solos compreende os estudos dos processos geológicos e das propriedades físico-químicas dos solos.

Este capítulo focará a composição mineralógica das argilas e algumas propriedades físico-químicas das partículas de solos.

4.1 Conceito e classificação dos minerais

Entende-se por mineral um elemento ou composto químico inorgânico que ocorre na natureza, formado por processos geológicos, com uma composição química bem definida. A importância dos processos geológicos pode ser realçada no seguinte exemplo: numa formação basáltica que contém teor apreciável de Mg e feldspato, pode originar-se a montmorillonita, se não houver eliminação desse íon por lixiviação quando de sua liberação, isto é, se a drenagem for ruim.

Os minerais podem ser classificados, segundo a natureza de seus átomos (Fig. 4.1), em carbonatos (calcita, dolomita), óxidos, óxidos hidratados (gibsita, brucita), fosfatos ou silicatos (caulinita, haloisita, ilita, montmorillonita, quartzo, feldspato etc.), sendo estes últimos os mais abundantes na crosta terrestre, representando cerca de 90% do total.

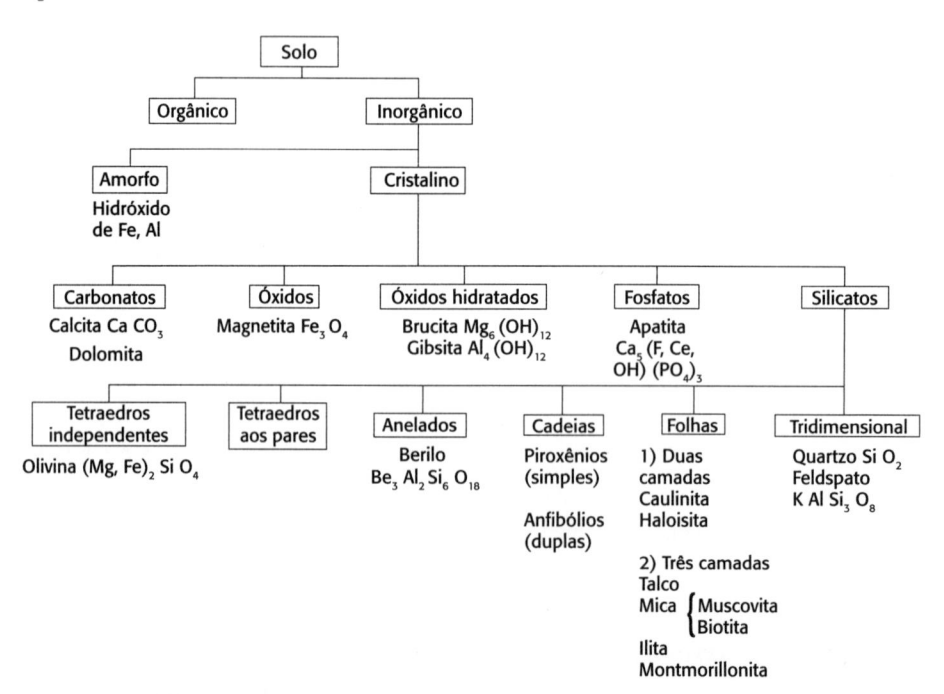

```
                               Solo
                    ┌───────────┴───────────┐
                 Orgânico               Inorgânico
                    │           ┌───────────┴───────────┐
                 Amorfo                              Cristalino
              Hidróxido
              de Fe, Al
     ┌──────────────┬──────────────┬──────────────┬──────────────┐
  Carbonatos     Óxidos     Óxidos hidratados   Fosfatos      Silicatos
  Calcita Ca CO₃  Magnetita Fe₃O₄  Brucita Mg₆(OH)₁₂  Apatita
  Dolomita                         Gibsita Al₄(OH)₁₂  Ca₅(F, Ce,
                                                       OH)(PO₄)₃
```

Silicatos:
- **Tetraedros independentes** — Olivina $(Mg, Fe)_2 SiO_4$
- **Tetraedros aos pares**
- **Anelados** — Berilo $Be_3 Al_2 Si_6 O_{18}$
- **Cadeias** — Piroxênios (simples); Anfibólios (duplas)
- **Folhas**
  1) Duas camadas: Caulinita, Haloisita
  2) Três camadas: Talco, Mica {Muscovita, Biotita}, Ilita, Montmorillonita
- **Tridimensional** — Quartzo SiO_2; Feldspato $K Al Si_3 O_8$

Fig. 4.1 *Composição dos solos*

Uma classificação mais relevante dos silicatos é a que leva em conta o arranjo atômico dos minerais, conforme indicado na Fig. 4.1 e no Quadro 4.1. A revelação da estrutura cristalina permite a obtenção dos conhecimentos sobre os minerais e somente foi alcançada graças ao emprego da técnica dos raios X.

Os argilominerais de interesse para a Engenharia Civil são a caulinita e a haloisita, que apresentam estrutura em folhas de camadas duplas, e a mica, a ilita e a montmorillonita, que possuem estrutura em folhas de camadas triplas (Quadro 4.1). Já o quartzo e o feldspato, que podem ocorrer na fração argila, silte ou areia de um solo, apresentam estrutura tridimensional. Além disso, ambos tendem a ser equidimensionais.

As folhas e as estruturas tridimensionais são as mais comuns e abundantes, pois a relação O/Si é menor e maior é o número de O partilhado por Si, tornando--as mais resistentes à decomposição. O quartzo e o feldspato apresentam relações O/Si de 2 e 2,7 a 4, respectivamente. Daí o fato de o primeiro ser muito resistente, enquanto o segundo pode se transformar por decomposição, dando origem aos argilominerais.

Quadro 4.1 Classificação dos silicatos segundo a sua estrutura

Grupo estrutural	Representação diagramática	Número de oxigênios* por silício	Relação O/Si
Tetraedros independentes		0	4:1
Tetraedros duplos		1	7:2
Anelados		2	3:1
Cadeia simples		2	3:1
Cadeia dupla		2 1/2	11:4
Folhas		3	5:2
Estruturas tridimensionais		4	2:1

*Partilhados

Fonte: adaptado de Lambe e Whitman (1969).

Os átomos dos argilominerais se distribuem regularmente no espaço, formando, em seu conjunto estrutural, planos reticulados ou camadas paralelas em que os raios X incidentes sofrem refração. Tais planos ou camadas, dispostos em certa ordem, constituem as folhas. Como se sabe, o ângulo de incidência para o qual o raio X sofre difração depende da distância entre os planos reticulados, conforme a equação de Bragg. Como essa distância varia com o tipo de argilomineral, obtêm-se diagramas de difração característicos para cada um. Com essa técnica, pode-se não apenas identificar os argilominerais como também pesquisar sua estrutura cristalina.

Por meio dessa técnica, Pauling (1988) propôs, entre outras, as seguintes estruturas:

- gibsita: $Al_2(OH)_6$;
- brucita: $Mg_3(OH)_6$;
- talco: $3MgO_4SiO_2H_2O$.

Chegou-se também ao resultado de que os argilominerais, como o talco, são constituídos por camadas contínuas de sílica (Si_4O_{10}), com interposição de gibsita ou brucita. Estruturas similares foram atribuídas, posteriormente, à montmorillonita, à ilita e à caulinita. Nas Figs. 4.2 e 4.3, estão representadas algumas dessas estruturas. Note-se que, enquanto a montmorillonita possui estrutura com folha tripla (três camadas), a caulinita apresenta apenas folha dupla (duas camadas).

A seguir serão analisadas algumas propriedades químicas dos argilominerais.

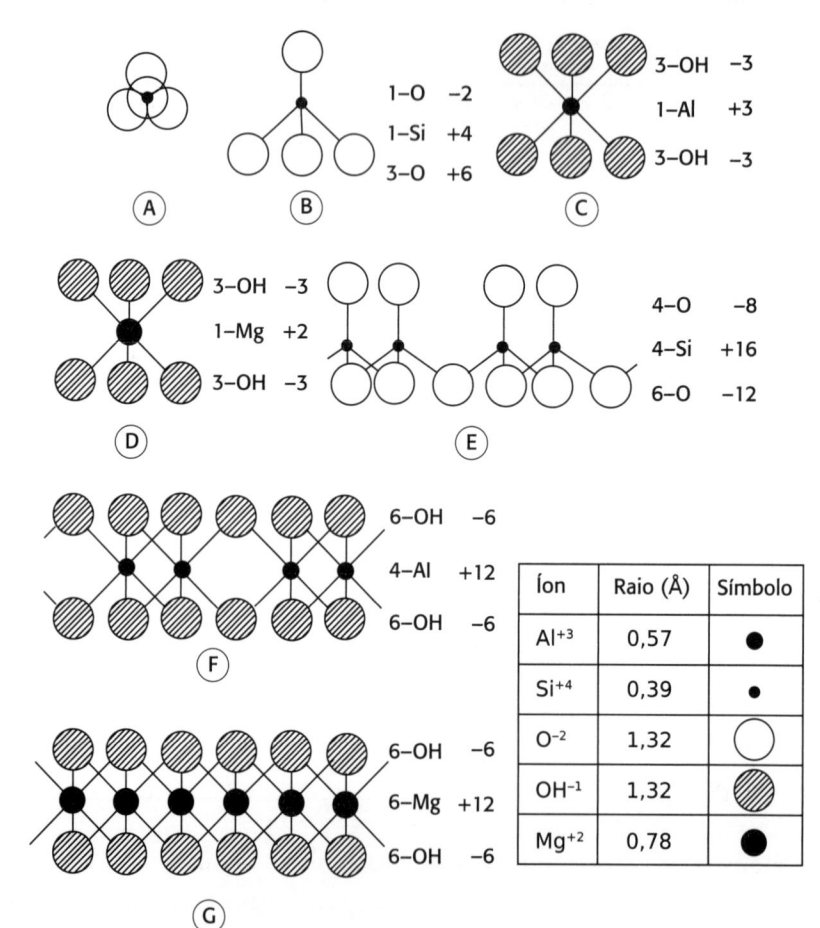

Fig. 4.2 *Representação esquemática das estruturas atômicas de: (A e B) tetraedro de Si; (C) octaedro de Al; (D) octaedro de Mg; (E) sílica; (F) gibsita; e (G) brucita*
Fonte: adaptado de Lambe e Whitman (1969).

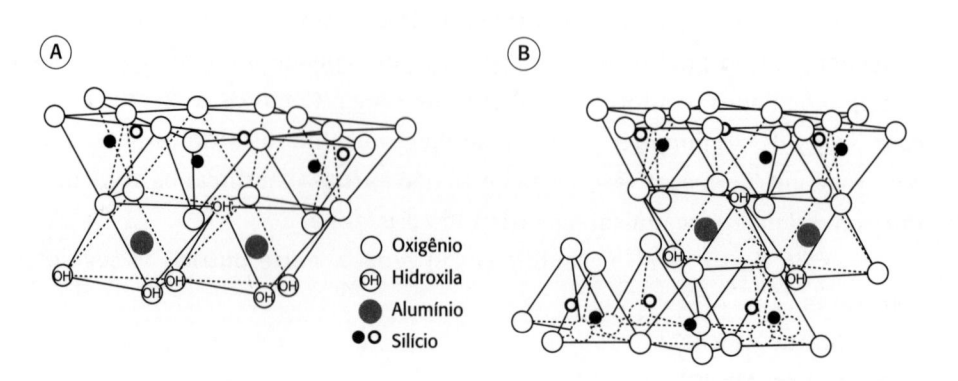

Íon	Raio (Å)	Símbolo
Al^{+3}	0,57	●
Si^{+4}	0,39	•
O^{-2}	1,32	○
OH^{-1}	1,32	◎
Mg^{+2}	0,78	⬤

Fig. 4.3 *Estruturas atômicas: (A) caulinita e (B) montmorillonita*

4.2 Propriedades químicas dos argilominerais

4.2.1 Substituições isomórficas

O Si (silício) das camadas da sílica pode ser substituído pelo Al, visto que ambos os íons apresentam a mesma coordenação (tetraédrica) com relação ao oxigênio.

Entende-se por coordenação poliédrica de um dado cátion em relação ao oxigênio o número de vértices de um poliedro ocupado por esse ânion com o cátion em seu centro. Segundo Pauling (1988), têm-se as coordenações indicadas na Tab. 4.1, em que r_c/r_a é a relação entre os raios do cátion (r_c) e do ânion (r_a). Ora, como o Si, o Al e o Mg apresentam relações de raios de 0,37, 0,41 e 0,47, respectivamente, têm-se, na mesma ordem, as possibilidades de coordenação indicadas no Quadro 4.2.

Vê-se também por que os íons Al (valência +3) da gibsita podem ser substituídos por Mg (valência +2), resultando daí uma deficiência de carga. Substituições do Si^{+4} por Al^{+3} levam à mesma consequência.

Tab. 4.1 Coordenações segundo Pauling (1988)

Coordenação	r_c/r_a
4 (tetraedro)	0,224-0,414
6 (octaedro)	0,414-0,732
8 (cubo)	0,732-1,000
12 (dodecaedro)	1,000

Quadro 4.2 Possibilidades de coordenação dos cátions Si, Al e Mg

Cátion	Coordenação
Si	4 (tetraedro)
Al	4 (tetraedro) ou 6 (octaedro)
Mg	6 (octaedro)

Além da deficiência de carga, outra consequência das substituições isomórficas, que significam mesmas ou similares características de coordenação, é uma distorção nos cristais, pois os íons não são idênticos, o que acarreta uma limitação em seu tamanho.

4.2.2 Troca catiônica, superfície específica e densidade de carga

Parte dessa deficiência de carga é satisfeita pela associação de íons hidratados, ligados às superfícies e arestas das folhas: trata-se dos cátions trocáveis.

A capacidade de dissociação e permuta de cátions constitui uma das características mais importantes dos argilominerais, diferenciando-os uns dos outros.

A determinação da capacidade de troca catiônica (CTC) é feita através de ensaio padronizado (ver, por exemplo, Mitchell (1976)) e é dada em miliequivalente (meq) por 100 g.

A CTC é também passível de cálculos teóricos. É o que se ilustrará a seguir com a montmorillonita, cuja fórmula atômica é:

$$(OH)_4 Si_8 (Al_{3,34} Mg_{0,66}) O_{20}$$

O balanceamento das cargas fornece o valor:

$$(-1 \times 4) + 4 \times 8 + (3,34 \times 3 + 0,66 \times 2) - 2 \times 20 = -0,66$$

indicando uma deficiência de carga.

A massa atômica pode ser calculada facilmente:

$$24 \times 16 + 4 \times 1 + 8 \times 28 + 3,34 \times 27 + 0,66 \times 24,3 = 718\,g$$

Como num mol (718 g) existe uma deficiência de carga de 0,66N elétrons, em que N é o número de Avogrado, dado por:

$$N = 6,02 \times 10^{23}$$

a deficiência de carga por unidade de peso, que, por definição, é a CTC, vale:

$$CTC = \frac{0,66N \cdot e}{718}$$

em que e é a carga eletrônica (5 × 10^{-10} Stat C). Feitos os cálculos, tem-se:

$$CTC \cong 10^{-3}(6,02 \times 10^{23} e) = 10^{-3} \text{ equivalente/g}$$

ou

$$CTC \cong 100 \text{ meq/100 g}$$

A Tab. 4.2 mostra valores da CTC para diversos argilominerais, além de outros parâmetros de interesse, a saber: a superfície específica por unidade de peso (S) e a densidade de carga por unidade de superfície (σ).

Tab. 4.2 Dados relativos a alguns argilominerais

Mineral	Símbolo estrutural	Substituições isomórficas	Ligações entre folhas	CTC (meq/100 g) Potencial	CTC (meq/100 g) Real	S (m²/g)	1/σ (Å²/e)	Partícula Forma	Partícula Tamanho
Caulinita		Si por Al / Al por Mg (1:400)	Ligações H e de valência secundária	3	3	10 a 20	83	Folhas hexagonais	$d = 0,3$ a $3\,\mu$ / $t = 1/3$ a $1/10\,d$
Haloisita		Si por Al / Al por Mg (1:400)	Valência secundária	12	12	40	55	Tubos vazados	$d_i = 0,07\,\mu$ / $d_e = 0,04\,\mu$ / $\ell = 0,5\,\mu$
Muscovita (Mica)		Si por Al (1:4)	Ligações de valência secundária e ligações K	250	5 a 20			Placas	Muito grande
Vermiculita		Si por Al (1:8) / Mg por Al e Fe	Ligações de valência secundária e ligações Mg	150	150	5 a 400	45	Folhas	Variável
Ilita		Si por Al (1:7) / Al por Mg e Fe / Mg por Fe e Al	Ligações de valência secundária e ligações K	150	25	80 a 100	67	Placas	$d = 0,1$ a $2\,\mu$ / $t = 1/10\,d$
Montmorilonita		Al por Mg (1:6)	Ligações de valência secundária	100	100	800	133	Folhas	$d = 0,1$ a $1\,\mu$ / $t = 1/100\,d$
Clorita		Si por Al / Al por Fe e Mg	Ligações de valência secundária e ligações brucita	20	20	5 a 50	700	Placas	Variável

CTC	Capacidade de troca catiônica	**Mineral**	**Massas atômicas**
S	Superfície específica	Caulinita	517 g
σ	Densidade de carga	Montmorillonita	718 g
e	Carga eletrônica		

Fonte: adaptado de Lambe e Whitman (1969).

Considere-se novamente o argilomineral montmorillonita. Como será visto adiante, partículas desse mineral podem existir com espessura de cerca de 10 Å (dez angstrons), constituídas por apenas uma folha tripla. Essa é a menor espessura que uma partícula desse mineral pode ter. Lembrar que 1 Å = 10^{-8} cm. A área da base de uma unidade básica vale 46 Å², e o peso, aproximadamente 46 × 10 Å³ × 2,8 g/cm³ (28 kN/m³), ou seja, 1.300 × 10^{-24} g. Logo, tem-se:

$$S = \frac{46 \times 2 \, \text{Å}^2}{1.300 \times 10^{-24} \, g} \cong 700 \; m^2/g$$

que se compara muito bem com os valores obtidos experimentalmente, indicados na Tab. 4.2. Por curiosidade, e para comparar, cerca de 20 g de partículas de montmorillonita seriam suficientes para cobrir o campo de futebol do Estádio de Wembley, em Londres, que foi reinaugurado em 2007 e possui dimensões de 105 m × 68 m.

Note-se que um coloide é uma partícula cujo comportamento é ditado por forças de superfície. Suas dimensões são da ordem de 1 mµ a 1µ, e o parâmetro S é maior ou igual a 25 m²/g. Partículas de silte apresentam valores de S da ordem de 1 m²/g.

Ademais, S depende muito não só do tamanho, mas também da forma das partículas. Por exemplo, placas com base quadrada de 0,1µ de dimensão e espessura de 0,002µ apresentam superfície específica por unidade de volume da ordem de 1.000 × 1/µ; esse parâmetro vale 220 × 1/µ para um cubo de igual volume.

No exemplo da montmorillonita, em pauta, a densidade de carga por unidade de superfície (σ), isto é, a deficiência de carga por unidade de peso (CTC) e por unidade de superfície, vale:

$$\sigma = \frac{0,66 N \cdot e}{S \cdot 718} \cong \frac{1}{120} e/\text{Å}^2$$

ou

$$1/\sigma \cong 120 \; \text{Å}^2/e$$

isto é, uma deficiência de uma carga eletrônica (e) por cada 120 Å² de área de superfície, aproximadamente.

4.2.3 Análise diferencial térmica na identificação dos argilominerais

A análise diferencial térmica consiste em aquecer, simultaneamente, pequenas quantidades de material a ser analisado e de substância termicamente inerte, em temperaturas crescentes à base de 10 °C/min, até cerca de 1.000 °C, e o registro contínuo das diferenças entre as temperaturas do material e da substância. Com isso, está se registrando, na realidade, as reações exotérmicas (material liberando calor) e endotérmicas que o material em estudo experimenta. Os resultados são apresentados em termogramas, que consistem em gráficos nos quais se coloca, em ordenada, a diferença de temperatura e, em abscissa, a temperatura de aquecimento.

Durante o aquecimento, surgem picos endo e exotérmicos resultantes de ações térmicas que envolvem:

a. a água;
b. a própria estrutura cristalina dos argilominerais, que podem sofrer mudanças de fases (alterações estruturais) ou gerar novos cristais; e
c. a combustão de matéria orgânica ou a oxidação de ferro.

Em geral, os argilominerais (ver Fig. 4.4) mostram reações endotérmicas entre 100 °C e 200 °C, consequência de perdas de água absorvida, e entre 500 °C e 1.000 °C, em virtude da remoção da água estrutural na forma de íons OH; esta última reação destrói a estrutura do mineral. Entre 800 °C e 1.000 °C, ocorre uma reação exotérmica, resultado de recristalizações.

A indicação mais valiosa no sentido de auxiliar na identificação dos argilominerais ocorre no pico da reação endotérmica em que água estrutural é removida da amostra ensaiada. Na caulinita e na haloisita, observa-se a perda d'água estrutural em torno de 500 °C; na montmorillonita, isso ocorre em torno de 600 °C e sua estrutura somente é destruída a 900 °C. A ilita segue uma transformação análoga à da montmorillonita.

Finalmente, deve-se lembrar que, embora as reações dependam do tipo de argilomineral presente, não se obtêm sempre indicações precisas no caso de argilas naturais quando ocorrem misturas de minerais diversos.

Matéria orgânica, por ser eliminada só lentamente, pode mascarar por completo a curva térmica.

4.3 Partículas de solo

Lambe (1953) empregou os seguintes conceitos para definir a estrutura dos solos: folhas, cristais, agregados e partículas.

A folha, já definida, é o maior arranjo estrutural de átomos que se repete para formar os argilominerais. O cristal é a maior unidade que não se repete e é constituído de folhas; pode ser composto de uma só folha ou de centenas delas. Um aglomerado de cristais, numa distribuição caótica, gera um agregado. Finalmente, uma partícula é a menor unidade de um solo que se manifesta na natureza, quer na forma de folhas, de cristais ou de agregados. A Fig. 4.5 apresenta, em escala, partículas típicas dos três minerais mais comuns, pertencentes aos grupos das caulinitas, ilitas e montmorillonitas.

Os átomos nas camadas estão ligados por meio de forças de valência primária; as ligações são em parte iônicas e em parte covalentes, sendo, portanto, heteropolares. Como as ligações intracamadas são iônicas, as partículas possuem cargas eletrostáticas. Convém realçar que as forças primárias são muito fortes e não são desfeitas pelos esforços usualmente aplicados aos solos, enquanto materiais de construção.

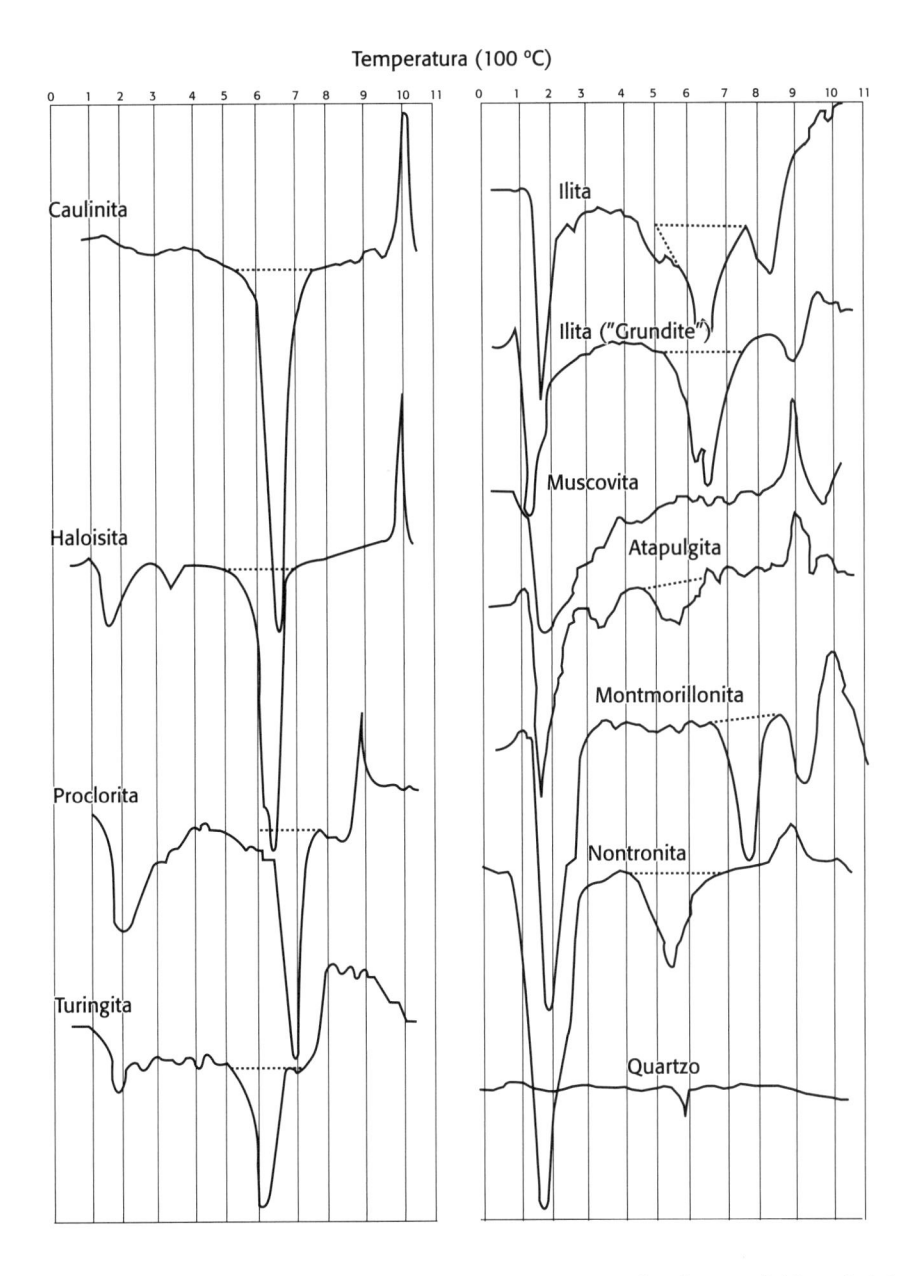

Fig. 4.4 *Termograma de argilominerais*

Já as forças entre camadas resultam de ligações do tipo H (hidrogênio) e de ligações de valência secundária. A ligação H ocorre entre dois átomos que atraem o hidrogênio sem que este se decida por nenhum desses átomos. Esse tipo de ligação ocorre, por exemplo, em moléculas de água, com os dois átomos de H dispondo-se numa forma assimétrica em relação ao O, o que faz com que a molécula de água se comporte como um dipolo. As forças secundárias são também conhecidas como forças de Van der Waals e resultam da atração entre dipolos. Como estes se formam por indução, por dispersão (nos seus movimentos, os elétrons vibram e se deslocam em relação ao núcleo, formando dipolos temporários) ou por orientação, esse tipo de força é universal e existe entre dois pedaços quaisquer de matéria.

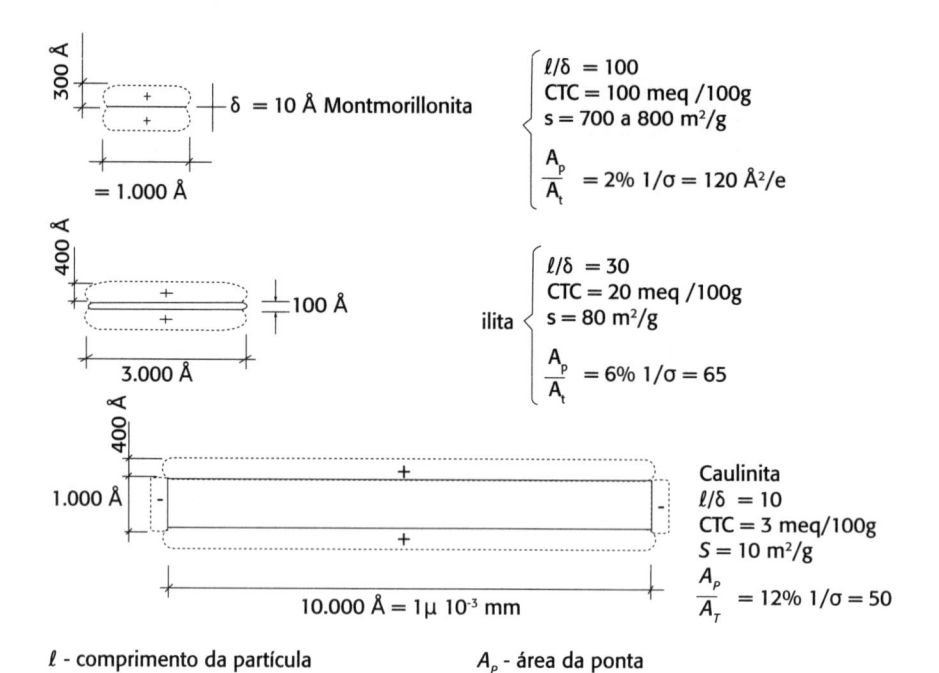

Fig. 4.5 *Partículas típicas de argilas*

Montmorillonita: $\delta = 10$ Å, $\ell = 1.000$ Å, altura 300 Å
$$\begin{cases} \ell/\delta = 100 \\ CTC = 100 \text{ meq}/100g \\ s = 700 \text{ a } 800 \text{ m}^2/g \end{cases}$$
$$\frac{A_p}{A_t} = 2\% \quad 1/\sigma = 120 \text{ Å}^2/e$$

Ilita: 100 Å, 3.000 Å, altura 400 Å
$$\text{ilita} \begin{cases} \ell/\delta = 30 \\ CTC = 20 \text{ meq}/100g \\ s = 80 \text{ m}^2/g \end{cases}$$
$$\frac{A_p}{A_t} = 6\% \quad 1/\sigma = 65$$

Caulinita: 1.000 Å, 10.000 Å $= 1\mu$ 10^{-3} mm, altura 400 Å
Caulinita
$\ell/\delta = 10$
$CTC = 3 \text{ meq}/100g$
$S = 10 \text{ m}^2/g$
$\frac{A_p}{A_T} = 12\% \quad 1/\sigma = 50$

ℓ - comprimento da partícula
δ - espessura
CTC - capacidade de troca catiônica
S - superfície específica por unidade de peso
A_p - área da ponta
A_T - área total
e - carga de um elétron

4.3.1 Descrição dos principais argilominerais

a. *Caulinitas*

Como está indicado na Tab 4.2, a folha da caulinita é formada por camada tetraédrica de sílica e camada octaédrica de gibsita; nesta, o Al preenche apenas 2/3 das posições possíveis.

A fórmula estrutural é:

$$Al_4Si_4O_{10}(OH)_8$$

É fácil notar que as cargas estão balanceadas, pois ocorrem muito poucas substituições isomórficas: de Si por Al, na camada tetraédrica, e de Al por Mg, na octaédrica, na proporção de 1:400, aproximadamente.

As forças entre folhas são fortes, pois provavelmente resultam de ligações de H (superposições entre planos de O e OH) e de forças de valência secundária. As CTCs potencial e real são da ordem de 2 a 3 e a superfície específica varia de 10 m²/g a 20 m²/g. É, portanto, um mineral não expansivo e as partículas de solo apresentam forma lamelar hexagonal, com a maior dimensão da ordem de 0,3μ a 3μ e a espessura variando de 1/3 a 1/10 dessa dimensão. Uma partícula chega a conter 115 folhas. CTC potencial é aquela que resulta diretamente da deficiência de carga; já a CTC real é a potencial minorada por efeito de cátions não trocáveis.

Essas propriedades estruturais e químicas tornam a caulinita o mais estável dos argilominerais e, também, com partículas geralmente maiores.

b. *Haloisitas*

Muito embora as haloisitas se assemelhem às caulinitas relativamente à sua composição química, como se depreende de comparação dos símbolos estruturais indicados na Tab. 4.2, a sua estrutura cristalina é bem diferenciada.

Na sua forma hidratada, a fórmula estrutural é:

$$(OH)_8 Si_4 Al_4 O_{10} 4H_2O$$

que desidrata irreversivelmente, em temperaturas relativamente baixas, para:

$$(OH)_8 Si_4 Al_4 O_{10}$$

A forma tubular é consequência da presença de moléculas de água entre as folhas, constituídas de camadas de sílica e gibsita.

Quando hidratada, o espaço entre folhas é maior, diminuindo a força de interação entre elas. Note-se que a CTC é baixa, pouco maior que a da caulinita. As partículas de solo, de forma tubular, possuem diâmetros interno e externo da ordem de $0,04\mu$ e $0,07\mu$, respectivamente, e altura de $0,5\mu$.

c. *Ilitas*

As ilitas ou hidromicas formam agregados lamelares, originando partículas individuais geralmente menores do que as das caulinitas, mas maiores do que as das montmorillonitas (ver dimensões na Tab. 4.2 e na Fig. 4.5).

As folhas são triplas, duas camadas de sílica entremeadas por uma de gibsita ou brucita, e são interligadas por íons de K (potássio), o que gera ligações razoavelmente fortes.

As substituições isomórficas são, predominantemente, de Si por Al, na proporção de 1 para 6 a 8, o que provoca uma elevada deficiência de carga (CTC potencial da ordem de 150). O berço dessa deficiência encontra-se na camada de sílica, portanto, próximo da superfície da folha. Daí a forte ligação com cátions balanceadores de K, que fazem parte da estrutura, não se deixando substituir por outros íons, o que imprime às folhas uma fixidez de posição, tornando a ilita não expansiva. Essas características justificam o baixo valor da CTC real: cerca de 25 meq/100 g.

Como será visto adiante, as estruturas da ilita e da montmorillonita diferem entre si na localização do berço da deficiência de carga, que, nesta última, está no centro da folha. Daí a possibilidade de trocas catiônicas na montmorillonita e a entrada de íons polares e água entre as suas folhas, causando sua expansão.

Segundo Grim (1962), algumas ilitas se aproximam das montmorillonitas e outras, das muscovitas, dependendo do teor de substituição de Si por Al no plano tetraédrico da estrutura cristalina. Quando essas substituições são poucas, as propriedades aproximam-se das montmorillonitas, e, quando são em número elevado, tornam-se semelhantes às muscovitas. E conclui que a separação ilita-montmorillonita deve ser, frequentemente, encarada como arbitrária, sendo a expansibilidade o diferenciador entre um e outro desses argilominerais.

d. *Montmorillonitas*

As montmorillonitas caracterizam-se pelas suas pequenas dimensões (Tab. 4.2) e suas elevadas CTCs e absorção de água, o que lhes confere propriedades de engenharia indesejáveis, tornando sua presença perigosa em certos tipos de obra.

A fórmula estrutural:

$$(Al_{3,3}Mg_{0,7})Si_8O_{20}(OH)_4$$

revela uma deficiência de carga relativamente elevada, que pode ser balanceada por íons de $Na_{0,66}$, consequência de substituições isomórficas de Al por Mg, na proporção de 1 para 6. O berço dessa deficiência de carga, como já foi mencionado, está na camada octaédrica, no centro da folha, que, como se pode notar na Tab. 4.2, é formada por camadas de sílica--gibsita-sílica. As ligações entre folhas são feitas por camadas de O, não havendo, pois, ligações de H como nas ilitas, o que resulta numa união muito fraca, com a atuação de forças de valência secundária.

A supracitada deficiência de carga é balanceada por cátions trocáveis (Na, Ca, Al). Note-se que a CTC real é praticamente igual à CTC potencial, da ordem de 100 meq/100 g. Em virtude da elevada superfície específica (800 m²/g), a densidade de carga e, portanto, as ligações catiônicas são inferiores às das ilitas.

Ademais, como consequência das fracas forças de ligação, moléculas de água ou outras moléculas polares, tais como moléculas orgânicas, podem penetrar entre as folhas, causando a expansão desse argilomineral.

Segundo Grim (1962), a montmorillonita, em presença de grande quantidade de água, pode apresentar cristais constituídos de uma só folha (folhas completamente separadas) se o cátion absorvido for o Na; já se o cátion for o Ca, a separação não é completa.

4.3.2 Interação entre partículas de solo, água e íons

Uma consequência direta das substituições isomórficas é a deficiência de carga, como foi assinalado anteriormente, o que dá às partículas de argilas uma carga negativa. Há outras causas secundárias desse fato: dissociação de OH na superfície das partículas; absorção de ânions e ausência de cátions no reticulado cristalino; entre outras.

Como as partículas de solo têm dimensões coloidais, como já foi observado, as forças de superfície, isto é, elétricas, predominam sobre as de volume, vale dizer, de gravidade.

Para satisfazer a deficiência de carga, cátions hidratados são atraídos pelas partículas, distribuindo-se de forma tal a equilibrar a carga negativa destas.

Esses cátions arrastam consigo moléculas de água. Ademais, pelo fato de a molécula de água ser dipolar, há também forças de atração entre as partículas de solo e a água, diretamente.

Uma partícula de montmorillonita com dimensões de 0,1µ × 0,1µ × 10 Å possui área da sua superfície lateral igual a 2×10^6 Å². Como a sua densidade de carga é de 1/133 e/Å² (Tab. 4.2), o número de cátions monovalentes atraídos pela partícula vale:

$$2 \cdot 10 \, \text{Å}^2 \cdot \frac{1}{133} \frac{e}{\text{Å}^2} = 14.400$$

Para uma partícula de caulinita, têm-se cerca de 4×10^6 cátions monovalentes (Lambe; Whitman, 1969).

O conjunto de íons e moléculas de água atraídos pela partícula de solo constitui o que é chamado de *camada dupla*. A distribuição dos íons nessa camada pode ser calculada pela teoria da camada dupla de Gouy-Chapman. A Fig. 4.6 ilustra essa distribuição para a caulinita e a montmorillonita. Note-se que a distância que corresponde a uma energia potencial nula define a espessura da camada dupla, da ordem dos 300 Å a 400 Å. A Fig. 4.5 dá uma ideia das espessuras das camadas duplas para montmorillonita, ilita e caulinita.

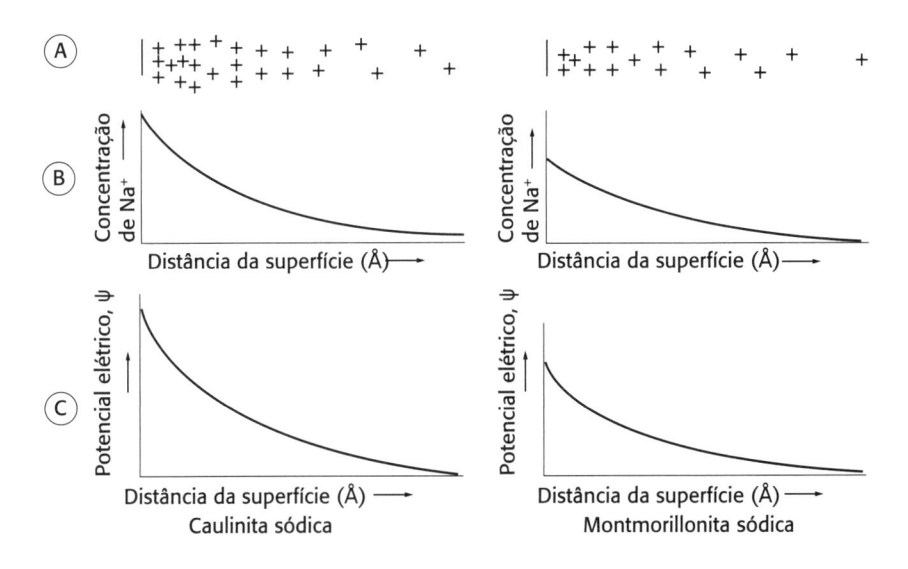

Fig. 4.6 *Camadas duplas*

As moléculas de água que mais se aproximam da superfície das partículas estão fortemente atraídas por estas e constituem o que é conhecido como água adsorvida. Se se admitir que a camada de água adsorvida é constituída de duas camadas de moléculas de água (cerca de 5 Å de espessura), pode-se calcular o teor de umidade a ela associado multiplicando-se a superfície específica por essa espessura e pela densidade da água. Para a ilita, chega-se a um teor de umidade de 5%. Como, em geral, uma argila ilítica apresenta teores de umidade da ordem de 50%, Lambe e Whitman (1969) concluem que, nesse caso, a maior parte da água não é fortemente atraída pelas partículas.

Um terceiro tipo de água associada às partículas de solo é a estrutural, como a que ocorre nas haloisitas, conforme descrição feita no item b da seção 4.3.1. A água presa entre as folhas imprime aos solos uma densidade seca máxima baixíssima e umidades ótimas elevadas, apresentando, em casos extremos, valores de 1 g/cm^3 e 50%, respectivamente, e até mesmo 0,8 g/cm^3 e 100%. O caso da argila de Sasumua é célebre e será abordado novamente no Cap. 5. Sobre esse assunto, ver Lambe e Martin (1957).

É de interesse trazer à baila os resultados indicados esquematicamente na Fig. 4.7, que mostram como a espessura da camada dupla varia em função de algumas características do sistema fluido-íons. Há redução dessa espessura quando a concentração eletrolítica e a valência do íon aumentam ou quando há uma diminuição da constante dielétrica do fluido.

Diminuições do tamanho do íon hidratado, do pH, de adsorção de ânions ou aumentos da temperatura também provocam reduções da espessura da camada dupla.

As consequências de uma alteração na espessura da camada dupla refletem-se nos valores dos limites de Atterberg, como se verá no Cap. 5, e no arranjo estrutural de partículas de solo, como será abordado a seguir.

4.3.3 Interação entre partículas de solo

Duas partículas de solo que se aproximam começam a se repelir quando suas camadas duplas se tocam. A força de repulsão é do tipo coulombiana, consequência do fato de elas estarem carregadas negativamente. Além desse tipo de força, as partículas são atraídas entre si por ação de forças de Van der Waals, descritas anteriormente.

Usando os princípios de Química Coloidal, é possível quantificar a interação entre duas partículas de solo, com as suas respectivas camadas duplas, desde que elas sejam paralelas entre si.

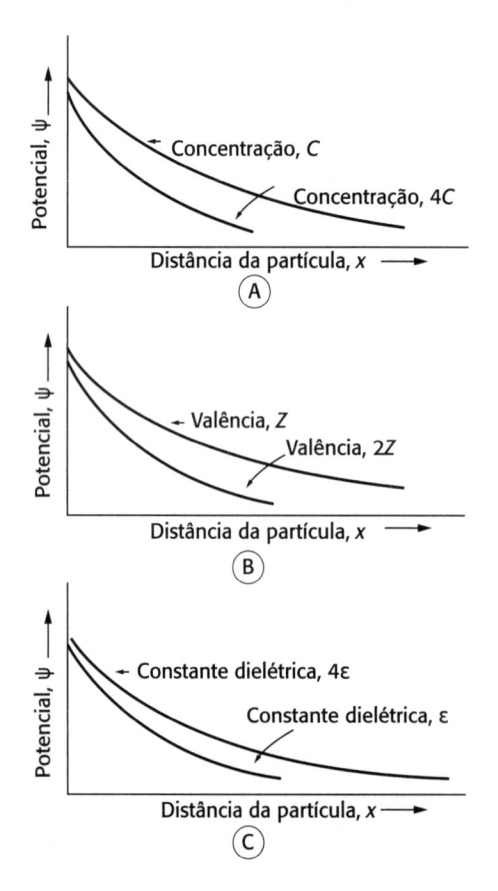

Fig. 4.7 *Influência de parâmetros do sistema na espessura da camada dupla*

As forças de repulsão dependem das características do fluido entre partículas, o que não ocorre com as forças de atração. Assim, qualquer diminuição na espessura da camada dupla reduz as forças de repulsão, mantidas as distâncias entre partículas constantes.

As partículas de solo se arranjam estruturalmente em função da resultante dessas forças. Se ela for de atração, haverá floculação; do contrário, ocorrerá dispersão. É claro que há uma simplificação muito grande nessas afirmações, pois, quando as partículas de solo se aproximam muito, intervêm outros tipos de força elétrica. Por exemplo, as pontas das partículas são carregadas positivamente e podem interagir com as "faces" de outras, numa ligação muito forte. Se essas ligações ocorrem, as partículas floculam-se num arranjo tal que elas se apresentam perpendiculares umas às outras, constituindo o que Lambe (1953) denominou *non-salt flocculation*.

4.4 Importância relativa da Mineralogia na Engenharia de Solos

Após uma exaustiva pesquisa de 10 anos de duração no campo da *Soil Technology*, como foi definida na introdução deste capítulo, Lambe e Martin (1957) chegaram à conclusão de que a composição mineralógica pode ser um dado valioso para prever ou resolver alguns problemas pouco usuais de Engenharia de Solos.

No entanto, sozinha, essa disciplina é insuficiente para explicar o comportamento dos solos, havendo a necessidade de considerar outros fatores, a saber:

a. arranjo estrutural das partículas;
b. origem geológica;
c. tamanho e forma das partículas;
d. características do fluido dos poros e dos íons adsorvidos; e
e. natureza complexa das características mineralógicas dos solos naturais.

A influência do arranjo estrutural das partículas pode ser realçada no caso de dois corpos de prova de um mesmo solo (portanto, mesma composição mineralógica) compactados com a mesma densidade seca, sendo, porém, um deles do lado seco e o outro do lado úmido. Diante da diferença no arranjo estrutural das partículas (como se verá em outro capítulo), após saturação o solo seco pode apresentar permeabilidades e resistências cem vezes maiores do que as do solo úmido. Outro exemplo é o de uma argila sensitiva, que revela resistências diferentes nos estados indeformado e deformado.

Outra ilustração refere-se a solos com a mesma composição mineralógica, mas que podem apresentar propriedades diferentes em consequência de diferenças nos tamanhos das partículas e no grau de decomposição dos minerais, por exemplo.

A maior dificuldade em empregar os conhecimentos relativos à composição mineralógica advém do último dos fatores citados anteriormente. De fato, os solos naturais contêm não só mais de um mineral como também materiais amorfos e orgânicos, que alteram o comportamento esperado dos argilominerais neles presentes. Por exemplo, solos contendo ilita e montmorilonita podem apresentar baixa absorção de água e expansibilidade pequena ou nula, em virtude do fenômeno conhecido como interestratificação: as montmorilonitas são atraídas pelas pontas das ilitas, carregadas positivamente, com a sua consequente inibição.

A presença de óxidos de ferro ou de alumínio (substâncias amorfas) provoca a cimentação das partículas, imprimindo ao solo um comportamento diferente do que se poderia deduzir do conhecimento das propriedades dos argilominerais presentes. Por exemplo, a argila de Sasumua revela uma resistência alta (ângulo de atrito efetivo de 34°) e uma permeabilidade baixa (3×10^{-7} cm/s) para um material com relativamente pequena densidade seca máxima e elevada umidade ótima. A explicação para os valores anormais dos parâmetros de compactação já foi apresentada anteriormente: o argilomineral presente é a haloisita. É interessante acrescentar que além dela ocorrem óxidos de Fe e Al, que atuam como matéria cimentante dando formação aos *clusters*, agregados duros e porosos de partículas de solo, que conferiram a este excelente trabalhabilidade na compactação, elevada resistência (como se fosse um solo granular) e baixa permeabilidade (pois se trata efetivamente de uma argila). Essa explicação, devida a Terzaghi, foi posteriormente questionada por Wesley (1977) e Wesley e Irfan (1997), como já foi mencionado no Cap. 3.

Assim, se, por um lado, a composição mineralógica permite prever ou, pelo menos, explicar comportamentos anômalos, por outro, não consegue ser usada na previsão do comportamento de solos em que os argilominerais estão cimentados ou que apresentam interestratificação. Por exemplo, para um solo composto de 60% de caulinita e 40% de montmorillonita, sua atividade é da ordem de 3,5. Caso se misture esse solo com uma ilita industrial (atividade 0,9), meio a meio, a atividade do solo resultante será de 0,5, isto é, as propriedades não são aditivas.

4.5 Sinais indicativos de comportamentos anômalos

Como consequência do que foi dito na seção anterior, a ocorrência de um dos seguintes sinais serve de alarme para comportamentos anômalos:
   a. elevado teor de montmorillonita, com Na como cátion trocável;
   b. elevado teor de haloisita;
   c. capacidade de troca catiônica elevada;
   d. substâncias cimentantes (óxidos de Fe ou Al); e
   e. teor elevado de matéria orgânica.

Um exemplo brasileiro é o caso do solo conhecido no Paraná como "sabão de caboclo". Trata-se de uma argila siltosa, às vezes arenosa, que ocorre nas cores cinza e vermelha.

Análises mineralógicas por difração de raio X revelaram tratar-se de argilomineral da família das montmorillonitas (esmectitas), não sendo possível distinguir qual o membro específico (montmorillonita, saponita ou nontronita). Análises químicas feitas na água dos poros indicaram, em uma das amostras, a predominância do cátion Mg, aparecendo, em seguida, o Ca; em outra amostra sobressaiu o Na, seguido do Ca.

A presença de Mg e a característica do solo ("escorregadio") levam a crer que o argilomineral é a saponita. Nesse mineral, o Mg substitui totalmente o Al, preenchendo os "buracos" da estrutura cristalina, que, na nontronita, são ocupados pelo Fe.

Além de expansivo, o "sabão de caboclo" apresenta ângulo de atrito residual da ordem de 10°.

4.6 Mineralogia e estrutura de solos da Baixada Santista

É interessante trazer à baila os resultados de ensaios referentes à composição mineralógica e à estrutura realizados em amostras de solo da Baixada Santista, as quais se relacionam com a gênese dos solos da região, conforme foi apresentado no Cap. 1.

As argilas transicionais (pleistocênicas) revelaram predominância de caulinita, o que não é surpreendente, pois denota degradação de argilominerais em clima propício e ambiente bem drenado, situação que deve ter imperado há 17 mil anos, quando o nível do mar era 110 m mais baixo em relação ao atual.

Por outro lado, as argilas de sedimentos fluviolacustres e de baías (holocênicas) apresentaram comportamento diferenciado: a) a oeste da planície de Santos, preponderou também a caulinita, o que é compreensível, pois elas foram formadas pelo retrabalhamento dos sedimentos pleistocênicos, em que se incluem as argilas transicionais; b) a leste da planície, predominou a montmorillonita, o que é justificável, pois as argilas foram formadas por sedimentação em águas paradas de lagunas e de baías.

Daí, também, decorrerem as diferenças constatadas nas estruturas das argilas de sedimentos fluviolacustres e de baías: a oeste, prevaleceram as matrizes de argilas com sistemas de partículas parcialmente discerníveis, empregando a terminologia introduzida por Collins e McGown (1974), a exemplo do que ocorreu com as argilas transicionais; a leste, as matrizes de argila aparentaram possuir um arranjo predominantemente aberto e com abundância de carapaças de animais marinhos.

4.7 De como os conhecimentos de Mineralogia são úteis para a compreensão das estabilizações físico-químicas dos solos

Dois exemplos ilustrarão a utilidade dos conceitos já apresentados no entendimento dos fenômenos que ocorrem em certos tipos de estabilização dos solos.

4.7.1 Eletrosmose

Se entre dois eletrodos instalados num solo saturado for aplicada uma diferença de potencial, a água contida nos poros se movimentará do polo positivo (ânodo) para o negativo (cátodo). Se o cátodo for constituído de um tubo vazado com perfurações na superfície, então a água pode ser bombeada.

Esse fenômeno, conhecido como eletrosmose, foi observado pela primeira vez em 1807 por Reuss ao aplicar uma diferença de potencial às faces de um diafragma poroso e rígido submerso em água. A primeira explicação teórica do fenômeno foi dada por Helmholtz em 1879, que introduziu o conceito de *camada dupla*, que difere daquele usado posteriormente por Gouy e Chapman, para designar o conjunto das duas partes de água dos poros, uma delas carregada negativamente e que fica aderida às paredes dos poros, e a outra com carga positiva. Esta última parte é que seria atraída para os cátodos, provocando, assim, o fluxo eletrosmótico. Casagrande (1959) fez várias aplicações dessa técnica em obras civis.

A explicação teórica dada por Helmholtz em 1879 ainda é aceita atualmente, com algumas alterações. O meio poroso é associado a tubos capilares cujas paredes, carregadas negativamente, atraem os cátions e, portanto, as moléculas de água. Dessa forma, existe uma interação semelhante àquela entre mineral, argila e água: a parte móvel da camada dupla é atraída para o cátodo, arrastando consigo a água livre.

Gray e Mitchell (1967) propuseram uma nova explicação para a eletrosmose, baseada em considerações termodinâmicas em vez de cinéticas, como é o caso do modelo modificado de Helmholtz. A seguir, descrevem-se algumas conclusões a que esses autores chegaram.

a. Os parâmetros de um solo que mais influenciam a eletrosmose são a capacidade de troca catiônica, o teor de umidade e a concentração eletrolítica da água livre.

b. Assim, mantido o teor de umidade constante, os siltes ou as argilas cauliníticas (baixa capacidade de troca) exibem alta vazão eletrosmótica quando saturados em soluções eletrolíticas diluídas; mas essa vazão se reduz bastante quando a concentração eletrolítica aumenta. Por outro lado, solos com capacidade de troca catiônica mais elevada, tais como solos com ilita e montmorillonita, exibem uma alta vazão eletrosmótica e são pouco afetados pela concentração eletrolítica. Uma diminuição no teor da umidade nos dois casos resultará numa diminuição da eficiência da eletrosmose.

c. Essas variações no comportamento de um mesmo solo, quando se altera, por exemplo, a concentração eletrolítica, permitem justificar por que, na prática, os resultados de tratamentos eletrosmóticos vão desde a qualificação de pobre até excelente. Além disso, o modelo desses autores fornece uma base para avaliar qualitativamente se o processo será eficiente ou não.

4.7.2 Adição de cal a solos

A adição de cal aos solos provoca diminuição de densidade, mudança na plasticidade e aumento de resistência. O LL diminui, o LP aumenta, donde, consequentemente, ocorre uma redução no IP.

A ação da cal pode ser explicada da seguinte forma:

a. alteração na espessura da camada dupla (donde a redução do LL);
b. floculação das partículas; e
c. reação da cal com a alumina e a sílica do solo, dando origem a novos componentes químicos.

Esta última reação é conhecida como *ação pozolânica*, requer tempo de cura e imprime ao solo uma elevada resistência.

Parte experimental
Limites de Atterberg (ver o Cap. 5).

Exercícios complementares

1) Definir os seguintes conceitos:
   a) densidade de carga;
   b) substituição isomórfica;
   c) capacidade de troca catiônica;
   d) superfície específica.

Solução:
   a. A densidade de carga superficial (σ) é a deficiência de carga por unidade de peso (CTC) de uma partícula de argilomineral e por unidade de superfície.
   b. A substituição isomórfica é a permuta ou troca de cátions que ocorre na estrutura atômica dos argilominerais. Como o nome sugere, os cátions trocáveis têm que ter as mesmas ou semelhantes características de coordenação poliédrica em relação ao oxigênio. É como se tivessem o mesmo "tamanho", mas, como possuem valências diferentes, a substituição gera deficiências de carga e distorções nos cristais.
   c. A capacidade de troca catiônica (CTC) é a deficiência de carga de uma partícula de argilomineral por unidade de peso.
   d. A superfície específica (S) é a área da superfície de uma partícula por unidade de peso.

2) A caulinita tem uma capacidade de troca catiônica (CTC) muito menor do que a montmorillonita. No entanto, a sua densidade de carga superficial ($e/100 \text{ Å}^2$) é, em geral, maior. Explicar por que isso acontece.

Solução:
A explicação é simples: a densidade de carga (σ) é, no fundo, a relação entre a CTC e a superfície específica (S). Como S da montmorillonita é cerca de cem vezes maior do que o correspondente valor da caulinita, (σ) é maior para este último argilomineral, apesar das diferenças entre as suas CTCs.

3) Por que a montmorillonita é um mineral expansivo e a ilita não?

Solução:
O berço da deficiência de carga na ilita está na camada de sílica, portanto, próximo da superfície da folha. Daí a forte ligação entre folhas com cátions balanceadores de K (uma "cola" poderosa), que fazem parte da estrutura, não se deixando substituir por outros íons, tornando a ilita não expansiva; a sua CTC real é baixa, cerca de 25 meq/100 g. Na montmorillonita, o berço dessa deficiência encontra-se no centro da folha (gibsita) e a ligação entre folhas é fraca, permitindo a entrada de água e matéria orgânica, além de intensa troca catiô-

nica, causando a expansão desse argilomineral; a sua CTC real é alta, da ordem de 100 meq/100 g.

4) Explicar o fato de as propriedades de engenharia da montmorillonita serem bastante afetadas quando se substitui o Na pelo Ca e por que isso não ocorre com a caulinita.

Solução:

O Ca possui valência +2 e o Na, +1. A referida substituição na montmorillonita reduz a espessura da camada dupla de água, pois o Ca hidratado satisfaz a elevada deficiência de carga da partícula com menor volume. A consequência é uma diminuição dos seus limites de Atterberg, alterações no arranjo estrutural com diminuição da permeabilidade, por exemplo. A caulinita, com uma baixíssima deficiência de carga, é indiferente ao tipo de cátion trocável.

5) Procurar, na literatura técnica, correlações entre os dados da caracterização dos solos (granulometria e limites) e as propriedades mecânicas dos solos.

Solução:

Existem muitas correlações. São dados a seguir alguns exemplos.

a. Fórmula de Hazen, que relaciona a permeabilidade (k) e o diâmetro efetivo (D_{10}):

$$k = 100 D_{10}$$

b. Fórmulas de Skempton relacionando, estatisticamente, quer o índice de compressão (C_c) com o limite de liquidez (LL):

$$C_c = 0,7(LL - 0,10)$$

quer a relação entre a coesão (c) e a pressão de pré-adensamento ($\bar{\sigma}_a$) com o índice de plasticidade (IP):

$$\frac{c}{\bar{\sigma}_a} = 0,11 + 0,37 IP$$

Limites de Atterberg | 5

5.1 Um panorama sobre a evolução histórica dos conceitos ligados à plasticidade dos solos

5.1.1 O trabalho de Atterberg

Atterberg, nascido em 1846, dedicou a maior parte de sua vida aos estudos sobre a agricultura. Foi somente de 1900 a 1916 que se voltou principalmente para questões relacionadas aos solos e suas propriedades físicas. Iniciou seu trabalho preocupado com os componentes dos solos, mas acabou por concluir que para as argilas a sedimentação era um processo muito lento para fins de classificação e que, frequentemente, nada revelava sobre as propriedades físicas dos solos. Descobriu na plasticidade uma característica das argilas, o que o conduziu ao estabelecimento dos "limites", que levam seu nome. Foi um dos primeiros pesquisadores a concluir que solos com partículas lamelares são os mais plásticos.

Segundo Casagrande (1939), Atterberg chegou a considerar a quantidade de areia adicionada a um solo sem que ele perca a plasticidade como uma medida dessa plasticidade. Contudo, acabou introduzindo um ensaio manual para a determinação do limite de liquidez (LL), precursor do ensaio feito hoje em dia com o aparelho de Casagrande: a pasta de solo era colocada na palma de uma das mãos (por exemplo, a da esquerda) e, após a abertura de uma ranhura com o dedo médio da outra mão (a da direita), contava-se o número de golpes dessa outra mão necessários para fechá-la.

O uso dos limites de Atterberg na Mecânica dos Solos foi feito por Terzaghi no início de suas pesquisas. Eles são teores de umidade que permitem caracterizar e diferenciar diversos estados de uma massa amolgada de solo, como ilustra a Fig. 5.1.

5.1.2 As propriedades de engenharia e os limites de Atterberg

Para Terzaghi, as propriedades de engenharia (isto é, a permeabilidade, a compressibilidade e a resis-

Fig. 5.1 *Conceituação básica*

tência ao cisalhamento) dependem de fatores físicos, tais como a forma das partículas, o seu diâmetro efetivo e o grau de uniformidade do solo. Como os limites de Atterberg também dependem desses fatores, com base no seu conhecimento é possível fazer inferências sobre as propriedades de engenharia de solos de mesma origem geológica. Foi de Terzaghi a ideia de agrupar os solos com propriedades de engenharia análogas utilizando uma classificação baseada nos limites de Atterberg.

5.1.3 A padronização dos ensaios e a classificação dos solos

Casagrande (1932) envidou esforços no sentido de padronizar os ensaios, principalmente o do limite de liquidez (LL), preocupação essa que perdurou por algumas décadas. O aparelho de ensaio leva o seu nome. Ademais, por sugestão de Terzaghi, Casagrande (1948) desenvolveu um sistema de classificação baseado nos limites de Atterberg, visando à previsão das propriedades de engenharia dos solos, e que deu origem ao conhecido Sistema Unificado de Classificação dos Solos (Unified Soil Classification System), padronizado pela norma D2487 (ASTM, 2011) (ver seção "Classificação dos solos – uma pseudoquestão?", p. 134).

Casagrande (1932) alertou para o fato de as propriedades assim obtidas serem as do solo remoldado. Ele foi o primeiro inclusive a visualizar a determinação do limite de liquidez como uma medida da resistência ao cisalhamento do solo, a percussão (Fig. 5.2). Seus estudos levaram-no ao resultado de que no limite de liquidez os solos possuem uma resistência de 2 kPa a 3 kPa (20 g/cm² a 30 g/cm², o que dá, em média, 1 g/cm² por golpe).

Fig. 5.2 LL *como medida da resistência ao cisalhamento*

5.1.4 A atividade das argilas

Alguns anos passaram até que Skempton (1953) introduzisse um novo conceito ligado à plasticidade: a atividade dos solos (A). Esse autor notou que solos de mesma origem geológica, portanto com os mesmos argilominerais, possuíam índices de plasticidade (IP) linearmente crescentes com o teor da fração argila (C) (Fig. 5.3), isto é, a relação:

$$A = \frac{IP}{C}, \text{com} \quad C = \% < 2\mu \tag{5.1}$$

é constante e uma característica do solo ou dos argilominerais presentes. Para solos com montmorillonita, os mais ativos, A = 5 a 7; para solos com caulinita, A = 0,3; e com ilita, A = 0,9. A atividade das argilas depende, assim, do tipo de argilomineral.

Quanto maior a atividade de um solo, mais importante é a influência da fração argila em suas propriedades e mais suscetível ele é aos tipos de íons trocáveis e à composição dos fluidos dos poros. Uma atividade elevada indica um solo que pode causar problemas em virtude de sua alta capacidade de retenção de água e de troca catiônica e sua alta sensibilidade e tixotropia. Segundo Mitchell (1976), a tixotropia, ou ganho de resistência de um solo após amolgamento ou compactação, resulta de uma "restauração" (parcial) de um equilíbrio rompido, envolvendo a água e os íons. Requer tempo por conta da resistência viscosa do movimento das partículas e íons.

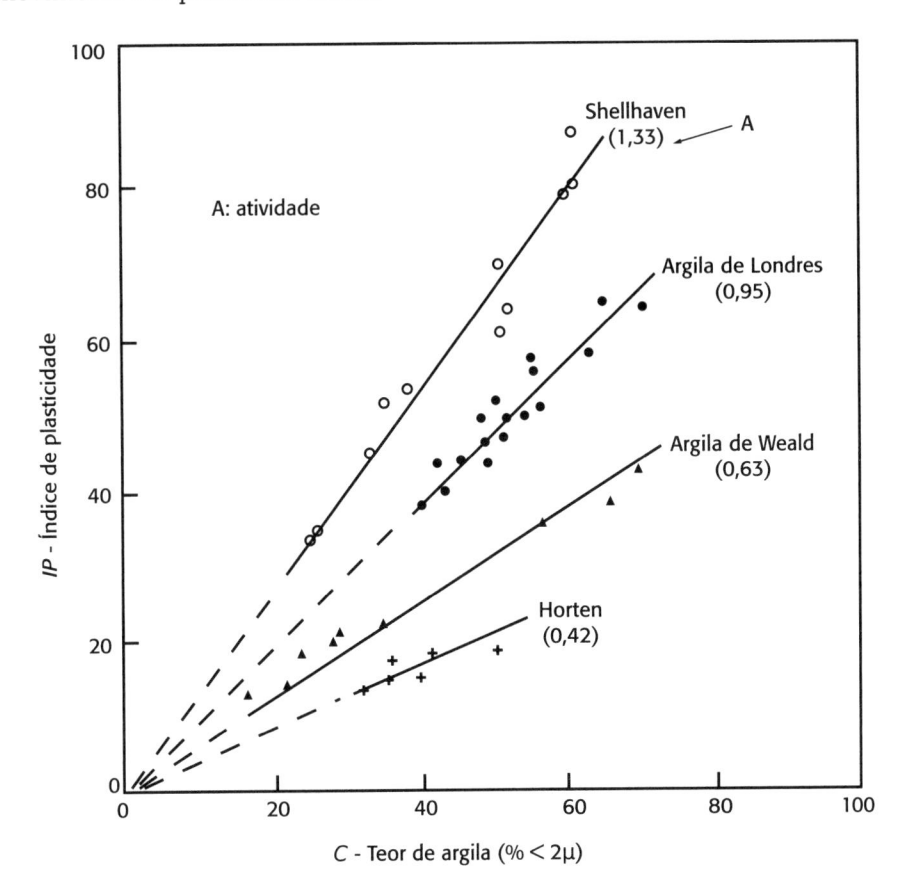

Fig. 5.3 *Relação entre o IP e o teor de argila*
Fonte: Skempton (1953).

Em 1964, Seed, Woodward e Lundgren (1964a,b) publicaram dois artigos sobre os limites de Atterberg e sua correlação com a composição mineralógica das argilas, encontrada por meio de ensaios feitos em misturas de uma areia com caulim, bentonita (montmorillonita) e ilita, estas últimas produtos industriais.

Seu trabalho levou-o à conclusão de que existe uma relação unívoca entre o limite de liquidez, o teor de argila e a atividade de um solo, independentemente da sua composição mineralógica. Solos com a mesma origem geológica, portanto de mesma atividade, alinham-se no gráfico de Casagrande. Além disso, a atividade é definida pela Eq. 5.1 somente para teores de argila superiores a cerca de 40%. Para valores entre 10% e 40%, introduziu a equação:

$$A = \frac{IP}{C - 10} \quad (5.2)$$

como mais representativa do comportamento real dos solos e na qual IP entra em porcentagem.

5.1.5 O modelo de Roscoe e os limites de Atterberg

O comportamento elastoplástico dos solos foi equacionado por meio de dois modelos, Granta Gravel e Cam Clay, desenvolvidos por Roscoe e colaboradores em Cambridge, Inglaterra (ver, por exemplo, Schofield e Wroth (1968)).

Reconhecendo que a) solos remoldados com teores de umidade correspondentes ao LL e ao LP encontram-se no estado crítico, isto é, deformam-se sem variação de volume, b) as resistências ao cisalhamento nessas umidades estão numa relação de 1:100, conforme dados experimentais de Skempton e Northey (1952), e c) num diagrama e-log p, as retas virgens cruzam-se num único ponto, Schofield e Wroth (1968) conseguiram provar que:

$$C_c = 0,83(LL - 0,09) \tag{5.3A}$$

em que C_c é o índice de compressão, contra:

$$C_c = 0,7(LL - 0,10) \tag{5.3B}$$

obtida estatisticamente por Skempton (1944) e em que LL entra em decimal.

Esse enraizamento do modelo de Roscoe nos limites de plasticidade não é surpreendente, pois estes estão associados à resistência ao cisalhamento de solos remoldados, como foi visto para o LL (ver a seção "Limites de Atterberg e o estado crítico", p. 141).

A título de curiosidade, a equação empírica:

$$\frac{c}{\bar{\sigma}_a} = 0,11 + 0,37 IP \tag{5.4A}$$

resiste ainda hoje a toda e qualquer dedução, inclusive no contexto do modelo de plasticidade de Roscoe. Nessa equação IP entra em decimal.

Correlações empíricas como essas estão disponíveis, existindo variantes ajustadas a solos diferentes. Note-se, em primeiro lugar, que elas valem, a rigor, para solos remoldados. No entanto, podem ser obtidas para solos com estrutura, desde que sejam ajustadas estatisticamente e aplicadas ao universo do qual resultaram.

5.1.6 Importância atual dos limites de Atterberg

Para avaliar a importância atual dos limites, basta citar algumas correlações empíricas, por exemplo, entre Φ' e IP:

$$\Phi' = 33,5 - 0,25 IP \tag{5.4B}$$

válida para os solos variegados da cidade de São Paulo (Massad; Pinto; Nader, 1992).

Ou entre a resistência não drenada do *vane test* (s_u^{VT}), a pressão de pré-adensamento ($\bar{\sigma}_a$) e o IP:

$$\frac{s_u^{VT}}{\bar{\sigma}_a} = \frac{\sqrt{IP}}{22} \tag{5.4C}$$

devida a Mayne e Mitchell (1988).

5.2 O que é o limite de liquidez de um solo?

O limite de liquidez (LL) é uma medida do espaçamento entre as partículas de solo para o qual as forças atrativas são reduzidas a um valor tal que a resistência ao cisalhamento é de, aproximadamente, 2,5 kPa (25 g/cm²).

É interessante fazer um cálculo da resistência ao cisalhamento de um solo no LL. Considerando a pasta de solo na concha do aparelho de Casagrande e admitindo que $\Phi' = 30°$ e que a pressão neutra no LL é $u_r = -0,4$ kPa (−4 g/cm²), conforme medições feitas por Croney e Coleman (1954), chega-se, com base na equação de resistência ao cisalhamento em termos de tensão efetiva.

$$s = c' + \overline{\sigma} \cdot tg\Phi' \qquad (5.5A)$$

ao seguinte resultado:

$$s = c' + 0,4 \cdot tg\, 30° = c' + 0,23 \text{ kPa} \qquad (5.5B)$$

Logo, a coesão efetiva no LL é que responde pela maior parte da resistência do solo, isto é, os 2,5 kPa (ou 25 g/cm²) só podem ser atribuídos às forças atrativas entre as partículas do solo. Essas forças dependem da espessura da camada dupla, como se viu no Cap. 4. Portanto, afetam o LL todos os fatores que influem nessa espessura, a saber: a capacidade de troca catiônica e o tipo de cátions presentes nos poros, entre outros.

A superfície específica das partículas (S) também afeta, e muito, o LL. A influência de S no teor de umidade está ilustrada na Tab. 5.1.

Tab. 5.1 Influência da superfície específica (S) no teor de umidade

Partícula	S (superfície específica em m²/g)	Teor de umidade para película de água de 5 Å (%)
Grão de areia (Φ 0,1 mm)	0,03	10^{-4}
Caulinita	10,00	0,5
Ilita	100,00	5,0
Montmorillonita	1.000,00	50,0
Fonte: Lambe e Whitman (1969).		

A última coluna mostra o teor de umidade imaginando-se que cada partícula esteja envolvida por uma película de água de 5 Å de espessura. Por exemplo, para a partícula de ilita, o volume de água vale 100 m²/g × 5 Å × P_s, em que P_s é o peso da partícula (peso dos sólidos). Multiplicando-o pelo peso específico da água, chega-se a um peso de água igual a 0,05 P_s e, portanto, a um teor de umidade de 5%.

A influência da superfície específica das partículas, da capacidade de troca catiônica e do tipo de cátion trocável está indicada na Tab. 5.2. A análise desses dados revela que, quando se passa dos minerais com maior superfície específica e capacidade de troca catiônica para aqueles com menores valores, o LL decresce bastante. Ademais, no caso da montmorillonita, o aumento da valência do cátion trocável, ao reduzir a espessura da camada dupla, provoca uma queda no LL, pois é necessária uma menor quantidade de água para atingir a resistência ao cisalhamento de 2,5 kPa. Finalmente, sobressai o fato de a caulinita e a ilita serem insensíveis ao tipo de cátion presente: esses minerais possuem pequena capacidade de troca catiônica.

Outra forma de definir o LL, mais técnica, está associada ao ensaio no aparelho de Casagrande. O LL é o teor de umidade de uma pasta de solo que, colocada na concha desse aparelho e submetida a golpes com energia padronizada, requer 25 golpes para fechar uma ranhura também padronizada.

Tab. 5.2 Limites de Atterberg de minerais argila

Mineral	Cátion trocável	LL (%)	LP (%)
Montmorillonita	Na	710	54
	K	660	98
	Ca	510	81
	Mg	410	60
	Fe	290	75
Ilita	Na	120	53
	K	120	60
	Ca	100	45
	Mg	95	46
	Fe	110	49
Caulinita	Na	53	32
	K	49	29
	Ca	38	27
	Mg	54	31
	Fe	59	37

Fonte: adaptado de Lambe e Whitman (1969).

5.3 O que é o limite de plasticidade de um solo?

O LP é a umidade em que água livre começa a existir em excesso, ou seja, numa quantidade maior do que aquela necessária para satisfazer a adsorção forte. Quando atinge o LP, a água começa a formar a camada dupla. Pode ser também interpretado como o teor de umidade limite, abaixo do qual o solo perde a plasticidade, isto é, deforma-se, com mudança de volume e com trincamento.

Como mostra a Tab. 5.2, o LP varia numa faixa de valores muito estreita e é pouco influenciado pelos argilominerais presentes no solo: vale, em média, 72% para a montmorillonita, 50% para a ilita e 32% para a caulinita. Talvez por isso mesmo sua determinação esteja sujeita a menos erros, apesar do maior grau de subjetividade associado ao ensaio. Certos autores, como Schofield e Wroth (1968), sugerem o seu uso nas correlações com as propriedades de engenharia.

5.4 Comportamento de misturas de areia com argilas no *LL* e no *LP*

Considerando C o teor de argila, tomado arbitrariamente como a fração menor do que 2μ, e trabalhando com misturas de areia e três tipos de argila (montmorillonita, ilita e caulinita) produzidos artificialmente, Seed, Woodward e Lundgren (1964a) puderam concluir que:

a. o LL e o IP crescem linearmente com C para teores de argila superiores a um certo limite; as relações LL/C aumentam com a atividade, independentemente da combinação dos minerais argila, ou seja, da composição mineralógica (Fig. 5.4);

b. no gráfico de Casagrande, a solos de mesma atividade correspondem pontos alinhados; as retas a eles associadas se afastam para cima da linha A à medida que a atividade aumenta.

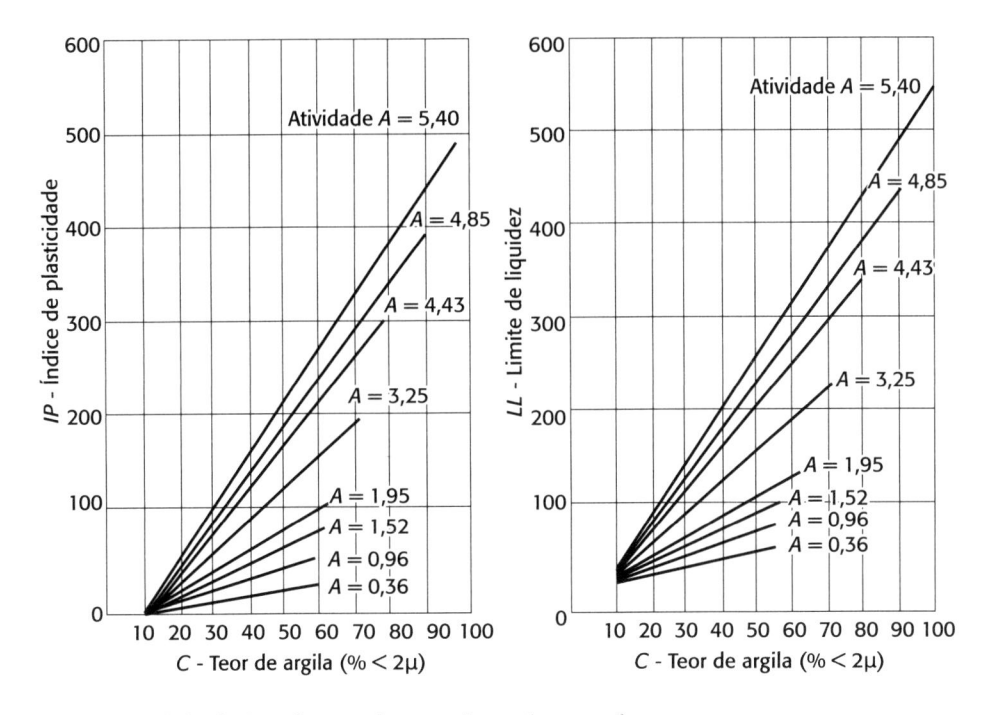

Fig. 5.4 *Relação do IP e do LL com o teor de argila C. Fonte: Seed, Woodward e Lundgren (1964a).*

5.4.1 Modelo físico de Seed, Woodward e Lundgren

Com base nesses experimentos, Seed, Woodward e Lundgren (1964b) construíram um modelo físico da mistura de areia com argila.

Considere-se o esquema clássico de repartição de sólidos, água e ar indicado na Fig. 5.5. Note-se que a fração de sólidos está separada em argila e areia.

Suponha-se que os grãos de areia estejam suficientemente afastados para que se admita que a sua plasticidade é governada pelas partículas de argila e que toda a água encontra-se aderida a elas.

Como o teor de umidade (h_a) associado à fração argila vale (ver Fig. 5.5):

$$h_a = \frac{h \cdot P_s}{C \cdot P_s} = \frac{h}{C} \quad (5.6)$$

tem-se:

$$LL_a = \frac{LL}{C} \quad (5.7)$$

em que LL_a e LL são os limites de liquidez da fração argila e da mistura, respectivamente.

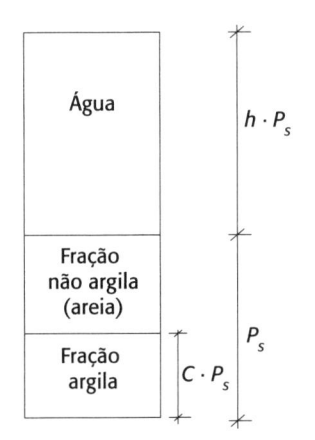

Fig. 5.5 *Relações entre os pesos da fração argila, da fração não argila (areia) e da água*

Acima de certa fração de areia, os seus grãos começam a se tocar, formando um arranjo cujos vazios são ocupados por argila no limite de liquidez. Nessa situação a argila deixa de comandar o comportamento plástico da mistura.

É possível computar o valor de C abaixo do qual isso ocorre.

Suponha-se que os grãos de areia formem o arranjo mais fofo possível, com índices de vazios máximos ($e_{máx}$) iguais a 0,8.

O volume de vazios do arranjo de grãos de areia vale:

$$e_{máx}\left(\frac{1-C}{\delta}\right)P_s \quad (5.8A)$$

em que $(1 - C)P_s$ é o peso seco só da fração areia, e δ, a densidade dos grãos da areia.

Estando a fração argila com teor de umidade LL_a e sendo δ' a sua densidade dos grãos, o volume total por ela ocupado é:

$$\frac{CP_s}{\delta'} + CP_s \cdot \frac{LL_a}{\gamma_o} \quad (5.8B)$$

Igualando-se as Eqs. 5.8A e 5.8B:

$$\frac{CP_s}{\delta'} + CP_s \cdot \frac{LL_a}{\gamma_o} = e_{máx}\left(\frac{1-C}{\delta}\right)P_s \quad (5.8C)$$

donde:

$$\frac{1}{C} = 1 + \frac{\delta}{e_{máx}} \cdot \left(\frac{LL_a}{\gamma_o} + \frac{1}{\delta'}\right) \quad (5.9)$$

Para argilas inorgânicas, tomando-se δ' = 27,5 kN/m³, δ = 26,5 kN/m³ e LL_a = 100%, tem-se que C = 18%; para LL_a = 500%, C = 5%.

Por essa razão, Seed, Woodward e Lundgren (1964b) asseveram a validade da Eq. 5.7 para C ≥ 10%, quando se trata de argilas inorgânicas, limite este confirmado experimentalmente. Em casos em que a fração não argila contenha matéria orgânica, além do fato de absorver água, ela pode arranjar-se numa estrutura com $e_{máx}$ maior do que 0,8. Nessa circunstância, o limite inferior de C, acima do qual vale a Eq. 5.7, deve ser maior. Seed, Woodward e Lundgren (1964b) encontraram, experimentalmente, 40% para esse limite.

Abaixo desse limite, admite-se que o LL independe da proporção de argila presente no solo.

A Fig. 5.6 ilustra essas conclusões. Note-se que a inclinação da reta superior é LL_a, que, em geral, varia de 90 a 600.

Um raciocínio semelhante vale para o LP, tendo esses autores chegado à equação:

$$LP_a = \frac{LP}{C} \quad \text{para} \quad C > 40\% \quad (5.10)$$

para solos inorgânicos. Já para misturas em que C < 40%, tem-se:

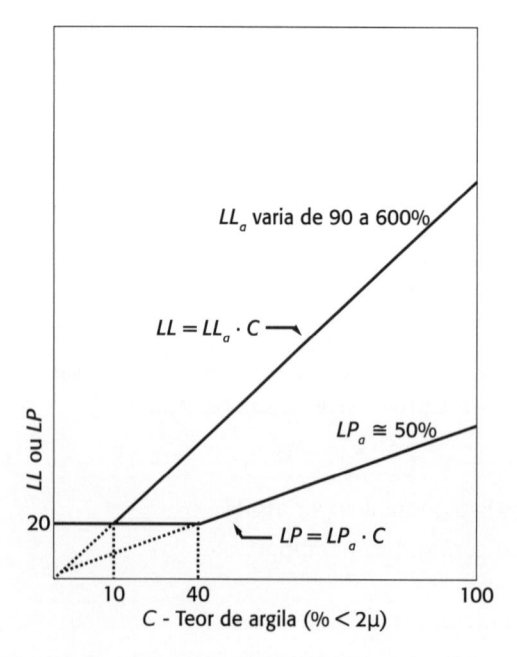

$$LP \cong 20\% \quad (5.11)$$

Fig. 5.6 *Relações teóricas entre o LL, o LP e o teor de argila C – argilas inorgânicas*

isto é, o LP é constante e igual a 20%. Este último fato decorre da possibilidade de a fração não argilosa ser constituída de um solo muito fino, que se comporta como material plástico. Por exemplo, *ground quartz* com 87% em peso com grãos entre 2µ e 5µ possui LP = 26%. A Fig. 5.6 ilustra essas conclusões. Note-se que ao LP_a foi associado o valor 50%, pois usualmente ele varia numa faixa muito estreita, de 40% a 80% (ver Tab. 5.2).

5.4.2 Conceito de atividade revisto

Com base no gráfico da Fig. 5.6, foi possível preparar o da Fig. 5.7.

Conclui-se, assim, que para:

$$C \geq 40\% \quad A = \frac{IP}{C} \quad \textbf{(5.12A)}$$

isto é, vale a relação proposta por Skempton (Eq. 5.1); para

$$10 < C < 40\% \quad A = \frac{IP}{C-10} \quad \textbf{(5.12B)}$$

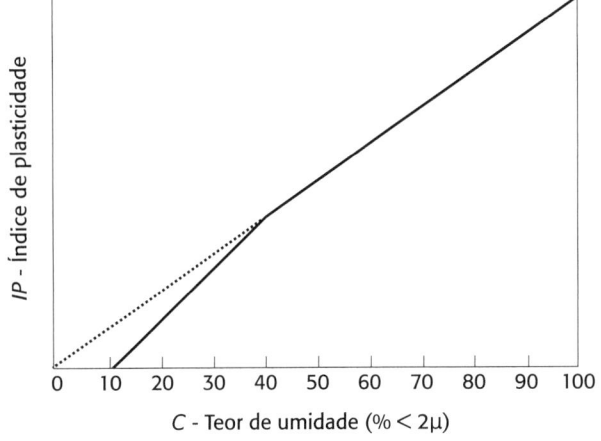

Fig. 5.7 *Relação simplificada entre o IP e o teor de argila C*

expressão proposta por Seed, Woodward e Lundgren (1964b). A rigor, o termo constante no denominador varia com o LL_a da fração argila. Assim, para LL_a = 500%, ele seria 5%, e não 10%, como se viu anteriormente.

Finalmente, para C > 40%, pode-se escrever, com base nas Eqs. 5.7 e 5.10 e considerando LP_a = 50%:

$$A = \frac{IP}{C} = \frac{LL - LP}{C} = LL_a - 0,5 \quad \textbf{(5.12C)}$$

donde se conclui que a atividade é o outro nome do limite de liquidez da fração argila de um solo.

Ademais, ainda para C > 40%, pode-se escrever:

$$\frac{IP}{LL} = \frac{C \cdot A}{C \cdot LL_a} = \frac{A}{A + 0,5} \quad \textbf{(5.12D)}$$

ou seja, no gráfico de Casagrande, solos com mesma origem geológica se alinham, e quanto maior a atividade, maior a inclinação da reta.

Em síntese, Seed, Woodward e Lundgren (1964b) concluíram que:
a. existe uma relação unívoca entre LL, C e A de um solo (Fig. 5.8); e
b. solos de mesma origem geológica, portanto com a mesma atividade A, alinham-se no gráfico de Casagrande (Fig. 5.9).

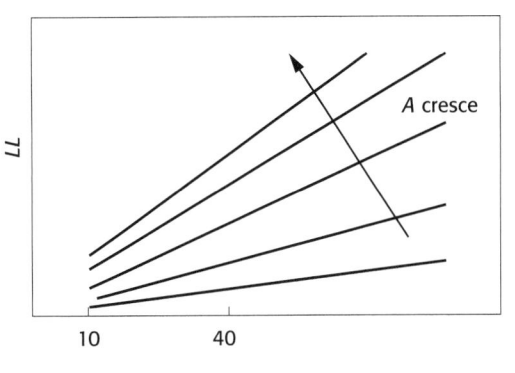

Fig. 5.8 *Relação unívoca entre LL, C e A*

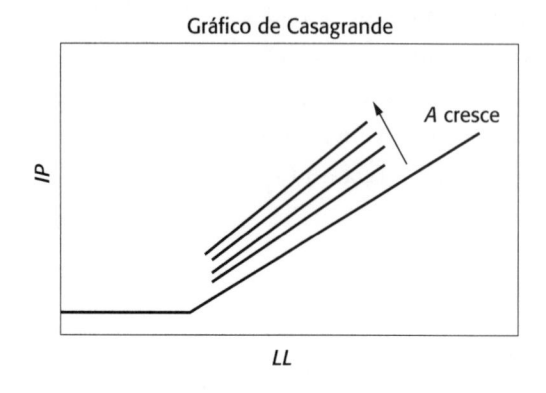

Fig. 5.9 *Solos de mesma origem se alinham*

5.5 Atividade de misturas de argilas

Viu-se no Cap. 4 que uma das razões do fracasso da aplicação dos princípios da físico-química aos solos é que as propriedades de seus argilominerais não são aditivas.

Essa constatação repetiu-se novamente nos estudos de Seed, Woodward e Lundgren (1964b), que determinaram a atividade de misturas de caulinita com bentonita, de um lado, e de misturas de ilita com bentonita, de outro. A Fig. 5.10 mostra os resultados obtidos.

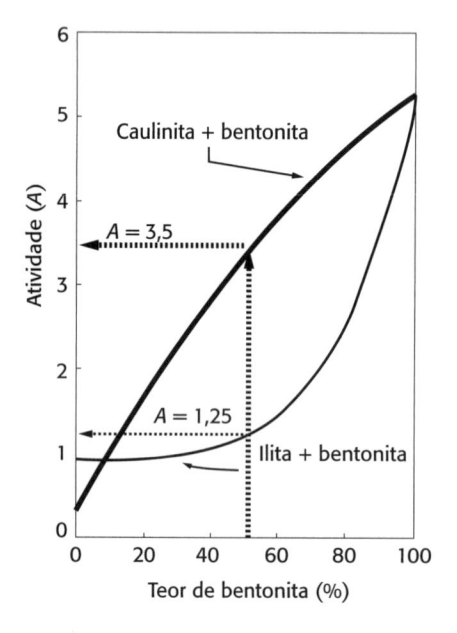

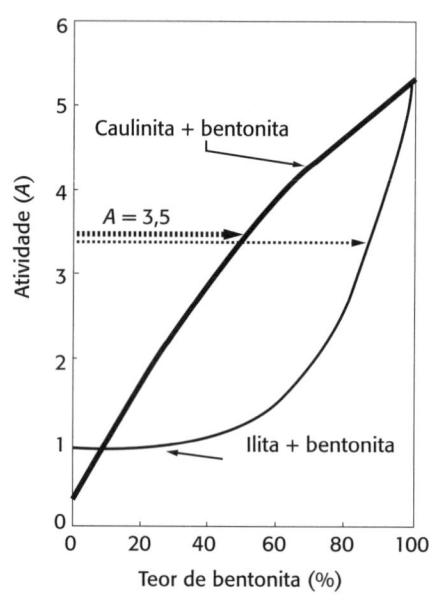

Fig. 5.10 *Atividade de misturas de argilas*
Fonte: Seed, Woodward e Lundgren (1964b).

A conclusão é surpreendente: embora a ilita seja mais ativa que a caulinita, quando misturada com bentonita tornou-se menos ativa que misturas de caulinita com bentonita. Por exemplo, misturas meio a meio dessas últimas argilas possuem atividade igual a 3,5, contra 1,25 de misturas de ilita com bentonita também meio a meio. Além disso: a) para teores de bentonita até 40%, misturas de ilita com bentonita possuem atividades pouco acima da ilita pura; e b) do conhecimento da atividade de um solo, por exemplo, $A = 3,5$, nada se pode inferir quanto ao argilomineral ou aos argilominerais presentes, como ilustra a Fig. 5.10B.

Esse tipo de comportamento de misturas de ilita com bentonita já tinha sido observado por Lambe e Martin (1957) ao analisarem resultados de ensaios em solos naturais. Eles atribuíram esse fenômeno à cimentação das partículas de argila (o que diminui a sua superfície específica) e à interestratificação das partículas de montmorillonita e ilita, isto é, à formação de partículas compostas entre esses dois minerais, o que resulta num mascaramento da atividade da montmorillonita.

Essa é a razão de estabilizar certos solos com elevada atividade misturando-os com outro solo que contenha ilita.

5.6 Técnicas de ensaio

5.6.1 Verificação do aparelho de Casagrande

Inicialmente, devem ser feitas algumas verificações quanto ao estado e às condições de funcionamento do aparelho de Casagrande. As razões residem no fato de o ensaio por ele idealizado medir, de certa forma, a resistência ao cisalhamento dinâmico, ou à percussão, dos solos.

Assim, a altura de queda, o desgaste da base de ebonite e as condições de apoio da base sobre a mesa são fatores a considerar (Fig. 5.11).

Fig. 5.11 *Verificação do aparelho de Casagrande*

a. A altura de queda, de 1 cm, pode ser verificada usando-se gabarito comumente existente na extremidade do cinzel. Deve-se ainda assinalar o ponto da concha que toca a base e, a partir dele, medir a distância.
b. Com o uso continuado do aparelho, forma-se uma reentrância devido ao desgaste da base, tolerada até uma profundidade máxima de 0,007 cm.
c. Para obter resultados consistentes, Casagrande recomenda apoiar a base em lista telefônica velha ou sobre 2,5 cm de papel-toalha. A base pode dispor de pés de borracha bastante mole, sendo dois colocados nos cantos da face traseira e um no meio da face dianteira.
d. A verificação da base do aparelho é feita deixando-se uma esfera de 8 mm de diâmetro e 2 g de peso cair de uma altura de 25 cm. A altura máxima de retorno deve estar compreendida entre 18 cm e 23 cm.
e. Finalmente, permitem-se as seguintes tolerâncias nas dimensões do cinzel (Fig. 5.12):
   - largura da ponta: 2,00 ± 0,05 mm;
   - largura do topo: 11,00 ± 0,20 mm;
   - altura: 8,00 ± 0,10 mm.

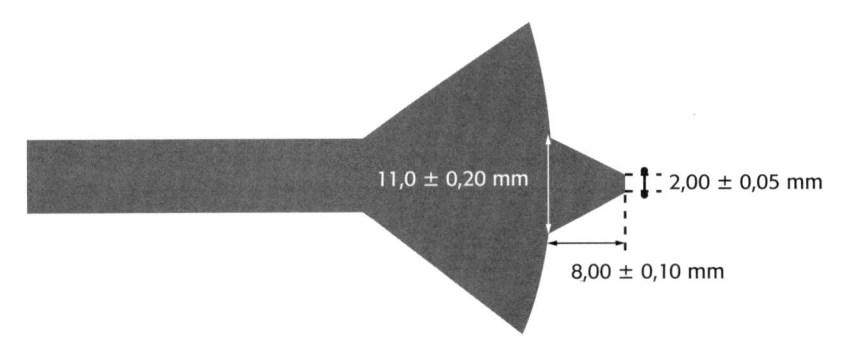

Fig. 5.12 *Tolerâncias nas dimensões do cinzel*

Essas e outras recomendações encontram-se em artigo de Casagrande (1958), que sempre se preocupou com questões de repetibilidade e reprodutibilidade dos resultados de ensaios dos limites de Atterberg. Ver também a NBR 6459 (ABNT, 1984b), em particular, sobre os pontos a inspecionar no aparelho de ensaio.

5.6.2 Preparação da amostra

Uma vez recebida a amostra, deve-se atentar para não misturar solos diferentes. Além disso, é de bom alvitre medir o teor de umidade natural.

No caso de amostras deformadas, recomenda-se evitar que elas sofram processos de secagem e a umidade caia para valores abaixo do LP ou do teor de umidade natural, se bem que as NBR 6459 (ABNT, 1984b) e 7180 (ABNT, 1984d) estabelecem dois procedimentos, com secagem e sem secagem prévia. As recomendações a seguir referem-se a esta última condição.

Aparelho de Casagrande

Do material recebido, separar a fração que passa na peneira 40 (0,42 mm):

a. lavando-a na peneira 40; ou
b. procedendo a uma decantação sucessiva, conforme visto no Cap. 3.

Sugere-se formar cerca de 200 g, em peso seco, de material passado na peneira 40.

Se o material é todo com partículas inferiores a 0,42 mm (#40), homogeneizá-lo bem. Para argilas gordas, deixar 24 horas de cura em câmara úmida e misturá-lo antes de ensaiar, para que a umidade seja uniformemente distribuída. A NBR 6459 (ABNT, 1984b) estipula um tempo de 15 a 30 minutos de homogeneização.

Se a pasta estiver muito úmida, usar papel-toalha para secagem. Se for usado o processo de decantação sucessiva, o material em suspensão é recolhido em recipientes maiores e colocado em estufa para remoção do excesso de água, até que ele tenha consistência de pasta.

Preparação da amostra

5.6.3 Ensaio do limite de liquidez

Recomenda-se que o ensaio do limite de liquidez seja feito em ambiente com umidade relativa do ar elevada.

a. Colocar na concha cerca de 50 g a 75 g da amostra, preparada conforme exposto anteriormente. O teor de umidade inicial deve ser tal que sejam necessários 15 golpes para fechar a ranhura. Cuidar para que não haja bolhas de ar. A quantidade de material deve ser tal que uma ranhura completa possa ser formada com o cinzel – cerca de 10 mm de espessura na sua parte central. Usar uma espátula para alisar a superfície do solo na concha (Fig. 5.13).

b. Segurar a concha com o ponto de apoio para cima. O cinzel é mantido perpendicularmente à superfície da concha e a ranhura é feita ao longo do eixo mediano perpendicular ao eixo de rotação da concha.

c. Recolocar a concha no aparelho de Casagrande após verificar que todas as partes que a compõem estejam limpas.

d. Girar a manivela, com a velocidade de duas voltas por segundo, até que a ranhura se feche num comprimento de 13 mm (ABNT, 1984b). Se, no fechamento, forem notadas irregularidades em virtude de bolhas de ar ou grãos de areia, eliminar o resultado obtido e repetir o ensaio.

e. Homogeneizar o material novamente, incluindo aquele que foi removido pelo cinzel, e repetir o ensaio para o mesmo teor de umidade, até que três determinações mostrem resultados consistentes.

f. Remover 5 g de solo das imediações da parte fechada da ranhura, para determinar o teor de umidade.

g. Repetir o procedimento para obter dois pontos, no gráfico h-log N, entre 20 e 25, e outros dois entre 25 e 30 golpes. O limite de liquidez é o teor de umidade correspondente a 25 golpes.

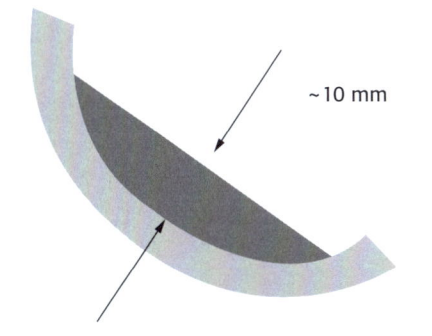

Fig. 5.13 *Quantidade de material na concha*

Nesse procedimento, o ensaio é feito partindo-se de uma condição bem úmida do solo, com umidade acima do LL, e procedendo-se à secagem da pasta, sucessivamente, o que pode ser feito com folhas de papel-toalha, para obter os outros pontos do gráfico h-log N, isto é, teor de umidade (h) em função do número de golpes (N) no aparelho de ensaio.

Na NBR 6459 (ABNT, 1984b), o procedimento segue o caminho inverso: parte-se de uma condição mais seca e, sucessivamente, a pasta de solo é umedecida para a obtenção dos outros pontos do ensaio. Após a adição de água, deve-se homogeneizar a mistura por pelo menos três minutos.

(A) Colocação da amostra e (B) ranhura feita com cinzel

5.6.4 Ensaio do limite de plasticidade

As operações também devem ser feitas em câmara úmida ou ambiente com umidade relativa do ar elevada.

a. Tomar cerca de 1 cm^3 (10 g, pela NBR 7180 (ABNT, 1984d)) de material preparado conforme descrição feita na seção 5.6.2.
b. Reduzir a umidade da amostra comprimindo-a entre duas folhas de papel-toalha ou rolando-a sobre papel absorvente, desde que não haja aderência de suas fibras ao solo. Esse processo de abaixar o teor de umidade pode ser executado mais rapidamente em ambiente seco.
c. Ao se aproximar do LP, voltar para a câmara úmida e continuar rolando o solo sobre placa de vidro com a palma da mão ou a base dos dedos. O processo deve ser repetido continuadas vezes, juntando-se os rolinhos e formando, por pressão, uma massa com forma de elipsoide, rolando-a novamente, até que se fragmente em segmentos de 6 mm a 10 mm (100 mm, pela NBR 7180 (ABNT, 1984d)) de comprimento e diâmetro de 3 mm. Para muitos solos, a superfície dos segmentos torna-se fissurada no LP. Se o solo for orgânico, operar devagar e com cuidado para evitar quebras prematuras; para argilas gordas, é necessário usar forte pressão, o que faz, comumente, o operador parar antes de atingir o LP.
d. Pesar imediatamente os segmentos, determinando, no dia seguinte, seu teor de umidade, que é o LP.
e. Fazer duas determinações do LP, que devem estar num intervalo de ±2% em relação à média. Para solos com LP abaixo de 20%, pode-se tolerar desvios maiores. A NBR 7180 (ABNT, 1984d) preconiza pelo menos três determinações, que são consideradas satisfatórias se os desvios não superarem 5%.

Determinação do limite de plasticidade

5.6.5 Discussões dos procedimentos de ensaio

Sobre o cinzel

Casagrande (1948) recomenda o uso do cinzel chato mesmo para solos arenosos: a) usar espátula antes e depois gabaritar com o cinzel; e b) esse procedimento introduz erro pouco significativo, por se tratar de solos para os quais o LL tem pouca importância.

Ambiente úmido

Repetir o ensaio do LL três vezes para a mesma umidade; a diferença no número de golpes deve ser de ±1. Por exemplo, a sequência de golpes 30, 32 e 34 corresponde a ambiente seco; 32, 30 e 29, a ambiente úmido.

Secagem do material

De há muito se sabe que o pré-tratamento dado às amostras de solos por ensaiar influi nos limites e na granulometria. Assim é que secagens prévias das amostras podem causar mudanças irreversíveis nas suas características coloidais, quebra de partículas ou, ao contrário, aglutinação de partículas, com a formação de agregados ou *clusters*, ou ainda outros efeitos.

O próprio Casagrande mencionou o fato por diversas vezes, referindo-se a argilas de diferentes origens geológicas e provenientes de vários locais de países setentrionais. Por exemplo, para as *clay shales* (xisto argiloso) dos Estados Unidos obtee-se um certo LL por via úmida (sem secagem); secando ao ar, ocorria uma "desintegração explosiva" devido a forças capilares, donde um aumento substancial do LL; a secagem em estufa provocava diminuição do LL em virtude da aglutinação das partículas.

O caso da argila de Sasumua, citado nos Caps. 3 e 4, marcou época. Trata-se de argila vermelha do Quênia, África, proveniente da decomposição de lavas, tufos e brechas basálticas, que foi usada com sucesso na construção da barragem de Sasumua. Conforme estudos de Terzaghi (1958) e Skempton (1958), esse solo tropical mostrou ser sensível a pré-tratamentos. A explicação dada por Terzaghi para as diferenças nos limites baseou-se na presença da haloisita hidratada como argilomineral dominante, que, após secagem, perdia irreversivelmente parte de sua água estrutural, como se constata da análise da Tab. 5.3. Convém lembrar que essa água está presa às partículas de haloisita, inclusive na forma de água estrutural, de que se fez menção no Cap. 4.

Tab. 5.3 Solo da barragem de Sasumua

Condição	LL (%)	LP (%)	IP (%)
Solo natural	87	54	33
Seco em estufa	58	39	19
Seco e reidratado	63	39	24

Outro exemplo em que a secagem da amostra teve efeito extremado refere-se a um solo de origem vulcânica que apresentava LL de 253% e LP de 112%. Após secagem ao ar, o solo tornou-se não plástico.

Em geral, secagens prévias do solo ao ar ou em estufas diminuem o LL quando a remoção de água é irreversível. Há ainda a possibilidade de quebra das partículas durante o processo de secagem-reumedecimento, tornando o solo mais "fino", com partículas com maior superfície específica. Daí a observação dos seguintes tipos de reação à secagem: a) nenhuma; b) o LL aumenta após secagem ao ar ou em estufa; c) o LL e o LP diminuem, nas mesmas condições; e d) o LL aumenta quando seco ao ar, mas diminui se for usada estufa.

Homogeneização

A homogeneização da amostra tem por finalidade tornar uniforme a distribuição da água pela pasta de material.

Para dar tempo à água de se distribuir uniformemente, costuma-se deixar a pasta 24 horas de cura em câmara úmida.

Em algumas argilas, como se verá adiante, nota-se que a intensidade do ato de misturar é importante e acaba por influir nos resultados do ensaio.

Fragmentos de solo no LP

Estudo feito por Casagrande e Hirschfeld (1964) sobre o LP mostra que é melhor errar "secando", isto é, repetindo mais uma vez o amassar e o rolar do solo na placa de vidro, do que parar antes de se atingi-lo. É o que indicam os resultados apresentados na Tab. 5.4.

Tab. 5.4 Influência do operador nos valores do LP (em %)

Descrição da operação	Solo A	Solo B	Solo C
Fragmentos com 25 mm de comprimento. É fácil rejuntar e amassar.	17,6	14,0	21,9
Fragmentos com 6 mm a 12 mm de comprimento. Ainda podem ser rejuntados.	15,7	13,2	20,5
Fragmentos de 3 mm. É mais difícil de rejuntar. Ao repetir o ensaio, dividem-se em pequenos pedaços.	13,9	12,3	19,6
O processo de amassar e repetir o ensaio é muito difícil. Dividem-se em pedaços muito pequenos.	13,6	11,7	18,5

Dureza da base

A resistência ao cisalhamento de solos no LL, obtida com aparelhagem segundo a British Standard (Norman, 1958), foi da ordem de 1,0 kPa (10 g/cm^2). Tal fato intrigou o Prof. Casagrande, que encontrou uma explicação na diferença entre as durezas das bases. Os mesmos solos, ensaiados com equipamento de Harvard, acusaram resistência ao cisalhamento de 18 g/cm^2.

Os seguintes dados mostram como o LL é sensível ao tipo de material de que é feita a base:

Borracha dura (1)   LL = 116%
Borracha dura (2)   LL = 98%
Micarta 221 (1)   LL = 108%
Micarta 221 (2)   LL = 105%

Os fornecedores eram diferentes em cada caso, e esses resultados foram extraídos do artigo de Casagrande (1958).

5.7 Limites de liquidez obtidos com um só ponto

A questão da determinação do LL com um só ponto está, pode-se dizer, superada, pois o tempo a ser despendido pelo laboratorista no preparo da amostra é maior do que necessitará para obter mais alguns pontos do ensaio.

No entanto, as duas fórmulas mais conhecidas empregadas para tanto encontram fundamentação na teoria de Roscoe (ver a seção "Limites de liquidez e *fineness number* obtidos com um só ponto", p. 143), o que lhes dá validade para a avaliação da consistência dos resultados obtidos no ensaio do LL, com a detecção de possíveis erros. Esse embasamento teórico ilustra como certos resultados, obtidos em épocas distintas e por diferentes autores, são convergentes.

5.7.1 A fórmula do Bureau of Public Roads (BPR)

Cooper e Johnson (1950), trabalhando com solos do Estado de Washington, notaram que o índice de fluidez (IF), dado por:

$$IF = \frac{dh}{d \log N} \tag{5.13}$$

crescia uniformemente com o LL dos solos ensaiados, com o que estabeleceram seis retas no diagrama h-log N. O conjunto dessas retas constituía um ábaco apto a fornecer o LL com um ponto apenas do ensaio no aparelho de Casagrande.

Posteriormente, Olmstead e Johnston (1954) confirmaram a sua validade para diversos solos americanos e constataram que as seis retas convergiam para um ponto nas proximidades do eixo dos log N. A fórmula geral da família de retas obtida foi:

$$LL = \frac{h}{1{,}419 - 0{,}3 \log N} \tag{5.14}$$

que é a fórmula do BPR.

5.7.2 A fórmula do Waterways Experiment Station (WES)

Estudos conduzidos pelo WES (1949), em que foram abrangidos solos americanos de diferentes origens geológicas, num total de 767 ensaios no aparelho de Casagrande, revelaram a validade da asserção feita por Casagrande de que a relação entre log h e log N é linear, tendo-se chegado à fórmula:

$$LL = h \left(\frac{N}{25} \right)^{0{,}121} \tag{5.15}$$

que possibilita a determinação do LL com um só ponto (ver também Lambe (1951)). Para 95% dos casos, o expoente da fórmula anterior variou no intervalo 0,121 ± 0,065, o que conduz a erros relativos no LL de ±3,3%.

O exercício complementar 3 deste capítulo permite a aplicação dessas duas fórmulas.

5.8 Previsão da resistência não drenada de solos com baixa sensibilidade

A hipótese, bastante plausível, de que no LL e no LP um solo se encontra em estado crítico, isto é, deforma-se sem variação volumétrica, permite que se escreva (Fig. 5.14A):

$$e_{LL} - e = C_c \cdot \log \frac{p}{p_{LL}} \qquad (5.16)$$

em que e denota o índice de vazios e p, a tensão esférica efetiva (média das tensões efetivas principais). Note-se que as tensões totais envolvidas são pequenas, mas existe uma pressão neutra negativa, oriunda da ação das tensões capilares na superfície da pasta de solo, que aumenta à medida que se procura, por exemplo, secar o solo para atingir o LL.

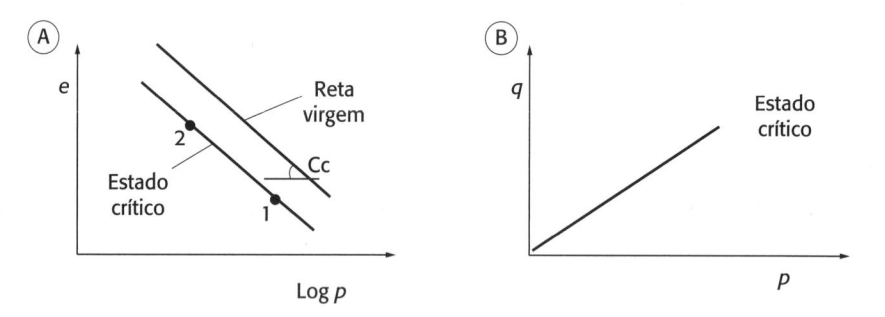

Fig. 5.14 *Relações fundamentais do estado crítico*

Por outro lado, a energia dissipada num processo de cisalhamento é puramente friccional, isto é, $q = M \cdot p$, em que M é uma constante, propriedade intrínseca dos solos, e q é a tensão deviatórica (ver a Fig. 5.14B). Tendo em vista que $e = \delta \cdot h$:

$$LL - h = \frac{C_c}{\delta} \cdot \log \frac{q}{q_{LL}} \qquad (5.17A)$$

Num ensaio de compressão triaxial, como $q = 2s$ em qualquer ponto da linha do estado crítico, em que s é a resistência não drenada, pode-se escrever:

$$LL - h = \frac{C_c}{\delta} \cdot \log \frac{s}{s_{LL}} \qquad (5.17B)$$

Uma expressão análoga à Eq. 5.17B é:

$$h - LP = \frac{C_c}{\delta} \cdot \log \frac{s_{LP}}{s} \qquad (5.18A)$$

em que s_{LP} é a resistência ao cisalhamento do solo no LP. Fazendo-se $h = LP$ na Eq. 5.17B, tem-se:

$$IP = LL - LP = \frac{C_c}{\delta} \cdot \log \frac{s_{LP}}{s_{LL}} \qquad (5.18B)$$

Como visto anteriormente, a relação entre as resistências ao cisalhamento no LP (s_{LP}) e no LL (s_{LL}) vale, aproximadamente, 100. Experiências conduzidas por Youssef, citado por Wroth e Wood (1978), confirmaram esse valor. Assim, tem-se:

$$IP = \frac{2C_c}{\delta} \qquad (5.19)$$

fórmula obtida por esses dois últimos autores e que, diga-se de passagem, é mais simples do que a da Eq. 5.3A.

Por outro lado, o índice de liquidez (IL), definido por:

$$IL = \frac{h - LP}{IP} \qquad (5.20A)$$

pode ser escrito, com base nas Eqs. 5.18A e 5.19, como:

$$IL = \frac{1}{2} \cdot \log \frac{s_{LP}}{s} \qquad (5.20B)$$

ou ainda como a seguinte expressão, obtida por Wroth e Wood (1978):

$$IL = -\frac{1}{2} \cdot \log \frac{s}{100\, s_{LL}} \qquad (5.20C)$$

Esses dois autores aplicaram essa expressão a um solo do Mar do Norte, constatando uma concordância muito boa com a resistência (s) medida. Essa conclusão é surpreendente, pois a última expressão permite prever a resistência remoldada do solo. Segundo os autores, os solos do Mar do Norte, apesar de serem sobreadensados, possuem baixa sensibilidade, daí, talvez, a boa concordância encontrada.

Finalmente, convém frisar que as correlações entre o IL e o logaritmo de s apresentadas por Skempton e Northey (1952) são ligeiramente curvas, aproximando-se de uma reta.

5.9 Ensaio do cone de penetração

5.9.1 Súmula das investigações

Foi o próprio Casagrande (1958) quem sugeriu a procura de um novo método para a determinação do LL que envolvesse a resistência ao cisalhamento estática. As razões que o levaram a tanto prendem-se, essencialmente, ao fato de o ensaio a percussão, tal como é feito no aparelho de Casagrande, não fornecer bases seguras de comparação de resultados, pois solos finos podem responder diferentemente ao *shaking test*: o número de golpes para fechar a ranhura mediria a resistência ao cisalhamento ora com drenagem, ora sem ela.

O método do cone de penetração, desenvolvido por Olsson para o Swedish State Railways, vem sendo usado na medida da resistência dos solos desde 1914, conforme Hansbo (1957), em combinação com os ensaios de compressão simples e de palheta.

O ensaio é feito colocando-se um cone metálico com seu vértice em contato com a superfície de uma amostra de argila (pasta de solo). O cone é solto, medindo-se a profundidade de sua penetração (Fig. 5.15).

Após intensa investigação experimental e teórica, Hansbo (1957) chegou à seguinte expressão:

$$s = K \cdot \frac{Q}{H^2} \qquad (5.21)$$

para a resistência ao cisalhamento não drenada (s), quando o cone de peso Q penetra H no solo. A constante K depende do ângulo do cone, da rugosidade de sua superfície e do tipo de argila. Ver também Karlsson (1961) e Paute e Mace (1968).

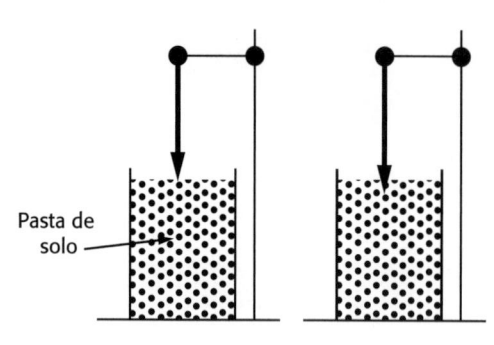

Fig. 5.15 *Ensaio do cone de penetração*

Karlsson (1961), trabalhando com diversos tipos de argila, procurou aferir a constante K pela comparação com os resultados do mini-*vane test*. O interessante a realçar é que o parâmetro Q/H^2 correlacionou-se linearmente com a resistência ao cisalhamento do mini-*vane test*. Ademais, para um cone de 60 g – 60°, obteve K variando de 0,025 a 0,035; para um cone de 100 g – 30°, de 0,070 a 0,086.

Outra conclusão desse mesmo autor é que correlações do tipo Q/H^2, em escala logarítmica, em função do teor de umidade, não são necessariamente retilíneas, o que invalidaria equações do tipo da Eq. 5.17.

5.9.2 A carência de padronização do ensaio – o *fineness number*

O método do cone, quando aplicado a solos remoldados, permite a medida do *fineness number*, usado em muitos laboratórios dos países escandinavos no lugar do LL e definido como o teor de umidade de uma pasta de solo na qual um cone de 60 g-60° penetra 10 mm.

Na edição da British Standards Institution, a norma BS 1377 (BSI, 1975) recomendava, para a determinação do LL, preferencialmente, o ensaio do cone de penetração (80 g-30° e 35 mm de comprimento), que corresponde à penetração de 20 mm (ver Head (1989) e Fernandes (2006)). Na antiga União Soviética, o ensaio de Vasilev era feito com cone de 76 g-30° e definia o LL como o teor de umidade da pasta de solo que permite uma penetração de 10 mm.

É interessante assinalar que diversos autores têm procurado estabelecer correlações estatísticas entre o LL e o *fineness number* ou têm se preocupado em fixar o valor da penetração de um dado cone, de forma a permitir dizer se uma pasta está no LL, determinado no aparelho de Casagrande.

Apesar de a intenção ser válida, ou seja, preservar a experiência acumulada com o uso do aparelho de Casagrande, tais correlações devem variar muito em função do tipo de solo, pela mesma razão que levou à procura de um processo alternativo para a determinação do LL, por meio da medida da resistência estática, e não da dinâmica. Pois, como se disse anteriormente, solos distintos reagem diferentemente ao *shaking test*. Em outras palavras, os ensaios do cone e do aparelho de Casagrande devem ser tratados como ensaios de caracterização distintos, tal como fizeram os escandinavos.

A seção "Limites de liquidez e *fineness number* obtidos com um só ponto" (p. 143) faz um paralelo entre o *fineness number* e o LL no que se refere, como o próprio título indica, à sua determinação com um só ponto.

5.9.3 A determinação do *IP* por meio do ensaio do cone de penetração

Se forem executadas duas séries de ensaios com cones de penetração de pesos Q_1 e Q_2, o resultado será, substituindo-se a Eq. 5.21 na Eq. 5.17B:

$$LL - h_1 = \frac{C_c}{\delta/\gamma_o} \cdot \log \frac{K \cdot Q_1}{H^2 \cdot s_{LL}} \qquad (5.22A)$$

$$LL - h_2 = \frac{C_c}{\delta/\gamma_o} \cdot \log \frac{K \cdot Q_2}{H^2 \cdot s_{LL}} \qquad (5.22B)$$

para cada série, respectivamente. Subtraindo-se uma da outra:

$$\Delta h = h_1 - h_2 = \frac{C_c}{\delta/\gamma_o} \cdot \log \frac{Q_2}{Q_1} = \text{constante} \qquad (5.23)$$

isto é, um gráfico do teor de umidade em função do logaritmo da penetração (H) irá dispor de duas retas paralelas, distantes entre si de Δh, medido no eixo das ordenadas (ver a Fig. 5.16).

Por outro lado, combinando-se as Eqs. 5.19 e 5.23:

$$IP = LL - LP = \frac{C_c}{\delta/\gamma_o} \cdot \log \frac{s_{LP}}{s_{LL}} = 2\frac{C_c}{\delta/\gamma_o} \qquad (5.24)$$

desde que se admita uma relação de 1:100 entre as resistências ao cisalhamento no LL e no LP, respectivamente. Combinando-se esta última expressão com a Eq. 5.23:

$$IP = \frac{2\Delta h}{\log\left(\frac{Q_1}{Q_2}\right)} \qquad (5.25)$$

fórmula obtida por Wroth e Wood (1978) e que possibilita a determinação do *IP* por meio do cone de penetração. A sua aplicação à argila de Cambridge Gault, com a utilização de cones com pesos numa relação $Q_1/Q_2 = 3$, conduziu a um *IP* = 52%, enquanto o método convencional levou a um *IP* = 54%.

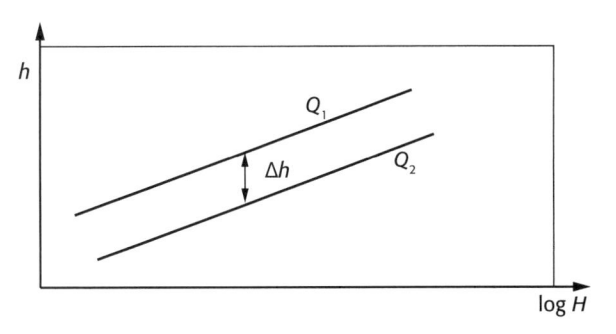

Fig. 5.16 *Determinação do IP – ensaio do cone de penetração*

5.10 Os limites de Atterberg e os solos tropicais

Existe um consenso de que o Sistema Unificado de Classificação dos Solos não se aplica aos solos tropicais porque seus argilominerais não seriam estáveis, como ocorreria em clima temperado, e, portanto, nem a granulometria, nem a plasticidade poderiam ser determinadas sem ambiguidades. O LL indicaria solos anômalos, ou com alguma peculiaridade, nos casos em que sofresse acentuada influência de pré-tratamentos.

O assunto envolve alguma polêmica. Por exemplo, alguns projetistas especificam a execução de ensaios granulométricos de forma a reduzir a quebra dos grãos na fase de homogeneização, assim como evitar ou reduzir a um mínimo a intensidade do destorroamento. A lavagem do material é feita com jato fraco de água. De outro lado, Vargas (1977) preconiza exatamente o contrário: realizar a homogeneização completa, quebrando a estrutura da amostra, para que nos ensaios revelem-se as características naturais dos solos.

No que se refere aos limites de Atterberg, serão abordados, a seguir, três aspectos: a) tratamento que se dá à amostra; b) tempo de mistura (homogeneização) da pasta de solo; e c) atividade. Sempre que possível, serão feitas comparações com solos de clima temperado.

a. *Tratamento prévio na amostra*

Os solos tropicais podem estar laterizados em maior ou menor grau, com a consequente cimentação das suas partículas por óxidos de Fe e Al. Outras vezes, podem encontrar-se ainda em processo de intemperização. Serão apresentados dois casos, um africano e outro brasileiro.

Solos lateríticos, quando secos em estufa ou ao ar, podem formar agregações (*clusters*) difíceis de serem separadas. É o que deve ter ocorrido com a argila de Sasumua, segundo Wesley (1974). Divergindo de Terzaghi, que considerava a formação dos *clusters* como um processo natural na argila de Sasumua, esse autor mostrou que os *clusters* resultaram da secagem do solo ao ar. Sobre esse efeito em solos de origem vulcânica, ver Fourie (1997).

O saprolito de basalto de Nova Avanhandava é um exemplo de um solo ainda em processo de intemperização: após destorroamento, a amostra revelou fração de finos (% < #200) entre 60% e 80%; sem destorroar, essa cifra caiu para zero.

b. *Tempo de mistura*

O tempo de mistura ou de homogeneização tem se mostrado importante, como os dois exemplos, um africano e outro brasileiro, demonstrarão a seguir.

▶ Ensaios conduzidos por Little (1969) em argila do Quênia revelaram os resultados mostrados na Tab. 5.5 e na Fig. 5.17.

▶ Trabalhando com solos brasileiros, Ignatius (1989) propôs usar o LL e o LP, determinados em duas condições, a saber, sem dispersão e após 60 minutos de dispersão, para medir a agregação em solos lateríticos brasileiros.

Outros exemplos do efeito do tempo e da forma de mistura podem ser encontrados em Fourie (1997), que faz coro com outros autores quanto à causa do fenômeno: quebra das cimentações

Tab. 5.5 O *LL* e o tempo de mistura

Tempo de mistura	LL
Manual: 10 minutos	60
Manual: 3 horas	85
Mecânica	100

entre partículas ou agregações (*clusters*) do solo.

c. *Atividade*

A atividade de solos saprolíticos brasileiros é baixa em virtude da preponderância da caulinita. No entanto, podem ser maiores se contiverem mica ou montmorillonita. Nesse aspecto, é interessante trazer à baila resultados de ensaios conduzidos por Lumb (1962) em solo residual de granito de Hong Kong. Esse autor mediu A = 0,93 para o solo no seu estado natural. Repetindo os ensaios só na fração argila, encontrou A = 0,27 (Fig. 5.18). A explicação é a presença de mica na fração siltosa do solo residual: com seu formato lamelar, imprime uma maior plasticidade ao solo.

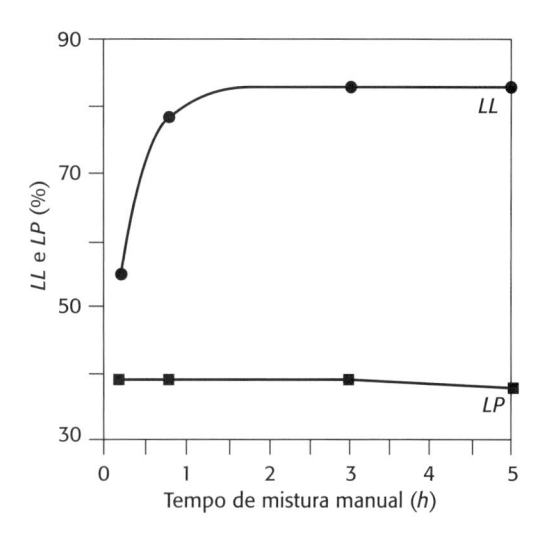

Fig. 5.17 *O LL e o tempo de mistura*

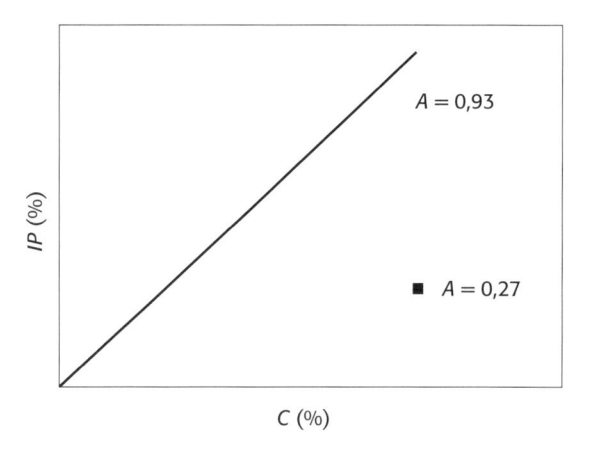

Fig. 5.18 *Influência da mica na atividade*

Parte experimental

Parte A

a) Estimar o LL e o LP do solo fornecido.
b) Realizar os ensaios do LL e do LP.
c) Classificar o solo pelo Sistema Unificado de Classificação dos Solos e compará-lo com a classificação tátil-visual usando os testes manuais descrito no Cap. 2.
d) Calcular o índice de consistência da amostra.

Parte B

a) Fazer um ensaio de compressão simples da amostra.
b) Comparar o índice de consistência, com base nos limites e umidade natural, com a consistência definida pela compressão simples.
c) Determinar o índice de atividade da amostra.

Moldagem do corpo de prova

*Realização do ensaio de
compressão simples*

Exercícios complementares

1) Classificação dos solos

a) Apresentam-se abaixo características de seis solos. Classificá-los de acordo com o Sistema de Classificação Rodoviário e o Sistema Unificado de Classificação dos Solos. Comparar os dois sistemas de classificação. Sobre o segundo sistema citado, ver Vargas (1977), Kalinski (2006) ou Fernandes (2006). Sobre o Sistema Rodoviário, pode-se consultar Yoder (1975), Vargas (1977) ou Senço (1997).

Diâmetro dos grãos (mm)	Porcentagem inferior ao diâmetro					
	Solo A	Solo B	Solo C	Solo D	Solo E	Solo F
25	100					
9,5	85	100				
4,8	66	96	100			
2,0	40	83	99		100	100
0,84	16	65	97		99	99
0,42	0	45	88	100	98	98
0,15		22	40	60	92	95
0,075		10	20	42	88	93
0,04			17	37	84	89
0,02			16	35	79	84
0,01			15	33	74	80
0,005			13	32	70	77
0,002			12	32	64	74
LL	NP	NP	22	28	85	80
IP			2	10	38	35
NP: não plástico.						

b) Considerando que os solos C e D representam os contornos de uma faixa de variação das curvas granulométricas de solo arenoso fino do interior do Estado de São Paulo, conforme dados apresentados por Nogami e colaboradores (Utiyama et al., 1977, p. 15), comentar a classificação pelo Sistema Rodoviário perante o comportamento real desses solos.

c) Os solos E e F correspondem a amostras típicas das argilas vermelhas do Espigão da Paulista. O solo F é representativo das argilas porosas vermelhas (superficial), e o solo E, das argilas rijas vermelhas. O que se pode dizer sobre o Sistema Unificado de Classificação dos Solos e as propriedades de engenharia desses solos? Consultar, por exemplo, Massad (1985a).

Solução:

Com base nos dados do problema, foram traçadas as curvas granulométricas.

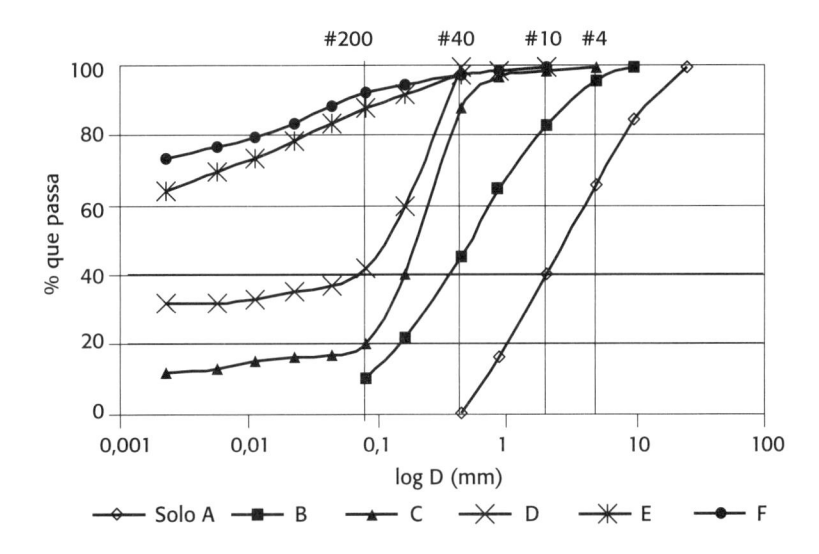

a.
- Sistema Rodoviário

    Consultando-se o livro de Senço (1997), chega-se ao seguinte resultado:

Solo	IG	Símbolo	Descrição
A	0	A-1-a (0)	Pedregulho
B	0	A-1-b (0)	Areia grossa e fina com pedregulhos
C	0	A-2-4 (0)	Areia fina siltosa
D	1,4	A-4 (1,4)	Silte com areia fina
E	20	A-7-5 (20)	Argila com areia fina
F	20	A-7-5 (20)	Argila com areia fina

IG: índice de grupo (da classificação pelo Sistema Rodoviário).

▶ Sistema Unificado de Classificação dos Solos
Carta de plasticidade de Casagrande:

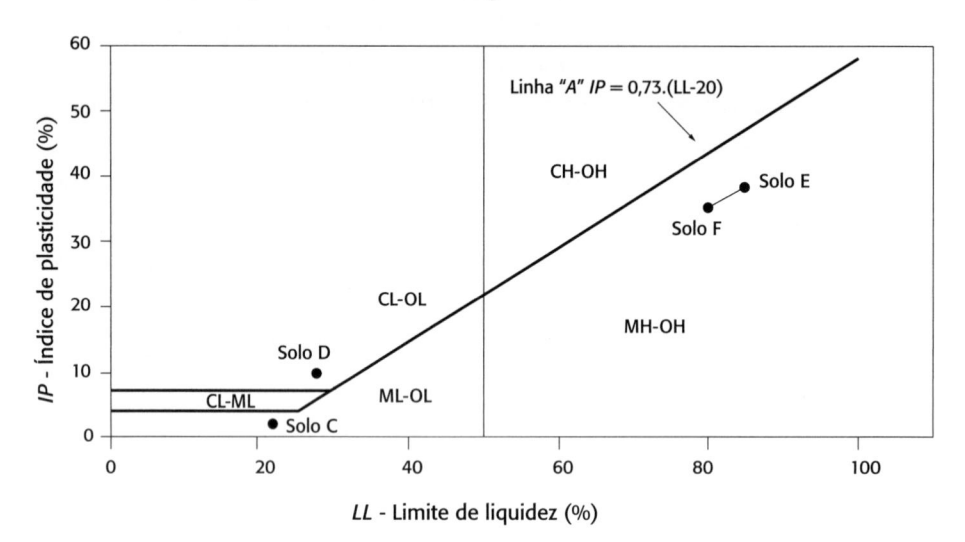

Uma apresentação bem didática e direta desse sistema encontra-se em Fernandes (2006, p. 64), que leva ao seguinte resultado:

Solo	Símbolo	Descrição
A	SW	Areia média e grossa com pedregulhos
B	SW (SC ou SM)	Areia média e fina
C	SM	Areia fina siltosa
D	SC	Areia fina argilosa
E	MH	Silte inorgânico
F	MH	Silte inorgânico

Na definição da graduação dos solos A e B foram empregados os coeficientes de uniformidade (C_u) e de curvatura (C_c), definidos respectivamente por:

$$C_u = \frac{D_{60}}{D_{10}} \quad \text{e} \quad C_c = \frac{D_{30}^2}{D_{10} \cdot D_{60}}$$

O solo é considerado bem graduado (W) se $C_u > 6$ e $1 < C_c < 3$.

b. Os solos arenosos finos (como o C e o D), quando empregados como bases de pavimentos, recebem das classificações os seguintes atributos/características:

Solo	Uso como base	CBR
SP	Pobre	15-25
SM	Pobre a inadequado	20-40
SC	Inadequado	10-20
CBR: California Bearing Ratio (Índice de Suporte Califórnia).		

No entanto, pelo trabalho de Nogami e colaboradores (Utiyama et al., 1977), o CBR atinge 80%, às vezes 100%. São excelentes para bases.

c. Os solos E e F correspondem às argilas vermelhas do Espigão da Paulista. Ambos são classificados como MH pelo Sistema Unificado de Classificação dos Solos. No entanto, trata-se de solos argilosos (argilas arenosas) com propriedades totalmente diferentes entre si. Enquanto o solo F é poroso, muito permeável, compressível e colapsível, o solo E é rijo a duro, com elevada pressão de pré-adensamento. O solo F não suporta a pressão das fundações de edifícios de um a dois pavimentos, ao passo que o solo E pode receber cargas altas de tubulões.

Nota: as duas classificações utilizadas são basicamente equivalentes. Diferenciam os solos pela textura (granulometria) e plasticidade e diferem entre si em alguns detalhes, de importância secundária.

2) Misturou-se uma argila com areia fina em diversas proporções, tendo-se obtido os seguintes valores dos limites de Atterberg:

Mistura	% de argila	% de areia	LL	LP
1	25	75	31	20
2	50	50	54	18
3	75	25	85	24
4	100	0	121	29

A fração argila (% < 2μ) da argila era de 55%.

a) Que conclusões podem ser extraídas do gráfico de IP em função da % < 2μ das diversas misturas?
b) Qual é o índice de atividade de cada uma delas?
c) Qual é o valor do LL da fração argila da argila?
d) Qual é o LP da fração argila?
e) Lançar os pontos relativos a cada mistura na carta de plasticidade e fazer os comentários que julgar cabíveis.
f) Quais seriam os valores do LP e do LL para uma mistura de 60% de argila e 40% de areia?

Solução:

Notar, inicialmente, que C = (teor de argila da "argila" = 55%) × (% de argila da mistura).

Mistura	% de argila	C (%)	IP
1	25	13,8	11
2	50	27,5	36
3	75	41,3	61
4	100	55,0	92

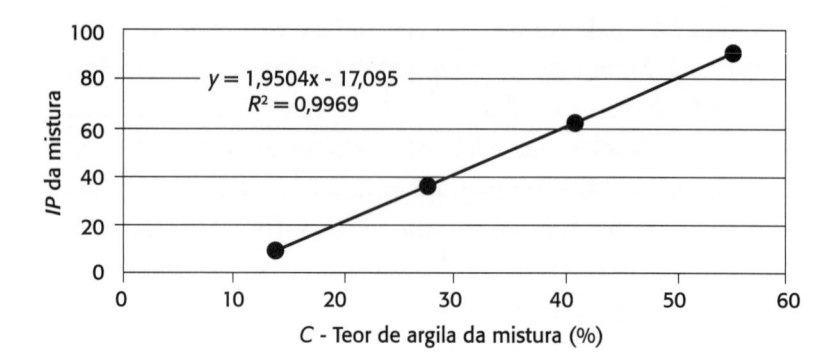

a. Os pontos estão alinhados no gráfico IP × C, denotando solos com os mesmos argilominerais, o que é óbvio: a "argila" é uma só.
b. A atividade (A) é a inclinação da reta, cuja equação pode ser escrita da seguinte forma:

$$IP = 1,95(C - 8,8)$$

Logo, A = 1,95, o que significa que vale o conceito de atividade revisto por Seed, Woodward e Lundgren (1964b).

c. Para $C \geq 10\%$ $LL_a = \dfrac{LL}{C}$ (Eq. 5.7)
Portanto, em média, tem-se: $LL_a = 211\%$.

C	LL	LL_a
13,8	31	225
27,5	54	196
41,3	85	206
55,0	121	220

d. Para $C \geq 40\%$ $LP_a = \dfrac{LP}{C}$ (Eq. 5.10)
Portanto, em média, tem-se: $LP_a = 55\%$.

C	LP	LP_a
13,8	20	-
27,5	18	-
41,3	24	58
55,0	29	53

e. No gráfico da plasticidade os pontos se alinham, indicando mesma origem geológica.
f. Mistura com 60% de argila e 40% de areia:

$$C = 0,6 \times 0,55 = 0,33 \text{ ou } 33\%$$

$$C > 10\% \therefore LL = 0,33 \times LL_a = 0,33 \times 211 \cong 70\%$$

$$10 < C < 40\% \therefore \frac{IP}{C-8,8} = 1,95 \text{ (ver correlação já indicada)}$$

$$\therefore IP = 47\% \quad \therefore LP = 23\%$$

3) Com a realização de ensaios de limites de liquidez em três amostras de solos diferentes, obtiveram-se os seguintes resultados:

Solo A		Solo B		Solo C	
N	h (%)	N	h (%)	N	h (%)
15	31,5	14	49,4	18	46,2
18	30,5	21	47,4	26	36,1
20	29,8	24	46,6	35	28,6
23	29,5	27	44,9	45	17,5
30	27,5	30	44,1	54	12,8

em que N é o número de golpes do ensaio de Casagrande e h é o teor de umidade da pasta de solo.
a) Determinar o LL de cada solo.
b) Aplicar as fórmulas do Bureau of Public Roads (BPR) e do Waterways Experiment Station (WES) para a determinação do LL com um só ponto e comentar os resultados obtidos.

Solução:
Aplicando diretamente as fórmulas do BPR (Eq. 5.14) e do WES (Eq. 5.15):

	Solo A				Solo B				Solo C		
N	h (%)	LL (BPR)	LL (WES)	N	h (%)	LL (BPR)	LL (WES)	N	h (%)	LL (BPR)	LL (WES)
15	31,5	29,5	27,8	14	49,4	45,9	42,8	18	46,2	44,3	42,6
18	30,5	29,3	28,1	21	47,4	46,4	45,4	26	36,1	36,3	36,5
20	29,8	29,0	28,2	24	46,6	46,4	46,1	35	28,6	29,9	31,2
23	29,5	29,2	28,9	27	44,9	45,4	45,8	45	17,5	19,0	20,4
30	27,5	28,2	28,8	30	44,1	45,2	46,2	54	12,8	14,2	15,6
Média		29,0	28,4	Média		45,8	45,3	Média		-	-
LL (do ensaio)		28,7		LL (do ensaio)		45,7		LL (do ensaio)		36,9	

Notar que o solo C fugiu totalmente das previsões. Ou é um solo com comportamento anômalo (a pesquisar) ou se trata de erros no ensaio de LL (a investigar).

Questões para pensar

▶ Descrever o conceito físico (não o matemático) de atividade de um solo.
▶ Um solo argiloso com 50% de argila apresenta atividade de 2. Qual o valor do índice de plasticidade da fração argila desse solo? Por quê?

- O que se espera dos pontos de IP desenhados em função do LL de misturas de uma argila com areia em várias proporções?
- Faz diferença se essa argila for uma montmorillonita ou uma caulinita?
- Como você prepararia uma amostra de argila com areia fina e média sem secagem prévia para a determinação dos limites de Atterberg?
- Como se podem inferir, do resultado do ensaio de compressão simples, indicações quanto à consistência do solo ensaiado? Como o resultado se relaciona com o índice de consistência?

Saiba mais
Classificação universal dos solos – uma pseudoquestão?

i. As limitações dos sistemas de classificação "universais", segundo Casagrande (1939)

Casagrande (1939), ao escrever sobre as aplicações práticas dos limites de Atterberg, num texto apaixonado e vibrante, resvalando mesmo a contradição, dizia, dirigindo-se a seus alunos: "[...] o iniciante deve ser avisado para não tentar ler relações empíricas definitivas demais de tal gráfico (gráfico de plasticidade)" (Casagrande, 1939, p. 57, tradução do autor. No original: "[...] *the beginner should be warned not to attempt to read too many definite empirical relationships from such a chart (plasticity chart)*"). E, mais adiante:

> [...] mesmo que passem dez anos de contínuos ensaios em solos, oriundos de diversas fontes, tal como ocorreu repetidamente no passado, essas relações provavelmente serão enterradas sob uma massa de observações contraditórias. (Casagrande, 1939, p. 57, tradução do autor. No original: "[...] *let ten years of continuous soil testing experience on soils, from widely different sources accumulate and as has happened repeatedly in the past, these relationships will probably be buried under a mass of contradictory observations*").

Palavras que atestam a separação entre o autor e a sua obra, no caso, o Sistema Unificado de Classificação dos Solos, que, novamente, como ocorre em outros campos da atividade humana, ganhou vida própria, solidificou-se numa massa de pseudoconhecimentos.

No entanto, Casagrande enfatizou, no mesmo texto, a necessidade de identificar os solos tátil-visualmente, por meio da inspeção tanto do solo indeformado quanto do remoldado, comparar a sua plasticidade com a de outros solos por meio da posição relativa na carta de plasticidade. "Com base nisso, propriedades pertinentes do solo podem ser associadas" (Casagrande, 1939, p. 57, tradução do autor. No original: "*On this basis, pertinent soil properties can be associated*").

O velho mestre estava preocupado com o uso adequado da "experiência dos outros", a grande massa de informações práticas acumuladas ao longo dos anos, e sugeria o que virou prática corrente: publicar, em trabalhos técnicos, as cartas de plasticidade juntamente com os resultados de ensaios mais elaborados, executados em amostras indeformadas, ao lado de perfis de subsolos, e, na medida do possível, deixar registros detalhados dos casos examinados e solucionados.

E, sobre as classificações, arrematava: "É provável que, da maioria dos ensaios de classificação propostos, esses limites são os únicos destinados a permanecer" (Casagrande, 1939, p. 57, tradução do autor. No original: "*It is probable that among the great many general classification tests which have been proposed, these limits are the only ones that are destined to survive*").

Não bastassem essas considerações, para mostrar que o criador de um dos sistemas de classificação mais difundidos relativizou-as, lembra-se de que num trabalho clássico Casagrande (1948) ponderava sobre as vantagens de um engenheiro conhecer mais de um sistema de classificação. Entre elas, incluía: "[...] [esse sistema] fornece ferramentas com as quais o engenheiro pode criar, se necessário, uma nova classificação para suas necessidades de aplicação de Mecânica dos Solos para um problema particular" (Casagrande, 1948, p. 901, tradução do autor. No original: "[...] *it provides tools with which the engineer can fashion, if necessary, a new classification to fit his needs in applying Soil Mechanics to a particular problem*"). E termina dizendo: "Aqueles que realmente entendem de solos podem, e frequentemente o fazem, aplicar Mecânica dos Solos sem nenhuma classificação de solos formalmente aceita" (Casagrande, 1948, p. 901, tradução do autor. No original: "*Those who really understand soils can, and often do, apply Soil Mechanics without any formally accepted soil classification*").

Essa volta às origens explica por que os engenheiros de solos quase sempre foram céticos quanto à validade e aplicação dos sistemas universais de classificação. Preferiram sempre as classificações descritivas dos solos (*descriptive soil classifications*), em que a descrição do solo é feita após inspeção tátil-visual, com o uso de termos designativos mais ou menos aceitos pelo meio técnico, mesmo com os riscos de falta de uniformidade e ambiguidade. São as classificações feitas, por exemplo, nas bocas dos furos de sondagens.

Porque para o engenheiro de solos interessa, em primeiro lugar, saber se se trata de uma areia ou argila, talvez a mais importante distinção entre solos. Outra diferenciação, em ordem de importância, refere-se às características de expansão (*dilatancy*) ou contração (*contraction*), que tanto os solos arenosos como os argilosos apresentam em certas condições.

ii. Classificação descritiva dos solos
Casagrande (1948) recomendou descrever um solo em detalhes, com base em cuidadosa inspeção tátil-visual, usando nomes comumente aceitos pelo

meio técnico, sem recorrer a nenhum sistema rígido. É o mais antigo tipo de classificação, usado, como já foi dito, nas bocas dos furos de sondagens.

É fato que existem problemas quanto à falta de homogeneidade e certa ambiguidade quanto à terminologia. A ênfase maior deve residir na descrição verbal, a mais completa possível, das características pertinentes do solo no seu estado natural, indeformado e remoldado.

Para Cooling, Skempton e Glossop (1948), o problema de toda classificação é a grande variedade tanto dos solos quanto dos problemas de engenharia. Por isso, propuseram adotar uma classificação geral (*original framework*) e expandi-la em função da diversidade. Seria feita nos moldes das classificações descritivas dos solos de Casagrande, levando-se em consideração duas características essenciais: textura e plasticidade, de um lado, e resistência e feições estruturais do solo natural, de outro. Essa classificação pode ser encontrada em Head (1989, p. 2).

Wesley e Irfan (1997) propuseram um sistema de classificação de solos residuais baseado em duas características distintivas: i) a composição do solo, incluindo o tamanho das partículas, sua forma e, em particular, a composição mineralógica dos finos; e ii) a estrutura, seja ela: a) visível a olho nu, como as descontinuidades, fissuras, macroporos e outras estruturas reliquiares; ou b) invisível, como a microestrutura (*fabric*), partículas cimentadas ou agregadas (*clusters*), microporos etc. O arcabouço é construído dividindo os solos em três grandes grupos em função da composição mineralógica. Um aspecto interessante da proposta desses autores é que advogam o uso do Sistema Unificado de Classificação dos Solos na identificação dos "prováveis" argilominerais, via carta de plasticidade. A composição mineralógica seria dada junto com esse sistema de classificação.

iii. Classificações específicas dos solos utilizadas por alguns autores brasileiros

Quando se trata de obras de engenharia em áreas restritas, em que os solos envolvidos são em número limitado quanto à sua origem geológica, o mais relevante é conhecer as características e propriedades dos solos, sua "identidade", não importando colocá-los necessariamente dentro de um sistema universal de classificação. Nesses casos, é possível até inventar uma classificação apropriada para aquele sítio ou problema específico e ensaiar exaustivamente amostras típicas de cada grupo.

Situações como essa já ocorreram muitas vezes entre nós. Serão citados, a título de ilustração, três casos.

▶ O emprego da densidade seca máxima do ensaio de compactação

Para a construção da barragem de Ilha Solteira, São Paulo, os solos de empréstimo, de origem coluvionar, apresentavam-se com características muito variáveis, seja em sua constituição granulométrica, seja em seu comportamento mecânico. Em vista disso, os solos foram classificados em grupos utilizando-se, como diferenciador, a densidade seca máxima do ensaio de Proctor normal, de fácil obtenção, mesmo porque era determinada frequentemente na obra. Pinto, Nakao e Mori (1970) apresentam mais detalhes dessa classificação, bem como resultados de ensaios mecânicos feitos em amostras típicas de cada um dos quatro grupos em que os solos das jazidas foram classificados, como mostra a Tab. 5.6.

Tab. 5.6 Barragem de Ilha Solteira

Grupo	Densidade seca máxima (kN/m³)
I	≥ 18
II	16,75-18,00
III	15,50-16,75
IV	≤ 15,50

▶ O uso da resistência à compressão simples

No caso do Canal de Pereira Barreto, situado a noroeste do Estado de São Paulo, que interliga os reservatórios das barragens de Ilha Solteira e Três Irmãos, foi desenvolvida uma classificação dos solos saprolíticos e dos arenitos com base na resistência à compressão simples. Em cada grupo foram definidas envoltórias de resistência e módulos de deformabilidade médios para uso em projeto.

A passagem dos solos saprolíticos para a rocha matriz era gradual, de forma que a classificação abrangeu tanto os solos quanto as "camadas" de arenito, que se apresentavam com aspecto homogêneo, sem fraturas. Sobre o assunto, ver Kaji, Vasconcelos e Guedes (1981) e Koshima (1982).

Conforme Silva (1969) e Kaji, Vasconcelos e Guedes (1981), a classificação dos solos e rochas brandas para a construção do Canal de Pereira Barreto foi feita da forma indicada na Tab. 5.7.

Tab. 5.7 Canal de Pereira Barreto

Material	Resistência à compressão simples (kPa)
Solo coluvionar e solo residual	400
Solo de arenito B1	400 a 1.200
Arenito B2	1.200 a 3.600
Arenito B3	3.600

É interessante destacar os seguintes pontos, constatados durante a construção do canal: a) a passagem dos solos saprolíticos para a rocha era gradual, de forma que a classificação abrangeu tanto os solos quanto a rocha (arenito); b) o impenetrável à percussão situava-se na passagem do solo saprolítico ao arenito B1; e c) o topo rochoso foi associado à interface dos arenitos B1 e B2.

▶ Classificações baseadas em descrições qualitativas

O problema da variabilidade de solos saprolíticos e materiais de transição é tão ou mais importante do que os ensaios qualitativos.

Em obras que envolvem escavações, há que se levar em conta, além da variabilidade dos materiais, a definição das ferramentas de corte e as consequências de percolação na estabilidade dos cortes (Massad, 2005a). No caso do metrô de Baltimore (ver Peck, 1981), Estados Unidos, tomado como exemplo, os solos foram divididos em quatro grupos, por inspeção *in situ*, interpretação e descrição verbal.

Outro exemplo refere-se à classificação dos saprolitos de basalto feita para obras da Eletrosul-Copel. A separação dos solos era realizada tátil-visualmente em função do grau de intemperismo. Em seguida procedia-se à expansão desse "arcabouço" para se obter a classificação como material de construção de aterros.

iv. As classificações geológicas ou genéticas dos solos

Nos sistemas de classificação "universais", a classificação geológica dos solos serve mais como um complemento ou apêndice: "Elas são uma parte útil e às vezes necessária de uma classificação abrangente do solo [...]" (Casagrande, 1948, p. 909, tradução do autor. No original: "*They are a useful and sometimes necessary part of a comprehensive soil classification* [...]"). Assim, por exemplo, depois de classificar o solo num dado sistema, agregam-se palavras como: solo residual, aluviões orgânicos ou sedimentos marinhos.

A tendência atual é de inversão de posições: elas são agora parte essencial das classificações ou mesmo as próprias classificações dos solos.

Dentro de cada unidade genética a questão é agrupar os solos por meio do conhecimento de características que dependem da história geológica. Por exemplo, para solos de decomposição de rochas, uma dessas características é a existência de estruturas reliquiares, herdadas da rocha-mãe. Para argilas marinhas com história complexa, com dois ciclos de sedimentação entremeados por processos erosivos, como foi o caso da Baixada Santista, a característica pode ser a resistência não drenada, o SPT ou simplesmente o índice de vazios.

As classificações genéticas foram objeto do Cap. 1.

v. A procura de índices (ou indicadores) para diferenciar os solos

Em seu relato geral do tema 1 ("Propriedades dos solos à luz de sua gênese: uma reflexão crítica sobre alguns aspectos da experiência brasileira"), apresentado no VIII Cobramseg, Massad (1986) propôs classificações específicas, construídas nos moldes das classificações descritivas dos solos, com base em: a) identificação tátil-visual, de cunho geotécnico; b) conhecimento sobre a origem geológica; e c) escolha de um ou mais indicadores ou diferenciadores resultantes de estudos que levem em conta a gênese do solo.

▶ Solos lateríticos oriundos da decomposição de basalto

Lohnes e Demirel (1973) e Tuncer e Lohnes (1977) estudaram amostras do Havaí de solos lateríticos oriundos da decomposição de basalto. O relevo dos locais estudados apresentava taludes suaves e as precipitações pluviométricas eram bem diversificadas, variando de 57 mm/ano a 381 mm/ano.

As classificações tradicionais, com base nos limites de Atterberg e na granulometria, não mostraram tendências definidas de variação nem com a intensidade de chuvas, nem com as propriedades de engenharia.

Após intensa pesquisa, esses autores propuseram um modelo relacionando a estrutura, a mineralogia e as propriedades de engenharia com o grau de intemperismo e embasado nas seguintes constatações:

a. a densidade dos grãos variava de 29 kN/m³ a 34 kN/m³ e o índice de vazio, de 1,1 a 1,9. Esses índices físicos tendiam a crescer com a intensidade de chuvas;

b. havia também uma relação entre a composição mineralógica e o grau de intemperismo (intensidade de chuvas). Enquanto os teores de sesquióxidos e de gibsita cresciam com a intensidade de chuvas, o de caulinita decrescia e o de óxido de ferro não variava; e

c. do ponto de vista da macroestrutura, quanto mais intemperizado o solo, maiores eram os agregados de partículas e os poros.

Um dos objetivos de uma classificação dos solos é estabelecer relações entre índices facilmente mensuráveis e suas propriedades de engenharia. Por isso, esses autores propuseram, com sucesso, o índice de vazios e a densidade dos grãos como tais índices diferenciadores dos solos.

▶ Solos saprolíticos de gnaisse

Sandroni (1981), ao relatar os resultados dos estudos desenvolvidos na PUC-RJ, de 1968 a 1980, sobre solos saprolíticos de gnaisse, faz também menção à relação entre índice de vazios e grau de intemperismo. Em áreas restritas e com mineralogias semelhantes, foram constatadas evidências de que as propriedades de engenharia correlacionam-se com o índice de vazios. Os solos ensaiados, classificados como areias siltosas, alguns não plásticos, eram bastante diferenciados quanto à cor, à macroestrutura e à mineralogia da sua fração grossa. Nas palavras de Sandroni (1981, p. 32):

> [...] muito cedo, as pesquisas direcionaram-se na procura de formas adicionais de descrição que, mantendo a necessária simplicidade, complementassem os parâmetros convencionais de classificação (granulometria e plasticidade). Assim, passou-se a estudar a mineralogia e a micromorfologia.

▶ Solos lateríticos da cidade de São Paulo

Tentativa nesse sentido foi feita para os solos lateríticos que ocorrem nas partes mais altas da cidade de São Paulo. Trata-se das argilas porosas vermelhas e das argilas rijas vermelhas, que formam duas camadas sequenciais com mesmas características de identificação e classificação (textura e plasticidade), mas que apresentam propriedades de engenharia totalmente diferentes. Massad (1985a) mostrou que existem indícios de caráter pedogenético e geotécnico de que essas duas camadas formaram-se em épocas distintas, tendo a mais superficial sido submetida a um intemperismo mais intenso, donde os índices de vazios mais elevados. O índice de vazios serviu não só para fins de diferenciação como também para propósitos de correlações com propriedades de engenharia, como, aliás, ocorreu com os solos de decomposição de basalto do Havaí e de Porto Rico, citados anteriormente.

▶ As argilas quaternárias da Baixada Santista

Com base em conhecimentos sobre a gênese dos sedimentos quaternários do Litoral Paulista, foi possível classificar as argilas que lá ocorrem em três grupos: a) as argilas transicionais, formadas no Pleistoceno, em ambiente misto continental-marinho; b) as argilas de sedimentos fluviolacustres e de baías, holocênicas: e c) as argilas de mangues, também holocênicas.

Por razões expostas no Cap. 1, as propriedades de engenharia dessas argilas são muito diferenciadas. Por exemplo, enquanto as argilas transicionais são fortemente sobreadensadas, as argilas de sedimentos fluviolacustres e de baías são levemente sobreadensadas; já as argilas de mangues possuem consistência de vasa.

Os ensaios usuais de caracterização e identificação não permitiram diferenciar essas três unidades genéticas entre si. As curvas granulométricas e os limites de atterberg se superpõem, o que também acontece com a atividade de Skempton, apesar de haver diferenças na composição mineralógica desses sedimentos. Isso se deve, aparentemente, à ocorrência de mais de dois argilominerais nos sedimentos das três unidades genéticas.

O SPT e o índice de vazios, tomados concomitantemente, parecem ser os indicadores mais seguros para a diferenciação desses três tipos de sedimento. Outros possíveis parâmetros diferenciadores são: a pressão de pré-adensamento, de obtenção trabalhosa, e a resistência não drenada (ver Massad (1994, 1999)).

iv. Considerações finais

Como lembrou O'Reilly (1969), os sistemas de classificação, por serem invenções humanas, não devem ser tomados rigidamente. Devem mudar à medida que surgem conhecimentos ou fatos novos.

Ademais, como o engenheiro geotécnico trabalha com uma gama muito diversificada de materiais, visando a múltiplas aplicações, fica difícil imaginar um sistema de classificação universal, válido para todas as situações.

Assim sendo, parece que o caminho a ser trilhado é mesmo o das classificações específicas. Elas têm sido construídas nos moldes das classificações descritivas dos solos, com base em: a) identificação tátil-visual, de cunho geotécnico, dos solos; b) conhecimentos sobre a sua origem geológica; e c) características tais como o índice de vazios, a resistência à compressão simples etc., resultantes, por vezes, dos estudos sobre a sua gênese.

Para encerrar esta seção seria interessante lembrar que o problema da classificação, com seus conflitos, tensões e paixões, existe em outros campos do saber humano. Há pouco tempo um antropólogo dizia que não se deveria ficar classificando certas manifestações culturais como danças, ritos etc., mas descobrir o que elas significam no conjunto de atividades de uma dada comunidade (índios, negros etc.). Interessa menos fazer um fichário das diferenças do que entender o que há de característico nelas, para compreender o comportamento das comunidades de forma global. Interessa mais, portanto, a sua identidade.

Limites de Atterberg e o estado crítico

Com base no modelo *cam-clay* de Roscoe para argilas, válido para solos remoldados, o qual admite elasticidade não linear desses solos quando sujeitos a deformações volumétricas, e numa boa dose de empirismo, Schofield e Wroth (1968) chegaram a deduzir a seguinte expressão para o índice de compressão:

$$C_c = 0,83 \, (LL - 0,09) \tag{5.26A}$$

contra

$$C_c = 0,70 \, (LL - 0,10) \tag{5.26B}$$

obtida estatisticamente por Skempton (1944).

Em linhas gerais, a dedução foi feita:
a. reconhecendo que solos remoldados com teores de umidade correspondentes ao LL e ao LP encontram-se no estado crítico;
b. verificando que as resistências ao cisalhamento nessas duas umidades estão numa relação aproximada de 1:100, conforme dados experimentais de Skempton e Northey (1952);
c. constatando empiricamente que, num diagrama e-log p, as retas virgens cruzam-se num único ponto.

A hipótese, bastante plausível, de que no LL o solo se encontra em estado crítico, isto é, deforma-se sem variação volumétrica, permite que se escreva:

$$e_{LL} - e = C_c \cdot \log \frac{p}{p_{LL}} \tag{5.27}$$

em que e denota índice de vazios e p, a tensão esférica efetiva (média das tensões efetivas principais). Note-se que as tensões totais envolvidas são pequenas, mas existe uma pressão neutra negativa, oriunda da ação das tensões capilares na superfície da pasta de solo, que aumenta à medida que se procura, por exemplo, secar o solo para atingir o LL.

Por outro lado, como a energia despendida num processo de cisalhamento é puramente friccional, tem-se que:

$$q = M \cdot p$$

em que M é uma constante, propriedade intrínseca dos solos, e q é a tensão deviatórica. Daí resulta a seguinte expressão:

$$e_{LL} - e = C_c \cdot \log\left(\frac{q}{q_{LL}}\right) \quad (5.28A)$$

ou

$$LL - h = \frac{C_c}{\delta/\gamma_o} \cdot \log\left(\frac{q}{q_{LL}}\right) \quad (5.28B)$$

Recentemente Wroth e Wood (1978), reconhecendo que num ensaio de compressão triaxial não drenado $q = 2s$ em qualquer ponto da linha do estado crítico, em que s é a resistência não drenada, chegaram à seguinte expressão:

$$LL - h = \frac{C_c}{\delta/\gamma_o} \cdot \log\left(\frac{s}{s_{LL}}\right) \quad (5.28C)$$

A resistência ao cisalhamento no LL, indicada por s_{LL}, varia de 1,3 kPa a 2,4 kPa (13 g/cm² a 24 g/cm²), com um valor médio de 1,7 kPa (17 g/cm²). Segundo esses autores, existe uma relação de 1:100 entre as resistências ao cisalhamento no LL e no LP. Com esse dado, é fácil concluir que:

$$IL = \left(\frac{h - LP}{LL - LP}\right) = -\frac{1}{2} \cdot \log\frac{s}{100\, s_{LL}}$$

em que IL é o índice de liquidez do solo. Wroth e Wood (1978) aplicaram essa expressão a um solo do Mar do Norte, constatando uma boa concordância com a resistência medida. Essa conclusão é surpreendente, pois não se trata de solos remoldados, mas de solos sobreadensados com baixa sensibilidade.

As Eqs. 5.28A-C representam fato conhecido de há muito tempo. Por exemplo, Casagrande (1932) mostrou que o ensaio do limite de liquidez equivale a um ensaio de resistência ao cisalhamento em que cada golpe para fechar a ranhura corresponde a uma resistência de 0,1 kPa (1 g/cm²). Nas palavras desse autor:

> Já que o gráfico semi-log da resistência ao cisalhamento *versus* umidade do solo também se apresenta como uma linha reta não apenas na vizinhança do limite de liquidez, mas também em consistências muito mais rijas, podemos usá-lo como uma evidência adicional para reforçar nossa

crença de que o número de golpes é uma medida relativa da resistência ao cisalhamento de um solo. (Casagrande, 1939, p. 48, tradução do autor. No original: *"Since the semilog plot of shear strength versus water content is also found to be a straight line, not only in the vicinity of liquid limit but also at much stiffer consistencies, we may use this as additional evidence to reinforce our belief that number of blows is a relative measure of the shear strength of a soil"*).

Ademais, a manipulação dos resultados obtidos por Parry (1960) em ensaios de resistência feitos numa argila remoldada e, posteriormente, normalmente adensada em laboratório revela que a inclinação de tal reta é igual a C_c (ver capítulo 21 de Lambe e Whitman (1969)).

Assim, pode-se substituir a Eq. 5.28C por:

$$LL - h = \frac{C_c}{\delta / \gamma_o} \cdot \log \frac{N}{25} \qquad (5.29)$$

não havendo nessa passagem nenhuma "dedução".

Limites de liquidez e *fineness number* obtidos com um só ponto

Massad (1982) mostrou como certo desenvolvimento teórico da Mecânica dos Solos, a saber, o modelo de Roscoe para argilas, faz convergir para um mesmo ponto resultados obtidos em épocas distintas. O pretexto é a obtenção do *LL* com um só ponto de ensaio no aparelho de Casagrande. No entanto, o que se revela são "os pontos de contato" entre os limites de Atterberg, determinados no aparelho de Casagrande, e a resistência ao cisalhamento dos solos remoldados e destes com o *fineness number* (F), medido por meio do cone de penetração, este último objeto da seção 5.9. Uma fórmula que permite a obtenção de F com um só ponto é apresentada, com respaldo em dados experimentais de laboratório.

Apesar de ser uma questão superada em termos práticos, a determinação do *LL* e do *fineness number* por meio de um só ponto conduz à reflexão, pelo menos de quem se dedica ao ensino. Essa atividade leva a percorrer caminhos já trilhados e parar nas mesmas estações como coisa inevitável, tal como afirma o filósofo Hegel (1946) a propósito de aquisição da cultura, que deve ser feita pelo indivíduo, apesar de já ser de posse geral. E, no entanto, como tudo é movimento, resultados obtidos em épocas distintas podem convergir para um mesmo ponto, nos horizontes abertos pelas novas sínteses, como aquela levada a cabo por Roscoe e colaboradores, conforme Schofield e Wroth (1968).

Será mostrado, a seguir, como resultados obtidos na década de 1950, no que se refere à determinação do *LL* com um só ponto, são convergentes com a aplicação do modelo de Roscoe e colaboradores (ver seção "Limites de Atterberg e o estado crítico", p. 141).

i. Limite de liquidez
   ▶ Fórmula do Bureau of Public Roads (BPR)

Cooper e Johnson (1950), trabalhando com solos do Estado de Washington, Estados Unidos, notaram que o índice de fluidez, isto é, a inclinação da reta teor de umidade-logaritmo do número de golpes, crescia uniformemente com o LL, com o que estabeleceram seis retas no diagrama log N-h. O conjunto dessas retas constituía um ábaco apto a fornecer o LL com um ponto apenas do ensaio no aparelho de Casagrande.

Posteriormente, Olmstead e Johnston (1954) confirmaram a sua validade para diversos solos americanos e constataram que as seis retas convergiam para um ponto situado nas proximidades do eixo dos log N. A fórmula geral obtida para a família de retas foi:

$$LL = \frac{h}{1,419 - 0,3 \log N} \quad (5.30)$$

que é uma prova indireta da Eq. 5.29.

De fato, substituindo-se a Eq. 5.26A na Eq. 5.29, ambas da seção "Limites de Atterberg e o estado crítico", e adotando-se para δ o valor de 27 kN/m³, chega-se a:

$$LL = \frac{h - 0,028 \log(N/25)}{1,430 - 0,306 \log N} \quad (5.31A)$$

Como 0,028 log (N/25) varia de –0,6% a 0,4% à medida que N passa de 15 a 35 golpes, tem-se:

$$LL = \frac{h \pm 0,5\%}{1,428 - 0,306 \log N} \quad (5.31B)$$

que se aproxima muito da Eq. 5.30.
Se se tivesse usado a Eq. 5.26B em vez da Eq. 5.26A:

$$LL = \frac{h \pm 0,5\%}{1,362 - 0,26 \log N}$$

Atente-se para o fato de a inclinação da reta teor de umidade-logaritmo do número de golpes, do diagrama utilizado para a determinação do LL, ser uma medida do C_c do solo remoldado. De fato, pela Eq. 5.29, tal inclinação vale $C_c \cdot \gamma_o/\delta$, que pode ser encarada como uma interpretação física do índice de fluidez.

   ▶ Correlação estatística do Waterways Experiment Station (WES)

A sugestão de Casagrande de que num gráfico de log h-log N obtêm-se retas paralelas para solos de mesma origem geológica motivou os estudos conduzidos pelo WES (1949). Foram abrangidos solos americanos de diferentes origens geológicas, num total de 767 ensaios no aparelho de Casagrande, revelando a generalidade de tal asserção, tendo-se chegado à fórmula:

$$LL = h\left(\frac{N}{25}\right)^{0,121} \quad (5.32)$$

que permite a determinação do LL por meio de um só ponto. Ver também Lambe (1951).

No trabalho do WES (1949), foi feita uma análise dos erros envolvidos, tendo-se concluído que, para 95% dos casos abordados, o expoente da fórmula anterior variava no intervalo 0,121 ± 0,065, o que conduz a erros relativos no LL de ±3,3%.

Pode-se mostrar, novamente, uma convergência com a Eq. 5.29. De fato, por meio dessa expressão pode-se deduzir que:

$$IF = \frac{-dh}{d \cdot \log N} = \frac{C_c}{\delta/\gamma_o} \quad (5.33)$$

em que IF é o índice de fluidez, corroborando interpretação física citada anteriormente.

Seja:

$$\alpha = -\frac{d \cdot \log h}{d \cdot \log N}$$

ou diferenciando-se o numerador e tendo em vista as Eqs. 5.33 e 5.26A, tem-se:

$$\alpha = -\frac{dh}{d \cdot \log N} \cdot \frac{1}{h} \cdot 0,434 = \frac{0,434}{h} \cdot \frac{C_c}{\delta/\gamma_o} = 0,134\frac{LL}{h} - \frac{0,012}{h}$$

Ora, h varia nos entornos de LL, sendo que, em geral, LL = h ± 0,10 h, pois se procura manter a umidade da pasta de tal forma que N varie de 14 a 35 golpes. Facilmente se constata que, se num dado universo o LL variar de 30% a 500%, α assumirá valores no intervalo de 0,09 a 0,134; para LL = 70%, tem-se α = 0,12, que se aproxima bastante do expoente da Eq. 5.32.

Em termos práticos, isso significa que α é constante ou que, num gráfico de log h em função de log N, obtêm-se retas paralelas.

Com base na primeira igualdade da última expressão e na Eq. 5.33, tem-se, para o índice de fluidez:

$$IF = \frac{C_c}{\delta/\gamma_o} = \frac{\alpha h}{0,434}$$

donde:

$$IF = \frac{0,12 LL}{0,434} = 0,276 LL \quad (5.34)$$

que foi confirmada experimentalmente por Kézdi (1974).

ii. *Fineness number*

Admitindo-se novamente linearidade entre resistência ao cisalhamento, em escala logarítmica, e o teor de umidade, Eq. 5.28C, pode-se escrever, valendo-se da Eq. 5.21:

$$F - h = \frac{2C_c}{\delta/\gamma_o} \cdot \log\frac{10}{H} \quad (5.35)$$

em que F é o *fineness number*. A escolha dos 10 mm de penetração é acidental, e não invalida a generalidade das conclusões que seguem.

Se existir uma correlação linear entre C_c e F, isto é:

$$C_c = a(F - b) \quad (5.36)$$

então, substituindo-se na Eq. 5.35:

$$F = \frac{h - \frac{2ab}{\delta/\gamma_o} \cdot \log\frac{10}{H}}{1 - \frac{2a}{\delta/\gamma_o} \cdot \log\frac{10}{H}} \quad (5.37)$$

que permite a determinação de F conhecendo-se o valor de uma única penetração H_1 correspondente ao teor de umidade h_1. Outro resultado da análise da Eq. 5.37 é que existe um feixe de retas convergentes para o ponto de coordenadas (H_0, h_0), dadas por:

$$\log \cdot \frac{10}{H_0} = \frac{\delta/\gamma_o}{2a}$$

e

$$h_0 = b$$

Existe, pois, um paralelismo entre a Eq. 5.31A e a Eq. 5.37, a primeira comprovadamente válida para solos de diversas origens geológicas. A generalidade da Eq. 5.37 está na dependência de comprovação experimental da Eq. 5.36, ainda por ser feita.

A seguir, apresentam-se algumas evidências empíricas que comprovam a veracidade de tal paralelismo.

A Fig. 5.19A mostra resultados de ensaios do cone de penetração, com 0,78 N (80 g)-30°, realizados por Chung e Victorio (1978), no Instituto de Pesquisas Tecnológicas (IPT), em amostras de solos obtidos misturando-se areia fina com bentonita industrial, em diversas proporções. No mesmo desenho, apresenta-se um feixe de retas convergentes que se ajusta razoavelmente bem aos pontos experimentais.

No mesmo sentido, a Fig. 5.19B apresenta dados experimentais obtidos por Marinho (1976), trabalhando em Campina Grande (PB). Do total, nove amostras de solos eram naturais e três artificiais (as de números 12, 13 e 14). Constata-se uma notável proximidade entre os pontos de convergência dos feixes de retas, assinalados nas duas figuras.

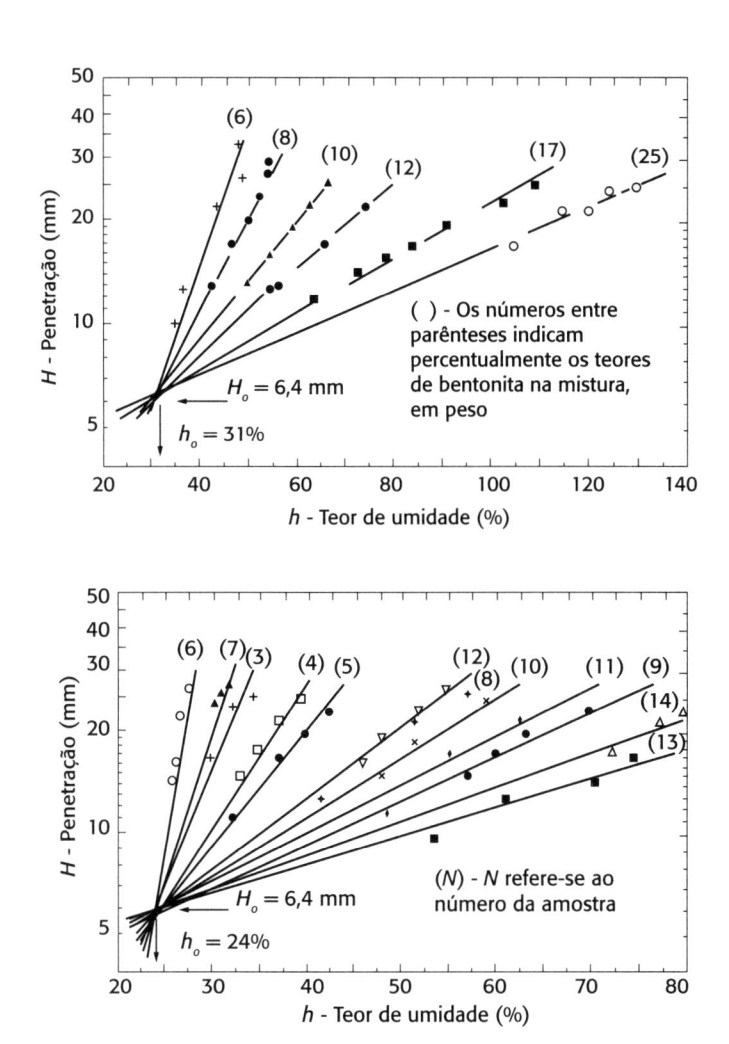

Fig. 5.19 *(A) Resultados do ensaio do cone de penetração; (B) resultados do mesmo tipo de ensaio em Campina Grande (PB)*
Fonte: (A) Chung e Victorio (1978); (B) Marinho (1976).

Caracterização das areias | 6

6.1 Introdução à caracterização das areias

As propriedades de engenharia das areias, vale dizer, a permeabilidade, a deformabilidade e a resistência ao cisalhamento, são função de uma série de características interdependentes:

a. a compacidade ou densidade relativa, definida pela equação:

$$CR = \frac{e_{máx} - e}{e_{máx} - e_{mín}} \tag{6.1}$$

em que $e_{máx}$ e $e_{mín}$ são os índices de vazios máximo e mínimo, respectivamente;
b. a distribuição granulométrica;
c. o tamanho, o formato e a rugosidade da superfície dos grãos;
d. a resistência dos grãos;
e. a presença de água;
f. a composição mineralógica; e
g. a origem geológica.

A interdependência mencionada é patente, por exemplo, na influência da distribuição granulométrica no arranjo estrutural das areias: quanto mais bem graduada uma areia, maior será sua densidade seca máxima. No mesmo sentido, quanto mais angulares e menores os grãos, menor a densidade seca mínima.

6.1.1 Importância relativa das diversas características

Para realçar a importância das características das areias, considere-se a questão da capacidade de carga de fundações rasas, tal como é apresentada pelos códigos de fundações. Por exemplo, o código da cidade de Boston (apud Pinto, 1969a) tomava como critério o tamanho dos grãos, prescrevendo os seguintes valores para a capacidade de carga:

- pedregulho, areia e pedregulho bem graduado   500 kPa
- areia grossa   300 kPa
- areia média   200 kPa
- areia fina   100 kPa a 200 kPa

Por outro lado, o código do Canadá (apud Pinto, 1969a) fixava as pressões admissíveis em função da compacidade das areias, classificando-as em densa, compacta, medianamente compacta e fofa, conforme a sua resistência à penetração do amostrador (SPT), medida em sondagens de simples reconhecimento.

Foi refletindo nessa diversidade, e consciente da posição assumida por Terzaghi de que o tamanho dos grãos não tem influência direta na capacidade de carga, que Pinto (1969a) enveredou por uma investigação do problema através de ensaios em modelo reduzido.

Seus estudos levaram-no à conclusão de que o tamanho dos grãos seria, na realidade, uma indicação indireta da melhor ou pior distribuição granulométrica (as areias grossas são mais bem graduadas do que as areias finas), o que comprovou experimentalmente. Além disso, verificou que há uma tendência de as areias mais grossas ocorrerem em estados de compacidade maiores do que os de areias finas. Numa areia com 80% de grãos grossos e 20% de grãos médios e finos, estes ocuparão os vazios entre aqueles, aumentando o entrosamento e, consequentemente, o ângulo de atrito e a capacidade de carga.

Ademais, concluiu que a compacidade das areias é o fator mais importante na determinação da capacidade de carga em modelo, seguindo-se a distribuição granulométrica e o formato dos grãos. O tamanho dos grãos tem influência bem menor do que estas duas últimas características.

Finalmente, termina sugerindo uma classificação das areias, nos códigos de fundação, em função, única e exclusivamente, da resistência à penetração, deixando-se de lado qualificações quanto à compacidade, pois areias diferentes apresentam diferentes resistências à penetração quando em iguais condições de compacidade (Pinto, 1969a).

6.1.2 Algumas situações práticas em que importa a caracterização precisa das areias

Evidentemente, a caracterização das areias interessa aos códigos de fundação. No entanto, estes têm que ser simples e práticos para servirem a autoridades fiscalizadoras e a construtores, não especializados em engenharia de solos (Pinto, 1969a). Assim, devem ser evitados fatores como a distribuição granulométrica ou o formato dos grãos, priorizando a resistência à penetração.

a. *Permeabilidade das areias*

É sabido que o coeficiente de permeabilidade de solos granulares é influenciado pelo índice de vazios e pelo quadrado de certa dimensão das partículas (ver Cap. 9).

Ora, o índice de vazios é função de uma série de fatores, a começar pela forma como o solo é originado, o que o pode levar a arranjos mais densos ou mais fofos; e, indiretamente, da sua distribuição granulométrica e do formato dos seus grãos. Como se viu anteriormente, uma pequena fração de finos pode permitir um maior entrosamento entre as partículas, com redução dos vazios, o que diminui a permeabilidade.

A influência do tamanho dos grãos é relevante: basta lembrar-se da fórmula de Hazen:

$$k = 100 D_{10}^2 \qquad (6.2A)$$

em que D_{10} é o diâmetro efetivo, em mm, e k está em m/s.

Finalmente, a composição mineralógica tem pouca importância, a não ser que haja ocorrência de mica ou matéria orgânica.

b. *Ângulo de atrito das areias*

O ângulo de atrito (Φ) de uma areia é função da compacidade. No entanto, para a mesma compacidade, areias diferentes apresentam diferentes ângulos de atrito, portanto, diferentes resistências, como dito anteriormente.

Habib (1953) propôs a expressão:

$$\mathrm{tg}\phi = \frac{K}{e} \qquad (6.2B)$$

em que e é o índice de vazios e K é uma constante que resume em si a influência das demais variáveis do solo, podendo oscilar de 0,3 a 0,75, segundo Mello (1956).

A influência das outras características se faz, às vezes, indiretamente, como é o caso da distribuição granulométrica, que, quando é bem graduada, pode propiciar um melhor entrosamento entre grãos, aumentando a compacidade e, portanto, o ângulo de atrito.

Outras interferem diretamente: é o caso, por exemplo, da resistência dos grãos. Como se sabe, a ruptura das areias ocorre normalmente por deslizamento e rolamento dos grãos ao longo de uma superfície, havendo uma dilatação do solo quando é necessário vencer o entrosamento das partículas. No entanto, se a resistência dos grãos for pequena, eles podem sofrer fraturas, sem ocorrer a mencionada dilatação.

Pelo menos para areias uniformes, não há evidências de uma influência significativa do tamanho dos grãos no ângulo de atrito (Pinto, 1969a).

c. *Módulo de cisalhamento ($G_{máx}$)*

O módulo de cisalhamento inicial ou máximo ($G_{máx}$) varia com o índice de vazios e com o nível de tensão aplicado. Depende também e fortemente do formato dos grãos.

Para areias de grãos arredondados e índice de vazios entre 0,3 e 0,8, Richart e Hall (1970) propuseram as seguintes equações:

$$G_{máx} = 6.910 \cdot \frac{(2,17-e)^2}{(1+e)} \cdot \sigma_o^{0,5} \quad \text{se} \quad \sigma_o \geq 96 \,\mathrm{kPa} \qquad (6.2C)$$

$$G_{máx} = 4.800 \cdot \frac{(2,12-e)^2}{(1+e)} \cdot \sigma_o^{0,6} \quad \text{se} \quad \sigma_o \leq 96 \,\mathrm{kPa} \qquad (6.2D)$$

Para areias de grãos angulares e índice de vazios entre 0,6 e 1,3, tem-se:

$$G_{máx} = 3.230 \cdot \frac{(2,97-e)^2}{(1+e)} \cdot \sigma_o^{0,5} \tag{6.2E}$$

Nessas equações, σ_o é a pressão confinante.

6.2 Forças nos contatos grão a grão

6.2.1 Teoria de Terzaghi

É interessante fazer uma pequena digressão sobre as forças que agem nos contatos grão a grão (mineral-mineral) em solos granulares, não só para entender o mecanismo com que se densificam sob o efeito de vibrações como também para uma análise quantitativa da coesão aparente.

Sejam T e N as forças tangencial e normal, respectivamente, atuantes na superfície de contato de dois grãos (Fig. 6.1). Enquanto T não superar a força $T_{máx}$, dada por:

$$T_{máx} = s \cdot A_c \tag{6.3A}$$

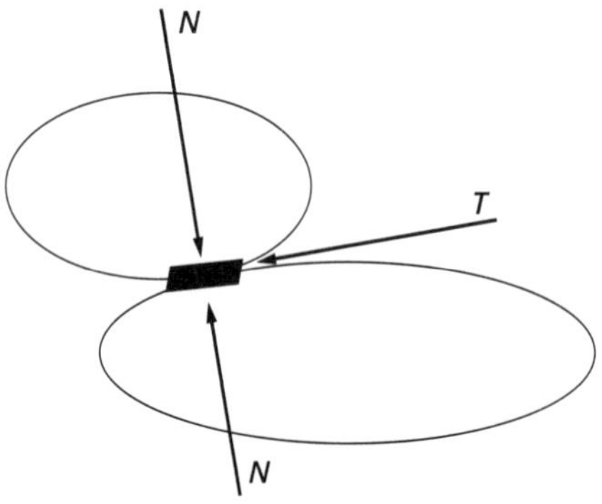

em que s é a resistência ao cisalhamento e A_c, a área de contato, os grãos permanecem em equilíbrio.

Como:

$$A_c = \frac{N}{q_u} \tag{6.3B}$$

em que q_u é a tensão normal que causa a cedência (plastificação) do material do grão, tem-se:

Fig. 6.1 *Forças nos contatos grão a grão*

$$T_{máx} = \frac{s}{q_u} \cdot N = N \cdot tg\phi \tag{6.3C}$$

em que $tg\Phi = s/q_u$ é uma constante. Como s e q_u são características intrínsecas do mineral dos grãos, isso também ocorre com Φ, nos contatos grão a grão, sem considerar o arranjo estrutural.

Vê-se que o atrito efetivo é devido à resistência ao cisalhamento (das ligações atômicas) na área de contato. Ademais, próximo ao contato, ocorrem deformações elásticas (reversíveis), que cessam de existir tão logo se removam as cargas solicitantes, e as ligações atômicas são desfeitas. Como consequência, nesse tipo de contato mineral-mineral, a resistência ao cisalhamento varia linearmente com a tensão normal efetiva, explicação que foi apresentada por Terzaghi (1960). Na realidade, os pontos de contato se fazem não num plano, mas nas asperezas apresentadas pelas superfícies dos grãos. Segundo Lambe e Whitman (1969), Bowden e Tabor (1967), trabalhando ao final da década de 1930, chegaram a conclusão semelhante para uma gama muito ampla de materiais.

6.2.2 Efeito de vibrações na compactação de areias

O efeito das vibrações pode ser compreendido agora, pois elas provocam, por avanços e recuos, reduções na força normal, logo, na área de contato e, consequentemente, em $T_{máx}$ (ver a Eq. 6.3A). Assim, a força T, imposta pelo peso próprio e por sobrecarga, supera $T_{máx}$ e os grãos escorregam, tendendo a um arranjo mais estável e mais denso.

6.2.3 Coesão aparente

A presença de água em baixos teores tem como consequência o surgimento de tensões capilares que aglutinam os grãos de areia, dando-lhes uma coesão aparente.

O desenvolvimento que segue foi extraído de Kézdi (1974). Considerem-se duas esferas de mesmo raio R e uma gota d'água no ponto de contato, conforme ilustrado na Fig. 6.2.

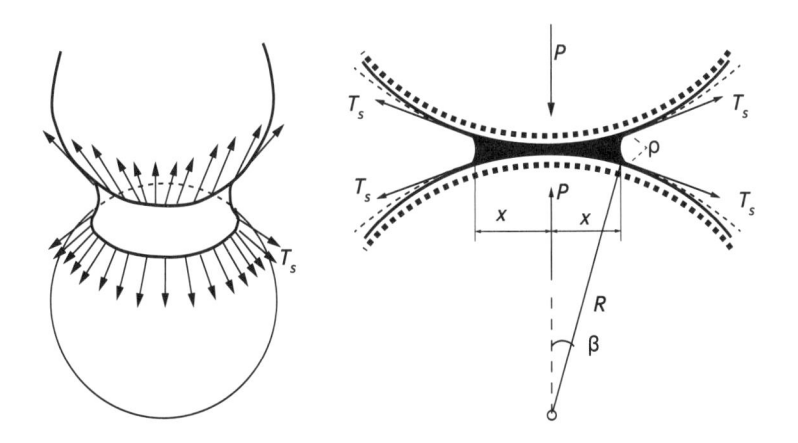

Fig. 6.2 *Efeito da tensão superficial entre duas esferas Fonte: Kézdi (1974).*

A pressão na água é negativa e vale:

$$p = T_s \cdot \left(\frac{1}{\rho} - \frac{1}{x}\right) \qquad (6.4A)$$

em que ρ e x são os raios de curvatura dos meniscos e T_s é a tensão superficial da água. Como:

$$(x+\rho)^2 + R^2 = (R+\rho)^2$$

ou

$$\rho = \frac{x^2}{2(R+x)} \cong \frac{x^2}{2R}$$

pois x é muito menor do que R, tem-se:

$$p \cong T_s \cdot \frac{2R}{x^2}$$

Logo, a força de adesão entre os grãos será:

$$F = p \cdot \pi \cdot x^2 + T_s \cdot \text{sen}\beta \cdot 2\pi \cdot x \cong p \cdot \pi \cdot x^2$$

ou

$$F = 2\pi \cdot R \cdot T_s \quad \text{(6.4B)}$$

Por exemplo, para esferas de diâmetro $d = 0,1$ mm (areia fina) num arranjo cúbico simples (Fig. 6.3A), tem-se, em uma seção de 1 cm², 1 cm²/d² = 1 cm²/0,01² = 10^4 pontos de contato, donde a adesão vale:

$$F = 2\pi \cdot \frac{0,01\,cm}{2}(7,5 \times 10^{-5}\,kN/m)\,10^4\,contatos/cm^2 = 2,4\,kPa$$

O número entre parênteses é o valor de T_s.

Para diâmetros de 0,06 mm e 0,006 mm (silte), a adesão vale 3,9 kPa e 39 kPa, respectivamente. A título de comparação, lembrar-se de que a resistência à compressão simples de argilas muito moles é menor ou igual a 25 kPa.

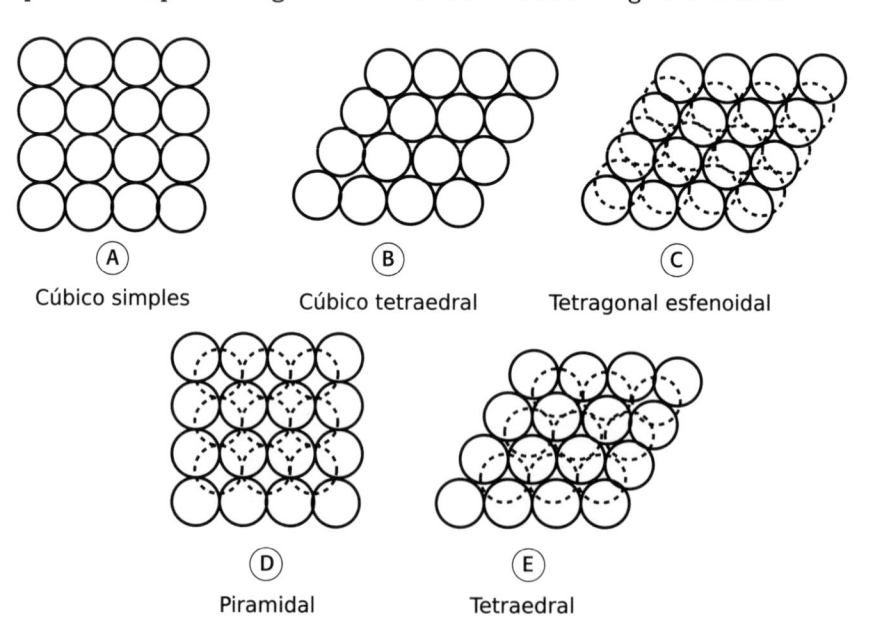

Fig. 6.3 *Arranjos estáveis de esferas de igual diâmetro*

(A) Cúbico simples
(B) Cúbico tetraedral
(C) Tetragonal esfenoidal
(D) Piramidal
(E) Tetraedral

6.3 Arranjos estruturais das areias e pedregulhos

6.3.1 Arranjos de esferas uniformes

Arranjos estáveis de esferas de igual diâmetro (2R) são mostrados na Fig. 6.3.

O mais simples é o arranjo cúbico simples, em que os centros das esferas das diversas camadas situam-se em retas perpendiculares ao plano do papel. O cubo, com lado 2R, cujos vértices são os centros de quatro esferas adjacentes, é o *prisma unitário* desse arranjo; seu nome advém do fato de ele conter oito oitavos de uma esfera, ou seja, uma esfera. Como o volume total do prisma unitário é $8R^3$, a porosidade do arranjo é dada por:

$$\eta = 1 - \frac{4/3\pi R^3}{8R^3} = 1 - \frac{\pi}{6} = 47,64\%$$

Além disso, cada esfera está em contato com seis outras, adjacentes, isto é, possui um número de coordenação igual a 6. A Tab. 6.1 resume essas características para todos os arranjos indicados na Fig. 6.3.

Tab. 6.1 Arranjos estáveis de esferas de igual diâmetro

Tipo de arranjo	N (número de coordenação)	Espaçamento entre camadas	Volume do prisma unitário	(1 − η)	η (%)	η = 3/N (%)
Cúbico simples	6	$2R$	$8R^3$	$\pi/6$	47,64	50
Cúbico tetraedral	8	$2R$	$4\sqrt{3}R^3$	$\pi/(3\sqrt{3})$	39,54	38
Tetragonal esfenoidal	10	$R\sqrt{3}$	$6R^3$	$2\pi/9$	30,19	30
Piramidal	12	$R\sqrt{2}$	$4\sqrt{2}R^3$	$\pi/(3\sqrt{2})$	25,95	25
Tetraedral	12	$2R\sqrt{2/3}$	$4\sqrt{2}R^3$	$\pi/(3\sqrt{2})$	25,95	25

A análise dessa tabela mostra que ao arranjo mais denso de esferas iguais está associada uma porosidade da ordem de 26% e, ao mais fofo, 47%. Note-se também que as porosidades independem do diâmetro das esferas.

Já se provou, teoricamente, que é possível construir arranjos estáveis com a porosidade (η) variando de 60% a 70%.

6.3.2 O número de coordenação determinado experimentalmente

Para determinar experimentalmente o número de coordenação, Deresiewicz (1958) cita uma experiência feita com esferas de chumbo de igual tamanho colocadas num cilindro. Após obter certo arranjo, despejava-se ácido acético, que alterava a cor das bolinhas, exceto nos pontos de contato reais. Feita a contagem, verificou-se, por exemplo, que, para η = 44,7%, o número de coordenação médio era de 6,92, com desvio padrão de 1,06. É o que mostra a Tab. 6.2 para essa e outras porosidades. A explicação dada à dispersão foi que a amostra nunca fica homogênea, havendo parte com arranjo fofo, parte com arranjo denso, como será demonstrado.

Tab. 6.2 Número de coordenação (N)

η	Experimento		Valores calculados	
	Média	Desvio padrão	Eq. 6.5C	N = 3/η (%)
35,9	9,14	1,78	9,8	8,4
37,2	9,51	2,02	9,4	8,1
42,6	8,06	1,17	7,8	7,0
44,0	7,34	1,16	7,3	6,8
44,7	6,92	1,06	7,1	6,7

Suponha-se que, do volume total (V) do recipiente, a parte $f \cdot V$ esteja com a porosidade mínima de 25,95% e a parte $(1-f)V$, com porosidade máxima, ou seja, 47,64%. A porosidade do conjunto todo vale:

$$\eta = 25,95f + 47,64\,(1-f) \tag{6.5A}$$

e o número de coordenação:

$$N = \frac{\dfrac{f \cdot V}{V_1} \cdot N_1 + \dfrac{(1-f)V}{V_2} \cdot N_2}{\dfrac{f \cdot V}{V_1} + \dfrac{(1-f)V}{V_2}} \tag{6.5B}$$

em que V_1 e V_2 são os volumes dos prismas unitários dos arranjos mais denso e mais fofo, respectivamente, e N_1 e N_2, os correspondentes números de coordenação. Tem-se, da Tab. 6.1:

$$V_1 = 4\sqrt{2}R^3 \text{ e } V_2 = 8R^3$$

$$N_1 = 12 \text{ e } N_2 = 6$$

Extraindo-se f da Eq. 6.5A e substituindo-se na Eq. 6.5B, tem-se, após transformações:

$$N = 26,5 - \frac{10,73}{1-\eta} \tag{6.5C}$$

que mostra que o número de coordenação é função da porosidade. A última coluna da Tab. 6.2 permite confrontar os valores calculados pela Eq. 6.5C com as médias obtidas na contagem do experimento relatado anteriormente. A concordância é notável, o que comprova a asserção anterior.

Pode-se também empregar a fórmula mais simples de Athanasiou-Grivas e Harr (1980):

$$N = \frac{3}{\eta} \tag{6.5D}$$

As últimas colunas das Tabs. 6.1 e 6.2 mostram também concordâncias razoavelmente boas na aplicação desta última expressão.

6.3.3 Esferas de tamanhos diferentes: experimentos com areias uniformes

Considere-se um arranjo denso de esferas de raio R, ditas primárias, com porosidade mínima. Existem dois tipos de vazios: um deles *quadrado*, no qual cabe uma esfera (secundária) de raio máximo igual a $(\sqrt{2}-1)R = 0,414R$; e outro *triangular*, em que se pode introduzir uma esfera (terciária) com raio máximo igual a $(\sqrt{3/2}-1)R = 0,225R$. Finalmente, as duas maiores esferas que podem ser colocadas na sequência são denominadas esferas quaternária e quinária.

Horsfeld (1934 apud Deresiewicz, 1958) calculou as porosidades dos arranjos assim formados, tendo obtido os resultados da Tab. 6.3.

Experimentos levados a cabo por Westman e Hugil (1930 apud Deresiewicz, 1958) confirmaram esses resultados. Tomaram três amostras de areias uniformes, A, B e C, com diâmetros médios dos

Tab. 6.3 Arranjos estáveis de esferas desiguais

Tipo de esfera	Raio	Porosidade (%)
Primária	R	26,0
Secundária	0,414R	20,7
Terciária	0,225R	19,0
Quaternária	0,177R	15,7
Quinária	0,116R	14,8
Filler	0	3,8

grãos na proporção 50,5:8:1, conforme a Tab. 6.4. Foram preparadas misturas dessas amostras nas proporções indicadas na Tab. 6.5, que também mostra as porosidades mínimas obtidas.

As misturas 3 e 4 foram as que forneceram os arranjos mais densos entre as misturas das amostras A, B e C.

Finalmente, observe-se que 10% a 30% de grãos finos a médios afetam em muito o arranjo estrutural mais denso, mesmo com predominância de grossos. Foi por essa razão que Hazen (1892 apud Terzaghi; Peck; Mesri, 1996) introduziu os conceitos de diâmetro efetivo (D_{10}) e de coeficiente de uniformidade ($C_u = D_{60}/D_{10}$), este último para caracterizar as areias em uniformes e não uniformes. D_{60} e D_{10} são os diâmetros abaixo dos quais ocorrem, respectivamente, 60% e 10% dos grãos, em peso. É interessante citar que Terzaghi e Peck (1967, p. 22) haviam proposto para esse coeficiente a relação D_{70}/D_{20}.

Tab. 6.4 Experimento com areias uniformes

Amostra	ϕ/ϕ_c	Tipo de areia	η_{min} (%)
A	50,5	Grossa	37,7
B	8	Média	38,2
C	1	Fina	42,5

ϕ_c é o diâmetro médio dos grãos da amostra C.

Tab. 6.5 Porosidades das misturas das areias

Mistura nº	Porcentagem			η_{min} (%)
	A	B	C	
1	70	30	0	26,2
2	70	0	30	18,5
3	70	10	20	15,5
4	70	20	10	16,8

Essas conclusões vêm ao encontro das assinaladas nas seções 6.1.1 e 6.1.2A sobre a importância do tamanho dos grãos na permeabilidade de materiais granulares. Nesse sentido, estudos de Kenney, Lau e Ofoegbu (1984a) mostraram que o D_5 representa melhor o diâmetro efetivo de materiais granulares em correlações empíricas com a permeabilidade, que, ademais, se mostrou pouco sensível a variações do coeficiente de uniformidade. Sobre esse assunto, ver também Terzaghi, Peck e Mesri (1996).

6.3.4 Estrutura de areias e pedregulhos

A porosidade dos solos granulares varia, em geral, de 25% a 50%.

Quanto mais bem graduadas as areias, maiores serão as densidades máximas (arranjos mais densos), em virtude da possibilidade de maior entrosamento dos grãos, como já foi realçado neste capítulo. O inverso é verdadeiro, isto é, quanto mais mal graduadas forem as areias, menores serão as densidades mínimas (arranjos mais fofos). Ademais, grãos menores ou angulares tendem a se "encastelarem", formando arranjos mais fofos.

O trabalho de Pinto (1969a) permite uma comprovação experimental dessas asserções.

A Fig. 6.4 apresenta as curvas granulométricas de sete amostras de areia, sendo as de números 1, 3, 4, 5 e 6 diferentes, tanto quanto possível, só pelo tamanho dos grãos e preparadas, por peneiramento, a partir de uma amostra coletada das margens do Rio Pinheiros, São Paulo. A de nº 16 é também dessa mesma origem, mas é bem graduada. Finalmente, a de nº 40 é de procedência estrangeira, denominada Otawa, e se caracteriza pelo pronunciado arrendamento e esfericidade de seus grãos.

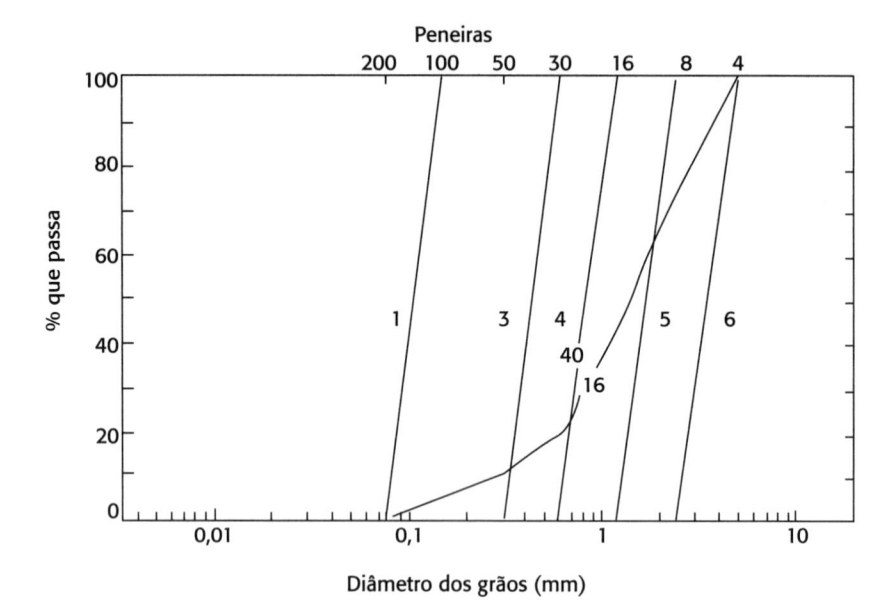

Fig. 6.4 *Distribuição granulométrica das amostras ensaiadas*
Fonte: Pinto (1969a).

A Tab. 6.6 mostra as porosidades obtidas usando-se areias secas ao ar e:

a. o método do cilindro de Pinto (1969a) para a determinação da porosidade do arranjo mais fofo; e
b. a compactação da areia em cilindro de Proctor com soquete de madeira, para o arranjo mais denso.

Tab. 6.6 Dados das amostras de areia

Amostra n.	Procedência	Tipo	$\eta_{máx}$ (%)	$\eta_{mín}$ (%)
1	Rio Pinheiros	Uniforme	52,82	41,10
3	Rio Pinheiros	Uniforme	51,65	40,58
4	Rio Pinheiros	Uniforme	51,20	40,26
5	Rio Pinheiros	Uniforme	50,26	39,58
6	Rio Pinheiros	Uniforme	49,62	38,39
40	Otawa	Uniforme	42,80	32,58
16	Rio Pinheiros	Bem graduada	41,66	30,31

Fonte: Pinto (1969a).

Cada valor representa uma média de três determinações. Esses dois métodos serão discutidos mais adiante.

As conclusões que podem ser tiradas sobre as estruturas das areias e pedregulhos são:

a. para as areias uniformes (1, 3, 4, 5 e 6), mal graduadas, aumento do tamanho dos grãos resultou numa diminuição da porosidade máxima;
b. a amostra n. 16, bem graduada, apresentou a menor das porosidades; e
c. comparando-se as amostras 4 e 40, com grãos do mesmo tamanho, a que possui grãos mais arredondados (40) revelou menores densidades máximas.

6.4 Formato dos grãos

Normalmente, para os problemas usuais da Engenharia Civil, basta uma inspeção visual e uma descrição do formato das partículas. Quando feitas criteriosamente, podem fornecer informações sobre a origem das areias. Por exemplo:

a. grãos angulares ou lamelares, com superfícies de fratura (areias de rios);
b. grãos grosseiramente arredondados, sem sinal de fratura; e
c. grãos bem arredondados, com superfícies polidas (areias de dunas).

Existem diagramas triangulares (ver Kézdi, 1974) que permitem classificar a origem das areias de uma dada região em função das incidências de grãos dos tipos I, II e III numa mesma amostra.

A bem da verdade, termos do tipo esférico, arredondado, angular ou lamelar, que remetem à Fig. 6.5, são subjetivos. Daí a preocupação em precisar melhor a forma dos grãos, por meio de técnicas laboratoriais, conforme serão descritas.

Antes, porém, convém introduzir uma diferença entre esfericidade e arredondamento, tal como propôs Wadell (1952 apud Pinto, 1969a): a esfericidade refere-se ao formato dos grãos independentemente do aspecto dos cantos; o arredondamento diz respeito à maior ou menor angulosidade dos cantos dos grãos.

6.4.1 Peneiramento duplo

Schiel (1948 apud Kézdi, 1974) introduziu a técnica do peneiramento duplo em peneiras com aberturas de malhas quadradas e circulares. O lado do quadrado será designado por L e o diâmetro do círculo, por d.

Para uma melhor compreensão do método, considere-se o seguinte:

a. se as partículas de solo tivessem todas o mesmo tamanho e fossem de forma esférica, então $d/L = 1$;
b. se ainda fossem uniformes, mas com a forma de placas quadradas, de pequeníssima espessura, então $d/L = 1/\sqrt{2}$, pois as placas passariam em diagonal pelas malhas quadradas.

Como a "espessura" real do grão deve ser levada em conta, é impossível estabelecer uma correspondência matemática entre d e L.

Uma vez obtidas as curvas granulométricas por peneiramento, determina-se:

$$\mu = \frac{d_{50}}{L_{50}} \quad (6.6A)$$

isto é, a relação entre o diâmetro e o lado abaixo do qual ocorrem 50% dos grãos em peso.

O parâmetro:

$$\zeta = 100\left(1 - \frac{\log \mu}{\log \sqrt{2}}\right) \quad (6.6B)$$

mede a esfericidade dos grãos de areia.

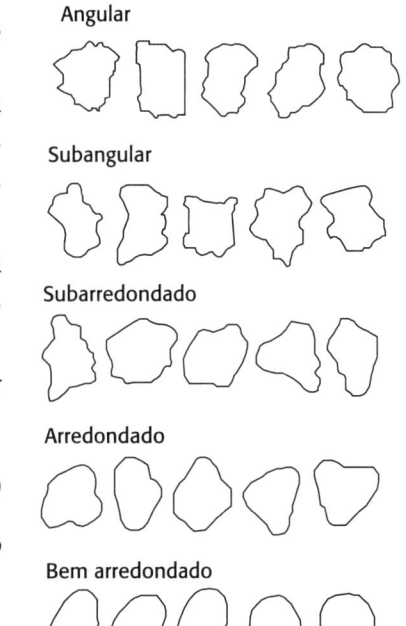

Fig. 6.5 *Formato de grãos de areia*
Fonte: Mitchell (1976).

Por exemplo:
a. para as esferas, $d/L = 1$, donde $\zeta = 100$; e
b. para placas finas, $d/L = 1/\sqrt{2}$, donde $\zeta = 200$.

Assim, quanto mais ζ se aproximar de 100, mais esférico é o grão.

6.4.2 Projeção fotográfica

Uma técnica utilizada pelos sedimentologistas consiste no uso de microscópio e projeção fotográfica num plano perpendicular à menor dimensão do grão. A maior dimensão projetada do grão deve ter 7 cm. Ademais, recomenda-se tomar o universo de 50 grãos para caracterizar a sua forma.

São empregados, comumente, os índices de esfericidade de Wadell e de Cox e o índice de arredondamento de Wadell, cujas descrições detalhadas podem ser encontradas na tese de Pinto (1969a). A título de ilustração, serão descritos os índices de Wadell.

a. *Índice de esfericidade de Wadell* (I_w)
   ▶ determina-se, com planímetro, a área da projeção fotográfica;
   ▶ calcula-se o diâmetro d do círculo equivalente (mesma área);
   ▶ determina-se o diâmetro D do menor círculo circunscrito à projeção; e
   ▶ calcula-se $I_w = d/D \leq 1$.

Note-se que, para esferas, $I_w = 1$, e quanto menos esférica é a partícula, menor deve ser I_w. Para placas quadradas de pequena espessura, $I_w = \sqrt{(2/\pi)} = 0,80$.

b. *Índice de arredondamento de Wadell* (A)
   ▶ determina-se o raio R do maior círculo inscrito na projeção;
   ▶ determina-se o raio de curvatura de cada canto da projeção (usar papel transparente com círculos concêntricos);
   ▶ calcula-se a média M dos raios de curvatura dos cantos; e
   ▶ A é dado por $A = M/R < 1$; quanto menor for M mais angulares são os cantos do grão.

6.4.3 Índice de esfericidade de Lamar

A determinação desse índice é mais simples e sugestiva, mas demanda tempo, como se verá.

Por definição, a relação $I_L = \dfrac{25,95}{\eta_{mín}}$ é o índice de esfericidade de Lamar.

Evidentemente, para esferas de igual tamanho, I_L vale 1. À medida que os grãos se afastam da esfera, maior é a tendência de eles se "encastelarem", o que aumenta $\eta_{mín}$, isto é, I_L tende a ser menor do que 1.

Assim, o método consiste na medida da porosidade do arranjo mais denso possível de grãos uniformes. Para areias bem graduadas, deve-se inicialmente proceder a um peneiramento e, para cada uma das frações, determinar a porosidade mínima, tornando assim o método trabalhoso.

A Tab. 6.7 mostra os resultados obtidos por Pinto (1969a) para as amostras indicadas anteriormente e apresentadas na Fig. 6.4.

Tab. 6.7 Formato dos grãos

Amostra	Índice de esfericidade de Wadell	Índice de esfericidade de Lamar	Índice de arredondamento de Wadell
1	0,770	0,630	0,275
3	0,778	0,637	0,288
4	0,791	0,644	0,288
5	0,802	0,655	0,292
6	0,820	0,678	0,384
40	0,880	0,772	0,682

Fonte: Pinto (1969a).

Da análise desses resultados conclui-se que:

a. a areia n. 40 (*Otawa sand*) apresenta-se com os maiores índices, o que comprova inspeção visual;
b. quanto maior o grão da amostra, mais esférica ela é; e
c. o índice de Lamar correlaciona-se muito bem com o de Wadell.

6.4.4 Influência da forma dos grãos na porosidade

Para mostrar a importância da forma das partículas no arranjo estrutural dos solos, Terzaghi e Peck (1967) citam experiência de Gilboy (1928) sobre misturas, em várias proporções, de areia (com grãos angulares) com mica (plaquetas) colocadas lentamente dentro de recipientes. Os resultados obtidos estão apresentados na Tab. 6.8.

A conclusão é evidente por si só. Aliás, a predominância de partículas lamelares ou com forma de placas explica, num enfoque mecanicista um tanto grosseiro, a alta porosidade das argilas.

Tab. 6.8 Mistura de areia com mica

% de mica	$\eta_{máx}$ (%)
0	47
0,5	60
10,0	70
20,0	77
40,0	84

6.4.5 Valores típicos dos índices de vazios máximo e mínimo

A Tab. 6.9 mostra valores típicos dos índices de vazios máximo e mínimo de areias com características diferentes quanto à distribuição granulométrica e à forma dos grãos.

Tab. 6.9 Índices de vazios máximo e mínimo de areias

Formato dos grãos	Graduação	$e_{mín}$	$e_{máx}$
Angulares	Areia mal graduada	0,70	1,10
	Areia bem graduada	0,45	0,75
Arredondados	Areia mal graduada	0,45	0,75
	Areia bem graduada	0,35	0,65

6.5 Técnicas de ensaios para a determinação dos índices de vazios máximo e mínimo

Alguns dos ensaios usualmente empregados carecem de padronização, o que torna problemática a sua reprodutibilidade. A ABNT padronizou o ensaio da mesa vibratória para a determinação do $e_{mín}$ e dois ensaios para o $e_{máx}$: o do funil e o do tubo de menor diâmetro.

Para a determinação do índice de vazios máximo, destacam-se os seguintes métodos:

a. lançar areia seca por meio de *funil*, de acordo com a NBR 12004/MB-3324 (ABNT, 1990a);
b. sedimentar areia em cilindro com água;
c. girar o cilindro com areia seca de cima para baixo;
d. jogar rapidamente a areia no cilindro de Proctor (Pinto, 1969a); e
e. depositar areia dentro de um cilindro pela extração de um *tubo de menor diâmetro* preenchido com o material solto, conforme a NBR 12004/MB-3324 (ABNT, 1990a).

Quanto ao índice de vazios mínimo, relacionam-se os seguintes métodos:
a. soquete de madeira (Pinto, 1969a);
b. vibrador do peneiramento, conforme a NBR 12051/MB-3388 (ABNT, 1991a); e
c. mesa vibratória, de acordo com a NBR 12051/MB-3388 (ABNT, 1991a).

6.5.1 Índice de vazios máximo

Kolbuszewski (1948) investigou a fundo diversos fatores que de alguma forma interferem na tentativa de se chegar a arranjos fofos de areias, entre os quais se destacam: a velocidade e a altura de lançamento (ver Fig. 6.6), a queda em água e as dimensões dos cilindros de ensaio. Segue um resumo de suas conclusões.

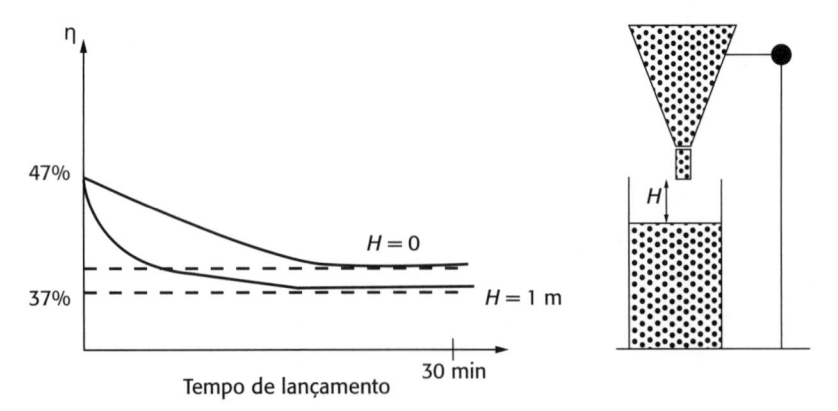

Fig. 6.6 *Experiência de Kolbuszewski (1948)*

a. Quando se usa areia pulverizada e seca em estufa, quanto menor a altura de queda e menor o tempo de lançamento, maior será a porosidade. Por isso, é recomendada a manutenção da ponta do funil a uma distância não superior a 1 cm. A NBR 12004/MB-3324 (ABNT, 1990a) e a D2049-69 (ASTM, 1983) especificam os métodos desse ensaio e as dimensões do funil: deve possuir tubo cilíndrico com 15 cm de altura e diâmetro de 1,2 cm a 2,5 cm.
b. É interessante lembrar que se encontram, às vezes, recomendações de se lançar a areia lentamente.
c. Quando se lança areia em recipiente com água, deve-se cuidar para que o ar aprisionado não seja carreado com os grãos de areia, o que tende a aumentar a porosidade, mas dificulta a reprodução do ensaio. Para tanto, em vez de funil, no qual se jogaria a areia seca, convém formar uma pasta com o material e despejá-lo vagarosamente na água. Esse método, aliás, é recomendado para areias muito finas.

(A) Deposição da areia com funil e (B) acerto de corpo de prova

Os estudos de Kolbuszewski (1948) mostraram que com esses dois métodos, funil e queda em água, obtém-se praticamente o mesmo resultado.

Um método sugerido por Skempton a Kolbuszewski (1948) consiste em colocar a areia seca num cilindro, girá-lo de cima para baixo e vice-versa, rapidamente, por diversas vezes, e colocá-lo finalmente em pé.

Outro método, bastante parecido com este último, foi utilizado por Pinto (1969a). A areia, seca em estufa a 105-110 °C, é colocada em um recipiente cilíndrico com 11 cm de diâmetro e, em seguida, rapidamente invertida sobre um cilindro de ensaio normal de compactação. Com uma régua rígida biselada, rasa-se a areia na altura do molde e depois se pesa o material para determinação da massa específica aparente seca. A quantidade de areia do recipiente inicial é sempre a suficiente para dar pequeno excesso sobre o molde; maior quantidade de material conduz a valores mais elevados da massa específica aparente. Ainda segundo Pinto (1969a), esse método foi o que conduziu aos maiores índices de vazio, com resultados consistentes e reprodutíveis.

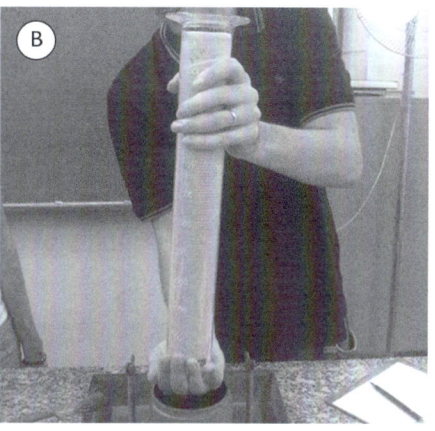

(A) Agitação da areia para cima e para baixo e (B) deposição no cilindro

A NBR 12004/MB-3324 (ABNT, 1990a) indicou método alternativo ao do funil, que consiste em depositar areia dentro do cilindro de Proctor pela extração de um tubo preenchido com o material solto. O tubo rígido, de parede delgada, com diâmetro interno de 7 cm e volume da ordem de 1.300 cm³, é colocado dentro do cilindro de Proctor e preenchido com a amostra, tomando o cuidado de evitar segregação. Em seguida, o tubo é sacado rapidamente, de modo a preencher completamente o cilindro com a areia. Rasa-se o excesso de solo e pesa-se o material para a determinação da massa específica aparente seca.

Cumpre também lembrar que as dimensões do cilindro podem afetar o resultado dos ensaios, em virtude de eventual atrito da areia com as paredes. Os estudos de Kolbuszewski (1948) mostram que o diâmetro do cilindro de ensaio deve ser, no mínimo, de 7,5 cm.

Finalmente, outro aspecto importante é quanto ao teor de umidade da amostra, que deve ser seca em estufa ou então totalmente saturada, não havendo, em hipótese alguma, um meio-termo. Por efeito da capilaridade, os grãos se aglutinam e a areia tem maior propensão ao encastelamento.

Os estudos de Lithehiser (1925 apud Deresiewicz, 1958) mostram que a densidade seca pode atingir valores menores que a mínima. Bastam cerca de 5% de teor de umidade para as areias finas e 3% para as médias. A Fig. 6.7, mostra esse efeito da umidade, também conhecido como *inchamento das areias*: nota-se que a água atua muito mais nas areias finas do que nas grossas no sentido de afastar os grãos e conduzir a estados de compacidades mais fofos.

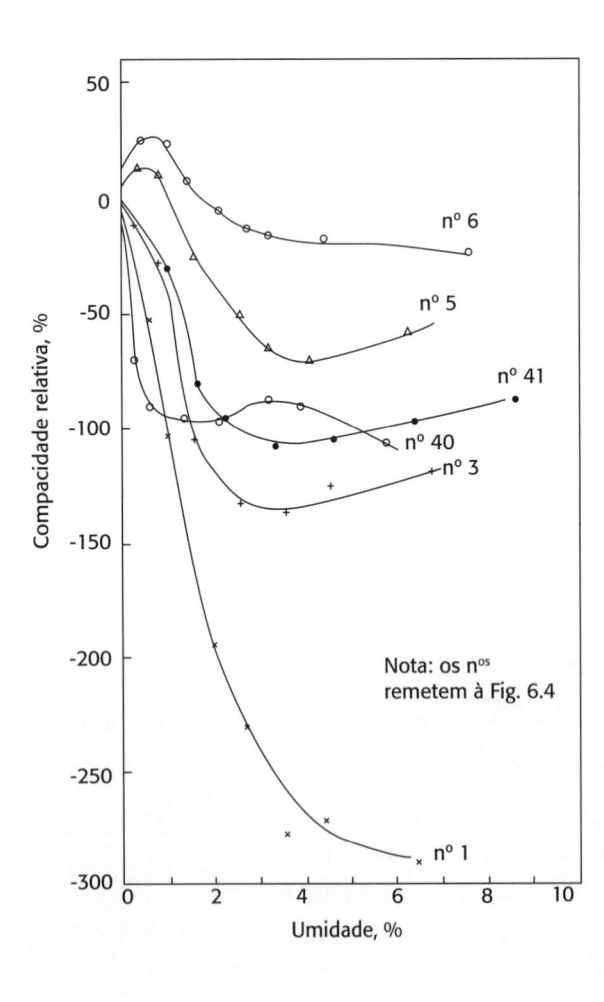

Fig. 6.7 *Compacidades mínimas de areias em função da umidade*
Fonte: Pinto (1969a).

6.5.2 Índice de vazios mínimo

São inúmeros os métodos utilizados para determinação do índice de vazios mínimo: desde técnicas simples de compactação em camadas, passando pela vibração concomitante destas, pelo despejo rápido do solo seco em cilindro de Proctor durante vibração, até a vibração da areia seca com carga no topo, entre outras.

Algumas delas recomendam a compactação em diversas umidades, à maneira do ensaio de compactação em argilas.

A princípio, pode parecer que a melhor técnica de ensaio é a que consegue imprimir a maior energia possível à areia. Isso, no entanto, pode falsear o resultado, pois pode haver quebra dos grãos de areias, que, se for muito intensa, acaba por modificar as suas características. A quebra é tanto maior quanto mais angulares forem os grãos e quanto mais uniforme for a areia, pois, neste último caso, o número de coordenação é menor, aumentando as forças de contato. A seção "Avaliação de quebra dos grãos" (p. 166) mostra um procedimento que permite avaliar a intensidade da quebra dos grãos após um ensaio.

Um método expedito para a determinação do índice de vazios mínimo que requer um número reduzido de equipamento também foi empregado por Pinto (1969a). A areia saturada é compactada em cinco camadas no cilindro do ensaio normal de compactação. Após a colocação de cada camada, a superfície da areia é compactada energicamente com um soquete de madeira e, em seguida, golpeia-se o cilindro lateralmente com o mesmo soquete. O material é, então, rasado na altura do molde, secado em estufa e pesado.

Na seção "Determinação do índice de vazios mínimo" (p. 167), encontram-se, de forma simplificada, os métodos para a determinação do índice de vazios mínimo em mesa vibratória usando areia seca ou saturada, segundo a NBR 12051 (ABNT, 1991a) e a D2049-69 (ASTM, 1983). A norma americana recomenda a execução do ensaio pelos dois métodos e tomar o menor dos índices de vazios obtidos. Há, no entanto, que considerar a hipótese de quebra dos grãos, enfraquecidos pela saturação. A mesa vibratória é metálica e vibra sob a ação de vibrador eletromagnético; a NBR 12051 (ABNT, 1991a) especifica detalhadamente a amplitude das vibrações e outras características da mesa. Os moldes cilíndricos são de dois portes: o pequeno possui 2.840 cm³ de volume (diâmetro de 15 cm e altura de 16 cm) e o grande, 14.200 cm³ (diâmetro de 28 cm e altura de 23 cm).

O uso do vibrador do peneiramento é recomendado pela NBR 12051 (ABNT, 1991a) como método alternativo ao da mesa vibratória. Há que se determinar experimentalmente o tempo de vibração, que é aquele a partir do qual as variações de volume passam a ser pouco significativas.

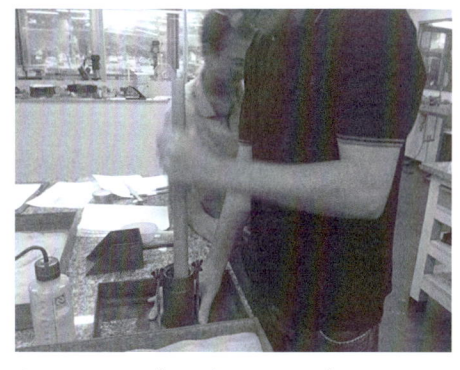

Compactação da areia em camadas

Molhagem

Aplicação de vibração para densificar a areia

Parte experimental

1) Determinar o índice de vazios máximo pelos seguintes métodos:
   a) cilindro de Skempton;
   b) funil;
   c) jogando rapidamente areia no cilindro de Proctor;
   d) extraindo rapidamente tubo de menor diâmetro do cilindro de Proctor.

2) Determinar o índice de vazios mínimo por um dos seguintes métodos:
   a) compactação e vibração com soquete de madeira;
   b) uso de vibrador de peneiramento; ou

c) uso de mesa vibratória, conforme a NBR 12051 (ABNT. 1991a) ou a D2049-69 (ASTM, 1983).

Antes e após cada um dos ensaios, obter a curva granulométrica da amostra.

3) Determinar o índice de esfericidade de Lamar para uma das frações uniformes da amostra.

Questões para pensar

- Listar, em ordem de importância, as características mais relevantes de uma areia. Dar um exemplo de como três delas interferem nas propriedades de engenharia, a saber: permeabilidade, resistência e deformabilidade.
- Qual a diferença entre esfericidade e arredondamento?
- O que é o índice de esfericidade de Lamar? Quais as suas bases teóricas? Descrever a técnica que você empregou em laboratório para determiná-lo e fazer as críticas que julgar cabíveis.
- É verdade que, misturando-se 10% de areia fina com 90% de areia grossa, em nada se altera o comportamento da mistura? Justificar.
- É verdade que, no ensaio para se obter o índice de vazios máximo, tanto faz trabalhar com areia seca, saturada ou parcialmente saturada? Justificar.
- Quais os fundamentos das técnicas de laboratório para determinar o índice de vazios máximo? Justificar com base experimental.
- É verdade que, para determinar o índice de vazios mínimo, deve-se sempre saturar a amostra e aplicar as energias mais altas possíveis? Justificar.
- Por que as areias fofas se comprimem e as densas se expandem quando cisalhadas?

Saiba mais

Avaliação de quebra dos grãos

Marsal (1973) propôs um interessante procedimento para avaliar a intensidade de quebra de grãos de materiais granulares, que pode ser aplicado às areias submetidas a ensaios visando à determinação do índice de vazios mínimo (arranjo mais denso).

Antes e depois de cada ensaio, pode-se obter a curva granulométrica da amostra e construir uma tabela como a Tab. 6.10.

Sejam p_f e p_T os pesos secos do material fraturado e do material todo, respectivamente, e Δ^+ o somatório dos desvios positivos da Tab. 6.10. A fração p de material fraturado vale:

$$p = \frac{p_f}{p_T} = \sum \Delta^+$$

Tab. 6.10 Granulometria da amostra antes e depois do ensaio do $e_{mín}$

Fração		% em peso		Δ
		Antes	Depois	
Pedregulho		p_1	p_2	$p_2 - p_1$
Areia	Grossa	g_1	g_2	$g_2 - g_1$
	Média	m_1	m_2	$m_2 - m_1$
	Fina	f_1	f_2	$f_2 - f_1$
% < 2μ		a_1	a_2	$a_2 - a_1$
Somatórios		100	100	0

Definindo r como sendo a relação entre o volume do material fraturado e o volume total, pode-se facilmente chegar à seguinte equação (Fig. 6.8):

$$r = \frac{p_f/\delta}{p_T/\delta(1+e)} = \frac{p}{1+e}$$

que permite uma avaliação da quebra dos grãos da areia num ensaio para determinar o $e_{mín}$ em função da sua resistência ao esmagamento, conforme a Tab. 6.11.

Determinação do índice de vazios mínimo

Em linhas gerais, o método para a determinação do índice de vazios mínimo com a mesa vibratória envolve os procedimentos indicados adiante.

i. Determinação do $e_{mín}$ a seco
   a. Quartear a areia seca em estufa.
   b. Pesar o molde vazio.
   c. Encher o molde da maneira especificada para a determinação do $e_{máx}$.
   d. Colocar o colar no molde e a base da sobrecarga sobre a areia; colocar o peso (sobrecarga) sobre a base.
   e. Ligar o vibrador na máxima amplitude e vibrar durante 8 a 12 minutos.
   f. Tirar a sobrecarga e o colar; determinar as leituras do defletômetro dos dois lados da base e tirar a média.
   g. Pesar o molde cheio.

ii. Determinação do $e_{mín}$ com saturação
   a. Inundar a areia, previamente seca em estufa, durante $\pm 1/2$ hora.
   b. Encher o molde com o solo úmido, adicionando água suficiente para que durante o enchimento um filme de água se acumule na superfície do solo. Pode-se determinar a quantidade de água necessária estimando-se o provável $e_{mín}$ ou por experimentação. Enquanto se estiver enchendo o molde, vibrar o solo durante 6 minutos, mantendo o vibrador numa amplitude suficientemente pequena para que não haja afofamento do solo. Durante os minutos finais de vibração, remover a água que estiver na superfície do solo.
   c. Colocar o colar, a base da sobrecarga e a sobrecarga.
   d. Vibrar o conjunto por 5 a 6 minutos; remover o colar e a sobrecarga; medir a variação de altura com um defletômetro.
   e. Remover cuidadosamente toda a amostra úmida do molde e secá-la na estufa; pesar, determinando o peso seco.

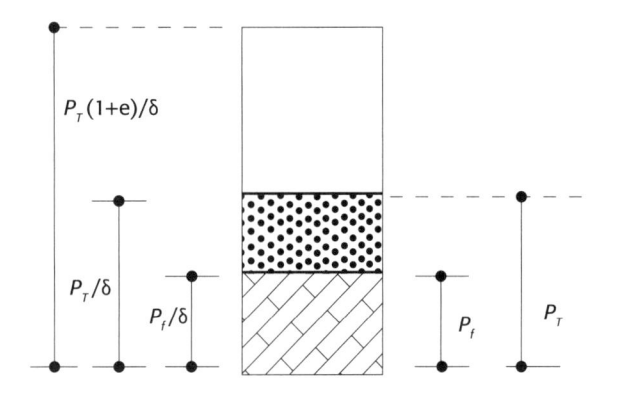

Fig. 6.8 *Pesos e volumes dos materiais*

Tab. 6.11 Resistência ao esmagamento

r (%)	Classificação
30	Baixa
10 a 20	Média
2 a 10	Elevada

Dilatação, contração e estado crítico

Existem, na natureza, materiais que endurecem (*strain hardening*) ao se deformarem; outros, ao contrário, amolecem (*strain softening*).

São exemplos de materiais que amolecem ao se deformarem: o vidro, o concreto e os solos densos; e de materiais que endurecem ao se deformarem: o Fe doce, o Al e os solos fofos.

As areias não fogem desse contexto. A compacidade das areias, fofa ou densa, depende tanto do índice de vazios quanto da tensão normal aplicada, como mostram as Figs. 6.9A e B.

Fig. 6.9 Modelo cam-clay de Roscoe e colaboradores
Fonte: Schofield e Wroth (1968).

Partindo-se de um ponto como D (estado denso), mantendo-se a tensão normal constante, um corpo de prova submetido a um ensaio de cisalhamento direto tem que se expandir ou dilatar até um ponto P, que corresponde ao pico no diagrama τ-x (Fig. 6.9C). Ultrapassado esse ponto, caminha-se em direção ao ponto C, que representa a resistência no estado crítico, isto é, sem variação de volume.

Se se partir de um ponto como F (estado fofo), caminha-se novamente em direção ao ponto C, mas só que com contração da areia.

Outra forma de analisar essas variações de volume é por meio do modelo "dente de serra", como está ilustrado na Fig. 6.10. No estado denso, a areia se deforma dilatando-se e rompe com pequena deformação, associada ao ângulo de atrito de pico, que é o ângulo de atrito do estado crítico majorado (Φ_P). No estado fofo, a ruptura é atingida por contração, após grande deformação, associada ao ângulo de atrito do estado crítico (Φ_C).

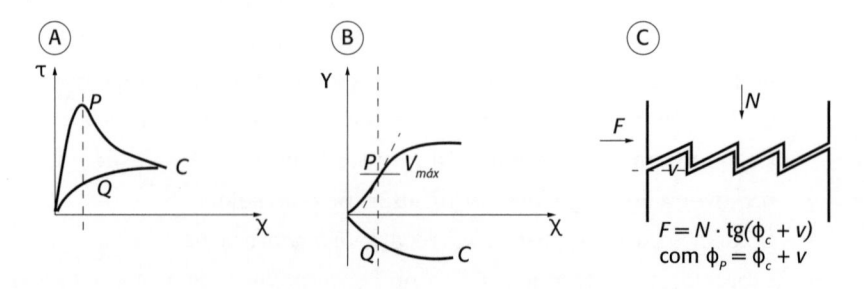

Fig. 6.10 Modelo "dente de serra"

Entende-se, pois, que solos densos (areias densas ou argilas pré-adensadas) provocam menores recalques, menores pressões laterais e maiores alturas críticas, mas podem levar a rupturas frágeis. Ao contrário, solos fofos (areias fofas ou argilas normalmente adensadas) sofrem maiores deformações, mas tendem a enrijecer até atingir a ruptura.

A Tab. 6.12 dá uma ideia de valores dos ângulos de atrito de areias nos estados fofo e denso. Além da compacidade, esses ângulos dependem da graduação e do formato dos grãos das areias.

Tab. 6.12 Ângulos de atrito de areias, em graus

Graduação	Formato dos grãos	Fofa	Compacta
Areia bem graduada	Angulares	37	47
	Arredondados	30	40
Areia mal graduada	Angulares	35	43
	Arredondados	28	35

Compactação dos solos | 7

7.1 Conceito

Entende-se por compactação de um solo a redução rápida do índice de vazios por meio de processos mecânicos, face à compressão ou expulsão do ar dos poros.

Em fins da década de 1930, Porter, da California Division of Highways, desenvolveu um ensaio para determinar a densidade seca máxima e a umidade ótima de solos para fins rodoviários. Para ele, o resultado da compactação era a redução do volume de ar, o que se consegue até um ponto, a partir do qual a água adicionada passa a ocupar mais volume, sem conseguir expulsar totalmente o ar. Foi Proctor, no entanto, quem padronizou esse ensaio por volta de 1933, divulgando o fato.

Atualmente, não só o ensaio de compactação leva o nome de Proctor: também a curva resultante, densidade aparente seca em função do teor da umidade, é conhecida como curva de Proctor.

Essa curva, como se sabe, atinge um pico, ao qual estão associados um teor de umidade ótima e uma densidade seca máxima.

A primeira explicação para o formato da curva, para solos finos, envolve o conceito de lubrificação. No ramo seco (abaixo do teor de umidade ótima), à medida que se adiciona água, ocorre um efeito de lubrificação, o que possibilita uma maior aproximação das partículas de solo. No ramo úmido (acima do teor de umidade ótima), a água passa a existir em excesso, o que provoca um afastamento das partículas de solo e a consequente diminuição da densidade.

Os estudos de Físico-Química e da Química Coloidal permitiram um aprofundamento da interpretação física do formato da curva, no caso dos solos finos. Foi ainda Lambe (1958a,b) quem, estabelecendo os conceitos básicos, conseguiu sintetizar as informações e conhecimentos disponíveis de forma dispersa sobre o comportamento de solos compactados. Esses conceitos foram posteriormente utilizados por Seed e Chan (1959) para explicar a influência do tipo de compactação na estrutura e comportamento de solos compactados.

Para Lambe (1958a,b), com baixos teores de umidade (ramo seco), a concentração eletrolítica é elevada, o que propicia a predominância das forças atrativas, do tipo da de Van der Waals, e o solo flocula. Adicionando-se água, aquela concentração diminui, o que permite a expansão da camada dupla, com um aumento das forças repulsivas e uma diminuição das atrativas. Reportando-se à Fig. 7.1, quando se vai de A para B ocorre uma redução do grau de floculação, o que permite um rearranjo das partículas com aumento da densidade. Pode-se até reinterpretar o termo *lubrificação*, que passaria a significar o deslizamento das partículas em relação a outras a elas adjacentes, que se "tocam" através das camadas duplas, deslizamento este facilitado pelo aumento das forças repulsivas, embora preponderem ainda as forças atrativas. As partículas se arranjam numa estrutura mais densa. Quando se vai de B para C, as forças repulsivas começam a superar as atrativas, propiciando a formação de uma estrutura mais dispersa, com uma maior orientação das partículas. A densidade diminui porque a água dilui a concentração de partículas de solo por unidade de volume. Aumentos da energia tendem a orientar as partículas, tornando as estruturas mais dispersas, mesmo no ramo seco.

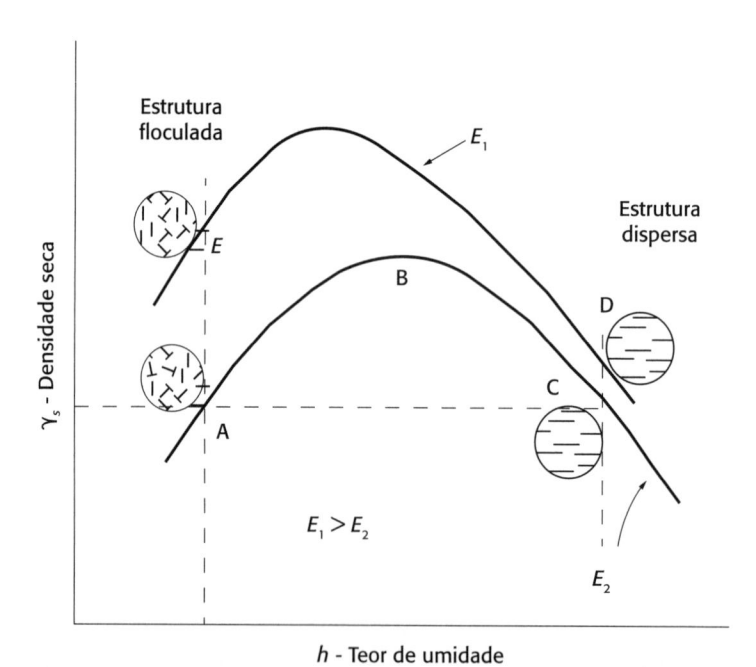

Fig. 7.1 *Compactação e estrutura do solo*
Fonte: adaptado de Lambe (1958a).

Essas e outras explicações são discutidas detalhadamente por Hilf (1975), autor que julga mais apropriada a explicação baseada na macroestrutura de solos não saturados e utiliza o conceito de grumos, ou *clusters*, ou ainda agregações. A conjectura é que, no ramo seco, sendo o teor de umidade e o grau de saturação baixos, surgem tensões capilares no solo, que propiciam a formação dos grumos, os quais não se desfazem na compactação, imprimindo ao solo uma estrutura floculada. Quanto mais seco o solo, mais duros seriam os grumos. À medida que se adiciona água, as tensões capilares diminuem e, consequentemente, os grumos amolecem e se desmancham, levando o solo, após compactação, a uma estrutura dispersa.

7.2 Ensaios de compactação

Os parâmetros de compactação, isto é, a densidade aparente seca máxima e o teor de umidade ótima de um solo, não são índices físicos, pois dependem da energia de compactação, como mostra a Fig. 7.2.

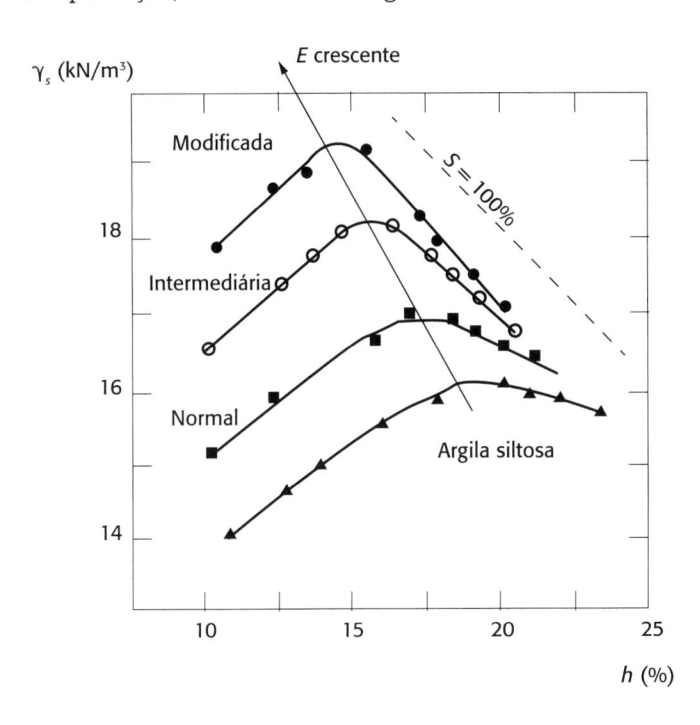

Fig. 7.2 Compactação por impacto de argila siltosa
Fonte: adaptado de Lambe e Whitman (1969).

A Tab. 7.1 contém indicações quanto ao equipamento a ser utilizado para imprimir uma dada energia de compactação, por impacto, a um solo. Por exemplo, no ensaio de Proctor normal, é empregado um peso de 25 N (2,5 kg), caindo de uma altura de 30,5 cm, 26 vezes em cada uma de 3 camadas de solo, num cilindro de 1.000 cm³. Note-se que a mesma energia pode ser obtida com um cilindro de 2.000 cm³, situação em que o único parâmetro diferenciador passa a ser o número de golpes: para a energia do Proctor normal (PN), o número é 12; para a intermediária, 26; e para a do Proctor modificado (PM), 55.

Tab. 7.1 Energias de compactação por impacto

Designação	Peso (N)	Altura de queda (cm)	Número de camadas	Número de golpes	Volume do cilindro (cm³)	Energia (N · cm/cm³)
Proctor normal (PN)	25	30,5	3	26	1.000	59
Proctor normal (PN)	45	45,0	5	12	2.000	60
Intermediário (PI)	45	45,0	5	26	2.000	130
Proctor modificado (PM)	45	45,0	5	55	2.000	270

A Fig. 7.3 mostra o fato bastante conhecido de que, para uma mesma energia, solos arenosos possuem teores de umidade ótima menores e densidades secas máximas maiores do que os solos siltosos e argilosos. É interessante notar que o lugar geométrico dos picos das diversas curvas corresponde, aproximadamente, à linha hiperbólica com grau de saturação (S) constante e igual a 80% a 90%, com equação

$$\gamma_s = \frac{\gamma_o}{\frac{\gamma_o}{\delta} + \frac{h}{S}} \qquad (7.1)$$

obtida substituindo-se *e* da Eq. 2.9B na Eq. 2.9C. É conhecida como equação da *linha dos pontos ótimos*. Para S igual a 100%, tem-se a equação da *linha de saturação*.

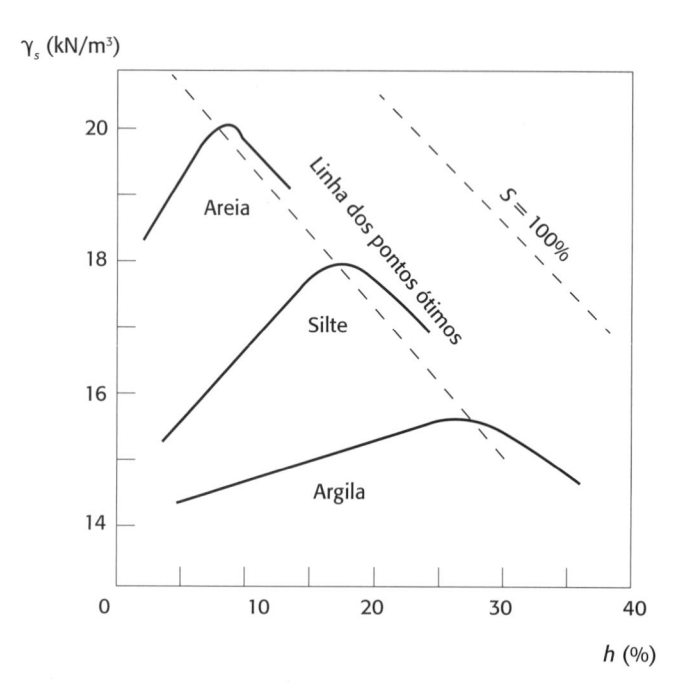

Fig. 7.3 *Variação dos parâmetros de compactação com o tipo de solo*
Fonte: Yoder (1975).

Outro fato interessante está ilustrado na Fig. 7.4, que mostra que a densidade seca máxima varia linearmente com o logaritmo da energia aplicada. Para as argilas, a reta é mais íngreme do que para as areias, que, ademais, se situam sempre acima das primeiras.

Completando essas informações, a Fig. 7.5 revela que a distância que separa a densidade seca máxima obtida com a energia de Proctor normal (PN) daquela associada à energia de Proctor modificada (PM) é maior para os solos finos, diminuindo para os solos granulares. Ora, tem sido constatado, na prática das construções, que é impossível compactar alguns solos argilosos até 100% da densidade máxima do ensaio modificado usando-se equipamento convencional; ao contrário, para as areias grossas e pedregulhos, é possível compactar até valores acima dos fornecidos pelo ensaio modificado.

7.3 Tipos de compactação, estrutura e comportamento de solos compactados

Os diversos métodos ou tipos de compactação diferem entre si pela maneira como é aplicada a energia. O molde ou cilindro em que o solo é compactado pode variar muito em dimensões: às vezes, utilizam-se moldes de 1.000 cm³ ou 2.000 cm³, como está indicado na Tab. 7.1; outras vezes, o cilindro possui de 70 cm³ a 90 cm³ de volume. Foi, aliás, Wilson (1950) quem introduziu equipamento de pequeno porte, visando reproduzir resultados de campo em laboratório com um dispêndio menor de tempo.

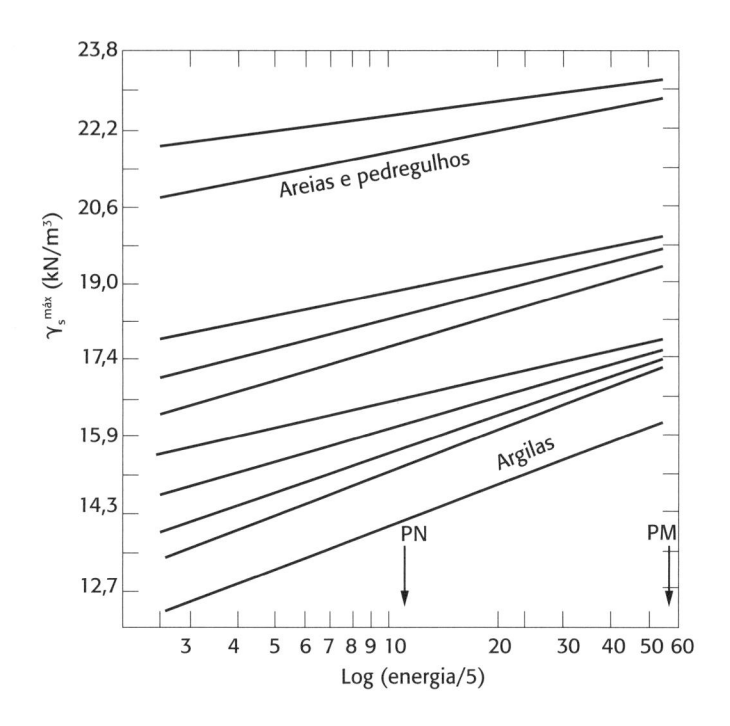

Fig. 7.4 *Densidade seca máxima em função da energia de compactação*
Fonte: adaptado de Yoder (1975).

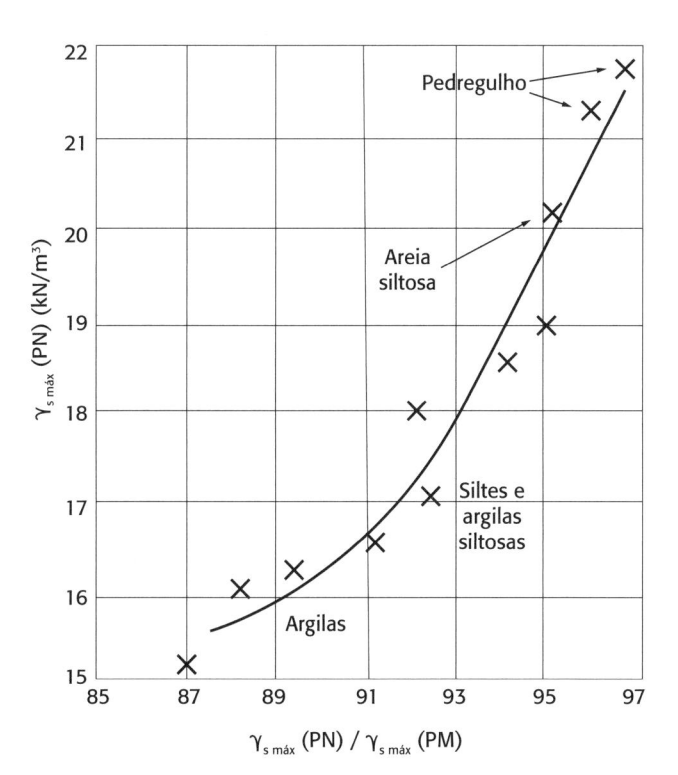

Fig. 7.5 *Relação entre os ensaios de Proctor normal e modificado*
Fonte: adaptado de Yoder (1975).

São quatro os principais tipos de compactação:

a. compactação por impacto, em que, para cada uma de um certo número de camadas, deixa-se cair um peso de uma altura constante, diversas vezes, como está indicado na Tab. 7.1. Esse tipo é também conhecido como compactação dinâmica ou por apiloamento;
b. compactação por pisoteamento, que, para moldes de 90 cm^3, consiste na aplicação de um esforço constante por meio de um soquete com haste de 1,2 cm de diâmetro e mola (a força na mola pode ser ajustada à vontade). Em geral, é necessário um mínimo de dez golpes (oito golpes completam uma volta) e cinco camadas para se obter homogeneidade do corpo de prova;
c. compactação por vibração; e
d. compactação estática, isto é, por meio da aplicação de uma força numa haste acoplada, em sua extremidade inferior, a um disco com diâmetro ligeiramente inferior ao diâmetro interno do molde de compactação.

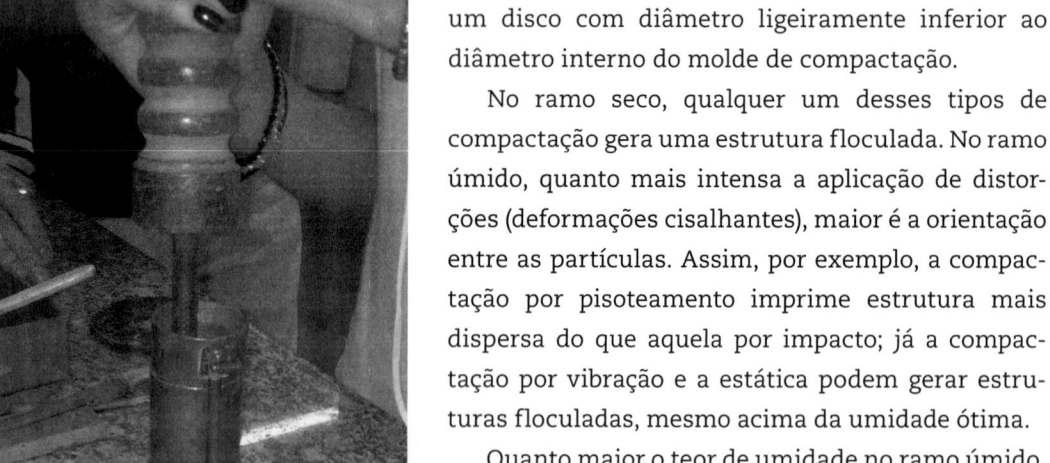

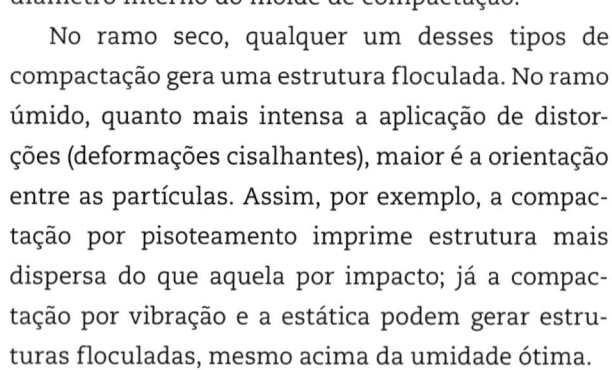

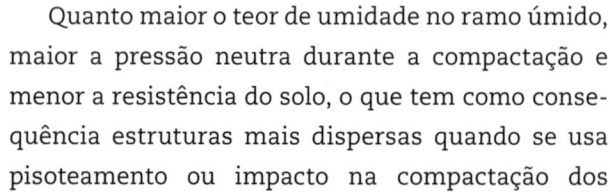

Compactação por pisoteamento

No ramo seco, qualquer um desses tipos de compactação gera uma estrutura floculada. No ramo úmido, quanto mais intensa a aplicação de distorções (deformações cisalhantes), maior é a orientação entre as partículas. Assim, por exemplo, a compactação por pisoteamento imprime estrutura mais dispersa do que aquela por impacto; já a compactação por vibração e a estática podem gerar estruturas floculadas, mesmo acima da umidade ótima.

Quanto maior o teor de umidade no ramo úmido, maior a pressão neutra durante a compactação e menor a resistência do solo, o que tem como consequência estruturas mais dispersas quando se usa pisoteamento ou impacto na compactação dos solos. Do mesmo modo, quanto menor a força na mola do soquete, menor a penetração, donde menos dispersa a estrutura. Em particular e reportando-se à Fig. 7.6, note-se que no ramo úmido solos compactados por pisoteamento, por possuírem estrutura dispersa (excesso de água), apresentam maior redução de volume por secagem e menor pressão neutra residual (em valor absoluto).

Do ponto de vista das propriedades de engenharia, alguns resultados experimentais podem ser explicados à luz dessas conclusões, concernentes à estrutura dos solos compactados.

a. Um solo com estrutura floculada, uma vez saturado, oferece menor resistência ao fluxo de água do que com estrutura dispersa. É o que mostram os resultados apresentados na Fig. 7.7; para uma mesma energia de compactação, aumentando-se a umidade de moldagem, a permeabilidade diminui; já no ramo úmido, ocorre um pequeno aumento da permeabilidade. Essa explicação será aprofundada no Cap. 9.

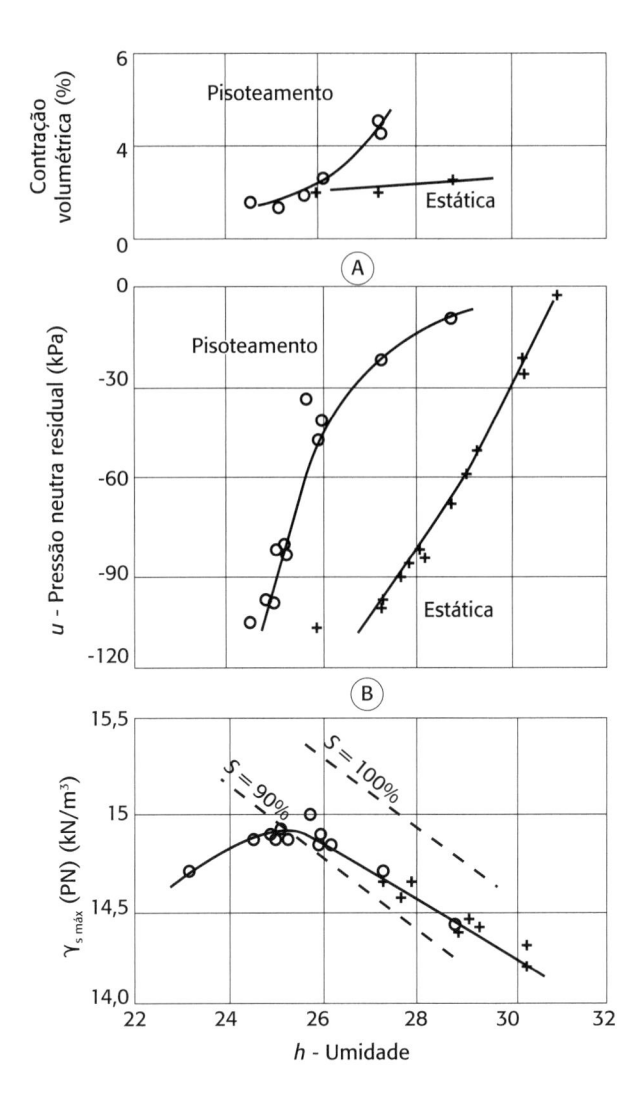

Fig. 7.6 *Pressões neutras e contrações volumétricas em caulinita compactada*
Fonte: adaptado de Lambe e Whitman (1969).

b. Para uma mesma densidade seca (portanto, mesmo índice de vazios) e mesma energia de compactação, solos compactados no ramo seco são menos compressíveis do que os compactados no ramo úmido, pelo menos para baixas pressões (ver a Fig. 7.8).

c. Solos com estrutura dispersa desenvolvem maiores pressões neutras para pequenas deformações (5%), quando solicitados sem drenagem por tensões cisalhantes; como consequência, a curva tensão-deformação é mais abatida, como mostra a Fig. 7.9. No entanto, para deformações maiores (20% a 25%), as pressões neutras caem e se mantêm no nível das que se desenvolvem em solos com estrutura floculada, o que conduz a resistências ao cisalhamento independentes do tipo de compactação, desde que se comparem corpos de prova saturados e moldados com os mesmos h, γ_S e σ_3. Isso ocorre porque, para grandes deformações, as partículas de solo se alinham no plano de ruptura. Sob esse aspecto, a Fig. 7.10 é bastante elucidativa. Quatro corpos de prova foram compactados estaticamente e por pisoteamento, de tal forma que ficaram aos pares nas mesmas umidades e densidades secas de moldagem: o primeiro par foi compactado abaixo da ótima (Fig. 7.10A), e o segundo, acima da ótima (Fig. 7.10B). Posteriormente, todos os corpos de prova foram saturados, ficando praticamente com as mesmas umidades e densidades secas. Foi nessa condição que foram submetidos a ensaios de compressão triaxial não drenado. Com esse procedimento, a única diferença entre eles era a estrutura: dispersa para o corpo de prova compactado por pisoteamento e acima da ótima; para os outros três, a estrutura era floculada.

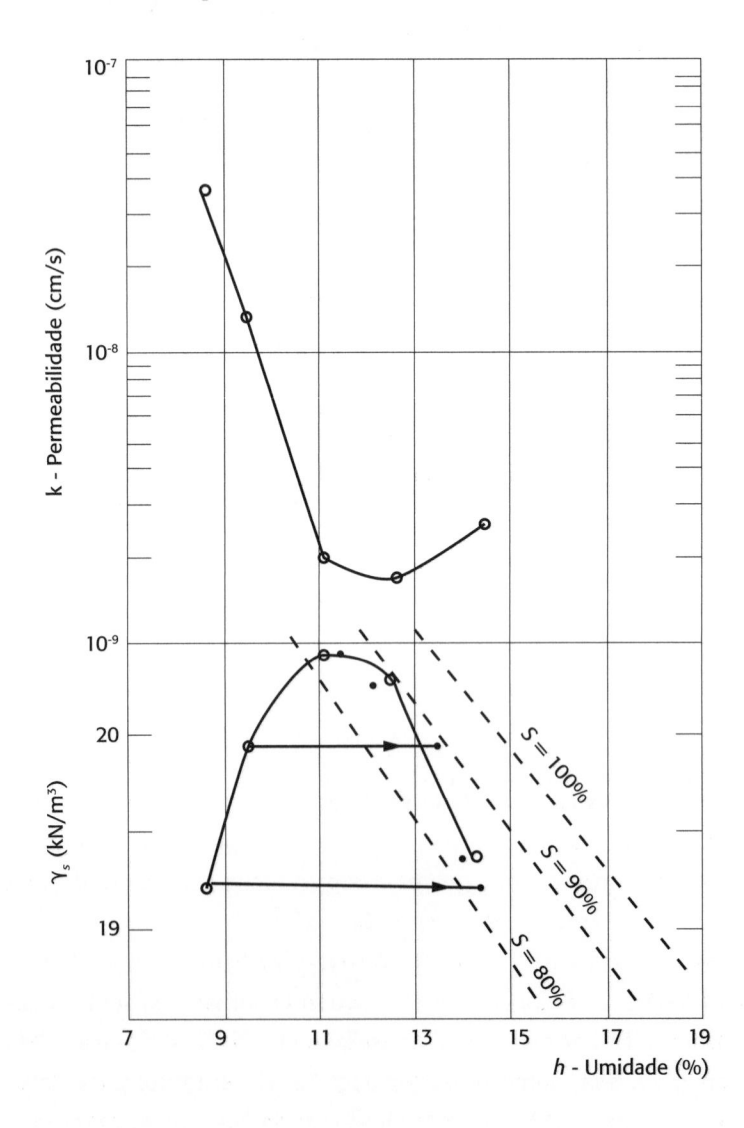

Fig. 7.7 *Permeabilidade em solos compactados*
Fonte: adaptado de Lambe e Whitman (1969).

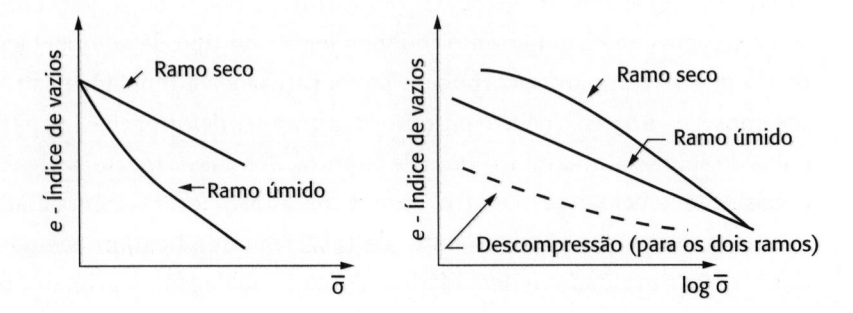

Fig. 7.8 *Compressibilidade em solos compactados*
Fonte: adaptado de Lambe (1958a).

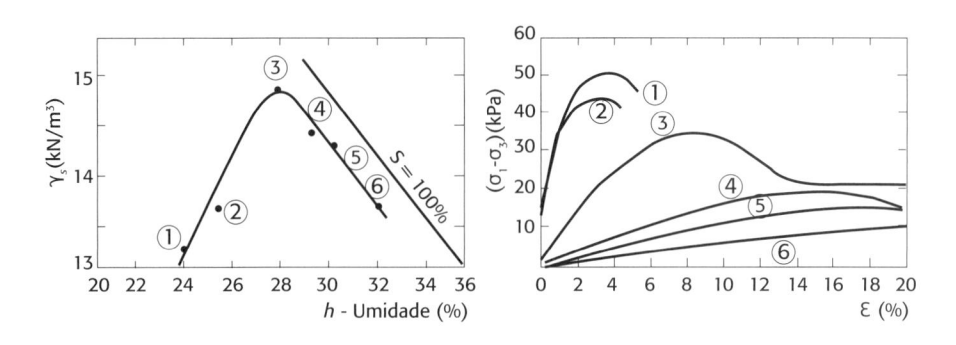

Fig. 7.9 *Influência da estrutura de solos compactados nas relações tensão-deformação*
Fonte: adaptado de Seed e Chan (1959).

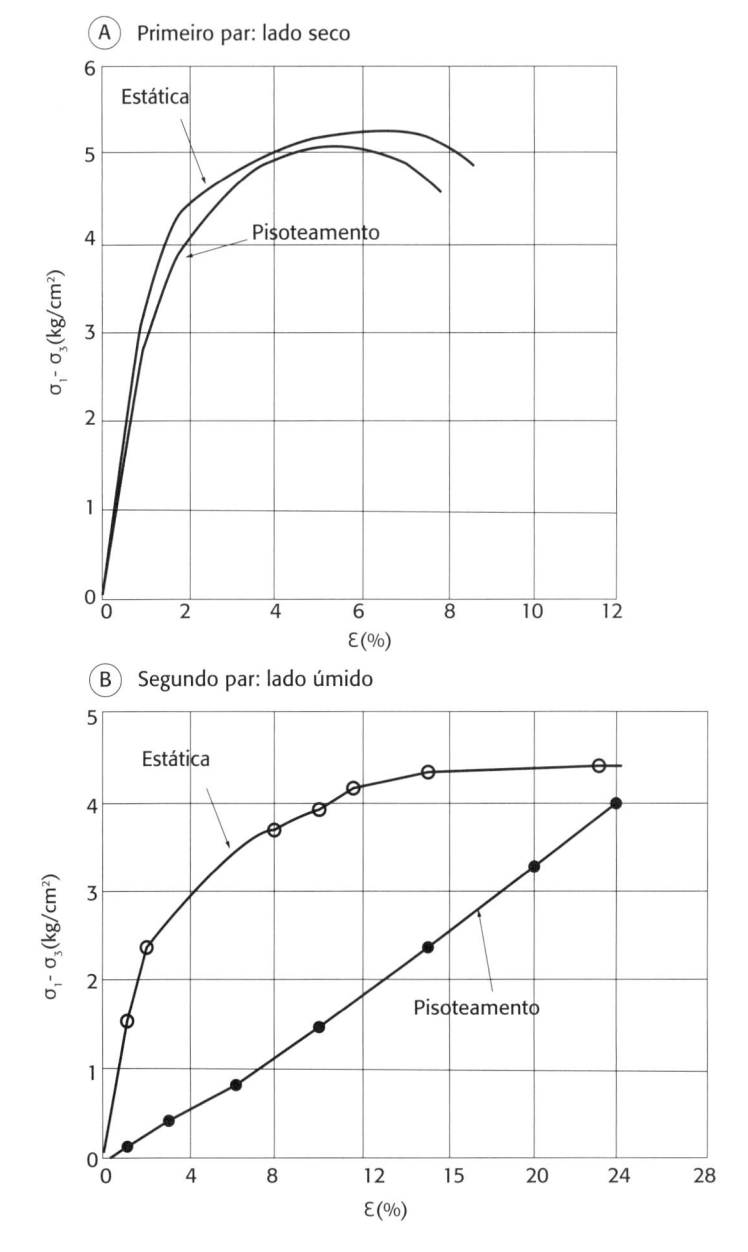

Ⓐ Primeiro par: lado seco

Ⓑ Segundo par: lado úmido

Fig. 7.10 *Relações tensão-deformação de ensaios triaxiais rápidos para argilas siltosas, em diversas condições de compactação*
Fonte: adaptado de Seed e Chan (1959).

d. Como foi visto, na ruptura, vale dizer, para grandes deformações, as resistências se igualam, o que significa o mesmo círculo no diagrama de Mohr e, portanto, que os parâmetros de resistência independem do tipo de compactação. Essa conclusão tem alcance prático muito importante, pois torna válida a estimativa desses parâmetros em corpos de prova moldados em laboratório, independentemente dos equipamentos de compactação usados no campo.

Existem, no entanto, certos tipos de solos que mesmo compactados acima da ótima por pisoteamento ficam com estrutura floculada; outros, apesar de possuírem estrutura dispersa, comportam-se como se fossem floculados, pela influência da fração de areia (ver Seed e Chan, 1959).

Nem sempre ao ponto ótimo estão associadas as melhores características do ponto de vista da engenharia. Investigações conduzidas por Casagrande e Hirschfeld (1960, 1964) revelaram que existem tendências de variações bem definidas de parâmetros de solos no diagrama de Proctor, independentemente da energia aplicada ou do ponto ótimo, mas não necessariamente do método ou tipo de compactação, como é o caso, por exemplo, dos módulos de deformabilidade e CBR. Isso possibilita análises globais do comportamento de solos compactados. Ensaios de CBR realizados no IPT em amostra de solo arenoso, variando-se a energia e o tipo de compactação, permitiram, por interpolação, traçar curvas de igual valor desse parâmetro no diagrama de Proctor, conforme a Fig. 7.11. Uma conclusão interessante é que, para certa energia de compactação, existe um ponto do ramo seco ao qual está associado o CBR máximo, que, portanto, não ocorre no ponto ótimo da curva de compactação. Para mais detalhes, ver o trabalho de Vendramini e Pinto (1974).

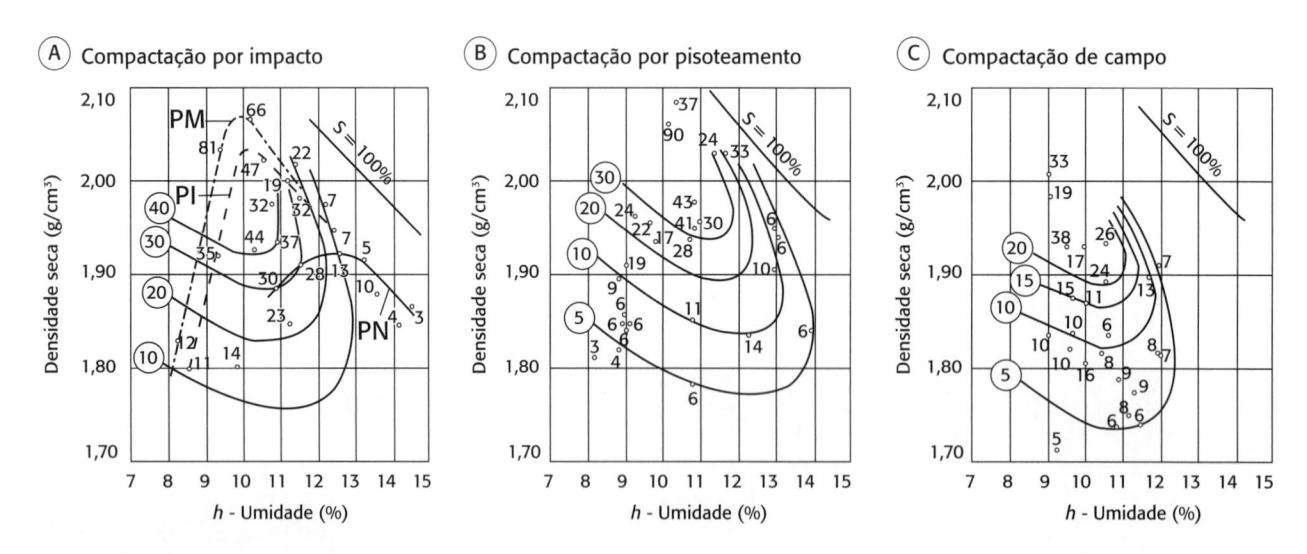

Fig. 7.11 *Curvas de igual CBR*
Fonte: Vendramini e Pinto (1974).

7.4 Técnica do ensaio de Proctor normal

7.4.1 Volume do molde

Quando se compara a norma brasileira com a norma americana, notam-se algumas diferenças, a começar pelo volume do molde: enquanto a primeira recomenda o uso de um cilindro com 1.000 cm^3 (10 cm de diâmetro e 12,73 cm de altura), a segunda prescreve 946 cm^3 (1/30 ft^3).

Quando o solo possui material retido na peneira 4 (4,8 mm), costuma-se substituí-lo por igual quantidade de areia grossa e executar o ensaio normalmente. Posteriormente, com base em considerações teóricas, é possível corrigir a curva de compactação assim obtida, supondo que a umidade se distribui nos vazios do solo passado na peneira 4 e nos "poros permeáveis" dos grãos de pedregulhos, sendo essa umidade medida através de sua absorção (ver a NBR 6458 (ABNT, 1984a)). O exercício complementar 2 ilustra os cálculos a que se deve proceder para tanto. Ver também a seção "Correção da curva de compactação" (p. 189).

Uma alternativa é utilizar cilindros de maiores dimensões, como o do ensaio de CBR. A NBR 6457 (ABNT, 1986a) especifica quando utilizar o cilindro grande do CBR e a substituição do material retido na peneira de 19,1 mm por igual quantidade de pedregulho do mesmo solo.

Solo com pedregulhos

7.4.2 Excesso de solo no colarinho

A parte do solo que excede a altura do molde e é contida pelo colar, que o prolonga, é fixada em 10 mm pela NBR 7182 (ABNT, 1986b). Esse valor não deve ser ultrapassado para que não se perca parte da energia de compactação no material a ser arrasado. A norma americana fixa esse excesso entre 1/4 e 1/2 polegada.

7.4.3 Espessura das camadas

Estudos experimentais conduzidos por Pinto e Yamamoto (1966) mostram que as três camadas de solo devem ter a mesma espessura, pois, caso contrário, obtêm-se densidades secas máximas menores, entrando, pois, no mérito dessa questão, a reprodutibilidade e a repetibilidade do ensaio.

Peneiramento na peneira 4

7.4.4 Reúso e secagem prévia do solo

Dois aspectos de capital importância para alguns solos referem-se ao reúso, isto é, ao seu emprego sucessivo no ensaio para a determinação da densidade seca, para diversas umidades, e à secagem prévia do material ao ar, antes de sua compactação.

O reúso do solo na obtenção dos diversos pontos da curva de Proctor pode provocar quebra de partículas. No entanto, em alguns casos, melhora a uniformização da umidade. Secar e umedecer cria

Separação dos retidos na peneira 4

Controle da camada para compactação

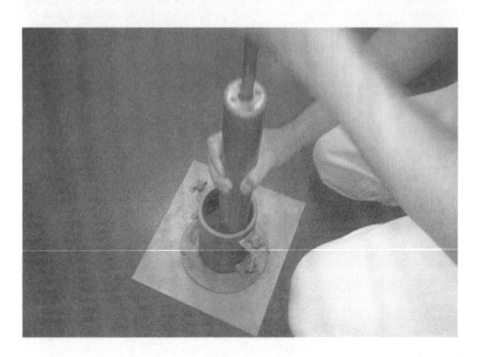

Compactação Proctor normal

Extração do corpo de prova

heterogeneidades, podendo até mudar as características do solo.

É curioso notar que as antigas versões da norma brasileira e da norma americana especificavam exclusivamente o reúso e a secagem prévia ao ar, diferenciando-se apenas pelo fato de a norma americana recomendar o acondicionamento do solo com água em recipiente fechado, mantendo-o em cura de um dia para o outro. Atualmente, a NBR 7182 (ABNT, 1986b) prescreve dois tipos de ensaio: a) com reúso de material, sobre amostras preparadas com secagem prévia até a umidade higroscópica; e b) sem reúso do material, sobre amostras preparadas 5% abaixo da umidade ótima presumível.

É célebre o caso do solo da barragem de Sasumua, no Quênia (África), estudado por Terzaghi (1958), que já foi objeto de considerações nos Caps. 4 e 5, nos quais foi visto que entre os seus argilominerais predominava a haloisita, além da ocorrência de óxido de ferro. O solo se comportava como granular (elevada resistência, com Φ' da ordem de 34°) e, ao mesmo tempo, como argiloso (baixa permeabilidade, com valores da ordem de 10^{-7} cm/s e índice de compressão de 0,32). A explicação de Terzaghi, que foi posteriormente contestada por Wesley (1977) e Wesley e Irfan (1997), como se viu no Cap. 5, residia na macroestrutura desse solo, que seria constituída de grãos muito duros e porosos, resultantes da aglutinação das partículas por cimentação com óxido de ferro.

Comentando o trabalho de Terzaghi (1958), Skempton (1958) lembrou que as primeiras amostras de solo revelaram umidades muito acima da ótima de laboratório, a ponto de empreiteiros acharem impossível secar o solo até o ponto desejado. Ademais, Wakeling (1958), discutindo também o trabalho de Terzaghi, conjectura que o solo da barragem de Sasumua teria sido compactado 5% abaixo da ótima (de campo), o que explicaria os baixos valores de pressão neutra medidos em final de construção.

A explicação para tais fatos, sabe-se hoje, reside na diferença entre os teores de umidade ótima desse tipo de solo, quando compactado em laboratório, após secagem prévia ao ar, ou quando compactado no campo, secando até a umidade de compactação. Tal diferença pode atingir até 10% e pode ser explicada pela perda irreversível de água dos *clusters*, a *sequestered water*, após secagem prévia do solo ao ar, com a transformação da haloisita na sua forma menos hidratada.

No Brasil, o solo da barragem de Ponte Nova apresentou comportamento semelhante, embora mais atenuado, como está indicado nas Figs. 7.12 e 7.13, obtidas por Pinto (1979). Vê-se que, mesmo secando o material até o primeiro ponto (21,1%), a curva de compactação difere daquela obtida por secagem a partir do último ponto (de maior teor de umidade de moldagem). Ademais, deixando-se em cura o solo, após secagem prévia, não se alteram os resultados obtidos conforme a norma brasileira. Finalmente, a diferença entre os teores de umidade ótima do ensaio com secagem a partir do último ponto e do ensaio sem secagem prévia foi de 4%; os graus de compactação poderiam diferir em até 3%.

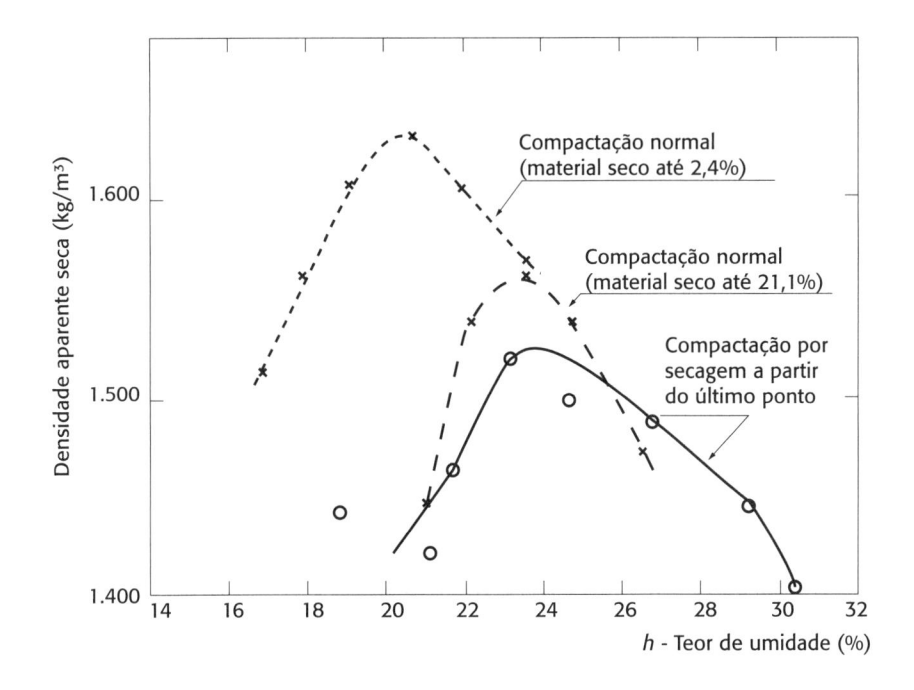

Fig. 7.12 Influência da secagem na curva de compactação. Solo da barragem de Ponte Nova. Fonte: Pinto (1979).

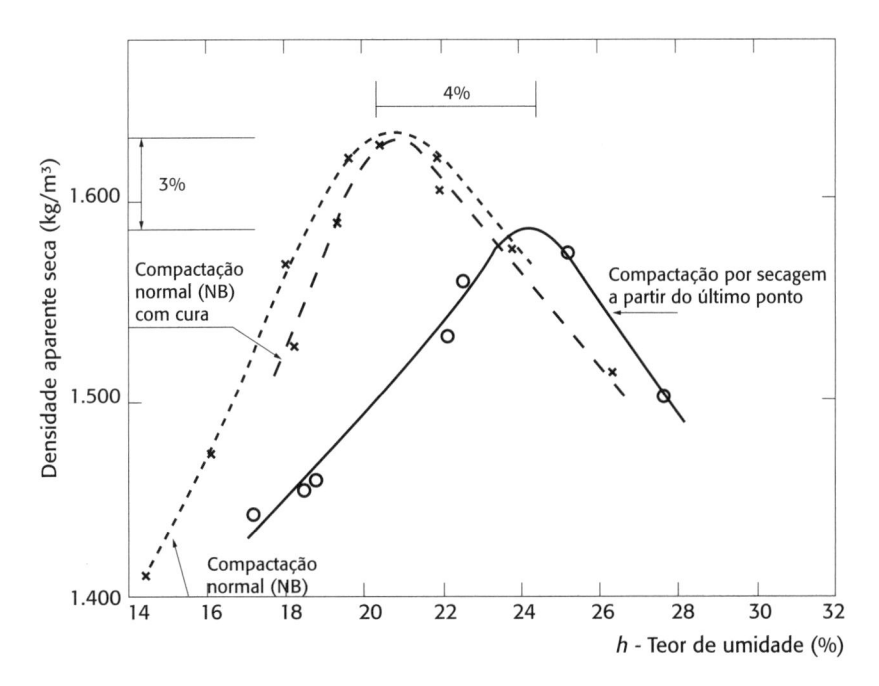

Fig. 7.13 Influência da secagem e do tempo de cura na curva de compactação. Solo da barragem de Ponte Nova. Fonte: Pinto (1979).

Para os solos da barragem de Ilha Solteira notou-se que diferenças desse tipo não existiam no grau de compactação e, quanto à umidade ótima, elas eram de menos de 1% para os solos mais arenosos e de 2% para os argilosos. O reverso foi constatado para solos de decomposição de gnaisse, em que a secagem prévia aumentava apenas a densidade seca máxima, deixando inalterada a umidade ótima.

7.5 Precisão

Tomando-se a Eq. 2.9A, pode-se provar que:

$$\frac{\Delta \gamma_s}{\gamma_s} = \left|\frac{\Delta \gamma_n}{\gamma_n}\right| + \left(\frac{h}{1+h}\right) \cdot \left|\frac{\Delta h}{h}\right| \qquad (7.2)$$

ou, tendo em vista a Eq. 2.6:

$$\frac{\Delta \gamma_s}{\gamma_s} = 2\left|\frac{\Delta P}{P_u}\right| + \left|\frac{\Delta V}{V}\right| + \left(\frac{h}{1+h}\right) \cdot \left|\frac{\Delta h}{h}\right| \qquad (7.3)$$

7.5.1 Erro em *h*

Recorrendo-se à Eq. 2.10, tem-se:

$$\frac{h}{1+h} \cdot \frac{\Delta h}{h} = \frac{2\Delta P}{P'_u}(1+h)$$

em que P'_u é o peso do solo colocado na cápsula de alumínio. Para $\Delta P/P'_u = 1/1.000$ e *h* variando de 20% a 40%, tem-se, no máximo,

$$\left|\frac{\Delta h}{h}\right| \cong 1\% \quad \text{e} \quad \left|\frac{h}{1+h} \cdot \frac{\Delta h}{h}\right| = 0,28\%$$

7.5.2 Erro em γ_s

As especificações da versão anterior da NBR 7182 (ABNT, 1986b) fixavam as seguintes dimensões e tolerâncias: $D = (10 \pm 0,005)$ cm e $H = (12,73 \pm 0,005)$ cm, isto é:

$$\frac{\Delta D}{D} = 5 \times 10^{-4} \quad \text{e} \quad \frac{\Delta H}{H} = 4 \times 10^{-4}$$

Logo,

$$\frac{\Delta V}{V} = 2(5 \times 10^{-4}) + 4 \times 10^{-4} = 0,14\%$$

Ademais, se a sensibilidade da balança no ensaio de compactação for de 5 g, tem-se, valendo-se da Eq. 7.3:

$$\frac{\Delta \gamma_s}{\gamma_s} = \frac{5}{2.000} + 0,14\% + 0,28\%$$

pois o peso do solo compactado no molde é da ordem de 2.000 g. Logo:

$$\frac{\Delta \gamma_s}{\gamma_s} = 0,7\% \qquad (7.4)$$

Se a balança fosse sensível a 1 g, como recomenda a NBR 7182 (ABNT, 1986b), esse erro relativo cairia para:

$$\frac{\Delta \gamma_s}{\gamma_s} = 0,5\% \qquad (7.5)$$

As atuais especificações da NBR 7182 (ABNT, 1986b) fixam as seguintes dimensões e tolerâncias: $D = (10 \pm 0,04)$ cm; $H = (12,73 \pm 0,03)$ cm; e $V = (1.000 + 10)$ cm^3, isto é:

$$\frac{\Delta V}{V} = 1\%$$

Com balança sensível a 1 g, como recomenda a NBR 7182 (ABNT, 1986b), esse erro relativo subiria para:

$$\frac{\Delta \gamma_s}{\gamma_s} = 1,3\% \qquad (7.6)$$

Vê-se, pois, que houve um retrocesso na NBR 7182 no que tange à precisão da medida da densidade aparente seca no ensaio de compactação.

7.6 Fontes de erro do ensaio
a. Mistura ou homogeneização incompleta;
b. destorroamento incompleto;
c. distribuição não uniforme da energia de compactação;
d. teor de umidade não representativo da amostra toda;
e. número insuficiente de pontos para definir o ponto ótimo; e
f. reúso do solo durante o ensaio.

Parte experimental

1) Determinar o peso específico aparente, o peso específico real e a absorção de um pedregulho.
2) Com a amostra em estudo, executar um ensaio normal de compactação e um ensaio de compactação com o Harvard Miniature. Em seguida, traçar no gráfico de compactação as curvas de 80%, 90% e 100% de saturação do material.

Exercícios complementares

Ensaios de compactação realizados com o soquete e o cilindro do ensaio modificado na fração de um solo laterítico pedregulhoso da rodovia Belém-Brasília que passou pela peneira n. 4 forneceram os seguintes resultados:

Moldagem com 55 golpes por camada		Moldagem com 12 golpes por camada	
h (%)	γ_s (kN/m^3)	h (%)	γ_s (kN/m^3)
8,0	19,00	9,0	16,35
9,5	19,75	11,0	17,45
10,5	20,20	12,2	18,50
11,2	20,30	13,4	19,15
12,8	19,65	15,0	18,70
14,5	18,95	16,5	18,30

1) a) Quantos golpes por camada devem ser aplicados para que o solo apresente uma densidade seca máxima de 19,80 kN/m³?

b) Qual o valor da umidade ótima a ela associada? (Carlos de Sousa Pinto)

Solução:

Com base nos dados dos ensaios de compactação, pode-se construir o gráfico abaixo para o material passado na peneira de 4,8 mm (φ<#4).

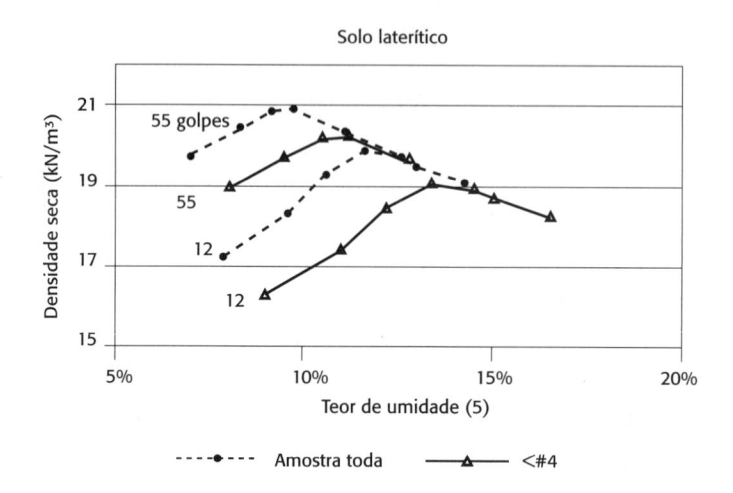

Solo laterítico

[Gráfico: Densidade seca (kN/m³) vs Teor de umidade (%), mostrando curvas para 55 golpes e 12 golpes, Amostra toda e <#4]

Das curvas cheias desse gráfico, podem-se extrair os seguintes valores para a amostra ensaiada (Φ < #4):

Moldagem	Densidade seca máxima (kN/m³)	Umidade ótima (%)
55 golpes	20,32	11,2
12 golpes	19,16	13,4

a. Correlacionando as densidades secas máximas com o log(N), em que N é o número de golpes, chega-se à equação:

$$\gamma_s^{máx} = 1,754 \log N + 17,27$$

que permite estimar N = 28 golpes.

b. Para determinar h_{ot}, basta traçar a linha dos pontos ótimos, inserir o valor da densidade seca máxima de 19,80 kN/m³ e extrair h_{ot} = 12%, aproximadamente.

2) Traçar as curvas de compactação do solo laterítico todo (exercício 1) referentes a 55 e 12 golpes, supondo que a fração de solo retida na peneira n. 4 seja de 15%. Admitir que o peso específico real dos grãos (δ) e o peso específico aparente do pedregulho (D) sejam, respectivamente, 26,5 kN/m³ e 25,4 kN/m³. (Deduzir todas as fórmulas a serem utilizadas nos cálculos.)

187
Compactação
dos solos

Solução:
Deduções das fórmulas: ver seção "Correção da curva de compactação" (p. 189).

A aplicação das fórmulas presentes na seção "Determinação da absorção, da densidade específica aparente e da densidade real dos grãos" (p. 188) leva a uma absorção (s) igual a 1,63%. Com as fórmulas da seção "Correção da curva de compactação" (p. 189), pode-se construir as tabelas a seguir:

	55 golpes				12 golpes		
h (%)	γ_s (kN/m³)	h_T (%)	γ_T (kN/m³)	h (%)	γ_s (kN/m³)	h_T (%)	γ_T (kN/m³)
8	19,00	7,0%	19,75	9	16,35	7,9%	17,27
9,5	19,75	8,3%	20,43	11	17,45	9,6%	18,31
10,5	20,20	9,2%	20,84	12,2	18,50	10,6%	19,29
11,2	20,30	9,8%	20,93	13,4	19,15	11,6%	19,88
12,8	19,65	11,1%	20,34	15	18,70	13,0%	19,47
14,5	18,95	12,6%	19,70	16,5	18,30	14,3%	19,10

Moldagem	Densidade seca máxima (kN/m³)	Umidade ótima (%)
55 golpes	20,93	9,8
12 golpes	19,90	11,6

Os dados dessas tabelas permitem completar o diagrama de Proctor com as curvas (tracejadas) referentes à amostra toda, conforme mostrado no gráfico do exercício anterior.

> **3)** Existe algum limite teórico da fração retida na peneira n. 4 acima do qual as fórmulas deduzidas no exercício 2 perdem validade? Em caso afirmativo, estime seu valor para o solo laterítico da rodovia Belém-Brasília.

Solução:
Levando-se em conta que areias e pedregulhos podem formar arranjos estáveis com η = 60% a 70% (ver Cap. 6), tem-se *e* = 2 a 3.

O *valor limite* de Q será obtido impondo-se que o volume de vazios desse arranjo é maior ou igual ao volume total do solo que passa na #4, isto é:

$$e \cdot \frac{Q \cdot P_s}{D} \geq \frac{(1-Q)P_s}{\gamma_s}$$

donde:

$$\frac{Q}{D} \geq \frac{(1-Q)}{e \cdot \gamma_s}$$

e

$$Q_{\lim} = \frac{1}{1 + \dfrac{e \cdot \gamma_s}{D}}$$

Numericamente, tem-se, para $e = 2$:

$$Q_{lim} = \frac{1}{1+\frac{2 \cdot 20}{25,4}} \cong 40\%$$

que é o limite procurado. Para $e = 3$, esse limite passaria a valer cerca de 30%.

Questões para pensar
- Como o ensaio normal de compactação foi executado? Descrever sucintamente.
- O que vem a ser compactar um solo pela via úmida? E pela via seca? Os parâmetros de compactação resultam diferentes conforme a via? Por quê?
- O que vem a ser o reúso do solo no ensaio de compactação? Qual é a sua importância?
- Como explicar a forma de sino da curva de Proctor?

Saiba mais
Determinação da absorção, da densidade específica aparente e da densidade real dos grãos

A parte do solo retida na peneira de 4,8 mm deve ser submetida a ensaios específicos para a determinação da absorção (s), da densidade específica aparente (D) e da densidade real dos grãos (δ).

A massa específica ou densidade dos grãos (δ) foi definida no Cap. 2 e é dada pela Eq. 2.5, isto é, $\delta = P_s/V_s$. Define-se a massa específica aparente dos grãos (D) como sendo a relação entre o seu peso seco e o volume ocupado pelos sólidos e pela água dos poros, permeáveis e impermeáveis. Entende-se por poros impermeáveis os vazios no interior dos grãos, de onde é impossível remover água porventura existente. Finalmente, a absorção (s) refere-se à água dos poros permeáveis, passível de ser removida, e é obtida dividindo-se o peso da água absorvida pelo peso seco dos grãos.

Basicamente, a sequência do ensaio é a seguinte:
a. lavar a amostra, para retirar os finos aderidos aos grãos de pedregulho;
b. deixar a amostra em imersão por 24 horas;
c. enxugar a amostra com toalha levemente úmida, removendo só a água superficial; os grãos devem apresentar característica de material saturado; deve-se evitar evaporação;
d. determinar o peso da amostra saturada e superficialmente seca (P_h);
e. colocar a amostra em cesto de tela de arame, com malha de 3 mm de abertura, e determinar o peso submerso ou imerso (P_i);
f. secar a amostra em estufa e determinar P_s.

Para amostras com até 1,5 kg, usar balança sensível a 0,1 g. Para outras quantidades de amostra, consultar a NBR 6458 (ABNT, 1984a), que dá outros detalhes do ensaio.

A absorção (s), a massa específica aparente (D) e a massa específica ou densidade real dos grãos (δ) podem ser calculada pelas equações:

$$s = \frac{P_h - P_s}{P_s} \tag{7.7}$$

$$D = \gamma_o \cdot \frac{P_s}{P_h - P_i} \tag{7.8}$$

$$\delta = \gamma_o \cdot \frac{P_s}{P_s - P_i} \tag{7.9}$$

É fácil verificar a validade da seguinte relação envolvendo os três índices:

$$s = \gamma_o \left(\frac{1}{D} - \frac{1}{\delta} \right) \tag{7.10}$$

que permite determinar qualquer um, desde que se conheça dois deles.

Correção da curva de compactação

A questão que se coloca é a seguinte: dada uma curva de compactação obtida só com a fração do solo que passa na peneira 4, de 4,8 mm, como obter a curva corrigida, isto é, que leve em conta a fração grossa (pedregulho)?

Para responder a essa questão, é necessário imaginar um ensaio de compactação da mistura dos finos (Φ < #4) com o pedregulho (Φ ≥ #4).

Seja Q a fração de pedregulho, em porcentagem. Desde que Q < 30% a 40%, a amostra toda terá uma matriz de finos, com os pedregulhos dispersos e afastados uns dos outros. Seja h_T a umidade da amostra toda antes da compactação. Após a compactação, a matriz de finos terá uma densidade seca de γ_s e uma umidade h, cuja relação $\gamma_s = f(h)$ pode ser obtida ensaiando a amostra sem os pedregulhos, isto é, só com os finos (Φ < #4). Os pedregulhos absorverão certa quantidade de água, medida pela sua absorção (s).

Nesse estado compactado, pode-se representar a distribuição de sólidos e água como está indicado na figura adiante. P_s é o peso dos sólidos, incluindo os finos e os pedregulhos.

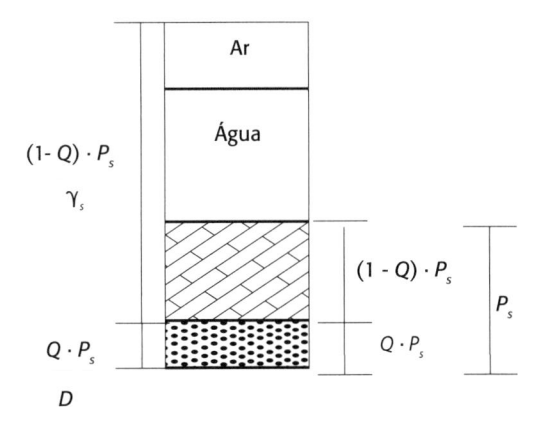

É fácil provar que a umidade da amostra toda (h_T) é dada por:

$$h_T = (1-Q)h + Q \cdot s \qquad (7.11)$$

Designando por γ_T a densidade aparente seca da amostra toda, tem-se:

$$\frac{(1-Q)P_s}{\gamma_s} + \frac{Q \cdot P_s}{D} = \frac{P_s}{\gamma_T}$$

donde:

$$\frac{1}{\gamma_T} = \frac{(1-Q)}{\gamma_s} + \frac{Q}{D} \qquad (7.12)$$

As Eqs. 7.11 e 7.12 resolvem a questão, permitindo traçar a curva de γ_T em função de h_T.

Métodos para o controle da compactação no campo

8

8.1 Colocação do problema

Controlar a compactação de um aterro pode significar a determinação, no mais breve intervalo de tempo, do grau de compactação e do desvio de umidade em relação à umidade ótima, isto é:

$$GC = \frac{\gamma_{sa}}{\gamma_s^{máx}} \quad \text{(8.1A)}$$

e

$$\Delta h = h_a - h_{ot} \quad \text{(8.1B)}$$

em que γ_{sa} e h_a são, respectivamente, a densidade seca e o teor de umidade do solo compactado do aterro; e $\gamma_s^{máx}$ e h_{ot} representam os mesmos parâmetros relativos ao ponto ótimo, obtidos em laboratório, com o mesmo solo.

Está se tratando de índices físicos (teores de umidade e densidades secas), cujas determinações requerem o uso da estufa, demandando, portanto, tempo, raramente disponível.

Uma maneira de contornar o problema é executando um controle de qualidade do aterro a *posteriori* por meio de ensaios em blocos de solo indeformado, extraídos tempos depois da liberação da camada (Fig. 8.1A e B). É um controle do produto final.

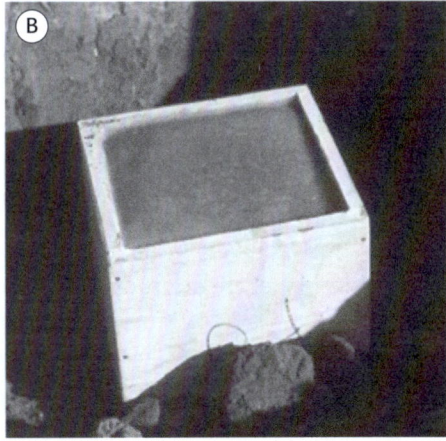

Fig. 8.1 *Bloco de solo compactado indeformado: (A) talhagem; (B) inserção em caixa de madeira para transporte*

Se se quiser atuar a *priori*, isto é, antes da liberação da camada, pode-se lançar mão de procedimentos que, no fundo, permitem um controle do método empregado na compactação pela empreiteira da obra.

A aplicação desses métodos não dispensa o "controle visual", feito por engenheiros e técnicos experientes no trato da compactação de aterro. Um bom técnico é capaz de prever aproximadamente a umidade ótima e indicar a ordem de grandeza dos desvios de umidade em relação à ótima.

8.2 Métodos diretos e indiretos de controle de compactação

Os procedimentos mencionados anteriormente podem ser classificados em métodos diretos e indiretos do controle de compactação. Como os nomes sugerem, os primeiros fornecem os parâmetros de compactação adimensionalizados (isto é, o GC e Δh de solos finos ou a compacidade ou densidade relativa dos solos granulares) sem intermediação, que é exigida pelos segundos, por meio de curvas de calibração.

Entre os métodos diretos, cita-se o método de Hilf, a ser abordado em detalhe mais adiante. Por outro lado, o método da estufa de raios infravermelhos, o método do penetrômetro de Eggestad, o método da resistividade e o método nuclear são métodos indiretos.

8.2.1 Método da estufa de raios infravermelhos

Esse método permite secar um solo rapidamente usando-se estufa com lâmpadas que emitem luz infravermelha. Com isso, obtêm-se valores da "umidade" h_{IV}, que não é a umidade verdadeira h, a qual requer, por definição, o emprego de estufa com temperaturas entre 105-110 °C. No entanto, por meio de correlações empíricas entre h e h_{IV}, é possível liberar camadas recém-compactadas em 30 a 40 minutos.

8.2.2 Método do penetrômetro de Eggestad

O método do penetrômetro de Eggestad (1974) consiste na cravação de uma ponteira numa areia com a medição, por meio de aparelhagem apropriada, do volume de empolamento na superfície da camada. A relação (R) entre esse volume e o volume cravado da ponteira depende de densidade relativa (DR) da areia. Tem-se, assim, uma curva de calibração R em função de CR, que deve ser obtida aprioristicamente.

8.2.3 Método da resistividade

O método da resistividade permite a determinação da compacidade de uma areia recém-compactada graças a correlações estabelecidas previamente entre esse parâmetro e a resistividade da areia, a ser medida através da passagem de corrente elétrica entre eletrodos. Ver mais detalhes em Cambefort (1957).

8.2.4 Método nuclear

O método nuclear vale-se de duas fontes distintas: uma de raios gama, para a determinação da densidade natural, e outra de nêutrons rápidos, para a estimativa do teor de umidade. Esses índices físicos são obtidos indiretamente, por meio de curvas de calibração. O método encontra-se padronizado pela norma D2922-96 (ASTM, 1996). Ver também IAEA (1970).

8.3 Método de Hilf

Para contornar a "dificuldade da estufa", vale dizer, sobre as determinações dos pesos secos e das umidades, Hilf (1956, 1975) desenvolveu um método que permite o cálculo preciso do grau de compactação e uma estimativa do desvio de umidade. É o que será visto a seguir.

As hipóteses básicas, condições para que o método funcione, do ponto de vista teórico, são que a camada a ser liberada seja homogênea e que o teor de umidade esteja uniformemente distribuído, isto é, seja constante.

O ensaio foi objeto de normalização pela ABNT, sob número NBR 12102 (ABNT, 1991b). O anexo A dessa norma, intitulado "Fundamentos teóricos do método de Hilf", baseou-se nos conceitos e deduções apresentados neste capítulo.

8.3.1 Afinidade entre a curva de Hilf e a de Proctor

O valor da densidade natural ou úmida do solo da camada compactada no campo (γ_{ua}) pode ser determinado rapidamente, por um dos processos apresentados no final deste capítulo. Sendo h_a o teor de umidade do solo do aterro, tem-se:

$$\gamma_{ua} = \gamma_{sa}(1+h_a) \tag{8.2}$$

Do mesmo ponto em que se mediu γ_{ua}, coleta-se porção de solo que, após homogeneização, é quarteada (Fig. 8.2). Deve-se proteger cuidadosamente cada quarto, a fim de evitar a evaporação de água. Nota-se que, diante da hipótese de homogeneidade, cada quarto possui o mesmo teor de umidade h_a.

Suponha-se que o solo compactado esteja no ramo seco da curva de compactação. Então, deve-se tomar cada quarto, a partir do segundo, e adicionar uma certa quantidade de água, dada por:

$$z_i = \frac{P_a}{P_u} \quad (i = 2, 3 \text{ e } 4)$$

em que P_a é o peso de água a ser adicionada e P_u, o peso úmido do i-ésimo quarto antes dessa adição. A seguir, homogeneiza-se muito bem e compacta-se cada quarto de solo no cilindro de Proctor, obtendo-se, no momento do ensaio, a densidade úmida do solo compactado γ_{ui}, referente ao i-ésimo quarto. A Tab. 8.1 resume o que foi dito. Se o solo compactado estiver no ramo úmido da curva de compactação, cada quarto deverá ser secado, como se verá adiante.

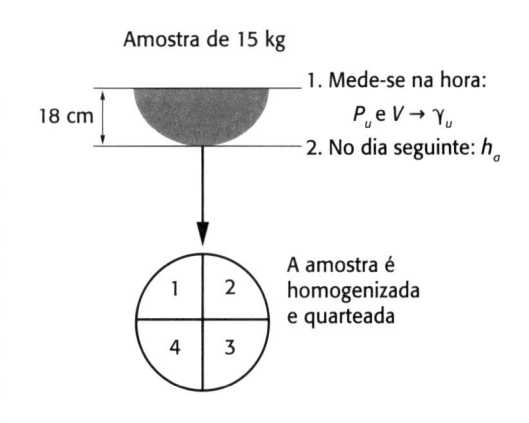

Fig. 8.2 *Coleta de amostra e seu quarteamento*

Tab. 8.1 Ensaio de Hilf

Quarto n.	Teor de umidade após homogeneização	Acréscimo (ou decréscimo) de água em relação ao peso úmido do quarto	Densidade úmida após compactação no cilindro de Proctor
1	h_a	$z_1 = 0$	γ_{u1}
2	h_a	z_2	γ_{u2}
3	h_a	z_3	γ_{u3}
4	h_a	z_4	γ_{u4}

Considere-se um quarto qualquer da amostra original. O peso da água dos seus poros é $P_s \cdot h_a$, e o peso úmido, $P_s(1+h_a)$.

Após adição da fração z (em relação ao peso úmido) de água, o peso da água P_a passa a ser:

$$P_a = P_s \cdot h_a + z \cdot P_s(1+h_a)$$

donde, pela definição de teor de umidade (Eq. 2.4):

$$h = h_a + z(1+h_a) \tag{8.3A}$$

Somando-se 1 a ambos os membros vem:

$$(1+h) = (1+h_a)(1+z) \tag{8.3B}$$

Por outro lado, após compactação no cilindro de Proctor, a densidade úmida do solo pode ser calculada pela Eq. 2.6, resultando:

$$\gamma_u = \gamma_s(1+h_a)(1+z) \tag{8.4A}$$

ou, tendo-se em vista a Eq. 8.3B, tem-se a já conhecida relação:

$$\gamma_u = \gamma_s(1+h) \tag{8.4B}$$

A Fig. 8.3 resume o que foi dito.

Rearranjando-se a Eq. 8.4A, tem-se:

$$\gamma_{uc} = \frac{\gamma_u}{1+z} = \gamma_s(1+h_a) \tag{8.5A}$$

que mostra que o parâmetro γ_{uc} é igual a um termo invariante $(1+h_a)$ multiplicado pela densidade seca, isto é, é diretamente proporcional a γ_s. Ademais, por analogia com a Eq. 8.4B, pode-se dizer que γ_{uc} é a "densidade úmida convertida" para a umidade do aterro h_a.

Por outro lado, além de γ_{uc} na Eq. 8.5A ser diretamente proporcional a γ_s, existe também uma relação linear entre h e z, pela Eq. 8.3A. Está, pois, estabelecida uma afinidade geométrica entre a curva de Proctor, γ_s em função de h, e a curva de Hilf, γ_{uc} em

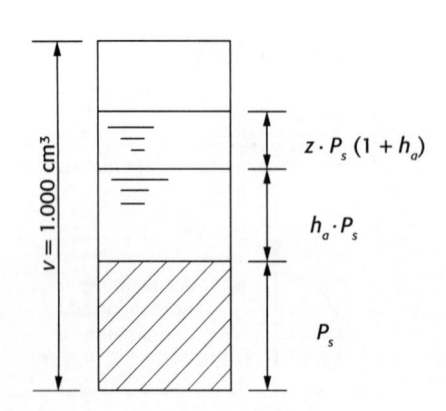

Fig. 8.3 *Representação esquemática do teor de umidade de cada quarto após compactação*

função de z (Fig. 8.4). Em outras palavras, o diagrama de Hilf é o de Proctor, apenas com escalas diferentes nos dois eixos de coordenadas. Ao se fazer essa afirmação, admitiu-se que a curva de Proctor foi obtida sem secagem e sem reúso do material (ver a seção 7.4.4). Em particular, note-se que:

$$\gamma_{uc}^{máx} = \gamma_s^{máx}(1+h_a) \tag{8.5B}$$

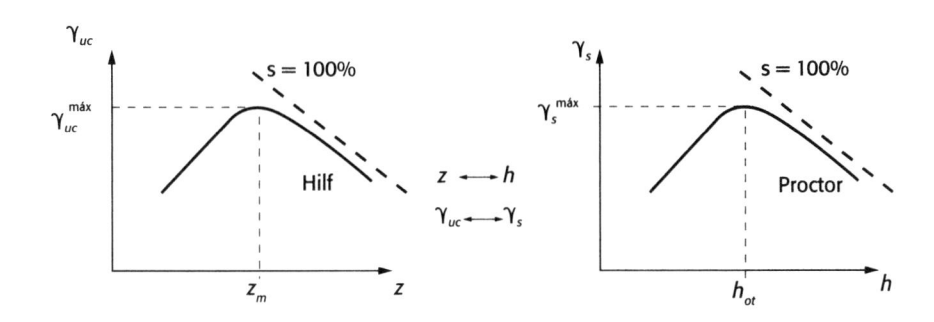

Fig. 8.4 Afinidade entre a curva de Proctor e a de Hilf

8.3.2 Determinação do grau de compactação

Sejam $\gamma_{uc}^{máx}$ e z_m os parâmetros que definem o pico da curva de Hilf (Fig. 8.4). O grau de compactação pode ser calculado por:

$$GC = \frac{\gamma_{ua}}{\gamma_{uc}^{máx}} \tag{8.6}$$

De fato, das Eqs. 8.2 e 8.5B, pode-se deduzir que:

$$\frac{\gamma_{ua}}{\gamma_{uc}^{máx}} = \frac{\gamma_{sa}(1+h_a)}{\gamma_s^{máx}(1+h_a)} = \frac{\gamma_{sa}}{\gamma_s^{máx}}$$

que é o grau de compactação, definido pela Eq. 8.1A.

Atente-se para o fato de o cálculo feito por meio da Eq. 8.6 ser matematicamente rigoroso.

8.3.3 Estimativa do desvio de umidade

a. *O retorno da dificuldade inicial*

Em virtude da afinidade existente entre a curva de Hilf e a de Proctor, para $z = z_m$, tem-se $h = h_{ot}$, o que permite que se reescreva a Eq. 8.3B da seguinte forma:

$$(1+h_{ot}) = (1+h_a)(1+z_m) \tag{8.7A}$$

donde:

$$(1+h_a) = \frac{1+h_{ot}}{1+z_m} \tag{8.7B}$$

ou ainda, pela Eq. 8.1B:

$$\Delta h = (1+h_a)-(1+h_{ot}) = \frac{1+h_{ot}}{1+z_m}-(1+h_{ot})$$

ou:

$$\Delta h = -\frac{z_m}{1+z_m}(1+h_{ot}) \tag{8.8}$$

E aqui ressurge a dificuldade inicial: não se dispõe de h_{ot} no momento da liberação da camada.

No entanto, por um golpe de sorte, o termo $(1 + h_{ot})$ influi pouco para h_{ot} variando numa faixa de 10% a 40%.

De fato, sendo Δh_{ot} um erro no valor de h_{ot} que gera um erro $\Delta(\Delta_h)$ no desvio de umidade, tem-se que:

$$\Delta h + \Delta(\Delta h) = \frac{-z_m}{1+z_m}(1+h_{ot}+\Delta h_{ot})$$

que, combinada com a Eq. 8.8, fornece o erro relativo no desvio de umidade:

$$\frac{\Delta(\Delta h)}{\Delta h} = \frac{\Delta h_{ot}}{1+h_{ot}} \quad (8.9A)$$

ou:

$$\left|\frac{\Delta(\Delta h)}{\Delta h}\right| = \frac{h_{ot}}{1+h_{ot}}\left|\frac{\Delta h_{ot}}{h_{ot}}\right| \quad (8.9B)$$

Com base nessa equação, foi preparada a Tab. 8.2, que mostra um erro relativo da ordem de ±4% quando se estima h_{ot} com uma tolerância de ±5%.

Tab. 8.2 Erro relativo em Δh em função de uma tolerância de ±5% na h_{ot}

h_{ot} (%)	$\frac{h_{ot}}{1+h_{ot}}$	Valores de $\frac{\Delta(\Delta h)}{\Delta h}$ (%)	
		$\Delta h_{ot} = \pm 5\%$	$\Delta h_{ot} = \pm 10\%$
10	0,091	±4,5	±9,1
20	0,167	±4,2	±8,3
30	0,231	±3,8	±7,7
40	0,286	±3,6	±7,1

Para $\Delta h_{ot} = \pm 5\%$, isso significa que, para desvios $\Delta h = 3\%$, a precisão de sua medida é $\pm 0,04 \times 3 = \pm 0,12\%$, isto é, tem-se $\Delta h = 3\% \pm 0,1\%$.

b. *O recurso à hipérbole de Kuczinski*

Uma forma alternativa para evitar a necessidade de se estimar h_{ot}, o que exigiria pessoal experimentado encarregado do controle da compactação, consiste em se servir de correlação estatística entre as densidades máximas e os teores ótimos de umidade, obtida por Kuczinski (1950) (Fig. 8.5). Esse autor utilizou mais de mil ensaios de compactação executados no IPT, segundo a norma brasileira, em solos de características diferentes, provenientes de vários pontos do país.

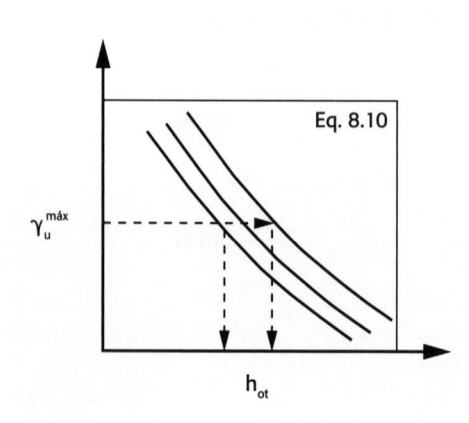

Fig. 8.5 *Hipérbole de Kuczinski*

A correlação obtida é conhecida como hipérbole de Kuczinski, cuja equação é:

$$\gamma_s^{máx} = \frac{25,37}{1+2,6h_{ot}} \pm 0,5 \quad \text{(em kN/m}^3\text{)} \tag{8.10}$$

Multiplicando-se ambos os membros dessa equação pela constante $(1 + h_a)$ e tendo em vista as Eqs. 8.5A, 8.5B e 8.7B, pode-se escrever, após algumas transformações:

$$\gamma_u^{máx} = (1+z_m)\gamma_{uc}^{máx} = \frac{25,37}{1+2,6h_{ot}}(1+h_{ot}) \tag{8.11}$$

Como se conhece $\gamma_u^{máx}$, determina-se facilmente h_{ot}:

$$h_{ot} = \frac{25,37 - \gamma_u^{máx}}{2,6\gamma_u^{máx} - 25,37} \tag{8.12}$$

que, substituída na Eq. 8.8, permite escrever:

$$\Delta h = -\frac{z_m}{1+z_m}\left[\frac{1,6\gamma_u^{máx}}{2,6\gamma_u^{máx} - 25,37}\right] \tag{8.13}$$

O uso desta última expressão constitui o que a NBR 12102 (ABNT, 1991b) denomina Método A.

Em artigo publicado por Oliveira (1965), encontra-se todo o desenvolvimento que levou à construção de ábacos, de uso corrente entre nós, que facilitam o cálculo de Δh. A NBR 12102 (ABNT, 1991b) traz esse ábaco, e o seu uso constitui o que essa norma denomina Método B.

A mesma norma traz ainda o Método C, fundamentado num ábaco construído por Franco Filho e Komezu também com base na hipérbole de Kuczinski.

É interessante notar que a função dada pela Eq. 8.11 pode ser expandida em polinômio de Chebyshev do 2° grau. Ver, por exemplo, NPN (1961, p. 71 e ss.).

Obteve-se:

$$\gamma_u^{máx} = 19,823 - 2,109x + 0,432(2x^2 - 1)$$

com:

$$x = \frac{h_{ot} - 0,225}{0,125}$$

no intervalo $10\% \leq h_{ot} \leq 35\%$.

Desprezando-se a terceira parcela do segundo membro e efetuadas algumas transformações, chega-se a:

$$\gamma_u^{máx} = 23,6 - 16,9h_{ot} \tag{8.14}$$

Em outras palavras, tudo se passa como se se tivesse ajustado uma reta, em vez de uma hipérbole, aos pontos experimentais usados por Kuczinski.

A Tab. 8.3 mostra que a diferença entre as Eqs. 8.14 e 8.12 é de menos importância, implicando um erro relativo no desvio de umidade de, no máximo, 1%, conforme a última coluna da tabela.

Tab. 8.3 Diferença entre a hipérbole de Kuczinski e a correlação linear

γ_u (kN/m³)	h_{ot} (%)		$\left\|\dfrac{\Delta(\Delta h)}{(\Delta h)}\right\|$ (%)
	(1)	(2)	
18	34,4	33,1	0,9
19	26,5	27,2	0,6
20	20,2	21,3	1,0
21	14,9	15,4	0,4
22	10,6	9,5	1,0

(1) Usando a Eq. 8.12 (hipérbole de Kuczinski)
(2) Usando a Eq. 8.14 (correlação linear)

Extraindo-se h_{ot} da Eq. 8.14 e substituindo-se na Eq. 8.8, tem-se:

$$\Delta h = \frac{-z_m}{1+z_m}(2,40 - 0,059\gamma_u^{máx}) \tag{8.15}$$

com γ_u em kN/m³.

Finalmente, a NBR 12102 (ABNT, 1991b) prevê a utilização de outras correlações do tipo da de Kuczinski em obras em que estejam disponíveis grandes quantidades de ensaios de compactação. A vantagem é trabalhar com um universo de solos restrito aos do local da obra. Tal procedimento é também recomendado para solos com densidades dos grãos que se afastam dos valores usuais.

c. *O recurso à linha dos pontos ótimos*

Em vez da hipérbole de Kuczinski, pode-se usar a equação da *linha dos pontos ótimos*, definida pela Eq. 7.1, isto é:

$$\gamma_s^{máx} = \frac{\gamma_o}{\dfrac{\gamma_o}{\delta} + \dfrac{h_{ot}}{S}} \tag{8.16A}$$

em que S varia de 80% a 90% (Fig. 8.6).

Novamente, multiplicando-se ambos os membros dessa expressão pela constante $(1 + h_a)$ e tendo em vista as Eqs. 8.5A, 8.5B e 8.7B, pode-se escrever, após algumas transformações:

$$\gamma_u^{máx} = (1+z_m)\gamma_{uc}^{máx} = \frac{\delta}{1+\dfrac{\delta}{\gamma_o \cdot S} \cdot h_{ot}}(1+h_{ot}) \tag{8.16B}$$

Como se conhece $\gamma_u^{máx}$, determina-se facilmente h_{ot}:

$$h_{ot} = \frac{1 - \dfrac{\gamma_u^{máx}}{\delta}}{\dfrac{\gamma_u^{máx}}{\gamma_o \cdot S} - 1} \quad (8.16C)$$

que, substituída na Eq. 8.8, permite escrever:

$$\Delta h = -\frac{z_m}{1+z_m} \cdot \frac{\left(\dfrac{\delta}{\gamma_o \cdot S} - 1\right)\gamma_u^{máx}}{\dfrac{\delta}{\gamma_o \cdot S} \cdot \gamma_u^{máx} - \delta} \quad (8.17)$$

Comparando as Eqs. 8.13 e 8.17, conclui-se que a hipérbole de Kuczinski é uma linha dos pontos ótimos, com δ = 25,37 kN/m³ e S = 97,6%.

A Tab. 8.4 mostra as diferenças entre as umidades ótimas calculadas pela Eq. 8.16C, e os valores determinados pela hipérbole de Kuczinski (Eq. 8.12). Vê-se que, para valores pouco usuais de δ, os desvios são acentuados, podendo superar os 10%, o que impediria o uso da hipérbole de Kuczinski, como se pode inferir da análise da Tab. 8.2. Essa conclusão vem ao encontro da recomendação da NBR 12102 (ABNT, 1991b), mencionada anteriormente, de se trabalhar com correlações do tipo da de Kuczinski, vale dizer, linha dos pontos ótimos, obtida por meio de ensaios de compactação no solo da obra.

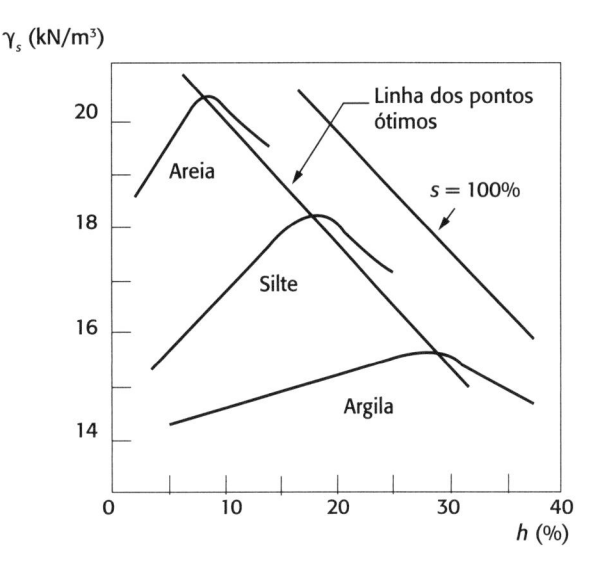

Fig. 8.6 *Linha dos pontos ótimos*

Tab. 8.4 Diferenças entre as umidades ótimas calculadas pela Eq. 8.16C e por Kuczinski (Eq. 8.12)

γ_u (kN/m³)	δ = 30 kN/m³		δ = 27 kN/m³		δ = 23 kN/m³	
	S = 85%	S = 95%	S = 85%	S = 95%	S = 85%	S = 95%
22	6%	10%	1%	3%	-8%	-7%
21	5%	10%	0%	3%	-9%	-8%
20	4%	10%	-1%	3%	-11%	-8%
19	3%	10%	-3%	3%	-12%	-9%
18	1%	10%	-5%	3%	-15%	-10%

d. *Precisão da estimativa do desvio de umidade*

Neste ponto convém fazer uma análise de erros quando se utiliza a hipérbole de Kuczinski. A partir da Eq. 8.10 pode-se escrever:

$$\frac{\Delta \gamma_s^{máx}}{\gamma_s^{máx}} = -\frac{2,6\,(1+h_{ot})}{1+2,6 h_{ot}} \cdot \frac{\Delta h_{ot}}{1+h_{ot}} \quad (8.18A)$$

ou ainda, tendo em vista a Eq. 8.11:

$$\frac{\Delta\gamma_s^{máx}}{\gamma_s^{máx}} = 0,1025\gamma_u^{máx} \cdot \frac{\Delta h_{ot}}{1+h_{ot}} \cong 2 \times \frac{\Delta h_{ot}}{1+h_{ot}} \qquad (8.18B)$$

pois $\gamma_u^{máx} \cong 20$ kN/m³. Combinando esta última equação com a Eq. 8.9A:

$$\frac{\Delta(\Delta h)}{\Delta h} \cong 0,5 \left|\frac{\Delta\gamma_s^{máx}}{\gamma_s^{máx}}\right| \qquad (8.18C)$$

para h_{ot} variando no intervalo de 10% a 40%. Supondo $\Delta\gamma_s^{máx}=\pm0,5$ kN/m³, tem-se um erro relativo em $\gamma_s^{máx}$ não superior a 4%, do que resulta um erro relativo em Δh inferior a cerca de 2%.

Por exemplo, para $\Delta h = 3\%$, a precisão da medida é $0,02 \times 3 = \pm 0,06\%$, isto é, tem-se $\Delta h = 3\% \pm 0,06\%$, o que é mais que suficiente. O *Earth Manual* (USBR, 1963) e a NBR 12102 (ABNT, 1991b) falam em precisão de 0,1% tanto em z quanto em Δh.

8.3.4 Técnica de ensaio do método de Hilf

A experiência tem mostrado que o método de Hilf pode ser aplicado em cerca de 40 minutos. Com uma equipe bem treinada, pode-se reduzir esse tempo para 30 minutos.

Na realização dos ensaios, é fundamental que a amostra retirada do aterro não perca umidade por evaporação. Além disso, o solo deve ser bem misturado para se obter uma distribuição homogênea da umidade. O *Earth Manual* (USBR, 1963) aconselha o uso de um misturador de massas, que se mostrou eficiente na homogeneização do solo. No entanto, a operação manual é bastante satisfatória (ver Oliveira, 1965).

Após a homogeneização, a amostra é quarteada. Com o primeiro quarto, executa-se um ensaio de compactação sem adicionar água, obtendo-se, assim, γ_{u1} (ver Tab. 8.1). Adiciona-se água ao segundo quarto, misturando rapidamente e evitando perda de umidade, e compacta-se o solo para obter γ_{u2}. Se $\gamma_{u2} > \gamma_{u1}$, toma-se o terceiro quarto e adiciona-se água, compacta-se e obtém-se γ_{u3}. Se $\gamma_{u2} < \gamma_{u1}$, retira-se água do terceiro quarto, injetando ar quente, enquanto se mistura o solo lentamente.

Três pontos podem ser suficientes, mas convém estar preparado para obter um quarto ponto. Outra rotina cuja adoção é recomendada refere-se à medição do teor de umidade de cada ensaio no cilindro de compactação, com o que se pode desenhar no dia seguinte a curva de Proctor, sem secagem prévia e sem reúso, possibilitando avaliar a técnica de ensaio do método de Hilf e detectar eventual fonte de erro.

Finalmente, como foi visto, a dispersão da correlação estatística de Kuczinski é de pequena importância, podendo mesmo ser ignorada. O contrário ocorre com erros no valor de z, quantidade de água adicionada em relação ao peso úmido do quarto a ser ensaiado. O exercício 5 ilustra esse tipo de influência.

8.4 Medida da densidade *in situ*

8.4.1 Descrição sucinta das diversas técnicas

Para a determinação da densidade natural *in situ*, isto é:

$$\gamma_u = \frac{P_u}{V}$$

é necessário fazer uma pesagem e medir um volume.

Basicamente, existem três tipos de ensaio:
a. abertura de orifício no solo, coleta e pesagem do solo removido e medição do volume por meio do lançamento de material com densidade conhecida, podendo ser areia, óleo ou água (cilindro graduado com balão); são indicados, em especial, para solos grossos, pedregulhosos e muito densos, podendo, no entanto, ser empregados para solos argilosos (ABNT, 1986c);
b. cravação de cilindro de paredes finas em solos coesivos (ABNT, 1987); e
c. extração de blocos indeformados e realização de medida da densidade pelo método da balança hidrostática, conforme foi indicado no Cap. 2 (ABNT, 1986d).

Esses ensaios encontram-se padronizados pela norma brasileira (ABNT, 1986c,d, 1987, 1991b), conforme indicado anteriormente, e americana (ASTM, 1996, 2010, 2015a,b).

Note-se que o primeiro processo tende a subestimar o valor do volume, pois há sempre uma tendência do furo de fechar, o que conduz a uma densidade *in situ* maior do que a real. O contrário ocorre com a retirada de blocos indeformados, que, diante do alívio de tensões horizontais, tendem a se expandir.

A cravação de cilindros de paredes finas pode perturbar a medida da seguinte forma: se o solo natural for muito denso, a cravação do cilindro pode afofá-lo; se muito fofo, pode adensá-lo.

A seguir será apresentado, com algum detalhe, o processo do funil de areia, muito utilizado entre nós.

8.4.2 Descrição detalhada do processo do funil de areia

A NBR 7185 (ABNT, 1986c) dá detalhes sobre aparelhagem e procedimentos desse ensaio.

Uma aparelhagem bem simples para a execução do ensaio consta de trado, chapa metálica com orifício central, recipiente com areia e funil.

O furo pode ter 10 cm, 15 cm ou 20 cm de diâmetro e o orifício da chapa, 15 cm, 20 cm ou 30 cm, respectivamente. A profundidade do furo pode variar de 20 cm a 25 cm, dependendo da espessura da camada, após compactação.

Convém que a areia seja de granulometria média, com coeficiente de uniformidade 2. O USBR (1963) recomenda areia média, passada na peneira 16 (1,19 mm) e retida na 30 (0,59 mm), limpa e seca ao ar. Para furos grandes, e quando há vazios também grandes, pode-se usar areia grossa, passada na peneira 4 e retida na 8. A NBR 7185 (ABNT, 1986c) especifica a areia média do USBR, isto é, passada na peneira de 1,19 mm e retida na de 0,59 mm, com tolerância de desvios de no máximo 5%.

É de capital importância calibrar a densidade da areia, a ser lançada no furo, em estado fofo, através de um funil, cuja ponta deve distar da superfície do material já lançado de cerca de 5 cm. É necessário fazer várias medições de volume conhecido, com forma próxima da do furo, e obter a densidade da areia com precisão de ±0,5% (erro relativo). A velocidade de lançamento também deve ser controlada. É indispensável usar o mesmo procedimento tanto no ensaio quanto na calibração da areia.

Exemplo de determinação da densidade natural *in situ* de um aterro:

a. peso do recipiente mais areia   0,47 kN
b. peso da areia que sobrou mais recipiente   0,08 kN
c. peso da areia de enchimento do furo e da espessura da chapa metálica   0,39 kN
d. peso da areia que preenche a espessura da chapa metálica   0,05 kN
e. peso da areia de enchimento do furo   0,34 kN
f. densidade da areia (calibração)   13,5 kN/m³
g. volume do furo   25,2 L

Note-se que o volume (V) foi calculado da seguinte forma:

$$V = \frac{(a)-(b)-(d)}{(f)}$$

Supondo que a balança usada seja sensível a 5 g, tem-se, na pior das combinações:

$$\frac{\Delta V}{V} = \frac{3\Delta p}{(a)} + \frac{\Delta \gamma}{\gamma}$$

em que γ é a densidade da areia. Numericamente, tem-se:

$$\frac{\Delta V}{V} = \frac{3 \times 2,5 \text{ g}}{34000 \text{ g}} + 0,005 = 0,5\%$$

isto é,

$$V \cong (25,2 \pm 0,1) \text{ L}$$

logo,

$$\frac{\Delta \gamma_u}{\gamma_u} = \frac{\Delta P_u}{P_u} + \frac{\Delta V}{V}$$

ou

$$\frac{\Delta \gamma_u}{\gamma_u} = 0 + 0,5\% = 0,5\%$$

que é ditada pela precisão da densidade da areia. A precisão da densidade seca é da mesma ordem de grandeza, ±0,5%.

Finalmente, existe em disponibilidade no mercado aparelho especial, constituído de garrafa, válvula e funil invertido, que possibilita a medida do volume do furo de uma forma mais mecanizada. A areia, contida na garrafa, é lançada com velocidade controlada automaticamente, mas com altura de queda variável ao longo do tempo. Este último fator é contrabalançado pelo fato de a calibração da areia ser feita de forma análoga.

8.5 Notas sobre o quão homogêneos são os aterros compactados

Os aterros compactados de barragens de terra "homogêneas" não são, em geral, tão homogêneos como se supõe. É o que mostram os resultados de uma pesquisa conduzida pelo Instituto de Pesquisa Tecnológica do Estado de São Paulo (IPT), cujos resultados serão analisados brevemente.

Foram retirados 16 blocos indeformados de um aterro compactado de uma barragem de terra, nas profundidades de 30 cm e 1,50 m. Todos os blocos foram considerados como constituídos de duas partes distintas, sendo a metade superior denominada topo, e a inferior, base. Sobre cada parte foram feitas: a) determinações de densidade pelo processo da balança hidrostática; b) medidas das umidades; e c) um ensaio de compactação de acordo com a norma brasileira.

Na Fig. 8.7 estão relacionados, entre si, os parâmetros de compactação do topo e da base. Verifica-se que as diferenças de material de um mesmo bloco não são muito acentuadas.

Na Fig. 8.8A apresenta-se o grau de compactação dos solos dos topos em função do grau de compactação das suas bases. A Fig. 8.8B é o mesmo tipo de gráfico referente à umidade. Nota-se uma grande dispersão das características de compactação das duas metades de cada bloco.

Outra etapa da mesma pesquisa consistiu na abertura de três poços de inspeção em que foram feitas determinações da densidade a diversas profundidades. Com o material colhido nas imediações de cada ponto de medida foram realizados ensaios de compactação de acordo com a norma brasileira.

Na Fig. 8.9 estão representados os graus de compactação em função da profundidade, que revelam também uma dispersão de resultados.

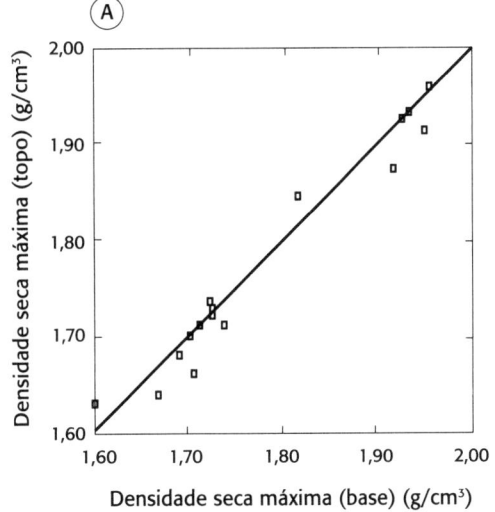

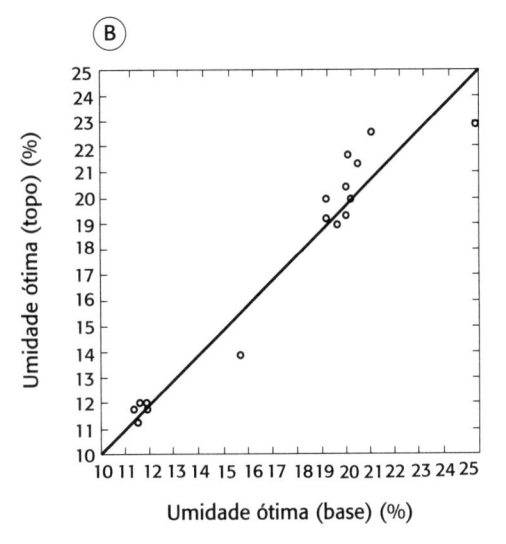

Fig. 8.7 *Heterogeneidade de aterros compactados – parâmetros de compactação*
Fonte: Pinto (1969b).

Fig. 8.8 *Heterogeneidade de aterros compactados – umidade e grau de compactação*
Fonte: Pinto (1969b).

Fig. 8.9 *Heterogeneidade de aterros compactados – graus de compactação em função da profundidade*
Fonte: Pinto (1969b).

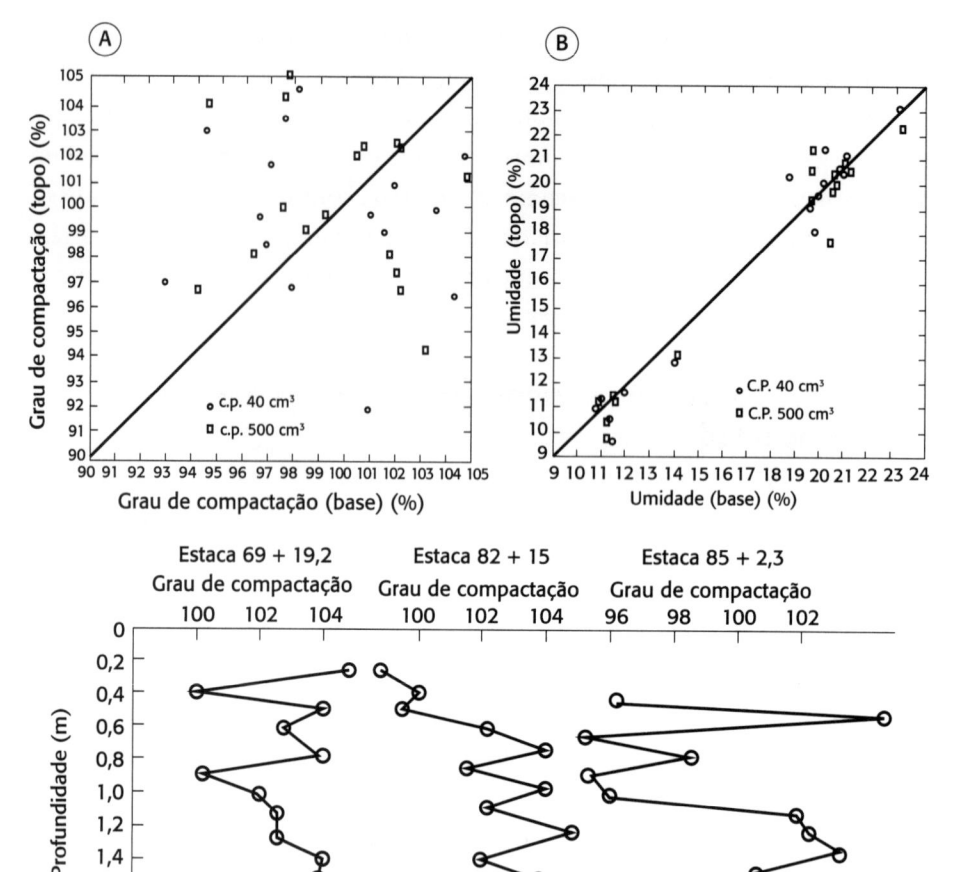

Parte experimental

Para um bloco de solo compactado, pede-se determinar:

a) a densidade (pelo processo da parafina) e a umidade natural (estufa);
b) o grau de compactação e o desvio de umidade pelo método de Hilf;
c) a umidade ótima e a densidade seca máxima do ensaio de compactação sem secagem e sem reúso;
d) o grau de compactação e o desvio de umidade "no dia seguinte", isto é, usando a curva de Proctor.

Exercícios complementares

Na determinação do peso específico natural *in situ* de uma camada de solo compactado, encontrou-se o valor 17,5 kN/m^3:

Os resultados de um ensaio de Hilf com material escavado do próprio furo e das suas vizinhanças foram os seguintes:

Ponto	Pesos específicos úmidos (kN/m^3)	% de perda de peso
1	17,82	0
2	18,04	-0,9
3	17,61	-2,3
4	17,14	-3,1

1) Determinar o grau de compactação e o desvio de umidade do aterro.

Solução:

Determinações feitas na hora da liberação da camada de solo compactado:

Ponto	z (%)	γ_u	γ_{uc}
1	0,0	17,82	17,82
2	-0,9	18,04	18,20
3	-2,3	17,61	18,02
4	-3,1	17,14	17,69

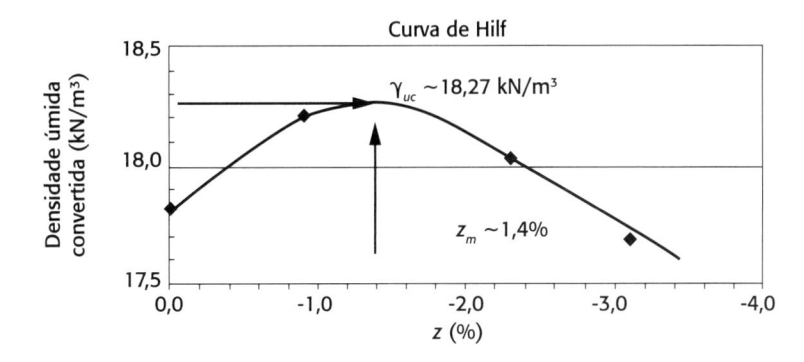

Curva de Hilf:
$\gamma_{uc} \sim 18{,}27$ kN/m³
$z_m \sim 1{,}4\%$

Da curva de Hilf extrai-se:
$$z_m = -1{,}4\%$$
$$\gamma_{uc}^{máx} = 18{,}27 \text{ kN/m}^3$$

Como $\gamma_{ua} = 17{,}5$ kN/m³, segue que:
$$GC = \frac{\gamma_{ua}}{\gamma_{uc}^{máx}} = \frac{17{,}5}{18{,}27} = 96\%$$

Da Eq. 8.11:

$$\gamma_u^{máx} = (1+z_m)\gamma_{uc}^{máx} = \frac{25{,}37}{1+2{,}6h_{ot}}(1+h_{ot})$$

extrai-se:

$$h_{ot} = \frac{25{,}37 - \gamma_u^{máx}}{2{,}6\gamma_u^{máx} - 25{,}37} = \frac{25{,}37 - 18{,}04}{2{,}6 \times 18{,}04 - 25{,}37} = 34{,}0\%$$

donde:

$$\Delta h = -\frac{z_m}{1+z_m}(1+h_{ot}) = -\frac{-1{,}4\%}{1-0{,}014}(1+0{,}340) = +1{,}9\%$$

ou seja: $GC = 96\%$ e $\Delta h = +1{,}9\%$

2) Em que intervalos de variação estariam esses parâmetros de compactação, admitindo que a densidade seca máxima pode apresentar valor 0,5 kN/m³ maior ou menor do que o indicado pela fórmula de Kuczinski?

Solução:

A estimativa do erro no desvio de umidade pode ser feita por meio da Eq. 8.18C:

$$\frac{\Delta(\Delta h)}{\Delta h} \cong 0,5 \left| \frac{\Delta \gamma_s^{máx}}{\gamma_s^{máx}} \right| = 0,5 \times \frac{\pm 0,5}{13,4} \cong 2\%$$

Logo:

$$\Delta h = 1,9\% \pm 0,04\%$$

O valor de $\gamma_s^{máx} = 13,4$ kN/m³ é determinado no exercício 3.

3) É possível estimar a densidade seca máxima e a umidade ótima com base nos dados do ensaio de Hilf e na fórmula de Kuczinski? Ilustrar a resposta com cálculos apropriados.

Solução:

Da hipérbole de Kuczinski (Eq. 8.10), obtém-se:

$$\gamma_s^{máx} = \frac{25,37}{1 + 2,6 h_{ot}} = \frac{25,37}{1 + 2,6 \times 0,344} = 13,4 \text{ kN/m}^3$$

pois $h_{ot} = 34,4\%$ (determinado anteriormente).

Esses parâmetros não têm significado real em relação à dispersão na hipérbole de Kuczinski.

4) Supondo que no dia seguinte tenha sido determinada a umidade de 27,6% para a camada, determinar a densidade seca máxima e a umidade ótima do solo compactado.

Solução:

De $h_a = 27,6\%$ e da Eq. 8.7A vem:

$$(1 + h_{ot}) = (1 + 27,6\%)(1 - 1,4\%) \therefore h_{ot} = 25,8\%$$

De GC = 96% vem:

$$\gamma_s^{máx} = \frac{\gamma_s}{GC} = \frac{\gamma_{ua}}{(1 + h_a)} \times \frac{1}{GC} = \frac{17,5}{(1 + 27,6\%)} \times \frac{1}{0,96} = 14,3 \text{ kN/m}^3$$

5) Cada ponto da tabela anterior se refere a uma quarta parte da amostra de solo extraída do furo e das suas vizinhanças. Supondo que a homogeneização em termos de umidade não tenha sido alcançada e que as umidades naturais eram as seguintes:

Ponto	Umidade natural (%)
1	27,1
2	27,6
3	27,9
4	27,3

pede-se determinar os verdadeiros graus de compactação e desvio de umidade do aterro.

Solução:

Uma forma de resolver a questão é traçar a curva de Proctor no dia seguinte. Dela extrai-se diretamente:

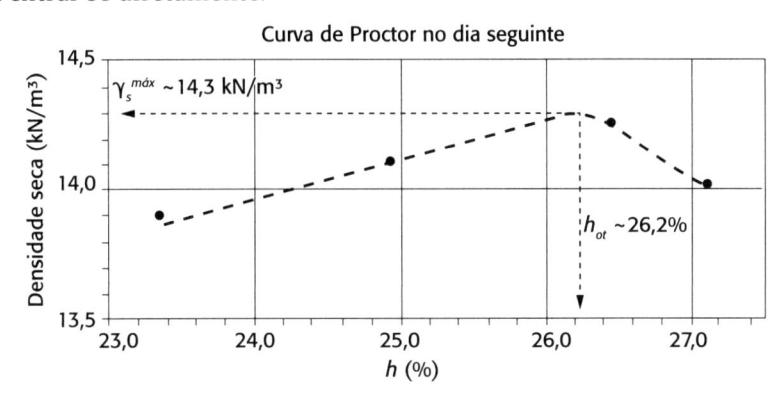

Curva de Proctor no dia seguinte

$h_{ot} = 26{,}2\%$
$\gamma_s^{máx} = 14{,}3 \text{ kN/m}^3$

donde:

$GC = 96\%$
$\Delta h = 27{,}6 - 26{,}2 = 1{,}4\%$

Conclui-se, como era esperado, que o GC não variou, mas o desvio de umidade foi afetado pela falta de homogeneização em termos de umidade.

Seria possível também corrigir os valores de z usando a Eq. 8.7A, de cujo cálculo resultaria a última coluna da tabela:

| h_a | No dia seguinte | | z corrigido |
	h (%)	γ_s	
27,1	27,1	14,02	−0,4
27,6	26,5	14,27	−0,9
27,9	25,0	14,09	−2,1
27,3	23,4	13,90	−3,3

Daí basta traçar a curva de Hilf corrigida e seguir o roteiro anterior para obter o valor correto do desvio de umidade.

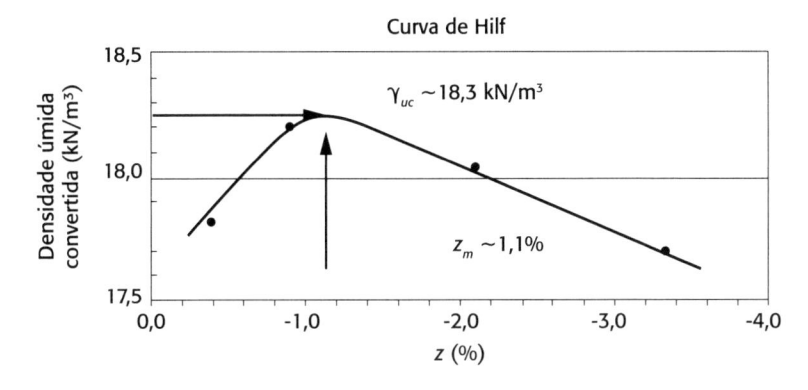

Curva de Hilf

Obteve-se $z_m = -1{,}1\%$, donde $\Delta h = 1{,}5\%$ e $GC = 96\%$.

Questões para pensar

- Qual é a técnica de medida da densidade úmida *in situ* de uma camada de solo recém-compactada pelo método da areia? Indicar tipos de areia, calibrações necessárias, ferramental, precisão etc.
- Quais são as duas outras técnicas que podem ser empregadas na determinação da densidade do aterro? Descrevê-las, sucintamente.
- Em que consiste o método de Hilf? Por que ele funciona na prática?
- O uso da hipérbole de Kuczinski é indispensável? Qual a influência da dispersão a ela inerente na precisão do método?
- Quais os maiores cuidados que devem ser tomados na aplicação do método de Hilf? Por quê?
- A densidade natural *in situ* de uma camada de solo recém-compactada foi determinada pelo método da areia e o seu valor foi de 19,1 kN/m³ (1,91 g/cm³). Em seguida, foi feito o ensaio de Hilf e 40 minutos depois obteve-se z_m = 2,1% e a densidade úmida convertida máxima de 18,2 kN/m³ (1,82 g/cm³). Sem usar a fórmula de Kuczinski, qual o grau de compactação e o desvio de umidade da camada de solo? Sabe-se que a umidade ótima dos solos de empréstimo varia na faixa de 17% a 28%. Deduzir as fórmulas que empregar.

Permeabilidade dos solos | 9

9.1 A lei de Darcy e seus desvios

Foi por meio de uma experiência simples que Darcy descobriu, em 1850, que a vazão de água (Q) percolada através de uma areia é proporcional ao gradiente hidráulico (i) e à área da seção transversal do permeâmetro (A), isto é,

$$Q = k \cdot i \cdot A \quad \text{(9.1A)}$$

ou:

$$v = k \cdot i \quad \text{(9.1B)}$$

em que k é uma constante conhecida como coeficiente de permeabilidade e v é a velocidade de fluxo, valor médio na seção de área A. Neste ponto, convém introduzir o conceito de velocidade de percolação intersticial (v_p), isto é, ao longo dos vazios preenchidos por água. Aplicando o princípio da continuidade da hidráulica, pode-se provar facilmente que:

$$v_p = \frac{v}{\eta \cdot S} = \frac{k \cdot i}{\eta \cdot S} \quad \text{(9.1C)}$$

em que η e S são, respectivamente, a porosidade e o grau de saturação do solo.

As tentativas de fixar os limites da validade da Eq. 9.1A, ou lei de Darcy, por meio do número de Reynolds falharam, porque os poros de um solo, em geral, não podem ser representados por um conjunto de tubos colocados uns ao lado de outros. Costuma-se dizer que o fluxo é laminar para solos que passam na peneira 4 (areias grossas). Para solos mais granulares, a relação entre velocidade e gradiente não é linear e deve ser determinada em cada caso.

Ademais, alguns autores, como Hansbo (1960), obtiveram dados de ensaios de permeabilidade que teriam mostrado a existência de um gradiente crítico, abaixo do qual a relação entre v e i não é linear. Esse número estaria entre 10 e 30. No entanto, a validade de tais ensaios foi questionada, pois, para solos argilosos e com baixos gradientes hidráulicos, certos cuidados devem ser observados com rigor. Por exemplo, nessas condições, é necessário valer-se de tubos capilares muito finos para a tomada de medidas do tempo, feitas através do movimento de bolhas de ar neles aderidos. Qualquer impureza no tubo é suficiente para tornar diferentes as pressões da água de um e outro lado da bolha, afetando assim a precisão dos cálculos do gradiente. Usando tubos limpos, Olsen (1965) encontrou linearidade entre v e i, Eq. 9.1B. Outros fenômenos que podem interferir nos ensaios: adensamento localizado, devido a tensões efetivas que variam na direção do fluxo; migração de partículas que provocam a obturação do fluxo; crescimento de bactérias etc. (Mitchell, 1976).

As considerações a seguir servirão para ilustrar não só a necessidade do uso de tubos limpos em ensaios de permeabilidade de longa duração como também a validade da lei de Darcy, e será um pretexto para uma revisão dos conceitos sobre capilaridade.

9.1.1 O fenômeno da capilaridade

Na interface água-ar, as moléculas de água estão em estado de tensão superficial (T_S), que depende da temperatura, conforme Tab. 9.1.

A colocação de um tubo de pequeno diâmetro provocará uma ascensão da água até uma altura h_c, dada por:

Tab. 9.1 Tensão superficial em função da temperatura

Temperatura (°C)	T_s (N/m)
0	0,0742
10	0,0728
20	0,0713
40	0,0682

$$h_c = \frac{4T_s}{\gamma_o \cdot D} \cdot \cos\alpha \qquad (9.2)$$

em que D é o diâmetro do tubo, γ_o, a densidade da água, e α, o ângulo formado pela tangente à superfície do menisco, no ponto em que ele toca a parede do vidro, com a vertical passando pelo mesmo ponto (ver Fig. 9.1).

O ângulo α depende da afinidade entre a água (ou outro fluido qualquer) e o material de que é feito o tubo. Assim, para um tubo de vidro em contato com água, tem-se:

$\alpha = 0$, para tubo limpo e úmido
$\alpha > 0$, para tubo limpo e seco
$\alpha > 90°$, para tubo com graxa
Em geral, $0 \leq \alpha \leq 80°$.

Se o fluido fosse o mercúrio, $\alpha > 90°$ e h_c seria negativo. Finalmente, se o comprimento do tubo for menor do que h_c, o menisco se ajusta, aumentando o raio da curvatura e α até atingir-se o equilíbrio.

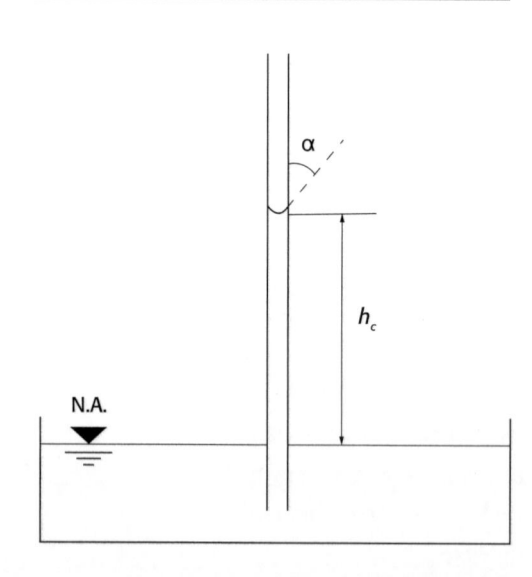

Fig. 9.1 *Ascensão capilar em um tubo limpo*

9.1.2 Ensaios com gradientes baixos

Caso haja uma bolha de ar (Fig. 9.2) dentro de um tubo cheio de água, a diferença de pressão na água de um e outro lado é dada por:

$$\Delta p = p_a - p_b = \frac{4T_s}{D}(\cos\alpha_b - \cos\alpha_a)$$

Assim, se, devido a impurezas na superfície interna do vidro capilar, houver assimetria na forma da bolha de ar, o ângulo α_b pode assumir valores na faixa de 13° a 58° e a diferença ($\alpha_a - \alpha_b$) pode ser da ordem de 50° (ver Olsen, 1965).

Donde, na pior combinação, para tubos com 0,1 mm de diâmetro e temperaturas de 20 °C, tem-se:

$$\Delta p = \frac{4 \times 0{,}0713}{0{,}1 \times 10^{-3}}(\cos 13 - \cos 63) = 1{,}5 \text{ kN/m}^2$$

ou uma coluna de 15 cm de água. Supondo corpo de prova de 10 cm de altura, o erro no gradiente hidráulico poderia ser de:

$$\Delta i = \frac{\Delta p}{10} = \frac{15}{10} = 1{,}5$$

Se o fenômeno ocorresse também na bolha de saída (ver Fig. 9.2), esse erro seria o dobro.

9.2 A equação de Kozeny-Carman e os fatores que afetam a permeabilidade

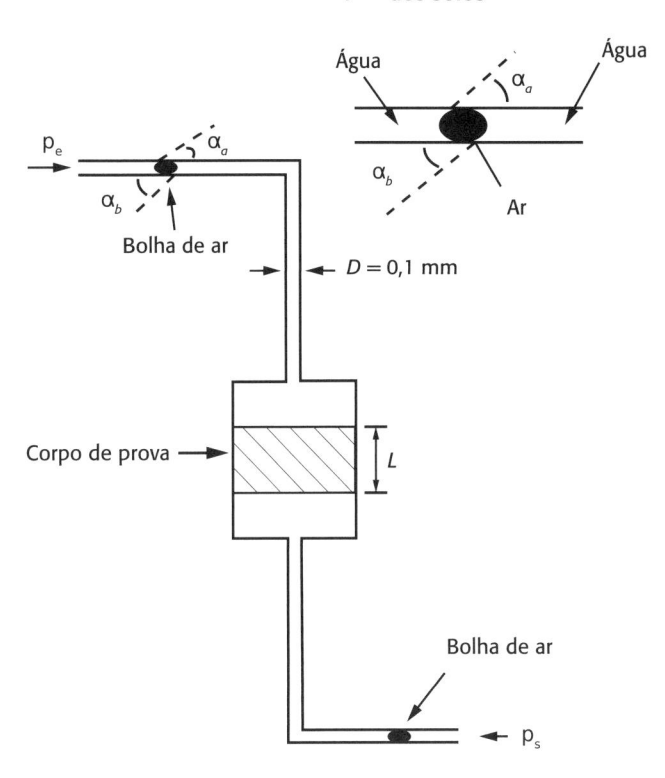

Fig. 9.2 *Uso de bolhas de ar em tubos capilares para a medida do tempo, em ensaios de k em argilas ($P_e > P_s$)*

9.2.1 O modelo de Kozeny-Carman

Para solos em que o fluxo é laminar, existe uma fórmula conhecida como equação de Kozeny-Carman, que permite relacionar a permeabilidade com diversas de suas características e as do fluido que escoa pelos seus poros.

O modelo adotado para o solo é o de um conjunto de tubos capilares paralelos, dispostos um ao lado do outro, com seções transversais constantes, mas irregulares. Ademais, são feitas as seguintes hipóteses: a) o meio poroso é saturado; b) as partículas de solo são equidimensionais e uniformes; c) os diâmetros equivalentes são maiores do que 1 mícron; e d) o fluxo é laminar.

A lei de Poiseuille permite calcular a velocidade média através de um tubo capilar de raio R por meio da seguinte equação:

$$\overline{v} = \frac{\gamma_o \cdot R^2}{8\mu} \cdot i$$

ou

$$\overline{v} = \frac{\gamma_o \cdot R_H^2}{2\mu} \cdot i$$

em que R_H é o raio hidráulico, definido pela relação entre a área da seção de escoamento e o perímetro molhado da mesma seção.

Se a seção transversal for irregular, é necessário introduzir um fator de forma C_S, tal que:

$$\overline{v} = C_S \cdot \frac{\gamma_o}{\mu} \cdot R_H^2 \cdot i$$

que mede a velocidade de percolação intersticial. Usando-se a Eq. 9.1C, obtida pela lei de Darcy, pode-se escrever, para o coeficiente de permeabilidade:

$$k = C_s \cdot \frac{\gamma_o}{\mu} \cdot R_H^2 \cdot \eta \cdot S \qquad (9.3A)$$

Por outro lado, o R_H também pode ser definido como uma relação entre o volume da água nos poros e a superfície dos grãos:

$$R_H = \frac{S \cdot V_v}{\text{superfície dos grãos}} = \frac{S \cdot e}{S_o} \qquad (9.3B)$$

em que S_o é a superfície específica por unidade de volume do solo.

Substituindo-se a Eq. 9.3B na Eq. 9.3A chega-se, após algumas transformações, a:

$$k = \frac{C_s}{S_o^2} \cdot \frac{\gamma_o}{\mu} \cdot \frac{e^3}{1+e} \cdot S^3 \qquad (9.3C)$$

Kozeny-Carman propuseram a seguinte expressão para o fator de forma C_s:

$$C_s = 1/(K_o \cdot T^2)$$

em que K_o é um fator de forma dos poros, aproximadamente igual a 2,5, e T, um "fator de tortuosidade", da ordem de $\sqrt{2}$, que leva em conta o comprimento real do fluxo. Supondo, ademais, solo saturado ($S = 1$), pode-se escrever:

$$k = \frac{1}{K_o \cdot T^2 \cdot S_o^2} \cdot \frac{\gamma_o}{\mu} \cdot \frac{e^3}{1+e} \qquad (9.4)$$

que é a fórmula de Kozeny-Carman.

É interessante notar que Taylor (1948) chegou a uma expressão bastante próxima, dada por:

$$k = D_s^2 \cdot \frac{\gamma_o}{\eta} \cdot \frac{e^3}{1+e} \cdot C \qquad (9.5)$$

em que D_s é uma medida de alguma forma relacionada com o tamanho dos grãos e C é um fator de forma.

Para as argilas, as equações anteriores não têm validade, por motivos a serem discutidos mais adiante.

9.2.2 Fatores que influenciam a permeabilidade

A seguir, serão analisados com algum detalhe os fatores que mais afetam o coeficiente de permeabilidade. São eles:

   a. o tamanho dos grãos;
   b. o índice de vazios;
   c. o tipo de fluido;
   d. a composição mineralógica; e
   e. a estrutura do solo.

Tamanho dos grãos

Há muito tempo que se sabe da influência do tamanho dos grãos na permeabilidade de solos granulares. Por um motivo já explicado no Cap. 6, a presença de partículas de menor tamanho, por pequenas que sejam, afeta bastante o arranjo dos grãos, facilitando o seu entrosamento. Viu-se, então, como consequência, a importância do diâmetro efetivo (D_{10}) e do coeficiente de uniformidade das areias (D_{60}/D_{10}).

A propósito, Hazen correlacionou a permeabilidade de areias, com coeficiente de uniformidade não superior a 5, com o D_{10}, que variou de 0,1 mm a 3 mm, tendo obtido:

$$k = 100 \cdot D_{10}^2 \tag{9.6}$$

em que D_{10} é posto em cm e k resulta em cm/s. Note-se que a Eq. 9.5 confirma esse tipo de dependência. Alguns autores, como Terzaghi, Peck e Mesri (1996), apresentam essa relação na forma:

$$k = \frac{D_{10}^2}{100}$$

em que D_{10} é posto em mm e k resulta em m/s, que é a unidade do Sistema Internacional. No entanto, neste capítulo, será utilizada a unidade cm/s para a permeabilidade.

A rigor, a relação k/D_{10} variou de 81 a 117. Enquanto Lambe e Whitman (1969) encontraram valores de 1 a 40 para essa relação, incluindo solos desde siltes até areia grossa e pedregulhos, Terzaghi, Peck e Mesri (1996) indicaram variações de 50 a 200.

Kenney et al. (1984b), trabalhando com materiais granulares, com coeficiente de uniformidade variando de 1 a 12, encontraram uma boa correlação entre k e o D_5, ambos em escala logarítmica. Como já foi mencionado no Cap. 6, para esses autores, o D_5 representaria melhor o diâmetro efetivo de materiais granulares; ademais, k mostrou-se pouco sensível a variações do coeficiente de uniformidade. Em outras palavras, k é muito mais influenciado pelo tamanho dos grãos do que pela forma da curva granulométrica (gradação).

Ademais, o tamanho dos grãos exerce uma influência indireta por meio do índice de vazios, como foi discutido também no Cap. 6.

Índice de vazios

Na prática, para solos granulares, tem-se constatado que correlações do tipo

$$k = f\left(\frac{e^3}{1+e}\right) \tag{9.7A}$$

$$k = f\left(\frac{e^2}{1+e}\right) \tag{9.7B}$$

$$k = f(e^2) \tag{9.7C}$$

são lineares e passam pela origem. A primeira delas encontra respaldo teórico, como se viu nas Eqs. 9.4 e 9.5.

Para as argilas, tem-se verificado que:

$$e = f(\log k) \tag{9.7D}$$

para a grande maioria dos solos ensaiados. Esse tipo de relação foi empregado por Pinto (1971) na obtenção de curvas de igual valor de k para solos compactados, num diagrama de Proctor. O exercício 6 ilustra o uso dessa relação.

Tipo de fluido

À primeira vista, o termo:

$$K = k \cdot \frac{\mu}{\gamma_o} \tag{9.8}$$

em que K é o coeficiente de permeabilidade absoluta, dado em cm², independe do fluido.

No entanto, para solos argilosos, em função da polaridade do fluido, ocorre um fenômeno de contrafluxo em virtude de um efeito de eletrosmose: existe, nas proximidades das partículas, um movimento da água em sentido contrário ao da percolação. Sobre esse assunto, ver Olsen (1962).

Além disso, o tipo de fluido interfere na estrutura da argila, dispersa ou floculada. Esse efeito é de "moldagem", mas afeta em muito o valor de k, como mostraram Michaels e Lin (1954 apud Lambe; Whitman, 1969). Diferenças de até 1:400 foram encontradas em corpos de prova preparados no mesmo índice de vazios, mas em fluidos diferentes. Reforçando essa conclusão, amostras de solos preparadas em água, mas ensaiadas com tipos diferentes de fluidos, apresentaram praticamente os mesmos resultados em termos de permeabilidade, pois a estrutura era a mesma. É importante realçar que, em todos esses ensaios, as correlações k em função de $e^3/(1 + e)$ foram não lineares, confirmando a asserção feita anteriormente sobre a invalidade das Eqs. 9.4 e 9.5 para argilas.

Composição mineralógica das partículas

A composição mineralógica é de pouca relevância para as areias, a não ser quando estas contenham mica ou matéria orgânica.

Para as argilas, a dependência é bastante acentuada, manifestada por meio da estrutura do solo, como se verá adiante.

Pesquisas efetuadas na Cornell University, em amostras preparadas em laboratório e apresentadas por Lambe (1955), mostram que a permeabilidade varia acentuadamente com a composição mineralógica. Por exemplo, k para a caulinita pode ser mil vezes maior do que o da montmorillonita. Terzaghi, Peck e Mesri (1996) citam a cifra 200.000 para essa relação, que, para a ilita, comparada com a montmorillonita, vale 200. O que está em jogo nessas relações é, em primeiro lugar, o tamanho das partículas. Além disso, quanto maior a capacidade de troca catiônica, maior o efeito dos íons trocáveis na permeabilidade:

assim, a relação entre as permeabilidades de montmorillonita com Ca e aquela com Na é 300 para um índice de vazios igual a 7. Todos os corpos de prova foram preparados em laboratório e ensaiados em anéis de adensamento.

Arranjo estrutural das partículas

De longe, é o fator mais importante a considerar.

É fato conhecido, por exemplo, que argilas moldadas na mesma densidade seca, uma compactada por pisoteamento, no ramo úmido, e outra compactada estaticamente, no ramo seco, podem apresentar estruturas dispersa e floculada, respectivamente (ver a seção 7.3). Após saturação, ambas ficam com os mesmos γ_s e h, mas com estruturas diferentes. A permeabilidade em arranjos dispersos (elevado grau de orientação das partículas), em direção perpendicular à da orientação das partículas, é cerca de 1/3 da permeabilidade na direção paralela à disposição destas. As estruturas floculadas são mais permeáveis, não apresentando, em princípio, anisotropia, mas com coeficientes k de 10 a 10.000 vezes maiores do que os correspondentes valores para estruturas dispersas.

A razão para esses fatos é que num arranjo disperso a tortuosidade é maior. Além disso, muito mais importante é a presença de vazios enormes nos arranjos floculados, intercomunicáveis, por onde a água passa com mais facilidade. Um só canal de grande diâmetro dá mais vazão do que diversos deles, cujas áreas das seções transversais, somadas, equivalem à do primeiro.

A Fig. 7.7 mostra resultados obtidos por Lambe e Whitman (1969) indicando um decréscimo de k à medida que o teor de umidade aumenta, até se atingir o ponto ótimo; a partir daí há um pequeno aumento. Mitchell, Hooper e Campanella (1965) apresentam resultados mais completos sobre a variação da permeabilidade de solos compactados com o teor de umidade de moldagem, densidade seca e método de compactação. Os seus resultados corroboram, em linhas gerais, as colocações feitas anteriormente, especialmente sobre a preponderância do fator estrutura no comportamento dos solos compactados. Além disso, eles concluem que solos compactados no ramo seco podem apresentar permeabilidades de 100 a 1.000 vezes maiores do que compactados no ramo úmido, mantidas as mesmas condições quanto à densidade seca e ao método de compactação. Ademais, pequenas variações de umidade no ramo úmido podem implicar grandes alterações na permeabilidade, na potência de 10.

É interessante reportar-se ao trabalho de Olsen (1962), que pesquisou as razões que tornam inválidas as Eqs. 9.4 e 9.5 para as argilas. Esse autor investigou a influência dos seguintes fatores: a) contrafluxo devido à eletrosmose; b) viscosidade variável, e não constante, como é suposto pela lei de Poiseuille, da qual foi derivada a Eq. 9.4; c) invalidade da lei de Darcy; d) tortuosidade; e) flocos ou poros desiguais.

Por meio de seus estudos, ficou comprovado que o último fator é o único capaz de explicar desvios da equação de Kozeny-Carman, como está ilustrado na Fig. 9.3. Em geral, as partículas de solo se aglutinam formando agregados (*clusters*) que possuem vazios internos, mas que também criam vazios entre si, de maiores dimensões. Assim, voltando-se à Fig. 9.3, para porosidades decrescentes, acima de 50%, k diminui mais depressa que o valor teórico, porque os macroporos estão se fechando, porém, abaixo desses 50%, a redução é mais lenta, pois os microporos dentro dos agregados é que estão sendo comprimidos.

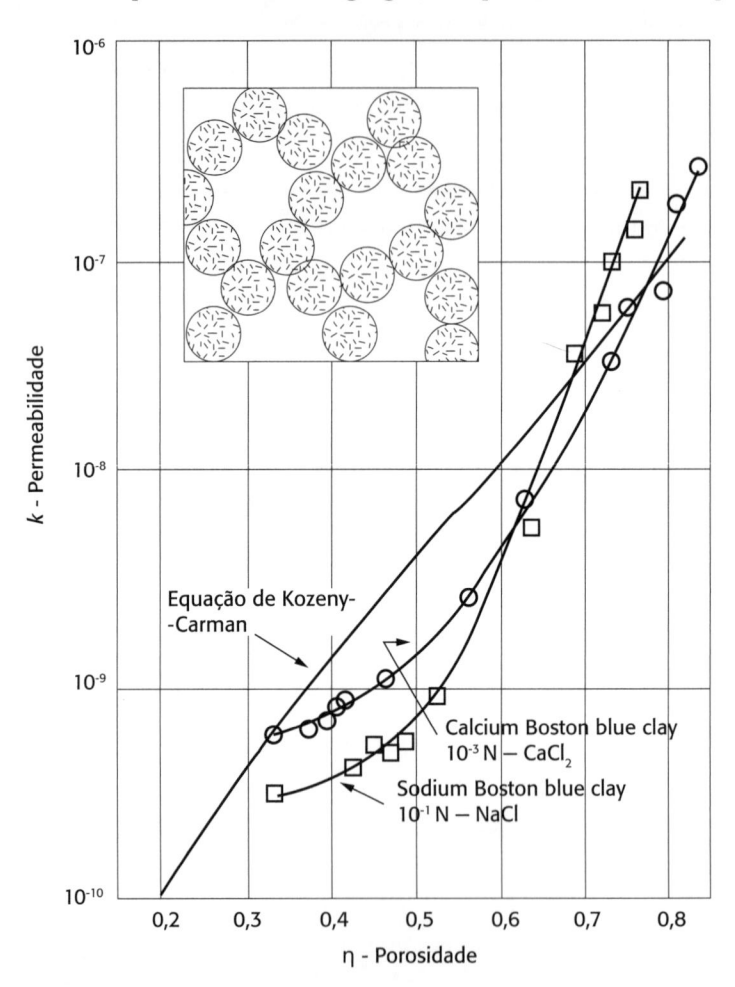

Fig. 9.3 *Modelo dos agregados ou* clusters *de Olsen e a variação de* k *com* η

Grau de saturação

Quanto maior o grau de saturação, maior o coeficiente de permeabilidade, como será mostrado com base em resultados publicados na literatura técnica. As técnicas para se medir a permeabilidade de solos não saturados escapam do escopo deste livro. Para isso, conferir referências em Garga e Blight (1997).

a. A Fig. 9.4 confirma essa afirmação para areias. Por exemplo, quando o grau de saturação passa de 80% para 100%, a permeabilidade pode triplicar de valor. Note-se que aumentos dessa ordem não podem ser explicados pura e simplesmente pelo fato de haver um aumento na área da seção transversal dos "canais" de fluxo ou por expressões como a Eq. 9.3C.

b. Ensaios conduzidos por Bicalho, Znidarcic e Ko (2005) em um solo compactado com graus de saturação entre 80% e 100% revelaram os valores de permeabilidade da Tab. 9.2.

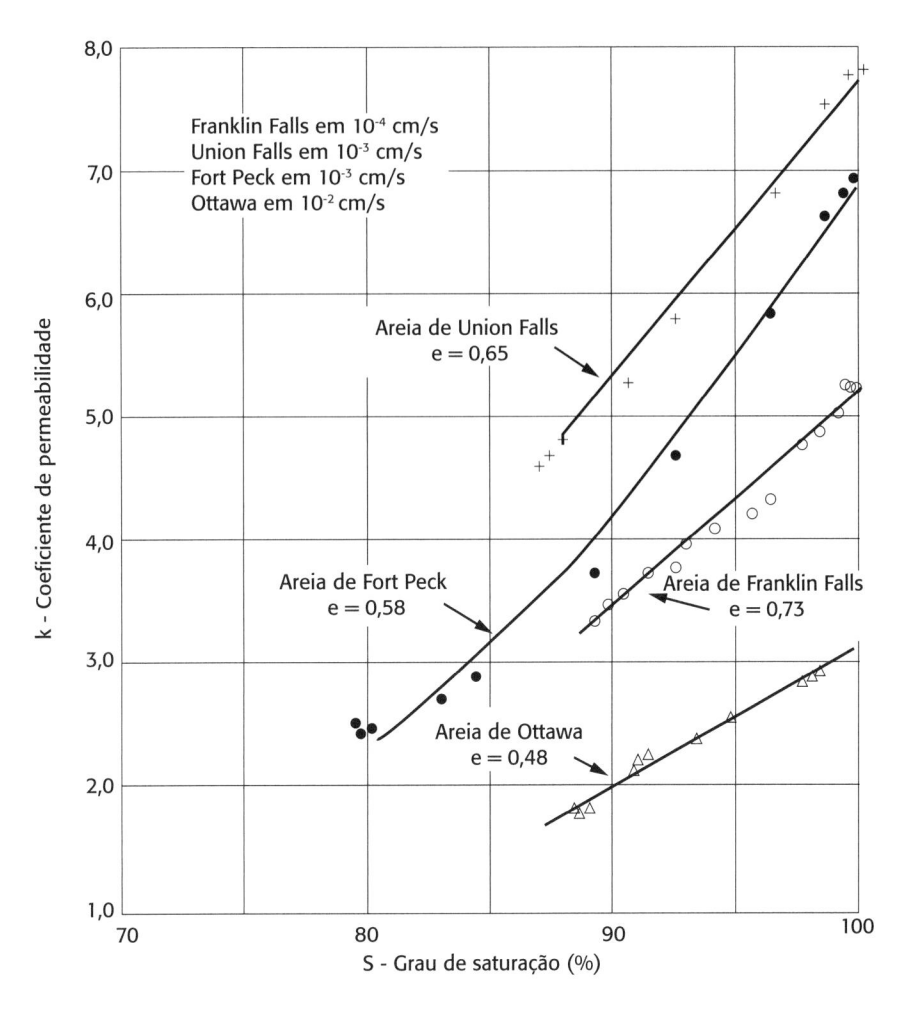

Fig. 9.4 *Variação de* k *com* S

O solo era um silte de baixa plasticidade com as seguintes características: LL = 25%; LP = 21%; % < 2μ = 12%; classificação do SU: CL-ML; δ = 26,3 kN/m³; h_{ot} = 14,5% e $\gamma_{smáx}$ = 17,5 kN/m³. O valor da permeabilidade do solo saturado ($k_{100\%}$) era de 2,4 × 10⁻⁶ cm/s.

c. Para solos de decomposição de granito de Hong Kong foram encontradas variações muito maiores, como mostra a Tab. 9.3.

9.2.3 Permeabilidade de solos tropicais lateríticos e saprolíticos

Dados de solos tropicais extraídos de Leandro et al. (1985) mostram uma grande variabilidade no coeficiente de permeabilidade, como ilustra a Tab. 9.4.

Garga e Blight (1997) discutem a possibilidade de realizar ensaios de permeabilidade de laboratório, em vez dos de campo, em solos residuais naturais. A questão reside no tamanho dos corpos de prova, que, em geral, não incorporam as diversas descontinuidades eventualmente presentes nos solos residuais.

Tab. 9.2 Permeabilidade e grau de saturação (S)

Solo	S	$k_{100\%}/k$ (cm/s)
Silte compactado	80%	7,1
	90%	6,7
	95%	4,2
	98%	2,0
	99%	1,4

Tab. 9.3 Permeabilidade e grau de saturação – solos de Hong Kong

Solo tipo	Variação de S	Aumento
1	90% a 96%	50 vezes
2	84% a 98%	20 vezes
3	95% a 99%	5 vezes

Tab. 9.4 Permeabilidade de alguns solos tropicais brasileiros

Tipo de solo	k (cm/s)	Observação
Laterítico	10^{-5} a 10^{-8}	Devido a agregações
Saprolítico	5×10^{-5} a 10^{-9}	Devido à estrutura herdada da rocha
Camada de transição	10^{-1} a 10^{-3}	Barragens de Itumbiara, Paraibuna, Jaguari, Atibainha e Cachoeira

9.3 Determinação da permeabilidade em laboratório

9.3.1 Tipos de ensaio

Os ensaios usualmente empregados em laboratório para a medida do coeficiente de permeabilidade são:

a. ensaios com carga variável;
b. ensaios com carga constante;
c. ensaios baseados na capilaridade horizontal;
d. ensaios de permeabilidade feitos durante o ensaio de adensamento.

Os ensaios com carga variável, para solos argilosos, foram especificados pela NBR 14545 (ABNT, 2000); já os ensaios com carga constante, para areias, foram prescritos através da NBR 13292 (ABNT, 1995b).

Antes de os ensaios propriamente ditos serem abordados, serão discutidos na sequência dois aspectos de extrema importância, a saber, a saturação de solos granulares e o problema da segregação do ar.

9.3.2 Saturação de solos granulares

A saturação da amostra é de importância fundamental, em virtude de uma questão muito simples: os resultados devem ser passíveis de reprodução.

Se a temperatura da água for maior do que a do solo, parte do ar dos poros poderá se dissolver nela ou ser simplesmente carreado; o reverso é verdadeiro, isto é, se a água esquentar ao percolar pelo solo, pode liberar ar, o que diminui o grau de saturação do solo. Isso é consequência do fato de a solubilidade do ar na água aumentar com a diminuição da temperatura (Fig. 9.5).

Para conseguir a saturação da amostra, pode-se aplicar vácuo no seu topo, esperar de 10 a 15 minutos, até a remoção do ar dos poros, após o que se deixa a água subir (o movimento deve ser sempre ascensional) lentamente pelo corpo de prova. Se a água estiver numa temperatura pouco acima da do solo, ao resfriar-se, absorverá o ar que porventura entre em contato com ela. Às vezes, para areias finas, é

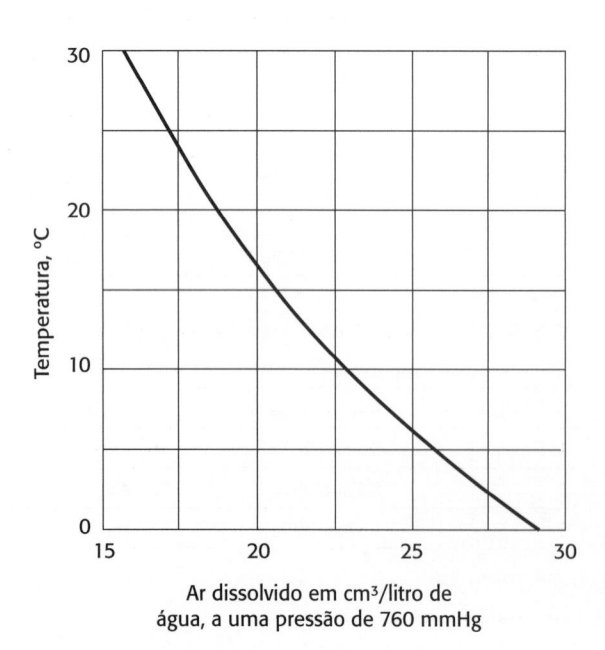

Fig. 9.5 *Solubilidade do ar na água em função da temperatura*

necessário aplicar vácuo até 760 mmHg, o que precisa ser feito lentamente para evitar a segregação de finos do solo.

A água utilizada para a saturação deve ser destilada (livre de impurezas) e deaerada, isto é, conter um mínimo de ar dissolvido nela. Esta última exigência prende-se à facilidade de a água libertar o ar dissolvido em ambiente de vácuo, pois, pela lei de Henry, a solubilidade do ar na água é proporcional à pressão no ar, para baixos valores dessa pressão. O ar liberado pode ficar preso entre as partículas de solo, diminuindo o seu grau de saturação.

9.3.3 O problema da segregação do ar: água deaerada e filtros de ar

Em clássico experimento, Bertram (1940) mostrou que, num ensaio feito em areia, durante 5 horas, a permeabilidade decresceu de 30×10^{-4} (após 1 minuto) para 8×10^{-4} cm/s. O permeâmetro empregado possuía tubos manométricos dispostos ao longo da altura do corpo de prova. Após cuidadosa investigação, concluiu que o 0,5 cm do topo da amostra estava com permeabilidade de 3×10^{-5} cm/s, em virtude do acúmulo de bolhas de ar, que estrangularam o fluxo de água. A água era comum, sem nenhum tratamento.

O mesmo autor fez outra série de ensaios usando, além da água comum, água destilada e deaerada, tendo obtido os resultados indicados na Fig. 9.6, minimizando, portanto, os efeitos da segregação, os quais, apesar disso, persistiram.

Esses efeitos só foram eliminados numa terceira série de ensaios, feitos passando a água por um filtro de ar, como está indicado na Fig. 9.7. Note-se que, no centro do filtro, Bertram colocou o solo a ser ensaiado, que segregou o ar antes de a água passar pelo permeâmetro. Para saturar o filtro, deve-se proceder da forma indicada na seção 9.3.2.

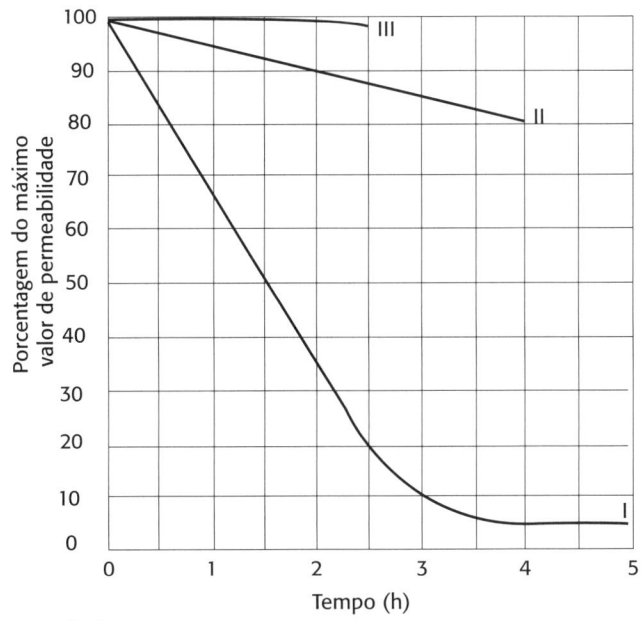

I - água comum
II - água deaerada e destilada
III - água deaerada, destilada e filtrada

Fig. 9.6 *Resultados de ensaios sobre a influência da segregação do ar na medida da* k

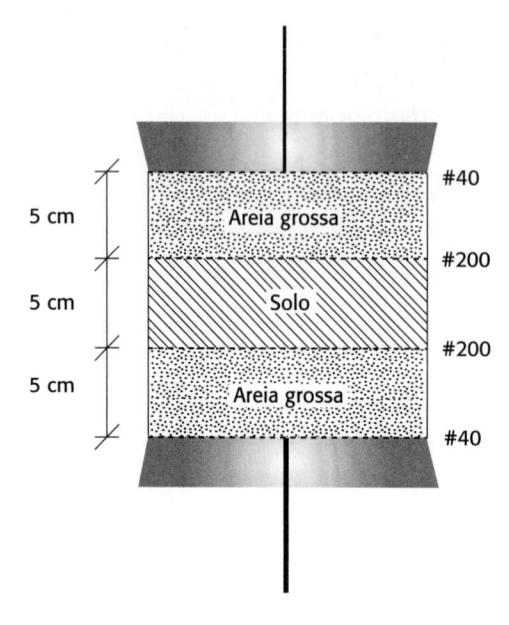

Fig. 9.7 *Filtro de ar para minimizar os efeitos da segregação do ar na* k

A Fig. 9.8 apresenta uma possível montagem de um ensaio com esses cuidados. Note-se o sistema de deaeração de água, bastante simples, que foi proposto por Fair (ver Bertram (1940)).

O processo de Fair consiste na borrifação de água por meio de um chuveirinho, deixando-se as gotas de água caírem cerca de 120 cm em ambiente de vácuo, sendo posteriormente coletadas em recipiente, também mantido em vácuo, com placas flutuantes.

Os estudos de Bertram mostraram que o processo de Fair reduziu de 6,4 cm³ para 3,5 cm³ o teor de O_2 por litro de água. A água, em temperatura ambiente e pressão atmosférica, mantém em equilíbrio com o meio ambiente cerca de 6,4 cm³ de O_2 por litro de água. Num segundo ciclo, o processo de Fair reduziu de 3,5 cm³ para 1,7 cm³ o teor de O_2 por litro de água. Vinte e quatro horas após a aplicação do processo houve reabsorção, passando esse teor para 5,0 cm³ de O_2 por litro de água, daí a importância de se evitar o contato direto água-ar por meio de membrana de borracha ou outro dispositivo, como as placas flutuantes.

Para reduzir mais ainda o teor de O_2, Bertram aqueceu a água destilada até 40 °C e submeteu-a ao processo de Fair, tendo obtido 0,5 cm³ de O_2 por litro de água.

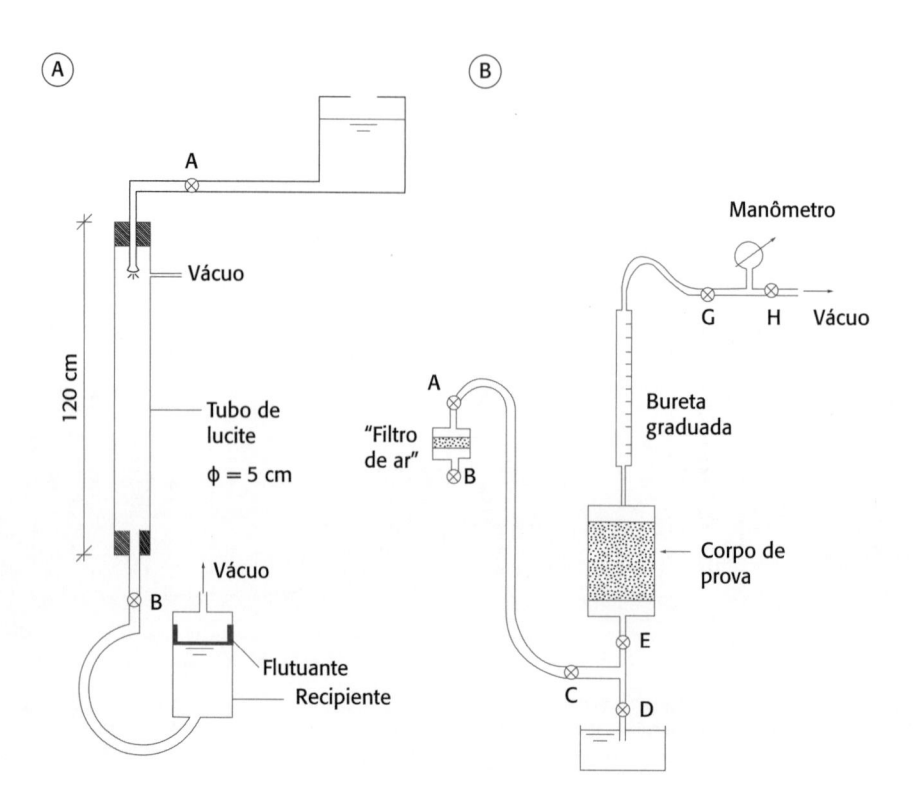

Fig. 9.8 *Possível montagem de um ensaio de* k

É evidente que cuidados desse tipo só se justificam em casos muito especiais, em que se exige elevado grau de precisão na medição da permeabilidade.

A água deaerada deve ficar em recipiente livre de agitações, e a sua retirada deve ser feita a partir da base, onde há menos ar dissolvido. A conexão B do recipiente deve ser acoplada na base do filtro de ar (Fig. 9.8).

A água destilada deve ser usada por estar isenta de matéria sólida e por ser levemente ácida, inibindo a formação de sílica livre, que pode advir da reação com o vidro.

9.4 Ensaio de permeabilidade com carga variável

Esse tipo de ensaio é aplicável a solos saturados, com coeficientes de permeabilidade que satisfaçam as seguintes condições:

$$10^{-6} \text{ cm/s} \leq k \leq 10^{-1} \text{ cm/s}$$

A NBR 14545 (ABNT, 2000) prescreve esse ensaio somente para argilas, com $k < 10^{-3}$ cm/s.

9.4.1 Fixação dos diâmetros da bureta e do permeâmetro

Em geral, a velocidade v_b de queda do menisco, ou nível de água na bureta, deve obedecer aos limites:

$$1 \text{ cm/min} \leq v_b \leq 1 \text{ cm/s}$$

O limite inferior é fixado em virtude do problema da evaporação de água: o ensaio não deve durar mais do que 1,5 a 2 horas.

Aplicando-se a equação da continuidade, pode-se escrever:

$$v_b \cdot D_b^2 = k \cdot i \cdot D_p^2$$

donde:

$$\frac{D_p}{D_b} = \sqrt{\frac{v_b}{k \cdot i}} \qquad (9.9)$$

em que D_p e D_b são os diâmetros do permeâmetro e da bureta, respectivamente. Assim, para $v_b = 1$ cm/min, associada a $k = 10^{-6}$ cm/s, e supondo $i = 10$, tem-se:

$$\frac{D_p}{D_b} = 40$$

Por outro lado, para solos mais permeáveis, com $k = 10^{-1}$ cm/s, deve-se ter $v_b = 1$ cm/s, donde:

$$\frac{D_p}{D_b} = 1$$

isto é, a bureta e o permeâmetro devem formar um só corpo.

Outro critério usualmente empregado para a fixação do diâmetro do permeâmetro é o seguinte:

$$\frac{D_p}{D_{máx}} \geq 15 \text{ a } 20$$

em que $D_{máx}$ é o tamanho do maior grão de solo granular; com isso, procura-se evitar grandes vazios junto às paredes do permeâmetro.

Para solos passando na peneira 10, costuma-se adotar $D_p \geq 4$ cm.

9.4.2 Preparação da amostra

Convém que a amostra seja colocada em tubo de lucite, o que facilita a medida de seu comprimento e permite ver o movimento do fluxo de água, o eventual carreamento de finos etc. Além disso, o tubo entre a bureta graduada e o lucite deve ser de latão ou plástico rígido.

Basicamente, o ensaio é feito do seguinte modo:

a. medem-se os diâmetros da bureta e do permeâmetro;
b. pesam-se o permeâmetro mais telas e acessórios, com precisão de 0,1 g;
c. coloca-se a areia em estado fofo; para tanto, usar recipiente com haste e lançar o solo submerso em água ou usar um dos métodos indicados no Cap. 6;
d. pesam-se o permeâmetro mais a tela, os acessórios e a areia;
e. aplica-se vácuo pelo topo da amostra, durante 10 a 15 minutos, para remover o ar dos vazios; para areias finas, às vezes é necessário aplicar 760 mmHg para se atingir a saturação total; em qualquer caso, o vácuo deve ser aumentado lentamente, evitando-se a segregação da areia;
f. deixa-se a água destilada e deaerada penetrar pelo solo, de baixo para cima, lentamente; para tanto, convém aplicar vácuo no topo do reservatório de água, independentemente do vácuo aplicado no topo da amostra.

Para ensaiar a areia em estado mais denso, a forma mais expedita consiste em dar algumas pancadas no tubo de lucite com bastão de madeira, medir o novo comprimento da amostra e repetir o ensaio. A NBR 13292 (ABNT, 1995b) recomenda várias formas para colocar a areia no estado mais denso.

Uma alternativa seria compactá-la em diversas camadas, tomando-se o cuidado de aumentar o número de golpes para as camadas seguintes, a partir da primeira. Após a compactação de uma camada, deve-se escarificá-la para evitar a formação de uma película de finos (*skin layer*). Quando possível, deve-se empregar a compactação estática.

No caso de amostras indeformadas de solos argilosos ou moldadas por compactação, o corpo de prova pode ser colocado em permeâmetro envolvido por bentonita, conforme está indicado na Fig. 9.9. Recomenda-se o uso de 0,5 cm de parafina na base do permeâmetro e de areia grossa no topo da amostra, que representa o método B da NBR 14545 (ABNT, 2000). O método A dessa norma recomenda o uso de câmara do ensaio triaxial, com todos os seus recursos, permitindo saturação do corpo de prova por contrapressão, o que pode ser indispensável para solos mais argilosos.

Montagem do ensaio

9.4.3 Execução do ensaio

Durante o ensaio, é de bom alvitre medir-se o tempo t_o de queda entre a altura inicial h_o e o ponto de cota $\sqrt{h_o \cdot h_f}$, e o tempo t_f entre este ponto e a altura final h_f.

Como, de um modo geral:

$$t = 2,3 \cdot \frac{L}{k} \cdot \frac{D_b^2}{D_p^2} \cdot \log\left(\frac{h_o}{h}\right) \quad (9.10A)$$

tem-se:

$$t_o = t_f$$

pois:

$$\frac{h_o}{\sqrt{h_o \cdot h_f}} = \frac{\sqrt{h_o \cdot h_f}}{h_f} \quad (9.10B)$$

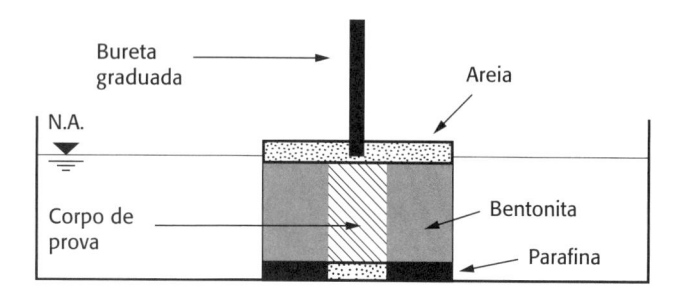

Fig. 9.9 *Ensaio de k em blocos de argila indeformada*

Se houver diferença de 2% a 3%, repete-se o ensaio. Vazamentos, saturação incompleta, movimento de finos no interior do corpo de prova, água com impurezas ou aerada são algumas possíveis causas dessa diferença.

Em qualquer circunstância, o ensaio deve ser repetido duas vezes, pelo menos.

A NBR 13292 (ABNT, 1995b) recomenda verificar, durante o ensaio, se o regime de fluxo é laminar, isto é, se a vazão é proporcional ao gradiente hidráulico, o que se consegue incrementando gradualmente a carga hidráulica. Essa precaução é válida especialmente para os materiais granulares mais grossos. A mesma recomendação, contudo, é feita para materiais granulares mais finos, pois, sob gradientes muito elevados, portanto sob elevadas forças de percolação, pode haver migração de partículas, com possibilidade de afetar o resultado do ensaio (Terzaghi; Peck; Mesri, 1996).

9.5 Ensaio de permeabilidade com carga constante

Esse tipo de ensaio é aplicável para solos granulares, saturados, com $k > 10^{-3}$ cm/s.

A NBR 13292 (ABNT, 1995b) prescreve esse ensaio para areias, com tolerância de 10% de finos (< #200). O diâmetro mínimo do permeâmetro (D_p) deve ser oito a 12 vezes o diâmetro do maior grão da areia ($D_{máx}$), e sua altura, o dobro de D_p.

A preparação e a saturação da amostra são feitas de forma análoga à do ensaio com carga variável.

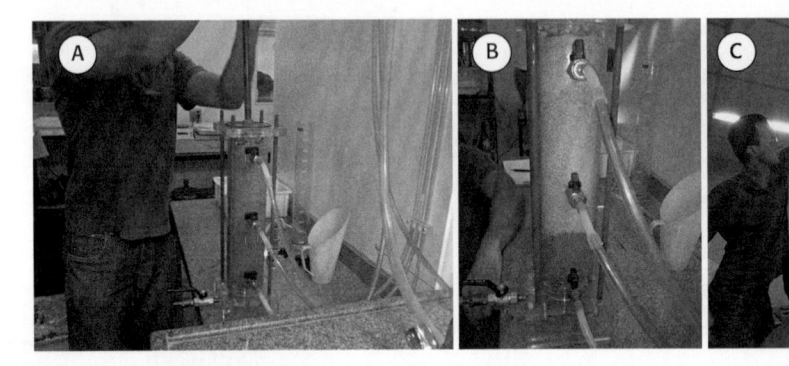

(A) Colocação da amostra, (B) saturação e (C) reservatório superior

Coleta da vazão de percolação

Após iniciar o ensaio, espera-se atingir as condições de equilíbrio e mede-se o volume de água escoado num certo intervalo de tempo. Registra-se a temperatura com certa frequência. O ensaio deve ser repetido um certo número de vezes para obter consistência nos resultados.

A Fig. 9.10 mostra dois esquemas para a medida da permeabilidade. Como se observa, o da direita é apropriado para solos de baixa permeabilidade: em primeiro lugar, o garrafão de água, com tubo curvo preso à sua tampa de borracha, dificulta a evaporação da água do reservatório, cujo nível de água pode ser considerado estático; em segundo lugar, o uso de balões frouxos com ar saturado de vapor d'água, tanto no reservatório quanto na bureta graduada, garante uma pressão interna próxima da atmosférica. Outras montagens para a execução do ensaio são possíveis (ver a NBR 13292 (ABNT, 1995b)).

9.6 Ensaio de permeabilidade valendo-se da capilaridade horizontal

Esse tipo de ensaio, descrito detalhadamente por Lambe (1951), é bastante útil porque:

a. é rápido para solos com k variando de 10^{-2} cm/s a 10^{-5} cm/s;
b. permite a medida da permeabilidade de solos parcialmente saturados (Fig. 9.11).

Após a preparação do corpo de prova, o permeâmetro é colocado dentro de uma cuba com água, numa posição horizontal. É importante que a profundidade seja muito menor do que a altura capilar do solo; além disso, valores muito elevados da carga total na entrada do permeâmetro podem comprimir as bolhas de ar e mudar o grau de saturação, o que não é desejável.

Uma vez introduzido na cuba, a uma profundidade média h_o, registra-se o tempo t necessário para que a linha de saturação avance de uma distância conhecida x. A velocidade de avanço dx/dt é a velocidade de percolação intersticial, dada pela lei de Darcy (Eq. 9.1C), ou seja:

$$\frac{dx}{dt} = \frac{k}{S \cdot \eta} \cdot \frac{h_o + h_c}{x} \quad \text{(9.11A)}$$

ou:

$$\frac{dx^2}{dt} = \frac{2k}{S \cdot \eta}(h_o + h_c) \quad \text{(9.11B)}$$

em que S é o grau de saturação e η é a porosidade do solo.

A Eq. 9.11B pode ser reescrita da seguinte forma, em diferenças finitas:

$$\frac{\Delta(x)^2}{\Delta t} = \frac{2k}{S \cdot \eta}(h_o + h_c) = m \quad \text{(9.11C)}$$

Tal relação, num gráfico de $\Delta(x)^2$ em função de Δt, é uma reta passando pela origem. Se, durante o ensaio, mudar-se o valor de h_o (aprofundando o permeâmetro, mantido sempre na posição horizontal), pode-se medir um novo valor de m, Eq. 9.11C, e, com isso, obter o valor de k. O valor de h_c não tem utilidade alguma, pois o gradiente hidráulico não é uniforme.

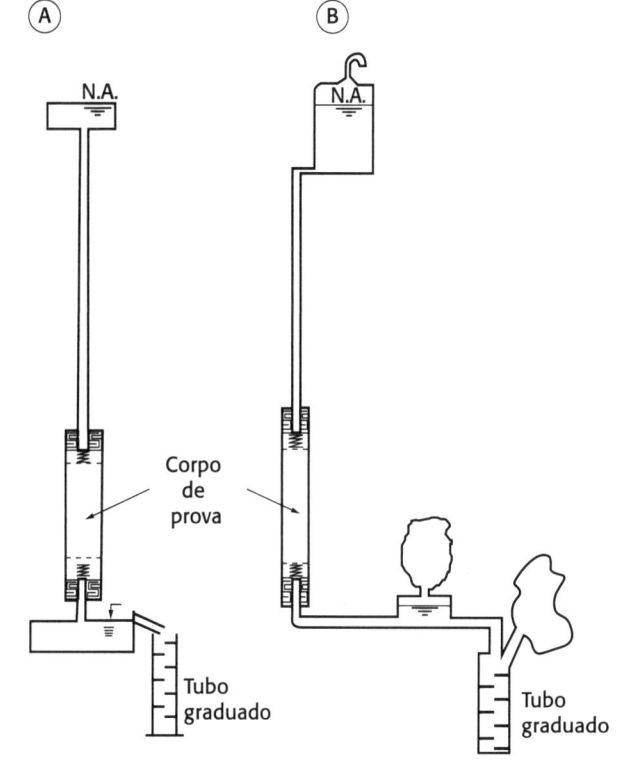

Fig. 9.10 *Duas possíveis montagens de ensaios de* k *com carga constante*

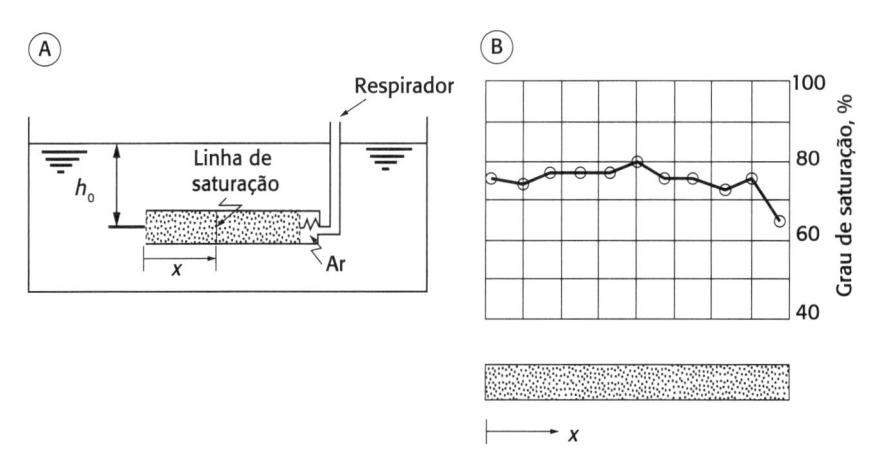

Fig. 9.11 *Ensaio de* k *horizontal*

Após o ensaio, é necessário medir o valor do grau de saturação, que se mantém praticamente constante ao longo da amostra se h_o não for excessivo, como mostra a Fig. 9.11B.

9.7 Fontes de erro

As principais fontes de erro do ensaio são listadas a seguir. O modo como algumas delas influenciam nos resultados dos ensaios já foi discutido anteriormente; outras o fazem por razões evidentes por si sós.

- Segregação do ar.
- Formação de película impermeável (*skin filter*) durante a preparação dos corpos de prova.
- Canais de fluxo entre o corpo de prova e a parede interna do tubo de lucite.
- Evaporação pela bureta ou vazamentos (especialmente importantes para solos com baixos valores de k).
- Formação de trincas perpendiculares ao fluxo.
- Saturação incompleta dos corpos de prova.
- Água com matéria estranha ou impurezas.
- Erros de medida.

Parte experimental

1) Determinar o coeficiente de permeabilidade de uma amostra de solo em permeâmetro de carga variável e de uma areia em permeâmetro de carga constante.
2) Referir os coeficientes determinados à temperatura de 20 °C (valores de viscosidade da água podem ser encontrados na Tab. 3.1 ou em Lambe (1951, p. 148)).

Exercícios complementares

1) Deduzir a fórmula para o cálculo do coeficiente de permeabilidade com permeâmetro de carga variável, empregada na resolução do item 1 da parte experimental.

Solução:

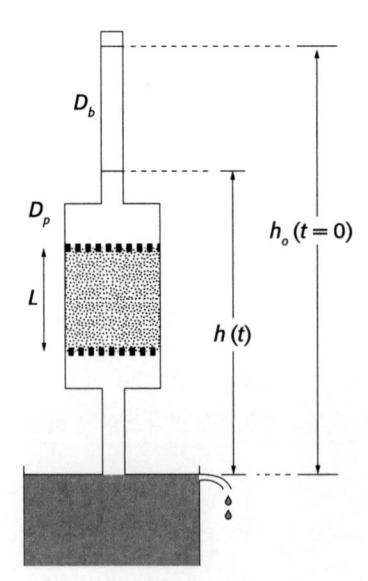

$$Q = k \cdot i \cdot A = v_b \cdot \frac{\pi}{4} \cdot D_b^2 = k \cdot i \cdot \frac{\pi}{4} \cdot D_p^2$$

$$\therefore \frac{dh}{dt} \cdot D_b^2 = k \cdot \frac{h}{L} \cdot D_p^2$$

$$\frac{dh}{h} = \frac{k}{L} \cdot \frac{D_p^2}{D_b^2} \cdot dt$$

$$2,3 \log\left(\frac{h_o}{h}\right) = \frac{k}{L} \cdot \frac{D_p^2}{D_b^2} \cdot t$$

$$k = 2,3 \log\left(\frac{h_o}{h}\right) \frac{L}{t} \cdot \frac{D_b^2}{D_p^2}$$

2) Um ensaio de permeabilidade foi realizado numa amostra de areia com 25 cm de comprimento e 30 cm² de seção transversal. Com uma

carga de 40 cm, verificou-se uma vazão de 200 cm³ em 116 segundos. O peso específico dos grãos era de 26,4 kN/m³, o índice de vazios era de 0,506 e o peso seco da amostra era de 1.320 g. Admitir amostra saturada (S = 100%). Determinar: a) o coeficiente de permeabilidade; b) a velocidade do fluxo; c) a velocidade de percolação intersticial.

Solução:

a. coeficiente de permeabilidade (Eq. 9.1A)

$$k = \frac{Q}{i \cdot A} = \frac{200/116}{(40/25)30} = 3,6 \times 10^{-2} \text{ cm/s}$$

b. velocidade do fluxo (v) (Eq. 9.1B)

$$v = k \cdot i = 3,6 \times 10^{-2}(40/25) = 0,057 \text{ cm/s}$$

c. velocidade de percolação intersticial (Eq. 9.1C)

$$v_p = \frac{k \cdot i}{\eta} = \frac{0,057}{0,506/1,506} = 0,17 \text{ cm/s}$$

3) Num ensaio feito sobre uma amostra que estava com cerca de 80% de saturação, determinou-se um coeficiente de permeabilidade de $3,2 \times 10^{-3}$ cm/s. De que ordem de grandeza deve ser o coeficiente de permeabilidade desse material saturado?

Solução:

Considerando os dados experimentais da Fig. 9.4, pode-se estimar:

$$k_{100\%} = k_{80\%} \times 2,5 = 8 \times 10^{-3} \text{ cm/s}$$

4) Uma areia tinha $k = 4 \times 10^{-2}$ cm/s, com um índice de vazios igual a 0,38. Estimar o coeficiente de permeabilidade dessa areia com um índice de vazios igual a 0,46.

Solução:

$$k_1 = 4 \times 10^{-2} \text{ cm/s} = C \times \frac{0,38^3}{(1+0,38)}$$

donde:

$$C = 4 \times 10^{-2} \text{ cm/s} \cdot \frac{(1+0,38)}{0,38^3} \cong 1 \text{ cm/s}$$

Logo:

$$k_2 = 1 \times \frac{0,46^3}{(1+0,46)} = 6,7 \times 10^{-2} \text{ cm/s}$$

Nota: outra possibilidade é trabalhar com outras funções do tipo $k = f(e)$. Ver as Eqs. 9.7B e 9.7C.

5) Resultados de dois ensaios de permeabilidade de um solo são dados a seguir:

Ensaio	e	T (°C)	k (cm/s)
1	0,70	15	$3,2 \times 10^{-5}$
2	1,10	29	$1,8 \times 10^{-4}$

Estimar o coeficiente de permeabilidade a 20 °C para um índice de vazios de 0,85.

Solução:

Com base nos valores de e e k, pode-se concluir que o solo é uma argila. Portanto, deve-se trabalhar com relações do tipo da Eq. 9.7D.

Para T = 20° pode-se obter facilmente:

$$\log(k) = 1,5066 \cdot e - 5,4942$$

Donde, para e = 0,85 tem-se:

$$\log(k) = 1,5066 \times 0,85 - 5,4942 = -4,2136$$

ou seja, $k = 6,1 \times 10^{-5}$ cm/s.

6) No ensaio de compactação de uma amostra de solo da área de empréstimo da barragem de Ilha Solteira, obtiveram-se os seguintes resultados:

Umidade (%)	Densidade seca (kN/m³)
18	14,34
20	15,30
22	16,20
24	16,05
26	15,62

Foram feitos 12 ensaios de permeabilidade sobre corpos de prova moldados em diferentes condições, obtendo-se os seguintes resultados:

Umidade (%)	Densidade seca (kN/m³)	k (cm/s)
23,0	15,64	$5,9 \times 10^{-6}$
22,4	15,58	$9,8 \times 10^{-6}$
20,9	15,58	$2,2 \times 10^{-5}$
19,9	15,57	$3,2 \times 10^{-5}$
23,4	16,38	$9,6 \times 10^{-7}$
22,5	16,35	$1,5 \times 10^{-6}$

Umidade	Densidade seca (kN/m³)	k (cm/s)
20,6	16,44	$3,7 \times 10^{-6}$
19,6	16,42	$5,0 \times 10^{-6}$
23,1	17,20	$9,7 \times 10^{-8}$
21,9	17,27	$1,2 \times 10^{-7}$
20,9	17,20	$4,4 \times 10^{-7}$
19,9	17,26	$7,2 \times 10^{-7}$

O controle de compactação exigia que o grau de compactação estivesse entre 97% e 103% e que a umidade estivesse entre 1,0% abaixo e 1,5% acima da umidade ótima. Para o solo compactado nessas condições, em que intervalo de valores estará o coeficiente de permeabilidade do maciço? Recomendação: trabalhar com o logaritmo dos coeficientes de permeabilidade (Eq. 9.7D).

Solução:

Para cada valor de h, aproximadamente constante, pode-se correlacionar log(k) com e. Em seguida, escolhem-se valores de k numa certa escala (1 × 10⁻⁷ cm/s; 2 × 10⁻⁷ cm/s; 5 × 10⁻⁷ cm/s; 1 × 10⁻⁶ cm/s; 2 × 10⁻⁶ cm/s etc.) e calculam-se os correspondentes e e os γ_s. Têm-se, assim, curvas de igual valor de k, como está indicado a seguir:

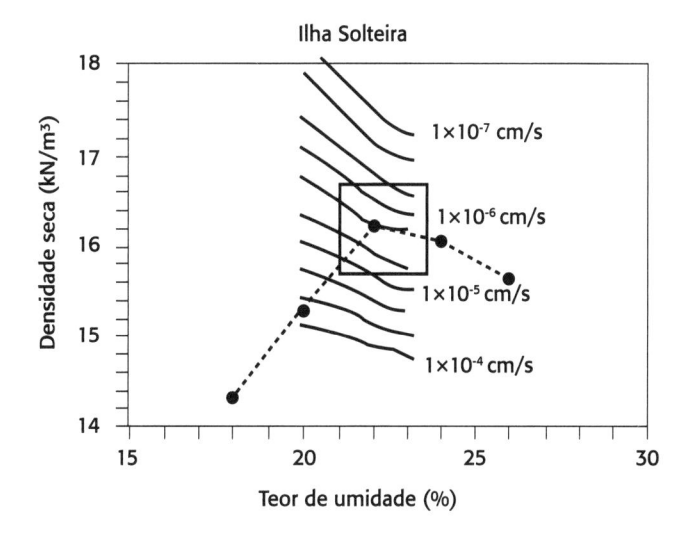

Barragem de Ilha Solteira

Para a especificação de compactação indicada pelo retângulo, pode-se extrair:

$$3 \times 10^{-7} \text{cm/s} \leq k \leq 1,5 \times 10^{-5} \text{ cm/s}$$

ou, com maior precisão:

$$2,5 \times 10^{-7} \text{cm/s} \leq k \leq 1,3 \times 10^{-5} \text{ cm/s}$$

Saiba mais

O gráfico abaixo mostra, a título de ilustração, curvas de igual valor da permeabilidade de uma argila siltosa, com o teor de umidade variando numa faixa mais ampla de valores, quando comparada com a do exercício proposto.

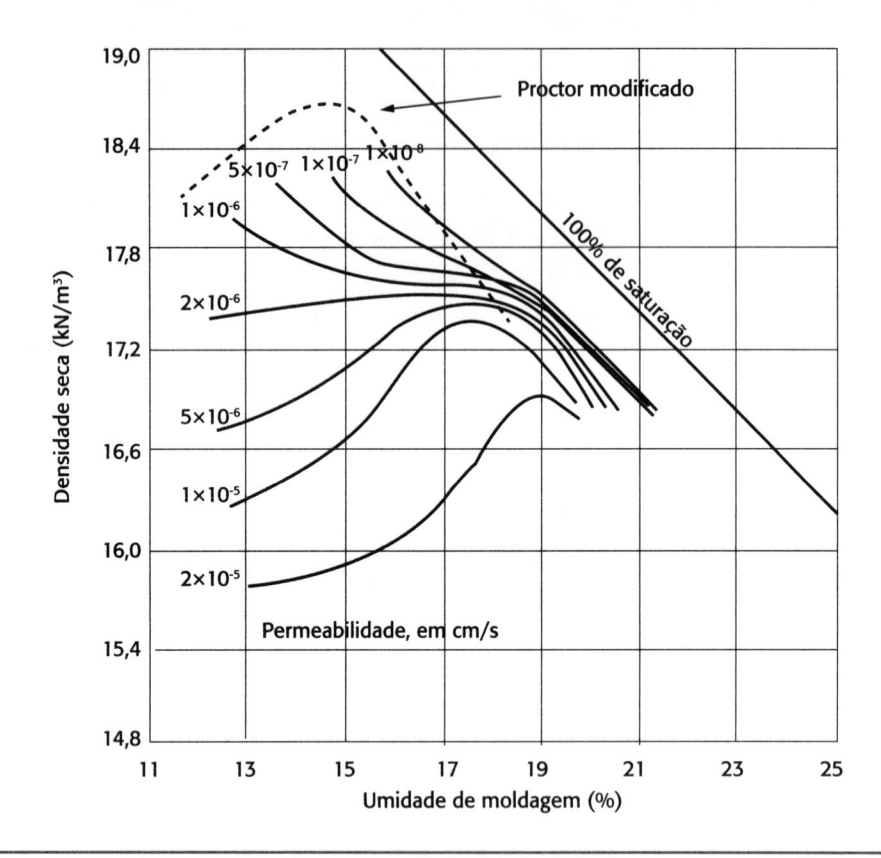

Curvas de igual permeabilidade – argila siltosa pisoteada
Fonte: Mitchell, Hooper e Campanella (1965).

Questões para pensar

- O que é a equação de Kozeny-Carman? Em linhas gerais, como foi obtida?
- Por que ela não se aplica a argilas?
- Por que é preciso saturar corpos de prova de areia e que cuidados devem ser tomados nessa operação?
- O que é o fenômeno de segregação do ar? Como evitá-lo?
- Como se deduz a expressão para determinar a k num ensaio com carga variável?
- Que cuidados devem ser tomados em ensaios de permeabilidade de longa duração quando se usam permeâmetros simples como o de Darcy?
- Que cuidados devem ser tomados em ensaios de permeabilidade em areia para se obter k com grande precisão?

Adensamento | 10

10.1 Conceito

Toda vez que uma argila sofre uma ação externa, seja por meio de um carregamento, seja pela variação da pressão hidrostática, surgem excessos de pressões neutras e, consequentemente, gradientes hidráulicos e um fluxo de água. Com a expulsão da água, o solo se deforma até atingir uma nova posição de equilíbrio.

Numa visão microscópica, a ação externa quebra a estrutura do solo, isto é, o equilíbrio que existia entre o arranjo das partículas e as forças que interagiam entre elas. Numa escala macroscópica, alteram-se a tensão efetiva e a pressão neutra. Durante o regime transiente que se segue, as partículas coloidais do mineral argila procuram um novo arranjo estável, aproximando-se uma das outras, alterando a resultante das forças de atração e repulsão que atuam entre elas. Essa fase inicial do processo é denominada adensamento primário.

No fim do processo, as camadas duplas estão em contato umas com as outras, já não há mais excessos de pressões neutras perceptíveis, mas ainda não se atingiu o equilíbrio. A água adsorvida tende a ser expulsa de entre as partículas lentamente: estão agindo forças de origem viscosa, dependentes do tempo. Essa fase do processo é denominada adensamento secundário. É interessante notar que esse contato entre camadas duplas é do tipo "inelástico" ou irreversível, diferente dos contatos mineral-mineral, razão pela qual, após a remoção da carga, a área de contato permanece a mesma e, com ela, a resistência ao cisalhamento do solo e a marca indelével da pressão de pré-adensamento.

Modelos matemáticos capazes de prever a velocidade de dissipação das pressões neutras e do campo de deformações são denominados teorias do adensamento.

10.2 Teorias do adensamento primário

As teorias do adensamento primário baseiam-se fundamentalmente em três tipos de equações: a) equação de continuidade; b) relação tensão-deformação; e c) equações de equilíbrio.

Ademais, geralmente admitem como hipótese que o solo é homogêneo em profundidade e desprezam o efeito do peso próprio, como será assinalado mais adiante.

10.2.1 Equação da continuidade

Havendo um fluxo de água com variação volumétrica, a quantidade de água que entra num elemento de solo totalmente saturado de dimensões dx, dy e dz no intervalo de tempo dt é:

$$dt(v_x \cdot dy \cdot dz + v_y \cdot dx \cdot dz + v_z \cdot dx \cdot dy)$$

e a que sai do mesmo elemento:

$$dt\left[(v_x + \frac{\partial v_x}{\partial x} \cdot dx)dy \cdot dz + (v_y + \frac{\partial v_y}{\partial y})dx \cdot dz + (v_z + \frac{\partial v_z}{\partial z})dx \cdot dy\right]$$

donde a variação de volume vale:

$$dt\left(\frac{\partial v_x}{\partial x} + \frac{\partial v_y}{\partial y} + \frac{\partial v_z}{\partial z}\right)dx \cdot dy \cdot dz$$

Outra forma de calcular essa variação é por meio da deformação volumétrica específica (ε) (Eq. 2.3). De fato, a variação de volume vale:

$$d\varepsilon \cdot dx \cdot dy \cdot dz$$

donde:

$$\frac{\partial v_x}{\partial x} + \frac{\partial v_y}{\partial y} + \frac{\partial v_z}{\partial z} = \frac{\partial \varepsilon}{\partial t} \qquad (10.1A)$$

que é a equação de continuidade.

Note-se que, se não houvesse variação de volume, viria:

$$\frac{\partial v_x}{\partial x} + \frac{\partial v_y}{\partial y} + \frac{\partial v_z}{\partial z} = 0$$

que é a equação de Laplace, que governa o fluxo de água em meios porosos indeformáveis.

Para adensamentos unidimensionais, a Eq. 10.1A torna-se simplesmente:

$$\frac{\partial v}{\partial z} = \frac{d\varepsilon}{dt} \qquad (10.1B)$$

10.2.2 Relações tensão-deformação

A relação tensão-deformação na forma $e = f(\overline{\sigma})$ mais simples que se pode imaginar é a linear, tal como indica a Fig. 10.1, isto é:

$$e_o - e = a_v(\overline{\sigma} - \overline{\sigma}_o)$$

em que a_v é o coeficiente de compressibilidade do solo e $\overline{\sigma}_o$ e $\overline{\sigma}$ são as tensões efetivas associadas aos índices de vazios e_o e e, respectivamente. Ora, tendo em vista a Eq. 2.3 e o fato de que:

$$\overline{\sigma} - \overline{\sigma}_o = \Delta p - u$$

$$\varepsilon = \frac{e_o - e}{1 + e_o} = \frac{a_v}{1 + e_o}(\overline{\sigma} - \overline{\sigma}_o)$$

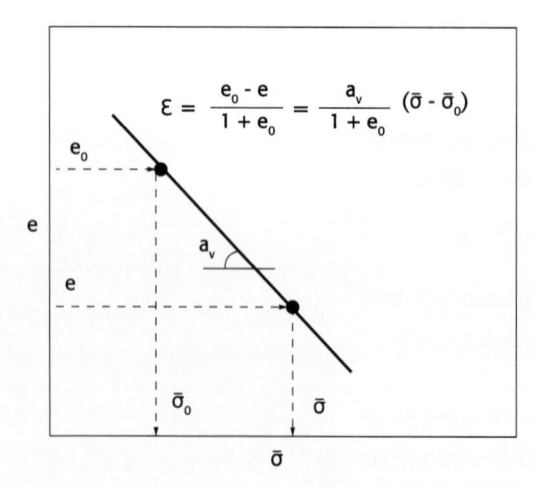

Fig. 10.1 *Relação linear*

em que Δp é a sobrecarga, ou carregamento externo, e u, o excesso de pressão neutra, e lembrando que:

$$m_v = \frac{a_v}{1+e_o} \quad (10.2)$$

em que m_v é o coeficiente de compressibilidade volumétrica, vem que:

$$\varepsilon = m_v(\Delta p - u) \quad (10.3)$$

Note-se que m_v é constante, pois e_o também o é, levando em conta a hipótese de que o solo é homogêneo em profundidade.

No entanto, sabe-se, por meio de dados experimentais, que a linearidade que existe é entre o índice de vazios e o logaritmo das tensões efetivas, isto é:

$$e_o - e = C_c \cdot \log \frac{\bar{\sigma}}{\bar{\sigma}_o} \quad (10.4A)$$

em que C_c é o índice de compressão do solo (Fig. 10.2), donde:

$$\varepsilon = \frac{C_c}{1+e_o} \cdot \log\left(1 + \frac{\Delta p - u}{\bar{\sigma}_o}\right) \quad (10.4B)$$

A Eq. 10.3 foi adotada por Terzaghi na elaboração de sua teoria do adensamento. Posteriormente, Janbu (1965) e Mikasa (1965), trabalhando independentemente, utilizaram a Eq. 10.4B para tornar mais realista essa teoria.

10.2.3 Equação do equilíbrio

Para casos em que o fluxo de água é vertical (adensamento unidimensional), por exemplo, o de uma camada de argila mole situada entre duas outras de areia, a equação de equilíbrio é:

$$\sigma_z = \gamma \cdot z + \Delta p \quad (10.5)$$

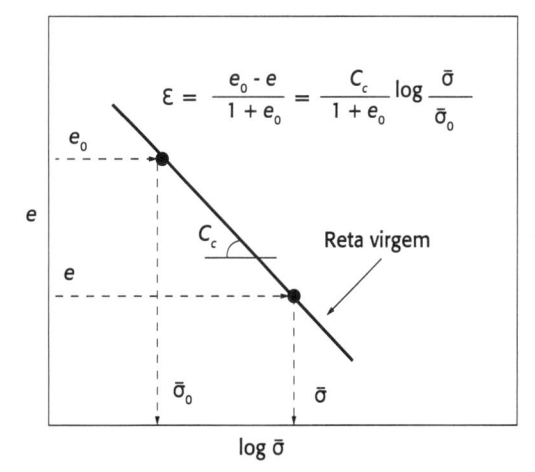

Fig. 10.2 *Relação semilogarítmica*

Como se verá na seção seguinte, o efeito do peso próprio é, em primeira aproximação, desprezado.

10.2.4 Equações que governam o adensamento unidimensional

Pela lei de Darcy, tem-se:

$$v = k \cdot i = -k \cdot \frac{\partial H}{\partial z} \quad (10.6)$$

em que H é a carga hidráulica total.

Supondo um referencial coincidindo com o nível de água aflorante positivo para cima:

$$H = -z + \frac{\gamma_o \cdot z + u}{\gamma_o} = \frac{u}{\gamma_o}$$

em que (–z) denota a carga de posição; $\gamma_o \cdot z$, a pressão hidrostática; e u, o excesso de pressão neutra, vem:

$$v = \frac{-k}{\gamma_o} \cdot \frac{\partial u}{\partial z} \tag{10.7A}$$

em que, pela Eq. 10.1B, supondo k constante:

$$\frac{-k}{\gamma_o} \cdot \frac{\partial^2 u}{\partial z^2} = \frac{\partial \varepsilon}{\partial t} \tag{10.7B}$$

ou ainda, tendo em vista a Eq. 10.3:

$$\frac{k}{\gamma_o} \cdot \frac{\partial^2 u}{\partial z^2} = m_v \cdot \frac{\partial u}{\partial t}$$

ou, finalmente:

$$C_v \cdot \frac{\partial^2 u}{\partial z^2} = \frac{\partial u}{\partial t} \tag{10.8}$$

que é a equação do adensamento de Terzaghi.

Nessa expressão, C_v é o coeficiente de adensamento primário, dado por:

$$C_v = \frac{k}{\gamma_o \cdot m_v} = \frac{k(1+e_o)}{\gamma_o \cdot a_v} \tag{10.9}$$

Uma equação semelhante na forma, mas mais realista, pode ser obtida por meio da relação tensão-deformação dada pela Eq. 10.4B. De fato, derivando-a em relação a z, chega-se a:

$$\frac{\partial \varepsilon}{\partial z} = -\frac{C_c}{2,3(1+e_o)\overline{\sigma}} \cdot \frac{\partial u}{\partial z}$$

em que $\overline{\sigma} = \overline{\sigma}_o + \Delta p - u$ é a tensão efetiva no tempo t. Note-se que $\overline{\sigma}_o$ foi suposta constante, isto é, não se vai levar em conta o efeito do peso próprio do solo compressível e, ainda, que a camada de solo é homogênea, com um mesmo índice de vazios inicial, em profundidade.

Pelo fato de:

$$C_c = -\frac{de}{d \cdot \log \overline{\sigma}} = -2,3 \cdot \frac{de}{d\overline{\sigma}} \cdot \overline{\sigma} = 2,3 a_v \cdot \overline{\sigma}$$

segue que:

$$\frac{C_c}{2,3(1+e_o)\overline{\sigma}} = \frac{a_v}{1+e_o} = m_v \tag{10.10}$$

donde:

$$\frac{\partial \varepsilon}{\partial z} = -m_v \cdot \frac{\partial u}{\partial z}$$

e a Eq. 10.7A pode ser escrita como:

$$v = \frac{k}{\gamma_o \cdot m_v} \cdot \frac{\partial \varepsilon}{\partial z} = C_v \cdot \frac{\partial \varepsilon}{\partial z} \qquad (10.11)$$

Note-se, pela Eq. 10.10, que m_v varia com a tensão efetiva $\bar{\sigma}$, consequência da não linearidade da Eq. 10.4A.

Substituindo-se a Eq. 10.11 na equação da continuidade (Eq. 10.1B), tem-se:

$$C_v \cdot \frac{\partial^2 \varepsilon}{\partial z^2} = \frac{\partial \varepsilon}{\partial t} \qquad (10.12)$$

que é a equação de Mikasa. Ela possui a forma da equação de Terzaghi (Eq. 10.8), mas com um significado totalmente diferente.

Atente-se para os pontos adiante.

a. Na passagem da Eq. 10.11 para a Eq. 10.12, admitiu-se que a relação:

$$\frac{k}{m_v} = \frac{k(1+e_o)\bar{\sigma} \cdot 2{,}3}{C_c} \qquad (10.13)$$

é uma constante, enquanto na dedução da equação de Terzaghi a hipótese foi serem k e m_v constantes.

b. Extraindo-se u da Eq. 10.3 e substituindo-a na Eq. 10.8, obtém-se a Eq. 10.12, isto é, a equação de Mikasa é mais geral do que a de Terzaghi.

c. Das Eqs. 10.7A, lei de Darcy, e 10.11 segue-se que

$$v = -\frac{k}{\gamma_o} \cdot \frac{\partial u}{\partial z} = C_v \cdot \frac{\partial \varepsilon}{\partial z} \qquad (10.14A)$$

Conclui-se que, se k for variável durante o adensamento, as velocidades de desenvolvimento dos recalques e de dissipação de pressões neutras não podem coincidir. Em outras palavras, durante o adensamento existiriam variações distintas de u e ε com a profundidade z, no mesmo tempo t, isto é, seriam inaderentes, conforme indica a Fig. 10.3.

d. A carga Δp teve que ser suposta constante em relação ao tempo para a dedução da equação diferencial de Terzaghi, como se depreende na passagem da Eq. 10.7B para a Eq. 10.8. A teoria de Janbu-Mikasa prescindiu dessa hipótese, o que significa uma maior extensão da equação diferencial a ela associada.

O Quadro 10.1 resume o que há de comum e as diferenças existentes entre as teorias apresentadas. Foi incluída também a teoria de Schiffman e Gibson (1964), que supõem m_v e k variáveis e apresentam técnicas de solução para algumas situações especiais. A equação diferencial básica, neste caso, é

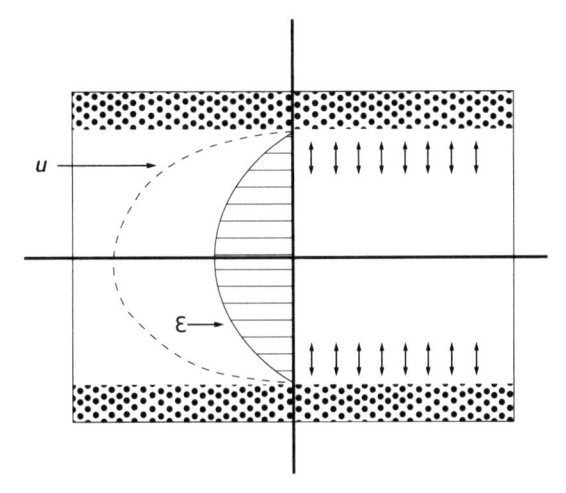

Fig. 10.3 *Inaderência na teoria de Mikasa*

$$-\frac{\partial}{\partial z}\left(\frac{k}{\gamma_o}\cdot\frac{\partial u}{\partial z}\right)=\frac{\partial}{\partial t}\left[m_v(\Delta p - u)\right] \quad\quad (10.14B)$$

Quadro 10.1 Semelhanças e diferenças entre as teorias

<table>
<tr><td rowspan="3">Semelhanças</td><td colspan="3">Equação da continuidade (Eq. 10.1B): $\frac{\partial v}{\partial z}=\frac{d\varepsilon}{dt}$ (1)</td></tr>
<tr><td colspan="3">Lei de Darcy (Eq. 10.7A): $v=\frac{-k}{\gamma_o}\cdot\frac{\partial u}{\partial z}$ (2)</td></tr>
<tr><td colspan="3">Substituindo a Eq. 10.7A na Eq. 10.1B: $-\frac{\partial}{\partial z}\left(\frac{k}{\gamma_o}\cdot\frac{\partial u}{\partial z}\right)=\frac{d\varepsilon}{dt}$ (3)</td></tr>
<tr><td rowspan="5">Diferenças</td><td></td><td colspan="2" align="center">Linearidade</td><td align="center">Linearidade (Janbu e Mikasa)</td></tr>
<tr><td>Relação σ-ε</td><td colspan="2" align="center">$\varepsilon = m_v(\Delta p - u)$ (4A)

com: $m_v = \frac{a_v}{1+e_o}$</td><td align="center">$\varepsilon = \frac{C_c}{1+e_o}\cdot\log\left(1+\frac{\Delta p - u}{\overline{\sigma}_o}\right)$

$\frac{\partial u}{\partial z} = -\frac{1}{m_v}\cdot\frac{\partial \varepsilon}{\partial z}$ (4B)

com: $m_v = \frac{C_c}{2,3(1+e_o)\overline{\sigma}}$

m_v variável</td></tr>
<tr><td>Substituindo (4A) ou (4B) em (3)</td><td colspan="2" align="center">$-\frac{\partial}{\partial z}\left(\frac{k}{\gamma_o}\cdot\frac{\partial u}{\partial z}\right)=\frac{d}{dt}\left[m_v(\Delta p - u)\right]$</td><td align="center">$\frac{\partial}{\partial z}\left(\frac{k}{\gamma_o\cdot m_v}\cdot\frac{\partial \varepsilon}{\partial z}\right)=\frac{d\varepsilon}{dt}$</td></tr>
<tr><td>Hipóteses adicionais</td><td align="center">Teoria de Terzaghi
k e m_v e Δp constantes</td><td align="center">Teoria de Schiffman e Gibson
k e m_v e Δp variáveis</td><td align="center">$k/(\gamma_o\cdot m_v)$ = constante</td></tr>
<tr><td>Equações finais</td><td align="center">$C_v\cdot\frac{\partial^2 u}{\partial z^2}=\frac{\partial u}{\partial t}$

$C_v = \frac{k(1+e_o)}{a_v\cdot\gamma_o}$</td><td align="center">$-\frac{\partial}{\partial z}\left(\frac{k}{\gamma_o}\cdot\frac{\partial u}{\partial z}\right)=\frac{d}{dt}\left[m_v(\Delta p - u)\right]$</td><td align="center">$C_v\cdot\frac{\partial^2 \varepsilon}{\partial z^2}=\frac{\partial \varepsilon}{\partial t}$

$C_v = \frac{k(1+e_o)\overline{\sigma}\cdot 2,3}{C_c\cdot\gamma_o}$</td></tr>
</table>

Schiffman (1958) também abordou o problema de Δp variando ao longo do tempo, tendo preparado um conjunto de ábacos para solucionar essa questão. Olson (1977) apresentou um único ábaco para carregamentos em forma de "rampa", isto é, com a carga crescendo linearmente até o tempo t_c final de construção, permanecendo constante daí em diante. Por superposição linear, é possível tratar situações mais complexas de carregamento e mesmo de descarregamento. Taylor (1948) já tinha proposto uma solução aproximada, em que o recalque num tempo t qualquer, durante o período construtivo, é calculado tomando-se o recalque no tempo t/2, como se o carregamento fosse constante desde o início (instantâneo), e multiplicando-o pela fração da carga aplicada no tempo t. Após o período construtivo t_c, tudo se passa como se o tempo de início de construção fosse $t_c/2$, e o carregamento, instantâneo.

10.2.5 Soluções disponíveis

Equações do tipo da Eq. 10.8 e Eq. 10.12 são denominadas parabólicas e regem fenômenos de condução e difusão. No livro da NPN (1961), encontram-se diversas técnicas de cálculo que permitem a sua integração numérica para diversas condições de contorno e para situações como a indicada na Eq. 10.12. Soluções analíticas referentes a alguns casos simples são também citadas.

Casos em que a_v e k são constantes

A forma mais simples das equações parabólicas é obtida por meio da Eq. 10.8, fazendo-se as seguintes transformações:

$$Z = \frac{z}{H} \quad (10.15A)$$

e

$$T = \frac{C_v}{H^2} \cdot t \quad (10.15B)$$

em que H é a altura de drenagem máxima, igual à metade da espessura da camada de argila compressível quando há drenagem tanto no seu topo como na sua base; e T é o fator tempo ou o tempo adimensionalizado.

Com essas transformações, a Eq. 10.8 transforma-se em:

$$\frac{\partial^2 u}{\partial Z^2} = \frac{\partial u}{\partial T} \quad (10.16)$$

Admitindo-se que há drenagem tanto no topo como na base da camada de solo, têm-se as seguintes condições de contorno:

$$\text{para} \quad Z = \pm 1 \quad \text{tem-se} \quad u = 0 \quad (10.17A)$$

As condições iniciais são:

$$\text{para} \quad t = 0 \quad \text{tem-se} \quad u = u_i \quad (10.17B)$$

em que u_i é o excesso de pressão neutra inicial, em geral constante e igual a Δp, mas que pode crescer linearmente com a profundidade, por exemplo, em situações de rebaixamento do lençol freático.

Para as condições de contorno da Eq. 10.17A, a solução da Eq. 10.16, supondo $u_i = u_o$, constante, é:

$$u = \sum_{m=0}^{\infty} \frac{2u_o}{M} \cdot \text{sen}\left(\frac{M \cdot z}{H}\right) \cdot e^{-M^2 \cdot T} \quad (10.18A)$$

com $M = \pi/2(2m + 1)$, ou, para u_i qualquer:

$$u = \sum_{n=1}^{\infty} \left\{ \frac{1}{H} \left[\int_0^{2H} u_i \cdot \text{sen}\left(\frac{n \cdot \pi \cdot z}{2H}\right) dz \right] \cdot \text{sen}\left(\frac{n \cdot \pi \cdot z}{2H}\right) \cdot e^{-1/4 n^2 \cdot \pi^2 \cdot T} \right\} \quad (10.18B)$$

obtidas por Terzaghi. No livro de Taylor (1948), pode-se encontrar a dedução matemática dessas equações.

Se se definir como grau ou porcentagem de adensamento pontual a relação

$$U_z = \frac{e_o - e}{e_o - e_f} \quad \text{(10.19A)}$$

em que e_o e e_f são os índices de vazios inicial e final e e é o índice de vazios no instante t, no ponto de ordenada z, tem-se, admitindo como válida a hipótese de Terzaghi (Eq. 10.3):

$$U_z = 1 - \frac{u}{u_i} \quad \text{(10.19B)}$$

O significado dessas duas últimas equações é simples: se, após um tempo t, ocorreu 50% de dissipação de pressão neutra num dado ponto, a deformação nesse ponto foi também de 50% em relação ao seu valor final. Essa conclusão, consequência da linearidade entre tensão-deformação, traduzida pela Eq. 10.3, manifesta-se também no fato de as Eqs. 10.8 e 10.12 serem ambas válidas para o adensamento segundo Terzaghi: u e ε são intercambiáveis.

Uma outra relação, dada por

$$U = \frac{\int_o^{2H} \varepsilon \cdot dz}{\int_o^{2H} \varepsilon_f \cdot dz} = \frac{\rho}{\rho_f} \quad \text{(10.20A)}$$

em que ε e ρ são, respectivamente, a deformação pontual e o recalque da camada, no tempo t, sendo f indicativo de final do processo de adensamento, permite medir melhor o estágio de adensamento em que se encontra a camada compressível.

Admitindo-se ainda a linearidade tensão-deformação (Eq. 10.3), resulta, após transformações:

$$U = 1 - \frac{\int_o^{2H} u \cdot dz}{\int_o^{2H} u_i \cdot dz} \quad \text{(10.20B)}$$

que possui a mesma forma que a Eq. 10.19B, só que se toma a média das pressões neutras, e não seu valor pontual. Tal relação é denominada, por isso mesmo, grau ou porcentagem de adensamento médio.

Substituindo-se a Eq. 10.18A na Eq. 10.19B, obtém-se:

$$U_z = 1 - \sum_{m=0}^{\infty} \left[\frac{Z}{M} \cdot \text{sen}\left(\frac{Mz}{H}\right) e^{-M^2 \cdot T} \right] \quad \text{(10.21)}$$

apresentada na forma de ábaco na Fig. 10.4. Note-se que ela vale para $u_i = u_o = \Delta p$. Ábacos semelhantes para outras condições iniciais encontram-se em Terzaghi (1943).

O valor do grau de adensamento médio pode ser obtido de forma análoga, resultando

$$U = 1 - \sum_{m=0}^{\infty} \left(\frac{2}{M^2} \cdot e^{-M^2 \cdot T} \right) \quad \text{(10.22)}$$

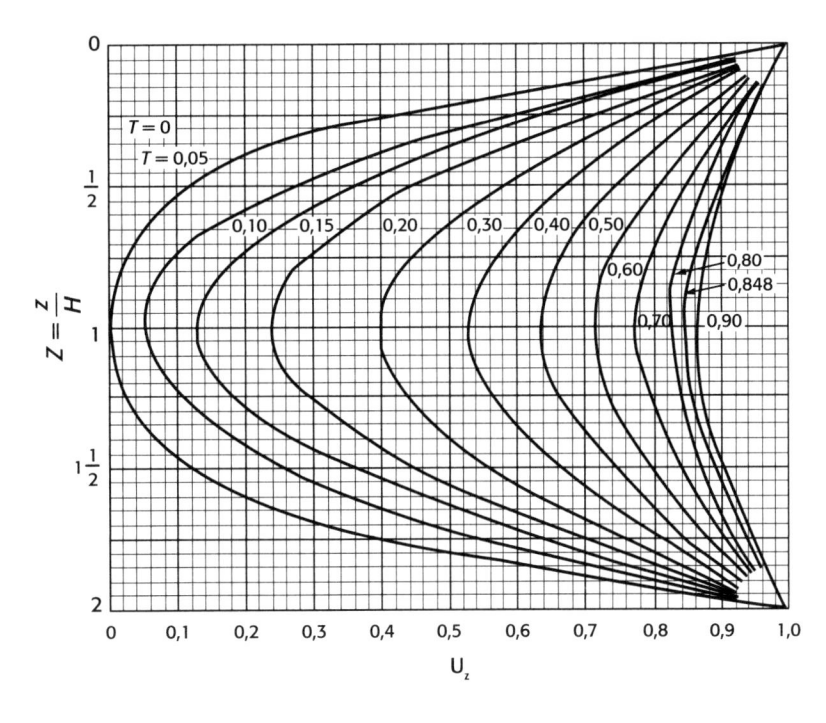

Fig. 10.4 *Primeiro ábaco de Terzaghi*

válida para qualquer distribuição linear de u_i com a profundidade; a Fig. 10.5 permite a sua obtenção. Esta última equação pode ser representada, com elevada precisão, pelas seguintes relações empíricas:

para $U < 60\%$
$$T = \frac{\pi}{4} \cdot U^2 \quad (10.23A)$$

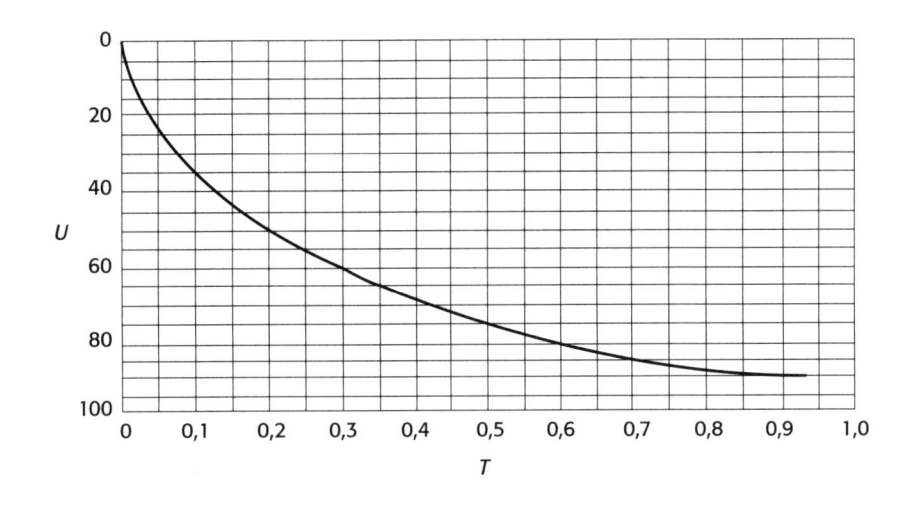

para $U \geq 60\%$
$$T = -0,9332\log_{10}(1-U) - 0,0851 \quad (10.23B)$$

Fig. 10.5 *Segundo ábaco de Terzaghi*

Será visto adiante como fazer uso dessas expressões.

Pela análise da Eq. 10.20B, U pode ser interpretado como sendo a relação da área hachurada (excessos de pressões neutras já dissipadas) pela área total do retângulo (excessos de pressões neutras a dissipar) na Fig. 10.6.

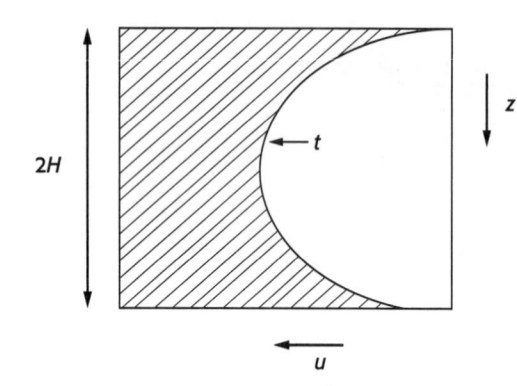

Fig. 10.6 *Aderência na teoria de Terzaghi*

Casos em que k/m$_v$ é constante

Nessas condições vale a Eq. 10.12, que também pode ser transformada em

$$\frac{\partial^2 \varepsilon}{\partial Z^2} = \frac{\partial \varepsilon}{\partial T} \qquad (10.24)$$

que foi integrada por Janbu (1965) e Mikasa (1965), em trabalhos citados anteriormente.

Serão apresentados dois casos de adensamento, cujas soluções foram obtidas, de forma elegante, por Mikasa (1965).

a. O primeiro caso é o de uma camada homogênea, drenada pelo topo e pela base, que está sujeita a um carregamento constante Δp. É a situação de um ensaio de adensamento.

A condição inicial é:

para $t = 0$ $\qquad\qquad \varepsilon = 0$

As condições de contorno podem ser obtidas facilmente. No topo e na base tem-se $v = 0$, donde, pela Eq. 10.14A, $\varepsilon = \varepsilon_1$ = constante. Ademais, no final do processo de adensamento, deve-se ter, ao longo de toda a camada, $\varepsilon = \varepsilon_f$.

A solução obtida por Mikasa (1965) coincide com a de Terzaghi e está indicada na parte superior da Fig. 10.7A, só que se refere a deformações. As tensões efetivas e, portanto, os excessos de pressão neutra podem ser calculados por meio da Eq. 10.4A.

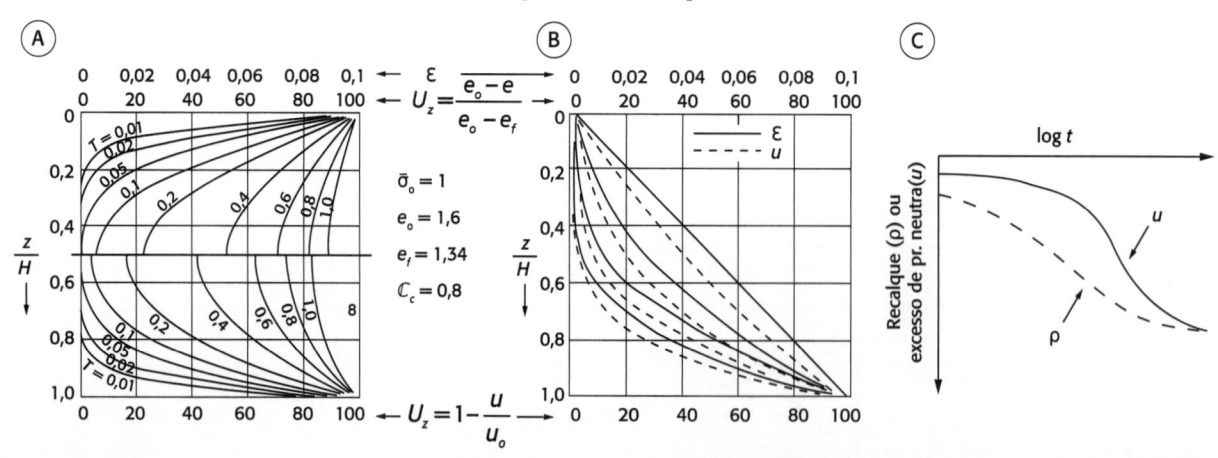

Fig. 10.7 *Solução de Mikasa*

Isso foi feito por Mikasa (1965) para: i) uma curva específica de e-log p, a da argila do Sul de Osaka, e ii) uma magnitude de deformação específica da camada de solo compressível. Os resultados encontrados estão apresentados na parte inferior da Fig. 10.7A.

b. O segundo caso é o de uma camada de solo em que ocorre diminuição do nível d'água na camada permeável, em sua base; há drenagem também pelo topo. Nesse caso, a condição inicial continua a mesma ($\varepsilon = 0$ para $t = 0$). As condições de contorno são $\varepsilon = 0$ na superfície e $\varepsilon = \varepsilon_1$ na base da camada. As deformações finais variam linearmente com a profundidade.

A solução de Mikasa encontra-se indicada na Fig. 10.7B.

A análise dessas duas soluções revela que as pressões neutras se dissipam com um atraso em relação às deformações específicas. Essa defasagem, em termos globais, está ilustrada na Fig. 10.7C.

As razões desse atraso têm uma explicação física. De um lado, à medida que o adensamento se desenvolve, a permeabilidade diminui consideravelmente junto às faces drenadas, o que dificulta a drenagem e, portanto, a dissipação das pressões neutras. De outro, o coeficiente de compressibilidade volumétrica m_v é grande no início do adensamento, o que leva a maiores deformações específicas.

10.3 Ensaio de adensamento

O ensaio é objeto da NBR 12007 (ABNT, 1990b), que prescreve a aparelhagem pertinente e a preparação do corpo de prova e o ensaio propriamente dito.

O primeiro cuidado que se toma é na observação e descrição da amostra de solo; em especial, verificar a ocorrência de estratificações e de partículas grossas e anotar a sua consistência. Por exemplo, partículas maiores determinam o tamanho do corpo de prova; e a consistência do solo fixa a grandeza do primeiro carregamento.

10.3.1 Preparação da amostra

A amostra deve ser introduzida no anel com uma pequena pressão, após talhagem em suporte giratório e ferramenta apropriada, em ambiente com umidade relativa do ar sob controle. Alternativamente, para solos de baixa consistência, pode-se cravar o anel de adensamento provido de extremidade cortante (ABNT, 1990b).

Preparação da amostra

O ideal é escolher um tamanho tal de amostra que após a colocação no anel o excesso de solo seja de 3 mm a 5 mm. Com uma régua metálica biselada ou uma serra de fio metálico, deve-se arrasar o topo e a base, recomendando-se confinar o anel com o corpo de prova entre dois vidros planos com diâmetros pouco maiores que o da amostra. Esse procedimento serve a uma dupla finalidade: verificar se a espessura da amostra no anel é uniforme e evitar a evaporação de água do solo durante a pesagem do anel mais corpo de prova. Com as rebarbas, meça-se o teor de umidade.

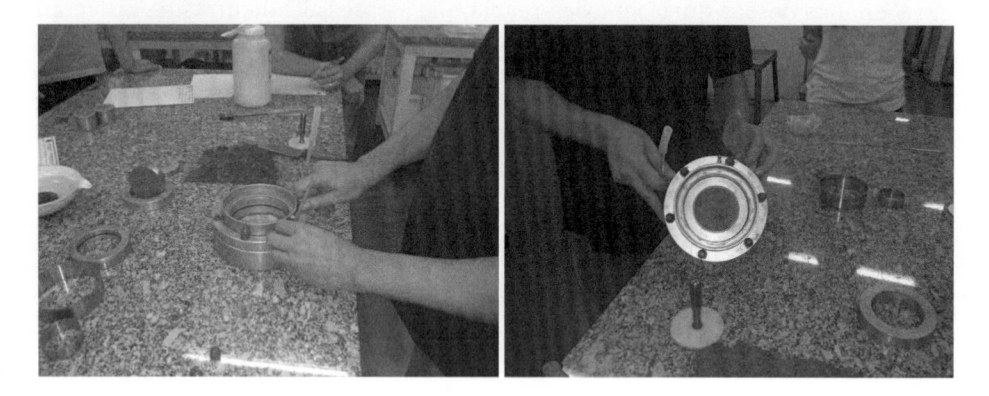

Montagem do anel de adensamento

As pedras porosas, com diâmetro tal que haja folga de 0,25 mm × 2 mm em relação ao diâmetro interno do anel, devem ser deixadas em imersão em água destilada. A NBR 12007 (ABNT, 1990b) prescreve uma folga entre 0,2 mm e 0,5 mm para a pedra porosa do topo, no caso de anel fixo, e de ambas, no caso de anel flutuante. Recomenda-se o uso de papel-filtro entre o corpo de prova e as pedras porosas, se necessário, para impedir o carreamento de partículas de solo nos seus poros.

Após pesagem do anel com o corpo de prova, as duas placas de vidro são removidas e assentadas as pedras porosas, tomando-se o cuidado de enxugar as suas superfícies, que não devem apresentar água em excesso.

No caso de uso de anel flutuante, o espaço anelar no recipiente deve ser preenchido com algodão embebido em água, para dificultar evaporação. Com o mesmo objetivo, pode-se colocar uma cobertura de borracha, como mostra a Fig. 10.8B.

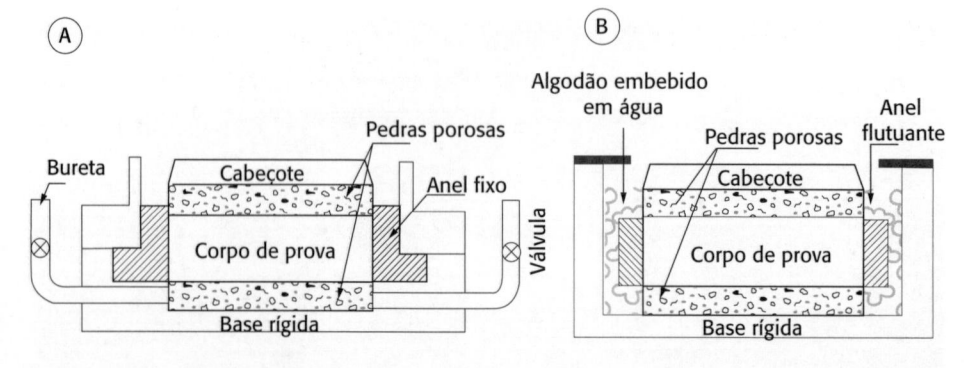

Fig. 10.8 *Possíveis montagens no ensaio de adensamento: (A) de anel fixo; (B) de anel flutuante*

10.3.2 Ensaio propriamente dito

Uma vez colocado o anel com o corpo de prova na prensa, procede-se ao primeiro carregamento, que, para solos moles, é da ordem de 2 kPa (0,02 kg/cm²), para evitar sua expulsão, e, para solos mais resistentes, de 10 kPa (0,10 kg/cm²) (ABNT, 1990b). Para solos de consistência mais dura, essa carga pode ser aumentada.

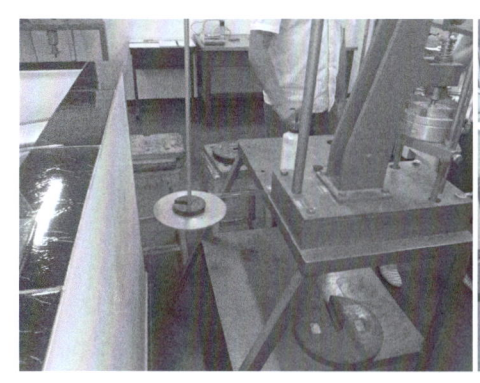

Realização do ensaio

Em geral, os incrementos de carga são de 100%, isto é, dobra-se a carga do estágio anterior. No entanto, para se definir melhor a pressão de pré-adensamento, usam-se, algumas vezes, acréscimos de 40% a 50%.

As leituras dos extensômetros, com precisão de 0,01 mm, são feitas em intervalos de tempo compatíveis com a escala logarítmica: 1/8, 1/4, 1/2, 1, 2, 4, 8, 15, 30 minutos e 1, 2 horas etc. Registra-se a temperatura para cada leitura após aquela correspondente aos 30 minutos. É de bom alvitre lançar, no decorrer do ensaio, os pontos recalque-logaritmo do tempo, pois erros de leitura podem ser detectados em tempo. Ademais, com esse procedimento, pode-se escolher, após o primeiro carregamento, o intervalo de tempo entre os estágios de carregamento subsequentes. Recomenda-se ser conservador, pois a duração do adensamento primário pode ser, para alguns solos, maior para cargas maiores. Isto é, deve-se penetrar no adensamento secundário, pois, se o intervalo de tempo não for suficiente para definir o adensamento primário, ocorrerão, no estágio seguinte, irregularidades tanto no tempo como nos valores da deformação. Sendo conservadora a escolha do intervalo de tempo, afeta-se em muito pouco o índice de vazios e o coeficiente de compressibilidade. Finalmente, o intervalo de tempo deve ser o mesmo para os diferentes estágios, para se obter consistência nos resultados.

Quando se deseja inundar o corpo de prova numa dada pressão, espera-se o intervalo de tempo escolhido e enche-se o reservatório com água destilada. Deve-se observar a movimentação do defletômetro.

O descarregamento pode ser feito com decrementos de 25% ou 50%. O tempo de duração de cada estágio pode ser muito menor do que no carregamento, pois a expansão ocorre mais depressa do que o adensamento.

Após o ensaio, determina-se o teor de umidade e o peso seco do corpo de prova.

10.3.3 Fontes de erro

a. Perturbação da amostra.
b. Amostra não preenchendo completamente o anel.
c. Secagem da amostra durante a talhagem.
d. Compressibilidade da máquina.
e. Variação da temperatura durante o ensaio.

f. Atrito entre a pedra porosa e o anel.
g. Erros de leitura.
h. Expulsão de solo do anel.
i. Erros na determinação do teor de umidade no fim do adensamento.
j. Perda do solo durante o ensaio.

10.3.4 Ensaio de permeabilidade

A Fig. 10.8A mostra esquematicamente o anel fixo de adensamento, o qual permite a determinação da permeabilidade do solo após cada estágio de carregamento, fornecendo uma correlação entre ela e o índice de vazios ou a tensão efetiva.

O ensaio pode ser com carga variável ou constante, segundo procedimentos delineados no Cap. 9.

10.3.5 Fatores que afetam os resultados

Acréscimo de carga

Em geral, recomenda-se dobrar a carga anterior, isto é, o acréscimo deve ser de 100%. As cargas devem ser lidas com precisão de 0,5% (ABNT, 1990b).

A Fig. 10.9 contém resultados publicados por Bjerrum (1967), que mostram uma melhor definição da curva para acréscimos de tensão de 100% ou mais. Note-se que o tempo para o término do adensamento primário aumenta com esse acréscimo; $\bar{\sigma}_c$ é a pseudo pressão de pré-adensamento definida adiante.

Segundo Lambe (1951), para acréscimos de carga de 200%, obtêm-se valores C_v 1,3 vez maior do que os correspondentes a 100% de acréscimo de carga. Acréscimos menores dificultam a definição desse coeficiente, fato confirmado na Fig. 10.9.

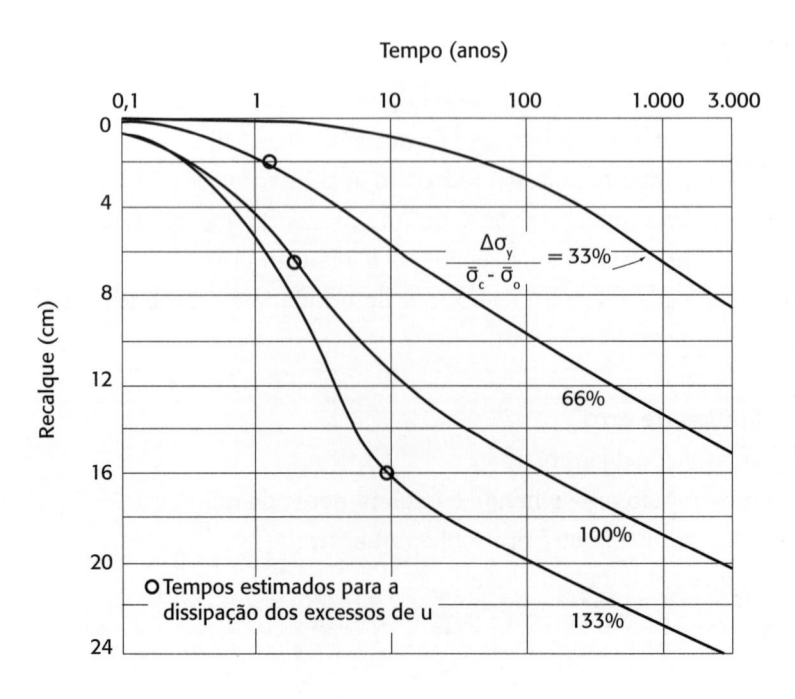

Fig. 10.9 *Diferentes acréscimos de carga*
Fonte: Bjerrum (1967).

Atrito lateral

De difícil quantificação, pois depende do tipo de solo e da pressão aplicada ao corpo de prova, o atrito lateral é admitido como sendo, em geral, da ordem de 10% da carga.

Taylor (1942) mediu valores de 10% a 15% para amostras indeformadas de solo de Boston; para o mesmo solo, remoldado, obteve 12% a 22%. Utilizou em seus experimentos anel fixo (Fig. 10.8A), que, como mostra a Fig. 10.10, provoca mais atrito que o anel flutuante, pois nele a base do corpo de prova permanece fixa. No anel flutuante, é o plano médio do corpo de prova que é "indeslocável" relativamente ao próprio anel.

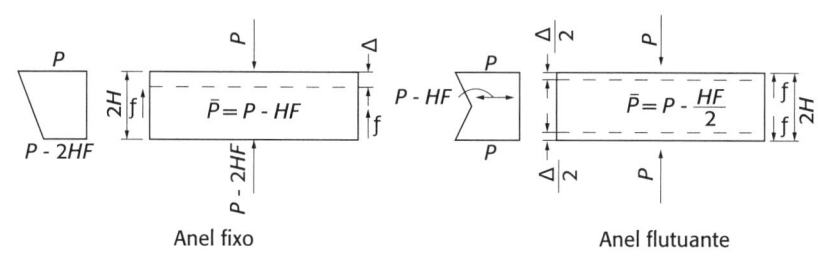

Fig. 10.10 *Atrito lateral*

F - Atrito por unidade de comprimento
f - Atrito por unidade de área

A NBR 12007 (ABNT, 1990b) recomenda, antes do ensaio, untar a superfície interna do anel com graxa de silicone. Já existem anéis de adensamento feitos de borracha cintada com fios de aço: o anel possui grande rigidez horizontal e praticamente nenhuma rigidez vertical.

Os efeitos do atrito lateral se fazem sentir na pressão de pré-adensamento e deixam inalterados tanto o C_v quanto o m_v.

Tamanho da amostra

Diversos fatores condicionam o tamanho da amostra:
a. custo da amostragem no campo;
b. tempo de adensamento;
c. influência do atrito lateral;
d. remoldamento do corpo de prova durante a talhagem.

Quanto a este último fator, foi constatado que películas de solo de 0,25 cm de espessura, tanto no topo quanto na base, estão remoldadas (Lambe, 1951). Esse valor independe da altura do corpo de prova.

Segundo o mesmo Lambe, a relação diâmetro-altura do corpo de prova deve variar entre 3 e 4 e o diâmetro mínimo deve ser da ordem de 2,5 polegadas (6,35 cm). A NBR 12007 (ABNT, 1990b) prescreve: a) valor mínimo de 2,5 para aquela relação (preferencialmente 3); b) diâmetro mínimo do corpo de prova de 5 cm (preferencialmente 10 cm); e c) altura mínima de 1,3 cm, mas não inferior a 10 $\Phi_{máx}$ (diâmetro máximo de partícula do solo).

Tem sido constatado que a curva e-log p independe das dimensões do corpo de prova, o que não ocorre em relação ao coeficiente de adensamento (C_v), que é tanto maior quanto maiores as dimensões.

Influência da temperatura

A temperatura afeta a permeabilidade, que, por sua vez, influi no C_v. Aparentemente, sua influência é maior no adensamento secundário. Deve-se anotá-la mais por razões "qualitativas".

Influência da compressibilidade do equipamento

É importante medir a compressibilidade do equipamento de adensamento, colocando no lugar do corpo de prova um cilindro de metal, com as pedras porosas etc., e efetuando os mesmos carregamentos do ensaio. A NBR 12007 (ABNT, 1990b) especifica tanto essa calibração, em seu anexo, como também a rigidez do anel de adensamento: para a máxima pressão vertical atuante, a sua deformação radial não deve exceder a 0,03%.

Ensaios feitos no IPT, em amostra de argila porosa vermelha, permitiram quantificar a magnitude da compressibilidade (δ) do equipamento e avaliar suas implicações em termos de erros na medida do índice de compressão (C_c).

A compressibilidade do equipamento pode ser representada, de forma aproximada, por:

$$\delta = \beta \cdot \log\left(\frac{\overline{\sigma}}{\overline{\sigma}_o}\right)$$

Tendo em vista a Eq. 10.4A, pode-se escrever:

$$\varepsilon = \frac{\rho}{H} = \frac{e_o - e}{1 + e_o} = \frac{C_c}{1 + e_o} \cdot \log\frac{\overline{\sigma}}{\overline{\sigma}_o}$$

donde:

$$\rho = \frac{C_c \cdot H}{1 + e_o} \cdot \log\frac{\overline{\sigma}}{\overline{\sigma}_o}$$

em que H é a altura do corpo de prova, e ρ, o recalque após o adensamento do solo sob a tensão $\overline{\sigma}$. O erro em ρ é dado por δ, isto é, $\Delta\rho = \delta$.

Portanto, o erro relativo em C_c pode ser estimado pela expressão:

$$\frac{\Delta C_c}{C_c} = \frac{\Delta\rho}{\rho} = \frac{\beta}{H} \cdot \frac{1 + e_o}{C_c}$$

Medidas com corpo de prova metálico revelaram $\beta = 0{,}4$ mm. Ademais, o solo ensaiado apresentou um $C_c = 0{,}3$ e $e_o = 1{,}7$, donde se conclui: a) um erro relativo em C_c de 18%, para $H = 20$ mm; b) ou de 9%, para $H = 40$ mm. Vê-se, pois, que alturas maiores conduzem a erros menores.

Amolgamento da amostra

O amolgamento ou perturbação de amostra afeta significativamente os resultados do ensaio de adensamento. A curva e-log fica mais abatida, implicando menores valores de C_c e da pressão de pré-adensamento.

Ensaios de adensamento feitos em amostras de argilas de SFL da Baixada Santista, deformadas e indeformadas, revelaram os resultados apresentados na Tab. 10.1.

Tab. 10.1 Resultados de ensaios de adensamento em amostras de argila de SFL da Baixada Santista

Condição	N	$C_c/(1 + e_o)$		C_r/C_c	
		Média	Desvio padrão	Média	Desvio padrão
Indeformada	3	0,456	0,037	11,9	3,0
Amolgada	3	0,227	0,025	49,8	10,2

N = número de amostras analisadas. C_r = índice de recompressão

Conclui-se que a relação $C_c/(1 + e_o)$ cai pela metade, enquanto a relação C_r/C_c praticamente quintuplica.

10.3.6 Algumas manipulações dos resultados do ensaio

Determinação do C_v

O coeficiente de adensamento pode ser estimado ajustando-se a curva teórica à experimental, obtida em laboratório.

Existem dois métodos clássicos de ajustagem, um de Casagrande e o outro de Taylor.

a. *Método de Casagrande*

Esse método procura ajustar um único ponto da curva de recalque-logaritmo do tempo, a saber, o ponto correspondente a 50% do recalque total. Extrai-se o t_{50} e determina-se:

$$C_v = \frac{H_d^2 \times 0,198}{t_{50}} \qquad (10.25)$$

A aplicação do método exige a definição precisa do início e do término do adensamento primário. Este último ponto é determinado traçando-se a tangente e a assíntota, conforme a Fig. 10.11. Quanto ao início, pode-se determiná-lo graficamente valendo-se da Eq. 10.23A, conforme também está ilustrado na mesma figura.

b. *Método de Taylor*

O ajuste é feito também para um único ponto, correspondente a 90% de adensamento, por meio da equação:

$$C_v = \frac{H_d^2 \times 0,848}{t_{90}} \qquad (10.26)$$

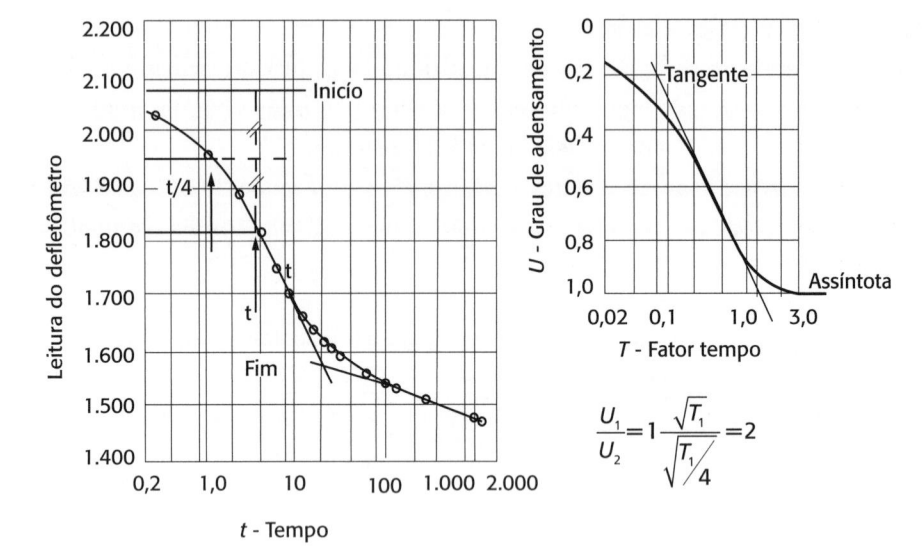

Fig. 10.11 *Método de Casagrande na determinação do* C_v

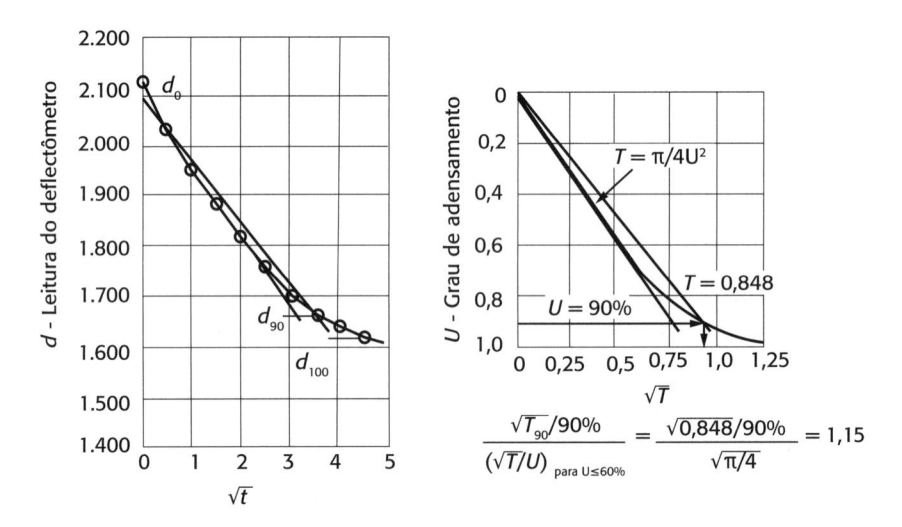

Fig. 10.12 *Método de Taylor na determinação do* C_v

A Fig. 10.12 mostra como se pode determinar tal ponto valendo-se de propriedade da curva teórica U-logaritmo de T.

Note-se que os dois métodos permitem determinar o intervalo de tempo em que ocorreu o adensamento primário. Em geral, o método de Taylor conduz a valores maiores de C_v do que o de Casagrande, razão pela qual se prefere este último, por ser mais conservador. No entanto, o método de Taylor tem a vantagem de demandar a espera da definição do adensamento secundário, como é requerida na aplicação do método de Casagrande.

c. *Outros métodos*

Pinto (1970) desenvolveu também um método de determinação do C_v, procurando ajustar um maior número de pontos à curva experimental por meio de cálculo numérico.

Asaoka (1978) desenvolveu um método gráfico bastante simples que permite estimar C_v com razoável precisão (ver a seção "Método gráfico de Asaoka para a determinação do C_v e do recalque primário final", p. 264). Na mesma linha de formulação, Baguelin (1999) propôs um método alternativo ao de Asaoka, com a vantagem de permitir uma abordagem estatística.

Como ilustração, cita-se uma reinterpretação (Massad, 2006) dos dados de recalques de vários edifícios da cidade de Santos apoiados em fundações rasas (sapatas ou *radiers*) e construídos no período 1947-1954 e no final da década de 1990. Os mais antigos foram monitorados continuamente durante 5 a 10 anos.

A Fig. 10.13A mostra os recalques medidos no Edifício SA, e a Fig. 10.13B, os correspondentes valores das velocidades de recalques. No caso desse edifício, a espessura de solo mole (H) era de 15 m. Nessas figuras, os valores teóricos foram calculados, primeiro, aplicando o método de Asaoka para determinar o coeficiente de adensamento primário (C_v), conforme a seção "Método gráfico de Asaoka para a determinação do C_v e do recalque primário final" (p. 264), e, segundo, usando a teoria do adensamento de Olson (1977), que leva em conta o tempo de construção, que, em geral, foi de 400 dias, aproximadamente. A concordância é notável ao longo do adensamento primário. Foram encontrados valores de C_v na faixa de 3×10^{-3} a 8×10^{-3} cm²/s.

Variações do C_v com a tensão efetiva

A Fig. 10.14B mostra como o coeficiente de adensamento varia com a tensão efetiva ($\bar{\sigma}$). Nota-se que:

a. para valores crescentes de $\bar{\sigma}$, mas inferiores à pressão de pré-adensamento, o C_v decresce;
b. ao longo da reta virgem, C_v permanece constante ou cresce ligeiramente com aumentos de $\bar{\sigma}$.

Determinação da pressão de pré-adensamento

A determinação da pressão de pré-adensamento de um solo tem uma importância muito grande em Engenharia de Solos. Lembra-se apenas de que, além do emprego da pressão de pré-adensamento para fins de cálculos de recalques de fundações, em geral, pode a estimativa correta dessa pressão trazer subsídios importantes para o conhecimento da própria história geológica dos depósitos de argila.

A pressão de pré-adensamento de um ponto no interior de um depósito de solo se define como a maior pressão vertical já sofrida pelo solo nesse ponto. Diz-se que esse solo é *normalmente adensado* quando a pressão de pré-adensamento é igual à pressão efetiva de terra sobrejacente.

Segundo Pacheco Silva (1970), a determinação da pressão de pré-adensamento em laboratório

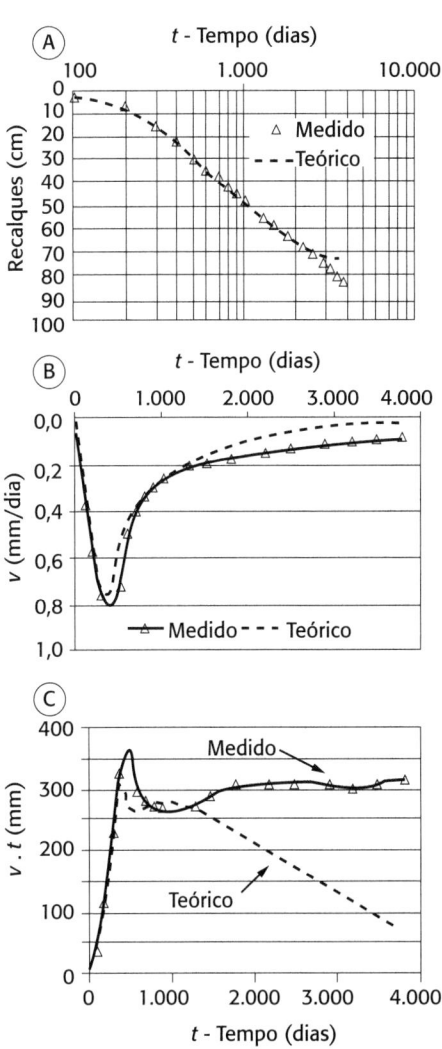

Fig. 10.13 *Recalques e velocidade de recalques (v) – Edifício SA, cidade de Santos (SP)*

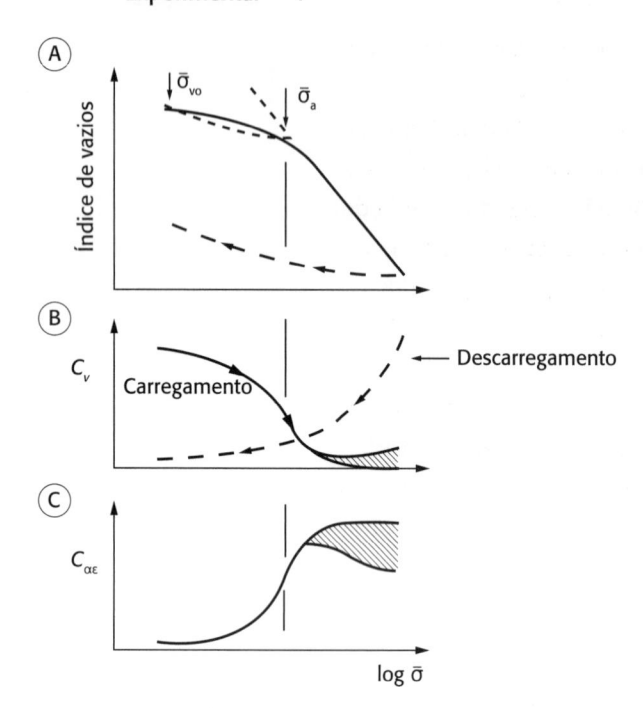

Fig. 10.14 *Variações de C_v e $C_{\alpha\varepsilon}$ com o nível de tensões*
Fonte: adaptado de Johnson (1970).

encontra dificuldades de três espécies: a) perturbação da estrutura natural da amostra; b) a relação entre o índice de vazios e as pressões, obtida em laboratório, não reproduz as condições de campo: na natureza, o adensamento se processa sob relações de pressão vertical/pressão horizontal diferentes das de laboratório; c) os tempos de aplicação das cargas na natureza são evidentemente extraordinariamente maiores que os tempos de aplicação em laboratório.

O método de determinação da pressão de pré-adensamento mais difundido deve-se a Casagrande (1936). Sua principal dificuldade reside em situar corretamente o ponto de maior curvatura, como quando a amostra sofre razoável deformação por deficiência de técnica de amostragem, ou na retirada da amostra do amostrador, ou mesmo na moldagem do corpo de prova de ensaio: as curvas de laboratório não exibem um ponto definido de maior curvatura.

O método gráfico proposto por Pacheco Silva (1970), e usado desde 1958 pelo IPT, encontra-se ilustrado na Fig. 10.15. Esse método consiste em: a) traçar, no gráfico índice de vazios vs. logaritmo das pressões, uma horizontal pela ordenada do índice de vazios inicial; b) determinar o ponto A de interseção dessa horizontal com o prolongamento da reta virgem; c) pelo ponto A, traçar uma vertical até encontrar a curva de ensaio, obtendo-se o ponto B; d) por B passar uma horizontal até encontrar o prolongamento da reta virgem; a pressão associada ao ponto P_o é a *pressão de pré-adensamento* ($\bar{\sigma}_a$).

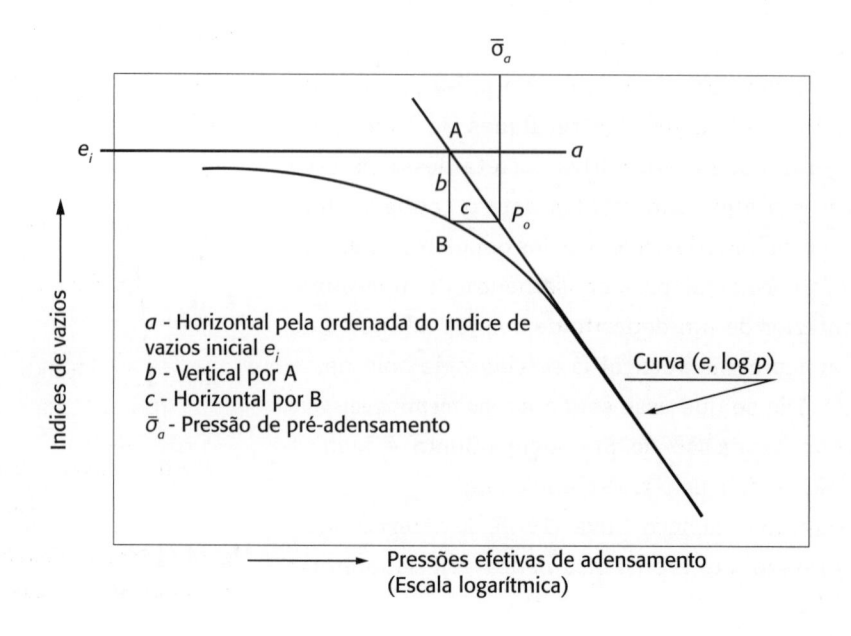

Fig. 10.15 *Método de Pacheco Silva para a determinação de $\bar{\sigma}_a$*
Fonte: Pacheco Silva (1970).

A construção gráfica anteriormente descrita tem-se revelado bastante mais prática do que a conhecida construção de Casagrande, porque torna a determinação independente da necessidade de localizar o ponto de maior curvatura, às vezes com muita incerteza, pelos motivos já expostos.

10.4 Adensamento secundário

10.4.1 Conceito

Uma vez terminado o adensamento primário, nota-se que as argilas continuam num processo de deformação lenta, atribuída a fenômeno de rearranjo das partículas de solo (Taylor, 1942). Não se pode dizer que as pressões neutras sejam nulas, mas que são tão pequenas a ponto de se tornarem imperceptíveis.

Foi ainda Bjerrum (1973) quem deu a explicação, em termos de físico-química, mais plausível para esse tipo de deformação lenta. As partículas de solo estão em contato por meio de suas camadas duplas. Esse tipo de contato, citado anteriormente, difere dos contatos mineral-mineral, pois não são reversíveis, isto é, uma vez removida a carga, a área de contato permanece inalterada; sob a ação das cargas externas, a água da camada dupla e mesmo a água adsorvida, que é "gelificada", no entender de Terzaghi (1943), tendem a ser expulsas, o que permite uma maior aproximação entre as partículas e um rearranjo entre elas. Esse processo é lento, pois esse tipo de água tem comportamento "viscoso".

É interessante assinalar, nesse contexto, o sentido da pressão de pré-adensamento: uma vez removida uma certa carga, o fato de as áreas de contato entre as camadas duplas permanecerem inalteradas implica o solo "memorizar" essa carga.

Esse conceito permite também que se entendam afirmações que atribuem uma maior intensidade do adensamento secundário em casos em que as tensões cisalhantes são maiores. Assim, os solos compressíveis, situados sob o centro de aterros, sofrem menos adensamento secundário do que os solos situados sob as suas extremidades. É também por essa razão que, após a remoção de sobrecargas temporárias, com o aumento da relação de sobreadensamento ($\bar{\sigma}_a/\bar{\sigma}_{vo}$), por exemplo, de 1 para 2, os recalques secundários diminuem; isso porque, nessas condições, as tensões vertical e horizontal efetivas se aproximam entre si (o coeficiente de empuxo em repouso tende a ser 1).

10.4.2 Coeficiente de adensamento secundário

a. *Conceito e valores usuais*

Reportando-se à Fig. 10.16, nota-se, com frequência, a existência de um trecho retilíneo, que corresponde ao adensamento secundário. A relação:

$$C_{\alpha\varepsilon} = \frac{\Delta\varepsilon}{\log(t_2/t_1)} = \frac{\rho_2 - \rho_1}{H \cdot \log(t_2/t_1)} \qquad (10.27A)$$

é o coeficiente de adensamento secundário em termos de deformação, isto é, é o acréscimo de deformação ($\Delta\varepsilon$) para um ciclo de logaritmo na escala do tempo. Em termos de índice de vazios, escreve-se:

$$C_\alpha = \frac{\Delta e}{\log(t_2/t_1)} = \frac{\rho(1+e_o)}{H \cdot \log(t_2/t_1)} \quad (10.27B)$$

donde se conclui que:

$$C_{\alpha\varepsilon} = \frac{C_\alpha}{(1+e_o)} \quad (10.27C)$$

A Tab. 10.2 indica alguns valores desse parâmetro, mostrando que o adensamento secundário aumenta com a plasticidade do solo.

$$C_{\alpha\varepsilon} = \frac{\Delta\varepsilon}{\Delta\log(t)}$$

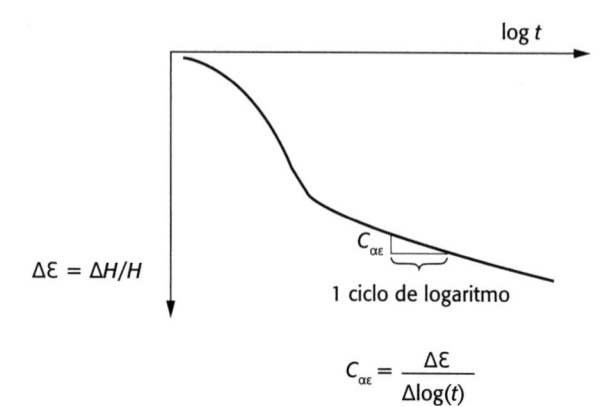

Fig. 10.16 Definição de $C_{\alpha\varepsilon}$

Tab. 10.2 Coeficientes de adensamento secundário

Tipo de solo	$C_{\alpha\varepsilon}$ (%)
Argila normalmente adensada	0,5 a 2
Argila muito plástica e solos orgânicos	3 ou mais
Solos com RSA* > 2	0,1
*RSA = relação de sobreadensamento ($\bar\sigma_a/\bar\sigma_{vo}$)	
Fonte: Lambe e Whitman (1969).	

Para as argilas de SFL da Baixada Santista, com matéria orgânica, $C_{\alpha\varepsilon}$ = 1% a 5%, média de 2,5%; para as argilas transicionais (ATs), o valor é da ordem de 0,09%.

A esse propósito, o efeito do adensamento secundário aumenta com o teor de matéria orgânica do solo. Essa é a razão para o desvio, em relação à teoria, do adensamento primário de solos orgânicos. Para solos turfosos, ou muito orgânicos, o adensamento primário ocorre quase que instantaneamente com a aplicação da carga.

A Fig. 10.14C mostra que $C_{\alpha\varepsilon}$ cresce com a tensão efetiva, até atingir a pressão de pré-adensamento, quando decresce. No descarregamento, há uma diminuição com a tensão efetiva, permanecendo depois constante. O fato de $C_{\alpha\varepsilon}$ ser muito menor no descarregamento já foi explicado anteriormente e deve-se ao aumento da relação de sobreadensamento. Ainda segundo Johnson (1970), ao contrário do que se pensa, o remoldamento reduz $C_{\alpha\varepsilon}$ (Fig. 10.17).

Mesri e Feng (1994) argumentam, com base experimental, que a relação $C_{\alpha\varepsilon}/C_c$ permanece constante para qualquer solo, seja na compressão ou descompressão. A Tab. 10.3 indica valores dessa relação para alguns solos.

Tab. 10.3 Relação C_α/C_c

Solo	C_α/C_c
Argilas e siltes inorgânicos	0,04 ± 0,01
Argilas e siltes orgânicos	0,05 ± 0,01
Turfas	0,06 ± 0,01
Fonte: Terzaghi, Peck e Mesri (1996).	

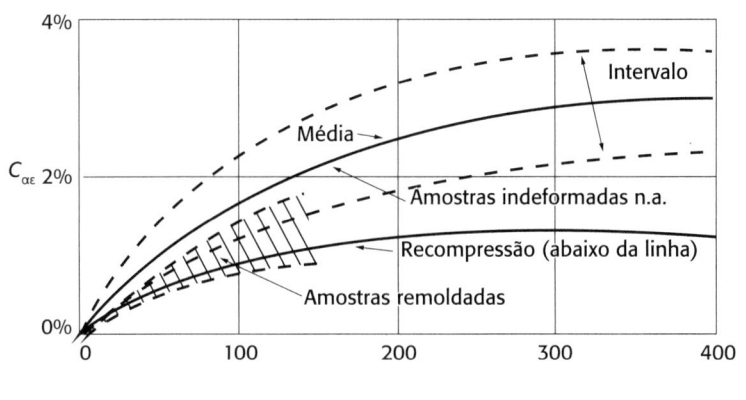

Fig. 10.17 *Dados experimentais de Johnson*
Fonte: adaptado de Johnson (1970).

Para as argilas (orgânicas) de SFL da Baixada Santista, ter-se-ia:

$$C_{\alpha\varepsilon} = \frac{C_\alpha}{(1+e_o)} = \frac{(0,05 \pm 0,01)C_c}{(1+e_o)} = (0,05 \pm 0,01) \cdot 0,43 = 1,7 \text{ a } 2,6\%$$

b. *Críticas ao conceito de $C_{\alpha\varepsilon}$*

Um ponto de controvérsia refere-se ao fato de, no adensamento secundário, o progresso da deformação ao longo do tempo ser independente da espessura da camada. Isso porque nele existe um rearranjo das partículas, e não uma drenagem de água. Assim, nas palavras de Casagrande:

> Para cumprir esse requisito, a inclinação da linha que corresponde à compressão secundária deve ser maior para a camada mais espessa em um gráfico semilogarítmico. [...] Parece, portanto, que o efeito de distorção na compressão secundária aumenta com a espessura da camada. Portanto, se quisermos estudar o efeito primário em um laboratório, devemos ensaiar amostras finas. (Casagrande, 1939, p. 137, tradução do autor. No original: *"To fulfill this requirement, the slope of the line corresponding to the secondary compression must be steeper for the thicker layer on a semi-log plot. [...] It appears, therefore, that the distorting effect of the secondary compression increases with the thickness of a layer. Therefore, if we wish to study the primary effect in a laboratory, we should test thin specimens"*).

Assim, a definição dada pela Eq. 10.27A dependeria da espessura da camada de solo compressível. Aliás, para Casagrande o trecho correspondente ao adensamento secundário é ligeiramente curvo.

Até agora se supôs que o adensamento secundário inicia-se após o fim do primário. Essa é a *hipótese A*, assim designada por Jamiolkowski et al. (1985) e defendida por autores como Mesri e Feng (1994), em oposição à *hipótese B*, dos que postulam a concomitância entre os dois tipos de adensamento. Isto é, fenômenos de *creep* (ou adensamento secundário) ocorreriam mesmo com excessos de pressão neutra por dissipar. Lerouiel (1996), adepto da hipótese B, propôs um procedimento para o cálculo dos recalques no fim do adensamento primário, levando em conta o *creep*.

c. *Constância do produto v · t*

Outra forma de escrever a Eq. 10.27A é a seguinte:

$$\rho = \rho_p + C_{\alpha\varepsilon} \cdot H \cdot \log(t/t_p) \quad (10.28)$$

em que ρ é o recalque no tempo t; ρ_p é o recalque primário final no tempo t_p; e H é a espessura da camada de solo compressível ao final do adensamento primário. Daí se segue que a velocidade de recalque secundário (v) pode ser obtida por meio da expressão:

$$v = \frac{d\rho}{dt} = C_{\alpha\varepsilon} \cdot \frac{H}{2,3t} \quad (10.29)$$

donde:

$$v \cdot t = C_{\alpha\varepsilon} \cdot \frac{H}{2,3} \quad (10.30)$$

isto é, $v \cdot t$ = constante.

A Fig. 10.13C confirma a Eq. 10.30 e permite extrair as seguintes conclusões:

▶ $v \cdot t \cong 300$ mm, logo $C_{\alpha\varepsilon} = 300 \times 2,3/15.000 = 4,6\%$, pois $H = 15$ m;
▶ o adensamento secundário iniciou-se aos 1.800 dias, quando o grau de adensamento primário (U) era de 83%, o que demonstra a validade da hipótese B de Jamiolkowski et al. (1985) para as argilas holocênicas (SFL);
▶ $C_{\alpha\varepsilon}$ pode ser determinado a qualquer tempo t simplesmente se medindo v, portanto, sem a série completa de registro de recalques secundários.

A Fig. 10.18 mostra que a Eq. 10.30 é válida para vários outros edifícios da cidade de Santos, conforme Massad (2006).

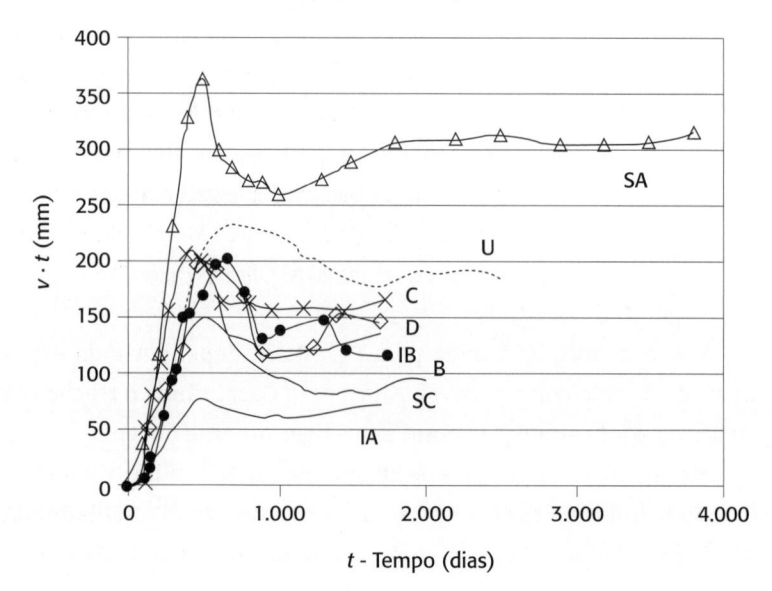

Fig. 10.18 *Produto v · t – pilares mais carregados – edifícios da cidade de Santos*

10.4.3 Pseudopressão de pré-adensamento

Continuando os estudos de Taylor (1942), Bjerrum (1973) introduziu o conceito de pseudopressão de pré-adensamento ($\bar{\sigma}_c$) (Fig. 10.19).

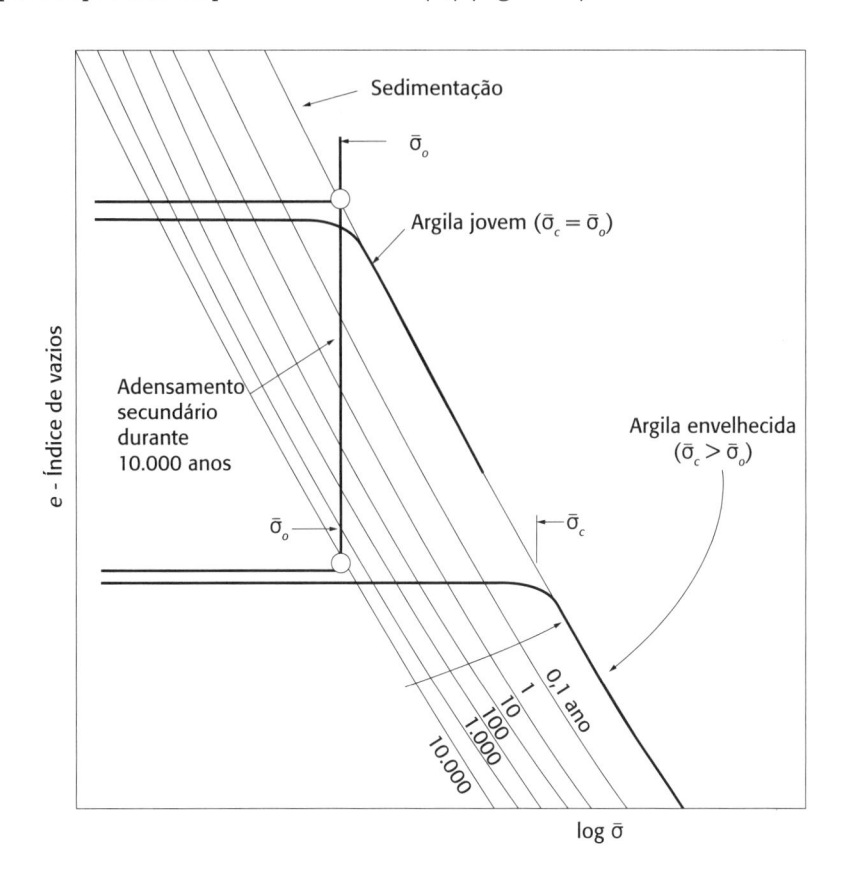

Fig. 10.19 *Pseudopressão de pré-adensamento*
Fonte: adaptado de Bjerrum (1973).

Inicialmente, diferenciou, entre as argilas normalmente adensadas, as "jovens" das "velhas". As primeiras são de formação recente, como solos que se formam por uma sedimentação.

Ao serem submetidas a um carregamento $\bar{\sigma}_o$ de longa duração, o índice de vazios se altera, passando da linha virgem para as linhas correspondentes a 0,1 ano, 1 ano, 10 anos, 100 anos etc., tempos esses contados a partir do término do adensamento primário.

Nesses estados, tem-se o que Bjerrum (1973) chamou de argilas velhas, que, ao serem submetidas a um carregamento maior do que $\bar{\sigma}_o$, tendem a retomar a linha virgem. Para tanto, deformam-se muito pouco no início, tudo se passando como se a argila tivesse reserva de resistência ou de rigidez. Somente quando a pressão atinge valores acima de $\bar{\sigma}_c$ é que as deformações se acentuam. Assim, apesar de nunca ter sido submetida a uma carga maior do que $\bar{\sigma}_o$, essa carga deixou a sua marca indelével ao provocar um adensamento secundário de certa intensidade. As partículas de solo se aproximaram entre si, lentamente, formando um arranjo tal que consegue sustentar uma pressão $\bar{\sigma}_c > \bar{\sigma}_o$ sem se deformar significativamente.

É interessante acrescentar que correlações entre $c/\bar{\sigma}_o$, em que c é a resistência não drenada, e IP são distintas para as argilas jovens e velhas. Há, no entanto, uma única relação entre $c/\bar{\sigma}$ e IP, desde que $\bar{\sigma} = \bar{\sigma}_o$ para as argilas jovens, e $\bar{\sigma} = \bar{\sigma}_c$ para as velhas. Esse fato comprova que a resistência aumenta à medida que o adensamento secundário se desenvolve.

Finalmente, a Fig. 10.9 complementa o que foi afirmado anteriormente: para acréscimos de carga menores do que $(\bar{\sigma}_c - \bar{\sigma}_o)$, o adensamento primário é pouco significativo comparado com o secundário. À medida que a relação $\Delta\sigma/(\bar{\sigma}_c - \bar{\sigma}_o)$ aumenta, o adensamento primário ganha em importância. Esses dados foram apresentados por Bjerrum (1967).

10.4.4 Efeito de sobrecargas temporárias no adensamento secundário

A Fig. 10.20 permite avaliar a influência de sobrecargas temporárias no adensamento secundário. No tempo de remoção da sobrecarga (t_{rs}), já ocorreu todo o recalque primário e penetrou-se ΔH_{sc} no secundário, ambos os recalques relativos à ação da carga permanente se não existisse sobrecarga.

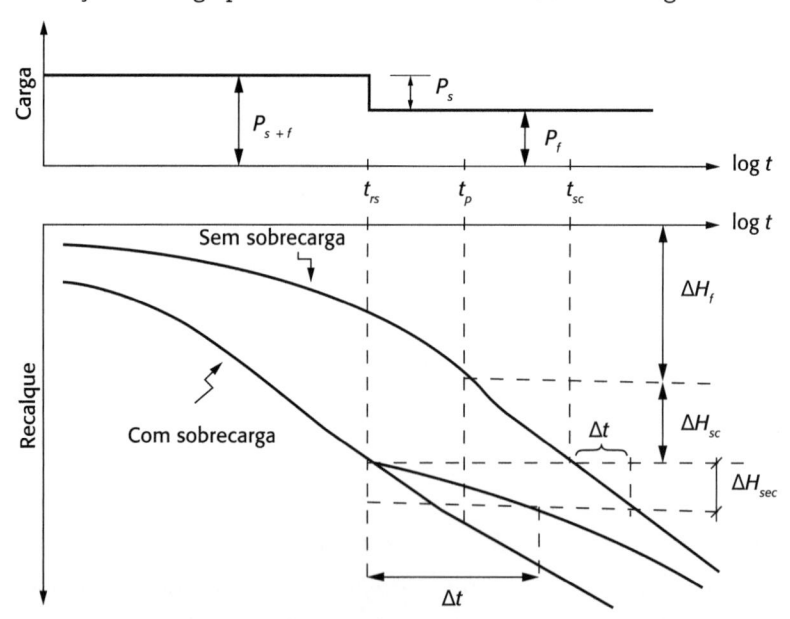

Fig. 10.20 *Sobrecarga temporária*

Nesta última condição, o recalque $\Delta H_f + \Delta H_{sc}$ teria ocorrido no tempo t_{sc} dado por:

$$\Delta H_{sc} = C_{\alpha\varepsilon} \cdot H \cdot \log\left(\frac{t_{sc}}{t_p}\right) \quad (10.31)$$

em que t_p denota o tempo de término do adensamento primário.

Um novo acréscimo de recalque secundário ΔH_{sec} exigiria um intervalo de tempo Δt dado por:

$$\Delta H_{sec} = C_{\alpha\varepsilon} \cdot H' \cdot \log\left(1 + \frac{\Delta t}{t_{sc}}\right) \quad (10.32)$$

em que H' é a nova espessura da camada compressível.

Evidentemente, esse intervalo de tempo Δt deve ser acrescentado a t_{rs}. Como se trata de uma escala logarítmica no tempo, a curva resultante é pouco abatida após a remoção da sobrecarga, como está indicado na Fig. 10.20.

A rigor, após a remoção da sobrecarga, deve haver uma expansão da camada compressível, a qual não está representada no desenho.

É interessante notar que em problemas de sobrecargas temporárias convém usar U_z, e não U, como medida do grau de adensamento. Se se valer de U, situações em que 50% de adensamento tenha ocorrido podem implicar 100% de dissipação de pressão neutra nas faces drenantes da camada e apenas 30% de dissipação das pressões neutras em seu centro.

Finalmente, corroborando o que foi dito anteriormente, a Fig. 10.21 mostra que sobrecargas temporárias diminuem o adensamento secundário.

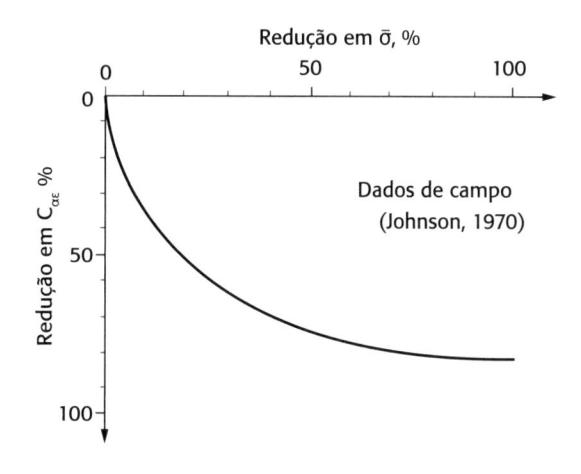

Fig. 10.21 *Efeito de sobrecargas temporárias no adensamento secundário*

Parte experimental

1) Talhar o corpo de prova de um bloco, colocando-o dentro do anel de adensamento. Iniciar o ensaio, efetuando algumas leituras de recalque.
2) Da folha de um ensaio de adensamento extraíram-se os seguintes dados:

Altura da amostra	4 cm
Diâmetro do anel	10 cm
P_h	567,1 g
P_s	433,5 g
δ	28,0 kN/m³

T (°C)	Data	Horário	Carga (N)	Tempo (min)	Leitura do defletômetro (10^{-4} cm)
	16/5/1974		0		0
	17/5/1974		160		787
	18/5/1974		320		1.176
	19/5/1974		640		1.854
	20/5/1974		1.280		2.896
	21/5/1974		2.560		4.204
	22/5/1974	9:35		0	4.305
	22/5/1974	9:35,1		0,1	4.343
	22/5/1974	9:36		1	4.460
23	22/5/1974	9:39	5.120	4	4.663
	22/5/1974	9:45		10	4.890
	22/5/1974	10:03		28	5.235
	22/5/1974	10:47		72	5.481
	22/5/1974	12:37		182	5.598

T (°C)	Data	Horário	Carga (N)	Tempo (min)	Leitura do defletômetro (10^{-4} cm)
22,7	22/5/1974	17:35		480	5.669
23,4	23/5/1974	10:55		1.522	5.730
22,8	24/5/1974	11:00		2.967	5.753
	24/5/1974		10.240		7.366
	30/5/1974		10.240		7.447
	31/5/1974		5.120		7.239
	1/5/1974		2.560		6.949
	2/5/1974		1.280		6.617
	3/5/1974		320		5.878
	4/6/1974		3		4.115
			3		3.993

a. Desenhar a curva e-log p.
b. Estimar o índice de compressão C_c e a pressão de pré-adensamento.
c. Determinar o coeficiente de adensamento C_v para o incremento de carga de 2.560 N a 5.120 N, pelos processos de Taylor (1948) e Casagrande (1939).

Altura da amostra	4 cm	P_s	433,5 g
Diâmetro do anel	10 cm	h	30,8%
Área	78,54 cm²	γ_n	18,05 kN/m³
δ	28 kN/m³	γ_s	13,80 kN/m³
P_h	567,1 g	e_o	1,029

T(°C)	Data	Tempo	Carga (N)	t (min)	Leitura do defletômetro (10^{-4} cm)	p (kPa)	Deformação (%)	e
			0		0	0	0,00	1,029
			160		787	20	0,02	0,989
	16/5/1974		320		1.176	41	0,03	0,970
			640		1.854	81	0,05	0,935
			1.280		2.896	163	0,07	0,882
			2.560		4.204	326	0,11	0,816
				0	4.305	652	0,11	0,811
				0,1	4.343		0,11	0,809
				1	4.460		0,11	0,803
23	22/5/1974	09:33	5.120	4	4.663		0,12	0,793
				10	4.890		0,12	0,781
				28	5.235		0,13	0,764
				72	5.481		0,14	0,751
				182	5.598		0,14	0,745
22,7		17:33	480		5.669		0,14	0,742
23,4	23/5/1974	10:55	1.522		5.730		0,14	0,738
22,8	24/5/1974	11:00	2.967		5.753		0,14	0,737
	24/5/1974		10.240		7.366	1.304	0,18	0,655

T(°C)	Data	Tempo	Carga (N)	t (min)	Leitura do defletômetro (10^{-4} cm)	p (kPa)	Deformação (%)	e
	30/5/1974		10.240		7.447	1.304	0,19	0,651
			5.120		7.239	652	0,18	0,662
			2.560		6.949	326	0,17	0,677
			1.280		6.617	163	0,17	0,693
			320		5.878	41	0,15	0,731
	7/6/1974			3	4.115	0,4	0,10	0,820
				3	3.993	0,4	0,10	0,827

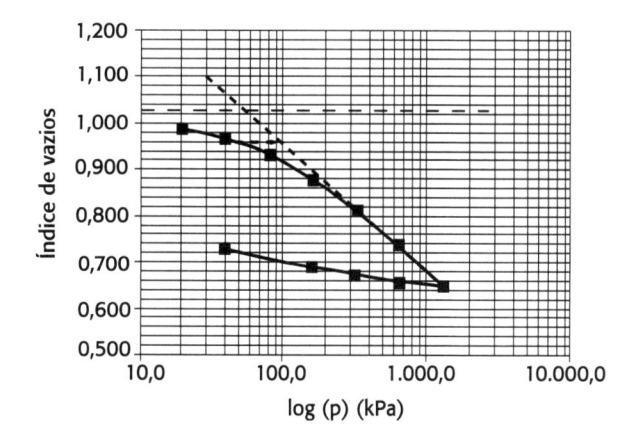

$C_c = 0,27$
$\sigma_a = 100$ kPa

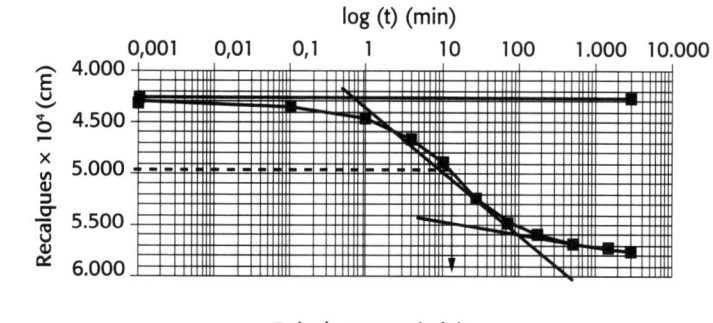

Método de Casagrande
$t_{50} = 13$ min
$H_d = 1,7848$ cm
$C_v = 8 \times 10^{-4}$ cm²/s

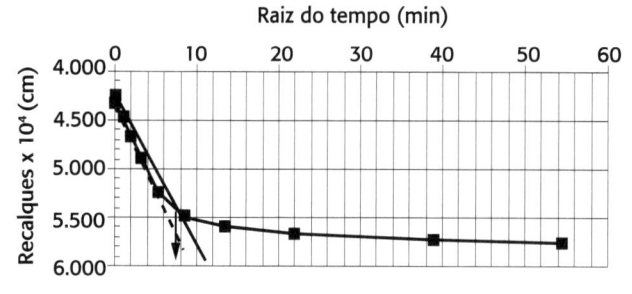

Método de Taylor
$t_{90} = 7,0^2 = 49$ min
$H_d = 1,7848$ cm
$C_v = 9 \times 10^{-4}$ cm²/s

Solução: Ensaio de adensamento
Exercícios complementares

1) Calcular o coeficiente de permeabilidade médio, corrigido para 20 °C, para o seguinte incremento de pressão de adensamento em uma amostra de argila:

$p_1 = 150$ kPa $e_1 = 1,30$

$p_2 = 300$ kPa $e_2 = 1{,}18$
altura do corpo de prova = 2,5 cm
drenagem pelo topo e pela base
tempo necessário para 50% de adensamento = 20 min
temperatura do ensaio = 23 °C

Solução:
Com os dados do problema, têm-se:
$t_{50} = 20$ min $= 1.200$ s
$H_d = 2{,}5/2 = 1{,}25$ cm

$$a_v = \frac{e_1 - e_2}{p_2 - p_1} = \frac{1{,}30 - 1{,}18}{300 - 150} = 8 \times 10^{-4} \; m^2/kN$$

O valor de C_v pode ser calculado por meio da Eq. 10.25:

$$C_v = \frac{H_d^2 \times 0{,}198}{t_{50}} = \frac{1{,}25^2 \times 0{,}198}{1.200} = 2{,}6 \times 10^{-4} \, cm^2/s = 2{,}6 \times 10^{-8} \, m^2/s$$

Finalmente, o valor da permeabilidade k é obtido por meio da Eq. 10.9:

$$k = \frac{C_v \cdot \gamma_o \cdot a_v}{(1 + e_o)} = \frac{(2{,}6 \times 10^{-8}) 10 (8 \cdot 10^{-4})}{(1 + 1{,}24)} = 9 \times 10^{-11} \; m/s$$

2) Um ensaio de adensamento em amostra indeformada de solo argiloso apresentou os seguintes resultados:

   $p_1 = 165$ kPa $e_1 = 0{,}895$
   $p_2 = 310$ kPa $e_2 = 0{,}732$
   coeficiente de permeabilidade = $3{,}5 \times 10^{-9}$ cm/s

   Para uma camada de solo argiloso de 10 m de espessura, representar, num gráfico, a variação teórica do recalque com o tempo, supondo que o carregamento na superfície tenha aumentado de 165 kPa para 310 kPa e que a drenagem ocorre:
   a) só na face superior;
   b) na face superior e na profundidade de 3 m, na qual existe uma fina camada de areia.

Solução:
   a. Basta aplicar a teoria de Terzaghi.
   b. Novamente, basta aplicar a teoria de Terzaghi, mas por meio da fórmula:

$$U = \frac{\rho_t}{\rho_f} = \frac{\rho_{f1}}{\rho_f} \cdot \frac{\rho_{t1}}{\rho_{f1}} + \frac{\rho_{f2}}{\rho_f} \cdot \frac{\rho_{t1}}{\rho_{f2}} = 0{,}3 U_1 + 0{,}7 U_2$$

em que ρ indica o recalque; f, final; e 1 e 2 referem-se ao solo argiloso acima e abaixo da camada de areia, respectivamente.

3) A altura de um corpo de prova colocado num anel metálico, após adensar sob a pressão de 200 kPa, era de 1,00 cm. Nessa situação, o seu índice de vazios era 1,50. O ensaio foi feito de tal forma que a drenagem ocorria pelo topo, e na base foi colocado um aparelho para medida de pressão neutra. A seguir, a carga foi dobrada, tendo-se observado as seguintes pressões neutras durante o adensamento:

t (min)	u (kPa)
0	200
5	172
10	120

Sabendo ainda que a altura final do corpo de prova é de 0,900 cm, pede-se:
a) determinar o índice de compressão C_c;
b) calcular o tempo em que a amostra esteve com a altura de 0,950 cm; e
c) estimar a permeabilidade do solo.

Solução:

Os dados do problema são:
Para $p_1 = 200$ kPa $e_1 = 1,5$ $H_{f1} = 1,0$ cm
Para $p_2 = 400$ kPa $e_2 = ?$ $H_{f2} = 0,9$ cm

a. Inicialmente, calcula-se e_2:

$$\varepsilon = \frac{e_1 - e_2}{1 + e_1} = \frac{H_{f1} - H_{f2}}{H_{f1}} = \frac{1,0 - 0,9}{1,0} = 10\%$$

Portanto:

$$e_2 = e_1 - (1 + e_1)\varepsilon = 1,50 - 2,5 \times 10\% = 1,25$$

$$C_c = \frac{e_1 - e_2}{\log(p_2/p_1)} = \frac{1,50 - 1,25}{\log(4/2)} = 0,83$$

b. $U = (1,0-0,95)/(1,0-0,9) = 50\%$

Portanto, está sendo solicitado o t_{50}. Para determiná-lo, deve-se recorrer à Eq. 10.25, da qual se extrai:

$$t_{50} = \frac{H_d^2 \times 0,198}{C_v}$$

Para o cálculo do C_v, usam-se os dados de pressão neutra, medidos na base do corpo de prova, para determinar a porcentagem de adensamento pontual $U_{z=H}$ (na base), por meio da Eq. 10.19B:

$$U_z = 1 - \frac{u}{u_i}$$

Com esse valor, determina-se o fator tempo (T) com base no ábaco da Fig. 10.4. Os resultados obtidos encontram-se na tabela a seguir:

t (min)	u (kPa)	$U_{z=H}$ (%)	T
0	200	0	-
5	172	14	0,15
10	120	40	0,30

Da definição de C_v, Eq. 10.15B, tem-se:

$$C_v = \frac{H_d^2 \cdot T}{t} = \frac{1,0^2 \times 0,15}{(300)} = 5 \times 10^{-4} \text{ cm}^2/\text{s}$$

logo:

$$t_{50} = \frac{1,0^2 \times 0,198}{5 \times 10^{-4}} = 6,67 \text{ min}$$

c. Novamente, o valor da permeabilidade k é obtido por meio da Eq. 10.9. O valor de a_v é dado por:

$$a_v = \frac{e_1 - e_2}{p_2 - p_1} = \frac{1,50 - 1,25}{400 - 200} = 12,5 \times 10^{-4} \text{ m}^2/\text{kN}$$

$$k = \frac{C_v \cdot \gamma_o \cdot a_v}{(1+e_o)} = \frac{(5 \times 10^{-8}) \, 10 \, (12,5 \times 10^{-4})}{(1+1,50)} = 2,5 \times 10^{-10} \text{ m/s}$$

Nota: nessa solução, usou-se a teoria de Terzaghi, que admite relação tensão-deformação linear. Se se quiser empregar a teoria de Mikasa, deve-se recorrer à Eq. 10.19A juntamente com a Eq. 10.4A, de cuja combinação resulta:

$$U_z^\varepsilon = \frac{\log\left(\frac{\overline{\sigma}}{\overline{\sigma}_o}\right)}{\log\left(\frac{\overline{\sigma}_f}{\overline{\sigma}_o}\right)} = \frac{\log\left(\frac{\overline{\sigma}_o + \Delta p - u}{\overline{\sigma}_o}\right)}{\log\left(\frac{\overline{\sigma}_o + \Delta p}{\overline{\sigma}_o}\right)} = \frac{\log\left(1 + \frac{\Delta p}{\overline{\sigma}_o} \cdot U_z^u\right)}{\log\left(1 + \frac{\Delta p}{\overline{\sigma}_o}\right)}$$

em que U_z^ε e U_z^u são as porcentagens de adensamento pontuais para deformação e pressão neutra, respectivamente. Na teoria de Terzaghi, $U_z^\varepsilon = U_z^u = U_z$, como foi visto.

A tabela anterior deve ser substituída por:

t (min)	u (kPa)	U_z^u (z=H) (%)	U_z^ε (z=H) (%)	T
0	200	0	0	-
5	172	14	18,9	0,175
10	120	40	48,5	0,36

Nos cálculos feitos, recorreu-se aos ábacos de Terzaghi para passar de U_z^ε para T. Isso porque a equação de Mikasa (Eq. 10.12) tem a mesma forma que a de Terzaghi (Eq. 10.8), em termos de ε; ou, em outras palavras, ε e u são permutáveis.

Vê-se que as diferenças são pequenas, da ordem de 0,175/0,15 = 17%, aproximadamente, para mais, no valor do C_v, e para menos, no de t_{50}.

Finalmente, o caso analisado corresponde a $\Delta p/\bar{\sigma}_0 = 1$. Comparando as velocidades de dissipação de pressões neutras, de um lado, com as de deformação, de outro, ambas na base do corpo de prova, os C_v revelam diferenças que dependem de $\Delta p/\bar{\sigma}_0$. O quadro adiante mostra que as diferenças crescem com aumentos dessa relação, mas estão longe de afetar o expoente de dez dos valores de C_v. Os maiores valores estão associados às velocidades de desenvolvimento das deformações, como já foi enfatizado.

$\Delta p/\bar{\sigma}_0$	$\Delta C_v/C_v$
1	10% a 20%
2	20% a 40%
5	40% a 70%
10	50% a 100%

Para concluir, o quadro adiante mostra a magnitude da defasagem entre dissipação de pressão neutra e desenvolvimento das deformações, ambos na base do corpo de prova. Para comparação, fixou-se em 50% o valor da deformação já ocorrida. Vê-se que a defasagem da dissipação da pressão neutra diminui acentuadamente com a redução de Δp.

$\Delta p/\bar{\sigma}_0$	$U^\varepsilon_{z=H}$ (%)	$U^\varepsilon_{u=H}$ (%)
1	50	41
2	50	37
5	50	29
10	50	23

Questões para pensar

▶ Qual a ordem de grandeza do atrito lateral no ensaio de adensamento? Como ele afeta os valores do índice de compressão, do coeficiente de adensamento e da pressão de pré-adensamento?

▶ Por que, de um ponto de vista físico, a velocidade de desenvolvimento real dos recalques tem que ser defasada em relação à dissipação das pressões neutras, divergindo, assim, do que prevê a teoria de Terzaghi? Ela é adiantada ou retardada?

▶ O que é coeficiente de adensamento? O que ele mede e do que depende? Como determiná-lo no campo?

▶ Que fatores devem ser considerados na definição do tamanho dos corpos de prova para ensaios de adensamento?

▶ Por que num ensaio de adensamento costuma-se dobrar a carga de um dia para o outro? O que aconteceria se as cargas fossem aumentadas em 25% de um dia para o outro?

Saiba mais

Método gráfico de Asaoka para a determinação do C_v e do recalque primário final

i. Fundamentos teóricos do método

Asaoka (1978) propôs um método gráfico bastante simples para o acompanhamento dos recalques ao longo do tempo, permitindo não só prever o recalque primário final como também o coeficiente de adensamento com boa precisão.

Basicamente, o método consiste em lançar em ordenada o valor do recalque referente à $(n+1)$-ésima leitura, contra a n-ésima, em abscissa.

É condição essencial que as leituras dos recalques sejam equiespaçadas na escala do tempo, digamos, de um valor Δt, e que o carregamento seja constante.

Retomando-se a Eq. 10.23B, pode-se escrever:

$$U_v = 1 - 0{,}811 e^{c \cdot t} \quad (10.33A)$$

válida para $U \geq 60\%$, com:

$$c = -\frac{2{,}5 C_v}{H_d^2} \quad (10.33B)$$

e tendo-se em conta a Eq. 10.20A, pode-se escrever, após algumas transformações:

$$\frac{\rho_n}{\rho_f} = 1 - 0{,}811 e^{c \cdot n \cdot \Delta t} \quad (10.33C)$$

em que e é a base dos logaritmos neperianos; ρ_n, o recalque da camada compressível no tempo $n\Delta t$; ρ_f, o recalque final; e H_d, a altura máxima de drenagem.

É fácil provar que

$$\beta = \frac{\rho_{n+1} - \rho_n}{\rho_n - \rho_{n-1}} = e^{c \cdot \Delta t} = \text{constante} \quad (10.34)$$

para $U \geq 60\%$. Isso significa que no gráfico de Asaoka (Fig. 10.22) o trecho final da relação entre recalques é retilíneo.

Extraindo-se c da Eq. 10.34 e substituindo-se na Eq. 10.33B:

$$C_v = -\frac{\ln \beta}{2{,}5 \Delta t} \cdot H_d^2$$

A Fig. 10.23 mostra alguns ajustes feitos por esse processo e pelo método de Schiffman. A concordância pode ser considerada muito boa. A Fig. 10.24 apresenta um caso de observação de recalques no campo, em que o carregamento variou ao longo do tempo.

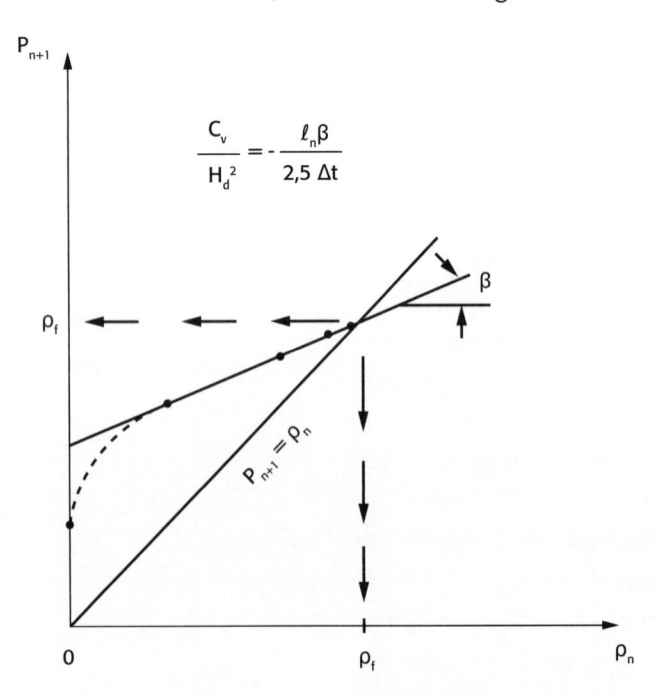

Fig. 10.22 *Método de Asaoka*

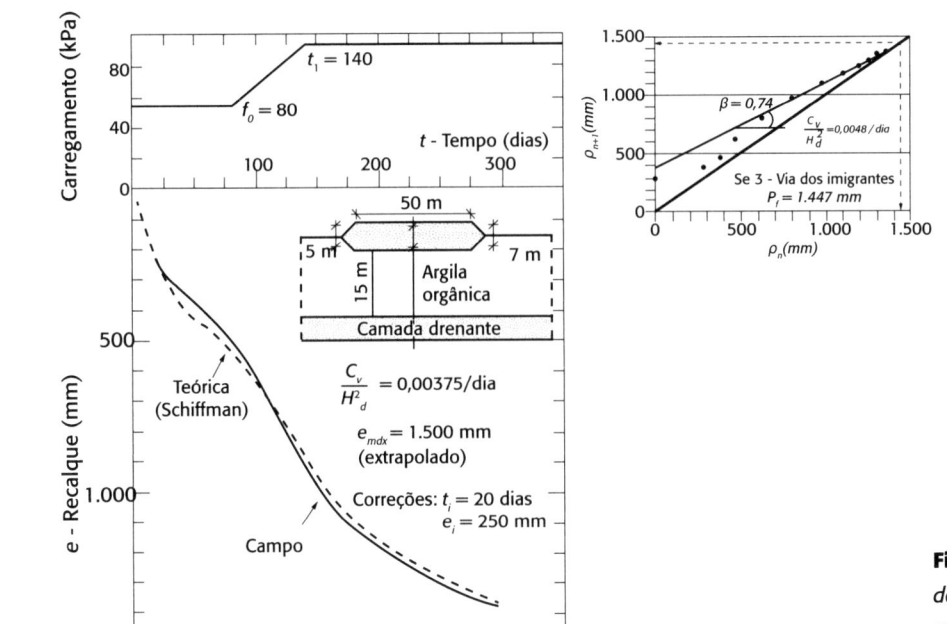

Fig. 10.23 *Primeira ilustração do método de Asaoka – seção experimental 3 da Via dos Imigrantes*

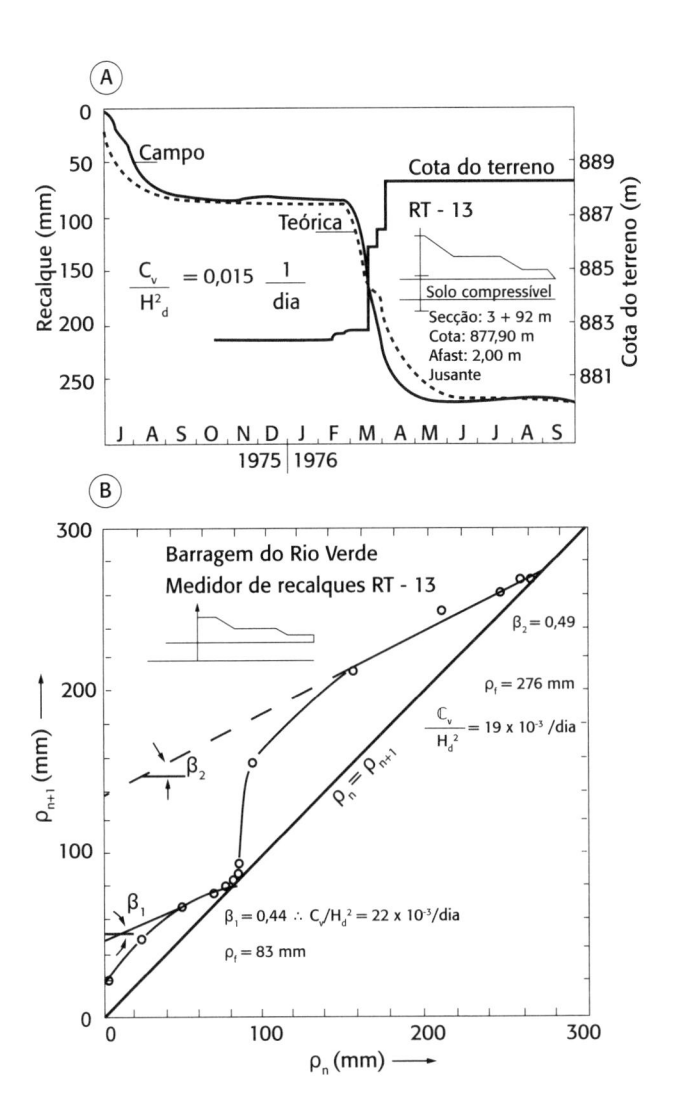

Fig. 10.24 *Segunda ilustração do método de Asaoka*

A equação anterior pode ter sua validade estendida para $U \geq 33\%$, graças ao uso de outra exponencial, que oferece o valor do grau de adensamento em função do fator tempo (ver, por exemplo, Schofield e Wroth (1968, p. 79)). Ela se transforma em:

$$C_v = -\frac{\ln\beta}{3\Delta t} \cdot H_d^2$$

No caso de se instalarem drenos verticais, a solução matemática tem a forma da Eq. 10.33A, o que possibilita o uso do método gráfico de Asaoka.

De fato, as teorias existentes (ver Lambe e Whitman, 1969) mostram que a porcentagem de adensamento U_r devida ao fluxo radial pode ser calculada por meio da expressão:

$$U_r = 1 - e^{-\lambda t} \qquad (10.35A)$$

com:

$$\lambda = \frac{8}{m} \cdot \frac{C_{vh}}{d_e^2} \qquad m = \frac{n^2}{n^2-1} \cdot \ln(n) - \frac{3n^2-1}{4n^2} \qquad n = \frac{d_e}{d_w}$$

em que m é um parâmetro que depende da relação entre a distância entre drenos (d_e) e o diâmetro dos drenos (d_w); e C_{vh} é o coeficiente de adensamento vertical para fluxos radiais (horizontais).

Como a água pode percolar tanto para as camadas drenantes, no topo e na base do solo mole, como para os drenos, tem-se, na realidade, um adensamento tridimensional. Para levar em conta essa simultaneidade, pode-se recorrer à expressão de Nabor Carillo:

$$(1-U) = (1-U_v)(1-U_r) \qquad (10.35B)$$

que fornece a porcentagem de adensamento (U) resultante dos adensamentos vertical (U_v) e radial (U_r).

Substituindo-se as Eqs. 10.33A e 10.35A na Eq. 10.35B, tem-se, após algumas transformações:

$$U = 1 - 0,811 e^{-\lambda_1 t} \qquad (10.35C)$$

com:

$$\lambda_1 = 2,5 \cdot \frac{C_v}{H_d^2} + \frac{8}{m} \cdot \frac{C_{vh}}{d_e^2}$$

A Eq. 10.35C possui a forma da Eq. 10.33A, o que permite o uso do gráfico de Asaoka e, portanto, uma estimativa de C_{vh}, desde que se conheça o valor de C_v. Note-se que nesse caso:

$$\lambda_1 = -\frac{\ln\beta}{\Delta t}$$

ii. Cuidados a serem observados na sua aplicação

O método de Asaoka oferece excelentes resultados quando se interpolam valores, isto é, quando o adensamento entra no secundário. Em situações em que se pretende fazer, durante o adensamento primário, previsões de recalques finais, é necessário fazer extrapolações, que podem levar a resultados falsos (ver Pinto, 2001). Neste último caso, é de bom alvitre ter uma ideia da duração do adensamento primário com base em experiências prévias com o solo local (Baguelin, 1999).

O trabalho de Pinto (2001) tem o grande mérito de recomendar o traçado da curva teórica, com os dados obtidos por meio do método de Asaoka, e sua comparação com a curva de campo. Aliás, essa recomendação deveria ser observada em qualquer método que se proponha a extrapolar valores experimentais, como aqueles, tão em voga entre nós, para a obtenção da carga de ruptura em provas de carga interrompidas prematuramente. A Fig. 10.13 ilustra este procedimento.

A seguir, são feitas algumas observações.

a. A primeira diz respeito ao intervalo de variação de U para o qual a exponencial é válida. Como se viu acima, $U \geq 60\%$.

b. A segunda refere-se à equação logarítmica da fase do adensamento secundário. O que ela representa no gráfico de Asaoka?

Levando-se em conta que

$$t_{n+1} = t_n + \Delta t$$

é fácil verificar que, no trecho do adensamento secundário, tem-se:

$$\frac{\rho_{n+1} - \rho_n}{\rho_n - \rho_{n-1}} = \frac{\log\left(\frac{t_{n+1}}{t_n}\right)}{\log\left(\frac{t_n}{t_{n-1}}\right)} = \frac{\log\left(1 + \frac{\Delta t}{t_n}\right)}{\log\left(1 + \frac{\Delta t}{t_n - \Delta t}\right)} \cong \frac{\left(\frac{\Delta t}{t_n}\right)}{\left(\frac{\Delta t}{t_n - \Delta t}\right)} = 1 - \frac{\Delta t}{t_n} \qquad (10.36)$$

A aproximação indicada numa das passagens entre os termos anteriores só é válida para relações $\Delta t/t_n$ pequenas. Normalmente, os tempos associados ao adensamento secundário são longos (no exemplo de Pinto (2001), da ordem de mil dias) e o valor de Δt pode ser escolhido tão pequeno quanto se queira (por exemplo, 30 dias, ou 50 dias). Nessas condições, $\Delta t/t_n \cong 0{,}03$ ou $0{,}05$ e o último membro da Eq. 10.36 assume valor da ordem de 0,97 ou 0,95, isto é, próximo de 1.

Isso significa que, num gráfico de Asaoka, o trecho correspondente ao adensamento secundário tende a uma reta paralela à reta a 45°, cujo traçado é inerente ao método em questão.

Logo, se se dispuser de uma série no tempo, equiespaçada em, digamos, 50 dias (1 mês seria mais adequado), o gráfico de Asaoka seria o indicado na Fig. 10.25.

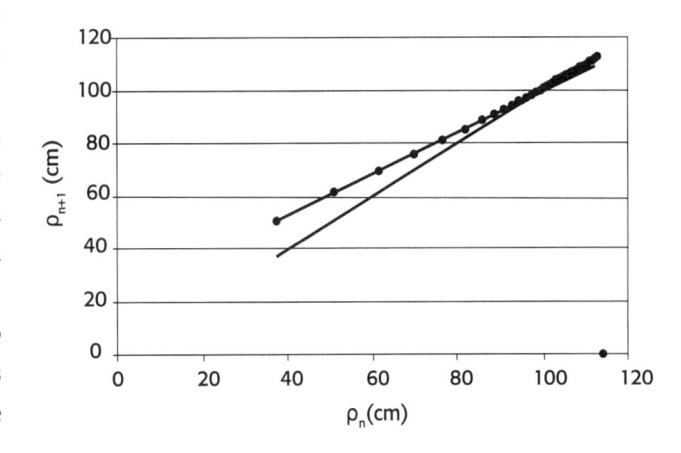

Fig. 10.25 *Gráfico de método de Asaoka*

c. A terceira observação está relacionada à questão do tempo decorrido até a análise, muito bem colocada por Pinto (2001).

A Tab. 10.4 resume os parâmetros da correlação, inerente ao método de Asaoka, bem como os valores do coeficiente de adensamento (C_v) e do recalque primário final (ρ_f). Foi utilizado Δt = 50 dias.

Tab. 10.4 Influência nos resultados do tempo decorrido até a análise pelo método de Asaoka

Tempo decorrido até a análise (dias)	Regressão estatística			C_v (cm²/s)	ρ_f (cm)
	Pontos	Const	Coef	r (%)		
100	2	21,60	0,78	100,0%	$5,70 \times 10^{-3}$	100,00
150	3	21,60	0,78	100,0%	$5,70 \times 10^{-3}$	100,00
200	4	21,60	0,78	100,0%	$5,70 \times 10^{-3}$	100,00
500	10	21,63	0,78	100,0%	$5,72 \times 10^{-3}$	99,88
1.500	10	21,63	0,78	100,0%	$5,72 \times 10^{-3}$	99,88

Vê-se que, desde que se adote um intervalo Δt, na série equiespaçada no tempo, pequeno, obtêm-se valores precisos de C_v e de ρ_f, mesmo no início das leituras de recalque.

Com esse cuidado, o trecho correspondente ao adensamento secundário tende a ser paralelo à reta a 45° e os pontos a ele associados não devem participar da regressão estatística.

Método estatístico de Baguelin para a determinação do C_v e do recalque primário final

Baguelin (1999) propôs uma alternativa ao método gráfico de Asaoka que tem a vantagem de trabalhar com os valores dos recalques na sequência em que foram medidos e, mais importante, permite fazer uma análise estatística dos dados.

Analogamente ao que foi feito na apresentação do método de Asaoka (p. 264), parte-se da Eq. 10.23B e, considerando-se a Eq. 10.20A, pode-se escrever, após algumas transformações:

$$\frac{\rho}{\rho_f} = 1 - 0,811 e^{c \cdot t} \therefore \rho = \rho_f - 0,811 \cdot \rho_f \cdot e^{c \cdot t} \qquad (10.37)$$

em que e é a base dos logaritmos neperianos; ρ, o recalque da camada compressível no tempo t; ρ_f, o recalque final; e c, dado pela Eq. 10.33B.

Como se recorda, essa equação é válida para cargas aplicadas instantaneamente. Quando esse não for o caso, a forma correta de escrever a Eq. 10.37 é:

$$\frac{\rho}{\rho_f} = 1 - 0,811 e^{c(t-t_o)} \therefore \rho = \rho_f - (0,811\rho_f \cdot e^{-c \cdot t_o}) e^{c \cdot t} \qquad (10.38)$$

em que t_o pode ser interpretado, à luz da solução de Taylor para carga variável com o tempo, como sendo algo próximo de $t_c/2$, em que t_c é o tempo acima do qual a carga permanece constante.

A Eq. 10.38 tem a forma:

$$\rho = a - b \cdot x \quad (10.39)$$

em que:

$$a = \rho_f \quad (10.40)$$

$$b = 0{,}811 \rho_f \cdot e^{-c \cdot t_o} \quad (10.41)$$

e:

$$x = e^{c \cdot t} \quad (10.42)$$

O método de Baguelin consiste em fazer uma regressão linear entre os recalques medidos $\hat{\rho}$ e x, procedendo-se da seguinte forma:

a. escolhe-se um valor para o parâmetro c;
b. calcula-se a série de valores de x pela Eq. 10.42 e, portanto, de ρ, por meio da Eq. 10.39;
c. faz-se a regressão pelo método dos mínimos quadrados, isto é, minimizando a variança (S_r^2), dada por:

$$S_r^2 = \sum (\hat{\rho} - \rho)^2 \quad (10.43)$$

d. varia-se parametricamente o valor de c de forma a obter o mínimo valor para S_r^2. Rapidamente, obtém-se o valor de c ótimo, que fornece C_v; o recalque final (ρ_f) é calculado pela Eq. 10.40.

A análise estatística se completa com a determinação dos desvios padrão de C_v e ρ e da própria regressão, portanto, do seu intervalo de confiança.

Algumas notas sobre o *aging*

Como se viu no Cap. 1, enquanto as argilas transicionais (AT) da Baixada Santista são fortemente sobreadensadas, em vista do intenso processo erosivo associado a grande abaixamento do NM, argilas dos sedimentos fluviolacustres e de baías (SFL) são levemente sobreadensadas, em virtude de oscilações negativas do nível do mar, ocorridas de 5 mil anos para cá, portanto no Holoceno, com amplitude máxima situada em torno de 2 m (Massad, 1999, 2009).

É interessante lembrar que, no passado, a ocorrência das argilas fortemente sobreadensadas foi atribuída quer a secamentos entre ciclos de sedimentação, quer a fenômenos de troca catiônica, de sódio por potássio, este último oriundo das rochas gnáissicas, carreado por águas subterrâneas. Quanto ao leve sobreadensamento das argilas de sedimentos fluviolacustres e de baías, as explicações estribavam-se no fenômeno de envelhecimento (*aging*) das argilas, postulado por Bjerrum (1967) para justificar fato semelhante observado em argilas norueguesas.

Neste último contexto, convém ficar de sobreaviso quanto ao uso indiscriminado do conceito de *aging* e de pressão crítica de Bjerrum (1967). E isso porque um período de 3 a 5 mil anos conta na escala geológica de sedimentos quaternários, como se viu no caso da Baixada Santista: fenômenos de variação do nível do mar causados por "deformações" da superfície do geoide (essencialmente do nível marinho) têm sido registrados em várias partes do mundo, com características locais diferenciadas. Como se lembra, Bjerrum (1973) postulou que o adensamento secundário ao longo de alguns milênios pode deixar registrado em certas argilas sedimentares, submetidas tão somente ao seu peso próprio efetivo, uma marca indelével, tudo se passando como se sobre o solo tivesse atuado uma pressão maior; o solo adquiriria uma "reserva de resistência". No caso de um depósito homogêneo de argila, as pressões críticas crescem linearmente com a profundidade, donde a conclusão de que a relação de sobreadensamento (RSA) é constante em qualquer ponto. Ora, não é isso o que sucede na Baixada Santista, onde as argilas de sedimentos fluviolacustres e de baías apresentam relações de sobreadensamento decrescentes com a profundidade, na faixa de 2 para 1, em virtude do aumento do peso efetivo de terra provocado pelas oscilações negativas do nível do mar. É fácil compreender que o efeito do *aging*, que absolutamente não está sendo negado, em si mesmo, é atenuado num solo sobreadensado por carga e descarga.

As argilas cinza do Rio de Janeiro apresentam relação de sobreadensamento elevada nos 2,5 m iniciais; para profundidades maiores, essa relação diminui de 2 para 1,5, o que chegou a ser explicado por meio do *aging*. Atualmente, sem descartar esse efeito, atribui-se o sobreadensamento a eventuais movimentos do nível d'água, porque as variações, com a profundidade, da pressão de pré-adensamento e do peso efetivo ocorrem quase que paralelamente. É interessante lembrar que, nos primeiros estudos conduzidos sobre essas argilas, Pacheco Silva (1953b) fala em ressecamento de uma crosta superficial e em abaixamento do nível d'água em face da ação antrópica, numa região próxima à Variante Rio-Santos; a área foi recuperada por meio de um sistema de canais e diques, em meados da década de 1940.

Desencontros como esses aconteceram também com relação à origem do sobreadensamento de argilas de Québec. Trata-se de argilas fortemente sobreadensadas, formadas há 7 mil anos, com pressões de pré-adensamento variando no intervalo de 200 kPa a 1.000 kPa para profundidades que não ultrapassam cerca de 40 m. Conforme Bouchard, Dion e Tavenas (1983), vários autores de renome postularam como causa do fenômeno a cimentação das partículas de argila; já outros atribuíram a causa ao efeito do *aging*. No entanto, evidências geológicas e geomorfológicas combinadas com análises de variações com a profundidade de parâmetros geotécnicos, tais como o teor de umidade, a resistência não drenada e a pressão de pré-adensamento, levaram esses autores canadenses à conclusão de que o sobreadensamento deve-se a um processo de sedimentação seguido por erosão. Enquanto o *aging* pode produzir um pequeno acréscimo na pressão de pré-adensamento, o efeito da cimentação parece ser praticamente nulo.

No contexto das observações feitas até agora, é interessante "voltar novamente às origens", isto é, à célebre *Rankine Lecture* de Bjerrum (1967). Uma análise detida dos vários perfis de sondagens apresentados por ele possibilita outras interpretações para explicar o sobreadensamento da argila plástica que ocorre na região de Drammen, Noruega, em geral subjacente a depósitos de areia. Primeiro, porque essa argila plástica encontra-se ressecada nos 4 m iniciais, em locais em que aflora na superfície; segundo, porque a camada de argila magra, subjacente à de argila plástica, apresenta-se, aproximadamente, como normalmente adensada. Para Bjerrum (1967), os efeitos do *aging* não se fazem sentir na camada inferior porque a argila é magra. Ademais, o próprio Bjerrum (1967, p. 101) menciona que a relação de sobreadensamento da camada superior de argila plástica mostra uma "leve" tendência a diminuir com a profundidade – a palavra "leve" poderia ser omitida após a referida análise detida dos perfis de sondagens. De fato, é possível conceber um mecanismo simples de abaixamento temporário do nível do mar, de cerca de 4 m, que, associado ao fato de na região existir um artesianismo (Bjerrum, 1967), permite explicar o ressecamento, o sobreadensamento da camada de argila plástica e a condição de normalmente adensada da argila magra. Trata-se apenas de uma conjectura ou de uma nova "ficção idealizante". Para mais detalhes, ver Massad (1995).

Ensaio de adensamento com velocidade constante (CRS)

O ensaio de adensamento com velocidade constante, em inglês *constant rate of strain* (CRS), foi introduzido para abreviar o tempo de execução. De várias semanas requeridas pelo ensaio convencional passa-se a ter resultados em um ou dois dias.

A sua grande vantagem em relação a outros tipos de ensaio, como o de gradiente controlado, é a simplicidade do equipamento: a prensa do ensaio triaxial mais medidor de pressão neutra e sistema de aquisição automática de dados.

A maior dificuldade está em estabelecer a velocidade do ensaio. Ela deve estar entre dois limites:
 a. um limite superior, para não violar a distribuição parabólica do diagrama de pressões neutras; e
 b. um limite inferior, para tornar o ensaio exequível quanto à sua duração e também garantir um valor mínimo para a pressão neutra na base do corpo de prova (u_b).

Sobre esse assunto, ver Carvalho, Almeida e Martins (1993).

De acordo com Lerouiel (1996), a velocidade de deformação no adensamento influi na relação tensão-deformação, o que tem implicações quanto aos ensaios do tipo CRS. Nesses ensaios, a velocidade de deformação varia na faixa de 1×10^{-6} a 4×10^{-6}/s, enquanto no ensaio oedométrico convencional (24 h) é da ordem de 1×10^{-7}/s, no final dos estágios de carregamento. A relação $\bar{\sigma}_a(CRS) / \bar{\sigma}_a(Odom)$, obtida por vários autores citados por Lerouiel (1996), é da ordem de 25%. Segundo esse autor, como a experiência prática é baseada nos ensaios oedométricos convencionais, os resultados dos ensaios CRS precisam ser corrigidos para levar em conta a velocidade de deformação.

Método expedito de Taylor para carregamento variável com o tempo

A expressão para o cálculo de U pela teoria de Terzaghi pode ser expressa da seguinte forma, conforme Olson (1977):

$$U = 1 - 2\sum_{m=0}^{\infty}\left(\frac{1}{M^2} \cdot e^{-M^2 \cdot T}\right) \quad \text{com} \quad M = \pi/2\,(2m+1) \tag{10.44}$$

Pelo método expedito de Taylor, supondo carregamento variável com o tempo na forma de rampa e que o tempo de construção seja t_c, pode-se escrever:

$$\text{para} \quad T \leq T_c \rightarrow U = \frac{T}{T_c}\left[1 - 2\sum_{m=0}^{\infty}\left(\frac{1}{M^2} \cdot e^{-M^2 \cdot T/2}\right)\right] \tag{10.45}$$

e:

$$\text{para} \quad T > T_c \rightarrow U = \left[1 - 2\sum_{m=0}^{\infty}\left(\frac{1}{M^2} \cdot e^{-M^2(T-T_c/2)}\right)\right] \tag{10.46}$$

com:

$$T = \frac{C_v \cdot t}{H_d^2} \quad \text{e} \quad T_c = \frac{C_v \cdot t_c}{H_d^2} \tag{10.47}$$

Pelo método de Olson (1977), tem-se para U:

$$\text{para} \quad T \leq T_c \rightarrow U = \frac{T}{T_c}\left\{1 - \frac{2}{T_c}\sum_{m=0}^{\infty}\left[\frac{1}{M^4}\left(1 - e^{-M^2 \cdot T}\right)\right]\right\} \tag{10.48}$$

$$\text{para} \quad T > T_c \rightarrow U = 1 - \frac{2}{T_c}\left\{\sum_{m=0}^{\infty}\left[\frac{1}{M^4}\left(e^{M^2 \cdot T_c} - 1\right)e^{-M^2 \cdot T}\right]\right\} \tag{10.49}$$

A Eq. 10.48 pode ser reescrita da seguinte forma:

$$\text{para} \quad T \leq T_c \rightarrow U = \frac{T}{T_c}\left\{1 - \frac{2}{T}\sum_{m=0}^{\infty}\left[\frac{1}{M^4}\left(M^2 \cdot T - \frac{M^4 \cdot T^2}{2} + \frac{M^6 \cdot T^3}{3!} - \frac{M^8 \cdot T^4}{4!} + \ldots\right)\right]\right\}$$

ou

$$\text{para} \quad T \leq T_c \rightarrow U = \frac{T}{T_c}\left\{1 - \frac{2}{T}\sum_{m=0}^{\infty}\left[\frac{T}{M^2}\left(1 - \frac{M^2 \cdot T}{2} + \frac{M^4 \cdot T^2}{3!} - \frac{M^6 \cdot T^3}{4!} + \ldots\right)\right]\right\}$$

ou, se T e T_c forem pequenos:

$$\text{para} \quad T \leq T_c \rightarrow U \cong \frac{T}{T_c}\left\{1 - 2\sum_{m=0}^{\infty}\left[\frac{1}{M^2}\left(1 - \frac{M^2 \cdot T}{2}\right)\right]\right\} = \frac{T}{T_c}\left\{1 - 2\sum_{m=0}^{\infty}\left[\frac{1}{M^2} \cdot e^{-\frac{M^2 \cdot T}{2}}\right]\right\} = U_{Taylor}$$

O mesmo raciocínio vale para a Eq. 10.49:

$$\text{para} \quad T > T_c \rightarrow U = 1 - \frac{2}{T_c}\left\{\sum_{m=0}^{\infty}\left[\frac{1}{M^4}\left(e^{M^2 \cdot T_c} - 1\right)e^{-M^2 \cdot T}\right]\right\} \quad (10.50)$$

mas, se T e T_c forem pequenos:

$$\frac{(e^{M^2 \cdot T_c} - 1)}{T_c \cdot M^2} \cong 1 + \frac{M^2 \cdot T_c}{2} \cong e^{M^2 \cdot T_c/2}$$

donde a Eq. 10.50 se transforma em:

$$\text{para} \quad T > T_c \rightarrow U \cong 1 - 2\left\{\sum_{m=0}^{\infty}\left[\frac{1}{M^2} \cdot e^{-M^2(T - T_c/2)}\right]\right\} = U_{Taylor}$$

A Fig. 10.26 reproduz o ábaco de Olson e mostra a solução expedita de Taylor em linhas tracejadas. Vê-se que a proximidade é notável. As diferenças são de no máximo 10% para $T_c = 1$ e $T = T_c$.

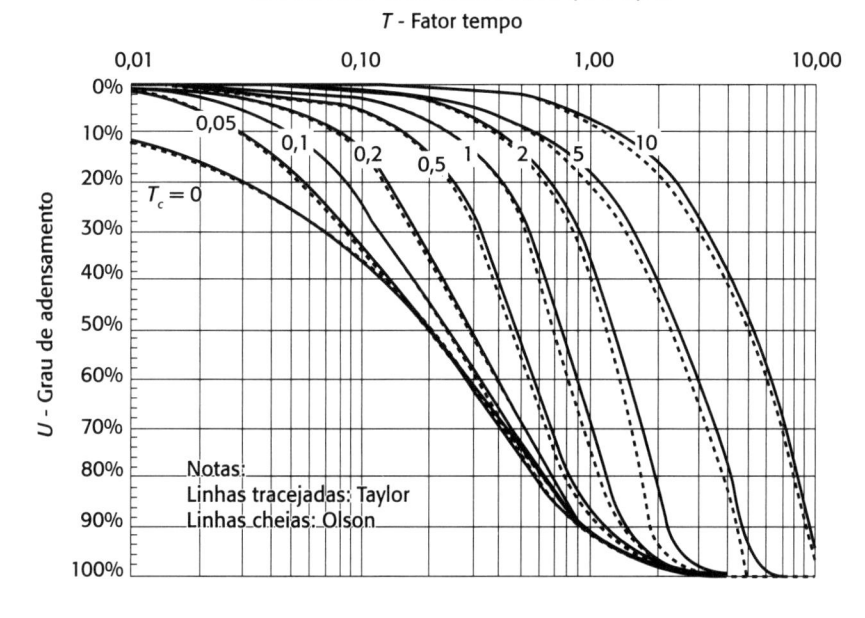

Fig. 10.26 *Comparação entre a solução expedita de Taylor e a de Olson*

Referências bibliográficas

ABNT - ASSOCIAÇÃO BRASILEIRA DE NORMAS TÉCNICAS. NBR 6458: grãos de pedregulho retidos na peneira de 4,8 mm: determinação da massa específica, da massa específica aparente e da absorção de água: método de ensaio. Rio de Janeiro, 1984a.

ABNT - ASSOCIAÇÃO BRASILEIRA DE NORMAS TÉCNICAS. NBR 6459: solo: determinação do limite de liquidez: método de ensaio. Rio de Janeiro, 1984b.

ABNT - ASSOCIAÇÃO BRASILEIRA DE NORMAS TÉCNICAS. NBR 6508: solo: determinação da massa específica: grãos de solos que passam na peneira de 4,8 mm: método de ensaio. Rio de Janeiro, 1984c.

ABNT - ASSOCIAÇÃO BRASILEIRA DE NORMAS TÉCNICAS. NBR 7180: solo: determinação do limite de plasticidade: método de ensaio. Rio de Janeiro, 1984d.

ABNT - ASSOCIAÇÃO BRASILEIRA DE NORMAS TÉCNICAS. NBR 7181: solo: análise granulométrica. Rio de Janeiro, 1984e.

ABNT - ASSOCIAÇÃO BRASILEIRA DE NORMAS TÉCNICAS. NBR 6457: amostras de solo: preparação para ensaios de compactação e ensaios de caracterização: método de ensaio. Rio de Janeiro, 1986a.

ABNT - ASSOCIAÇÃO BRASILEIRA DE NORMAS TÉCNICAS. NBR 7182: solo: ensaio de compactação: método de ensaio. Rio de Janeiro, 1986b.

ABNT - ASSOCIAÇÃO BRASILEIRA DE NORMAS TÉCNICAS. NBR 7185: determinação da massa específica aparente In Situ, com o emprego do frasco de areia: método de ensaio. Rio de Janeiro, 1986c.

ABNT - ASSOCIAÇÃO BRASILEIRA DE NORMAS TÉCNICAS. NBR 9604: abertura de poço e trincheira de inspeção em solos, com a retirada de amostras deformadas e indeformadas: procedimento. Rio de Janeiro, 1986d.

ABNT - ASSOCIAÇÃO BRASILEIRA DE NORMAS TÉCNICAS. NBR 9813: determinação da massa específica aparente In Situ, com o emprego do cilindro de cravação: método de ensaio. Rio de Janeiro, 1987.

ABNT - ASSOCIAÇÃO BRASILEIRA DE NORMAS TÉCNICAS. NBR 10838: solo: determinação da massa específica aparente de amostras indeformadas, com o emprego da balança hidrostática: método de ensaio. Rio de Janeiro, 1988.

ABNT - ASSOCIAÇÃO BRASILEIRA DE NORMAS TÉCNICAS. NBR 12004/MB-3324: solo: determinação do índice de vazio máximo de solos não coesivos: método de ensaio. Rio de Janeiro, 1990a.

ABNT - ASSOCIAÇÃO BRASILEIRA DE NORMAS TÉCNICAS. NBR 12007/MB-3336: solo: ensaio de adensamento unidimensional: método de ensaio. Rio de Janeiro, 1990b.

ABNT - ASSOCIAÇÃO BRASILEIRA DE NORMAS TÉCNICAS. NBR 12051/MB-3388: solo: determinação do índice de vazio mínimo de solos não coesivos. Rio de Janeiro, 1991a.

ABNT - ASSOCIAÇÃO BRASILEIRA DE NORMAS TÉCNICAS. NBR 12102: controle da compactação pelo Método de Hilf: método de ensaio. Rio de Janeiro, 1991b.

ABNT - ASSOCIAÇÃO BRASILEIRA DE NORMAS TÉCNICAS. NBR 6502: rochas e solos: terminologia. Rio de Janeiro, 1995a.

ABNT - ASSOCIAÇÃO BRASILEIRA DE NORMAS TÉCNICAS. NBR 13292: solo: determinação do coeficiente de permeabilidade de solos granulares a carga constante. Rio de Janeiro, 1995b.

ABNT - ASSOCIAÇÃO BRASILEIRA DE NORMAS TÉCNICAS. NBR 14545: solo: determinação do coeficiente de permeabilidade de solos argilosos a carga variável. Rio de Janeiro, 2000.

AKROID, T. N. M. *Laboratory testing in soil engineering*. London: Foulis, 1957.

ASAOKA, A. Observational procedure of settlement prediction. *Soil and foundations*, Japanese Society of Soil Mechanics and Foundation Engineering, v. 18, n. 4, p. 87-101, Dec. 1978.

ASTM - AMERICAN SOCIETY FOR TESTING AND MATERIALS. D854-58: standard test for specific gravity of soil solids by water pycnometer. West Conshohocken, PA, 1958.

ASTM - AMERICAN SOCIETY FOR TESTING AND MATERIALS. D2049-69: standard test method for relative density of cohesionless soils. West Conshohocken, PA, 1983.

ASTM - AMERICAN SOCIETY FOR TESTING AND MATERIALS. D2922-96: standard tests methods for density of soil and soil-aggregate in place by nuclear methods (shallow depth). West Conshohocken, PA, 1996.

ASTM - AMERICAN SOCIETY FOR TESTING AND MATERIALS. D2937-10: standard test method for density of soil in place by the drive cylinder method. West Conshohocken, PA, 2010.

ASTM - AMERICAN SOCIETY FOR TESTING AND MATERIALS. D2487-11: standard practice for classification of soils for engineering purposes (Unified Soil Classification System). West Conshohocken, PA, 2011.

ASTM - AMERICAN SOCIETY FOR TESTING AND MATERIALS. D2167-15: standard test method for field determination of density of soil in place by the rubber--balloon method. West Conshohocken, PA, 2015a.

ASTM - AMERICAN SOCIETY FOR TESTING AND MATERIALS. D1556M-15: standard test method for density of soil in place by the sand-cone method. West Conshohocken, PA, 2015b.

ATHANASIOU-GRIVAS, D.; HARR, M. E. Particle contacts in discrete materials. Indiana Academy of Science, Engineering Division. *Journal of Geotechnical and Geoenvironmental Engineering*, ASCE, v. 106, n. GT5, p. 559-564, 1980.

BAGUELIN, F. La détermination des tassements finaux de consolidation: une alternative à la méthode d'Asaoka. *Revue Française de Géotechnique*, Montreuil, n. 86, p. 9-17, 1999.

BERTRAM, G. E. *An experimental investigation of protective filters*. Jan. 1940. (Harvard Soil Mechanics Series, n. 7).

BICALHO, K. V.; ZNIDARCIC, D.; KO, Y. An experimental evaluation of unsaturated hydraulic conductivity functions for a quasi-saturated compacted soil. In: ADVANCED EXPERIMENTAL UNSATURATED SOIL MECHANICS, 13., 27-29 June 2005, Trento. *Proceedings of the International Symposium on Advanced Experimental Unsaturated Soil Mechanics*. Trento, 2005.

BJERRUM, L. Engineering geology of Norwegian normally-consolidated marine clays as related to settlements of buildings. *Géotechnique*, v. 17, p. 83-118, 1967. (Rankine Lecture).

BJERRUM, L. Problems of Soil Mechanics and construction on soft clays and structurally unstable soils. In: INTERNATIONAL CONFERENCE ON SOIL MECHANICS AND FOUNDATION ENGINEERING, 8., Moscow, 1973. *Proceedings...* v. 3, Moscow, 1973. p. 111-159. State of the Art Report, Session 4.

BOUCHARD, R.; DION, D. J.; TAVENAS, F. Origine de la preconsolidation des argiles du Saguenay, Quebec. *Canadian Geotechnical Journal*, v. 20, p. 315-328, 1983.

BOWDEN, F. P.; TABOR, D. *Friction and lubrication*. London: Methuen and Co. Ltd., 1967.

BSI - BRITISH STANDARDS INSTITUTION. *BS 1377*: method of test for soils for civil engineering purposes. London, 1975.

CALIXTO, B. Algumas notas e informações sobre a situação dos Sambaquis de Itanhaém e de Santos. *Revista do Museu Paulista*, São Paulo, v. 6, p. 490-548, 1904.

CAMBEFORT, H. La mesure in situ de la porosité des sables. In: INTERNATIONAL CONFERENCE ON SOIL MECHANICS AND FOUNDATION ENGINEERING, 4., 1957, London. *Proceedings...* v. 1, 1957. p. 213-215.

CARVALHO, S. R. L.; ALMEIDA, M. S. S.; MARTINS, I. S. M. Ensaios de adensamento com velocidade controlada: proposta de um método para a definição da velocidade. *Solos e Rochas*, v. 16, n. 3, p. 185-196, 1993.

CASAGRANDE, A. *The hydrometer method for mechanical analysis of soils and other granular materials*. Mass.: Cambridge, 1931.

CASAGRANDE, A. Research on the Atterberg Limits of soils. *Public Roads*, v. 13, n. 8, 1932.

CASAGRANDE, A. The determination of the pre-consolidation load and its practical significance. In: INTERNATIONAL CONFERENCE ON SOIL MECHANICS AND FOUNDATION ENGINEERING, 1936, Cambridge. *Proceedings...* Cambridge (MA), 1936. v. 3, p. 60-64.

CASAGRANDE, A. *Notes on Soil Mechanics*. Cambridge: Harvard University, 1939. 143 p.

CASAGRANDE, A. Classification and identification of soils. *Transactions*, ASCE, v. 113, p. 901-991, 1948.

CASAGRANDE, A. Notes on the design of the liquid limit device. *Géotechnique*, v. 8, p. 2-84, 1958. (Harvard Soil Mechanics Series, n. 57).

CASAGRANDE, A.; HIRSCHFELD, R. C. Stress-deformation and strength characteristics of a clay compacted to a constant dry unit weight. In: RESEARCH CONFERENCE ON SHEAR STRENGTH OF COHESIVE SOILS, 1960, Boulder, Colorado. *Proceedings...* New York: ASCE, 1960. p. 359-417.

CASAGRANDE, A.; HIRSCHFELD, R. C. *Investigation of stress-deformation and strength characteristics of compacted clay.* 1964. (Harvard Soil Mechanics Series, n. 61, 65, 70 e 74).

CASAGRANDE, L. *Review of past and current work on electro-osmotic stabilization of soils.* Cambridge: Harvard College, 1959. (Harvard Soil Mechanics Series, n. 45).

CHU, T. Y.; DAVIDSON, D. T. Studies of deflocculating agents for mechanical analysis of soils. *Highway Research Board Bulletin*, Iowa, n. 95, 1955.

CHUNG, W. C.; VICTORIO, F. C. Seminário apresentado no curso Propriedades dos Solos I - Pós-Graduação, Escola Politécnica da Universidade de São Paulo, 1978.

COLLINS, K.; McGOWN, A. The form and function of microfabric features in a variety of natural soils. *Géotechnique*, v. 24, n. 2, p. 223-254, 1974.

COOLING, L. F.; SKEMPTON, A. W.; GLOSSOP, R. Discussion. ASCE. *Transactions...* v. 113, p. 966, 1948.

COOPER, J. H.; JOHNSON, K. A. A rapid method of determining the liquid limit of soils. *Materials Laboratory Report*, Washington State Highway Department, n. 83, 1950.

COZZOLINO, V. M. Considerações sobre o conceito de camadas sob o ponto de vista geotécnico, na Bacia de São Paulo. In: *Aspectos geológicos e geotécnicos da Bacia Sedimentar de São Paulo.* São Paulo, 1980. p. 47-52. Publicação especial – Mesa-redonda ABGE e SBG.

CRONEY, D.; COLEMAN, J. D. Soil structure in relation to soil suction. *Journal of Science*, v. 5, p. 75, 1954.

DEERE, D. V.; PATTON, F. D. Stress-strain-strength behavior of a Brazilian Amazon yellow latosol. In: INTERNATIONAL CONFERENCE ON GEOMECHANICS IN TROPICAL LATERITIC AND SAPROLITIC SOILS, 1., 1985, Brasília. *Proceedings...* 1971. v. 1, p. 239.

DERESIEWICZ, H. Mechanics of granular matter. In: DERESIEWICZ, H. *Advances in Applied Mechanic.* New York: Academic Press, 1958. v. 5, p. 233-306.

EGGESTAD, A. A new method for compaction control of sand. *Géotechnique*, v. 24, n. 2, p. 141-153, 1974.

FERNANDES, M. M. *Mecânica dos solos:* conceitos e princípios fundamentais. Porto: FEUP Edições, 2006. v. 1, 431 p.

FONSECA, A. V. da; FERREIRA, C.; CRUZ, N. F. Técnicas de amostragem em solos e rochas brandas e controle de qualidade. In: WORKSHOP, 4-5 jun. 2001, Porto. *Anais...* Porto: FEUP, 2001. 362 p.

FONTOURA, S. A. B. Shear strength of undisturbed tropical lateritic soils. In: INTERNATIONAL CONFERENCE ON THE BEHAVIOUR OF TROPICAL SOILS, 1985, Brasília. *Proceedings...* 1985. v. 2, p.1-19, 47.

FOURIE, A. B. Classification and index tests. In: BLIGHT, G. E. *Mechanics of residual soils*. Rotterdam: Balkema, 1997. 237 p. chapter 5.

GARGA, V. K.; BLIGHT, G. E. Permeability. In: BLIGHT, G. E. *Mechanics of residual soils*. Rotterdam: Balkema, 1997. 237 p. chapter 7.

GILBOY, G. The compressibility of sand-mica mixtures. *Proc. American Society of Civil Engineering*, ASCE Transactions, New York, v. 54, p. 555-568, 1928.

GRAY, D. H.; MITCHELL, J. K. Fundamental aspects of electrosmosis in soils. *Proc. American Society of Civil Engineering*, Journal of the Soil Mechanics and Foundations Division, n. 5580, 1967.

GRIM, R. E. *Applied clay mineralogy*. New York: McGraw-Hill, 1962.

HABIB, P. *La résistance au cisaillement des sols*. 1952. Thèse (Doctorat) – Université de Paris, U. Ann. Inst. Tech. Bât. Trav. Publ., 1953. (Série Sols et Foundations, n. 12).

HANSBO, S. A new approach to the determination of the shear strength of clays by the fall-cone test. *Royal Swedish Geotechnical Institute Proceedings*, Stockholm, n. 14, p. 5-47, 1957.

HANSBO, S. Consolidation of clay, with special reference to influence of vertical sand drains. *Royal Swedish Geotechnical Institute Proceedings*, Stockholm, n. 18, p. 41-61, 1960.

HEAD, K. H. *Soil technician's handbook*. London: Pentech Press, 1989.

HEGEL, G. W. F. [1807]. *La phenomenologie de l'esprit*. Trad. J. Hyppolite. Paris: Aubier, 1946. 2 v.

HILF, J. W. An investigation on pore-water pressure in compacted cohesive soils. Ph.D. thesis. *Technical Memorandum*, n. 654. Denver, Colorado: US Department of the Interior Bureau of Reclamation, 1956.

HILF, J. W. Compacted fill. In: WINTERKORN, H. F.; FANG, H.-F. *Foundation engineering handbook*. New York: Van Nostrand Reinhold, 1975. p. 244-311. chapter 7.

HVORSLEV, J. M. *Subsurface exploration and sampling of soils for civil engineering purposes*. Vicksburg, Miss.: Waterways Experiment Station, 1948.

IAEA - INTERNATIONAL ATOMIC ENERGY AGENCY. *Neutron moisture gauges*. Vienna, 1970. (Technical Reports Series, n. 112).

IGNATIUS, S. G. *Uso dos Limites de Atterberg e granulometria na identificação e classificação de solos tropicais para fins de Engenharia Civil*. 1989. Dissertação (Mestrado) – Escola Politécnica da Universidade de São Paulo, São Paulo, 1989.

JAMIOLKOWSKI, M.; LADD, C. C.; GERMAINE, J. T.; LANCELLOTTA, R. New developments in field and laboratory testing of soils. In: INTERNATIONAL CONFERENCE ON SOIL MECHANICS AND FOUNDATION ENGINEERING, 11., 1985, San Francisco. Proceedings... 1985. v. 1, p. 57-153.

JANBU, N. Consolidation of clay layers based on non linear stress-strain. In: INTERNATIONAL CONFERENCE ON SOIL MECHANICS AND FOUNDATION ENGINEERING, 6., 1965, Canada. Proceedings... 1965. v. 2, p. 83-87.

JOHNSON, S. J. Precompression for improving foundation soils. *Journal of ASCE*, v. 96, n. SM1, p. 111-143, Jan. 1970.

KAJI, N.; VASCONCELOS, M. L.; GUEDES, M. G. Aspectos metodológicos das investigações geológicas e geotécnicas no arenito Bauru. In: CONGRESSO BRASILEIRO DE GEOLOGIA DE ENGENHARIA, 3., 1981, Itapema, SC. Anais... 1981. v. 2, p. 257-270.

KALINSKI, M. E. *Soil mechanics laboratory manual*. New York: John Wiley & Sons, 2006.

KARLSSON, R. Suggested improvements in the liquid limit test with reference to flow properties of remoulded clays. In: INTERNATIONAL CONFERENCE ON SOIL MECHANICS AND FOUNDATION ENGINEERING, 1961, Paris. *Proceedings...* 1961. v. 1, p. 171-184.

KEEN, B. A. *The physical properties of soils*. London: Longman, 1931.

KENNEY, T. C.; LAU, D.; OFOEGBU, G. I. Permeability of compacted granular materials. *Canadian Geotechnical Journal*, v. 21, n. 4, p. 726-729, 1984a.

KENNEY, T. C.; CHAHALl, R.; CHIU, E.; OFOEGHU, G. I.; OMANGE, G. N.; UME, C. A. Controlling constriction sizes of granular filters. *Canadian Geotechnical Journal*, v. 22, n. 1, p. 3243, 1984b.

KÉZDI, A. I. *Handbook of Soil Mechanics*: soil physics. Amsterdam: Elsevier Scientific Publishing Co., 1974. v. 1.

KOLBUSZEWSKI, J. J. An experimental study of the maximum and minimum porosities of sands. In: INTERNATIONAL CONFERENCE ON SOIL MECHANICS AND FOUNDATION ENGINEERING, 2., 1948. *Proceedings...* 1948. v. 1, p. 158-165.

KOSHIMA, A. *Estudos geotécnicos em materiais brandos*: caso de um Arenito Bauru cortado por um canal. Dissertação (Mestrado) – Escola Politécnica da Universidade de São Paulo, São Paulo, 1982.

KUCZINSKI, L. *Estudo estatístico de correlação entre as características de compactação dos solos brasileiros*. São Paulo: IPT, 1950. Relatório final de bolsa de estudos. Seção de Solos do Instituto de Pesquisas Tecnológicas.

LAMBE, T. W. How dry is a dry soil? *Proceedings of the Highway Research Board*, p. 491-496, 1949.

LAMBE, T. W. *Soil testing for engineers*. New York: John Wiley & Sons, 1951.

LAMBE, T. W. The structure of inorganic soil. *Proceedings of ASCE*, Separate 315, v. 79, Oct. 1953.

LAMBE, T. W. The permeability of compacted fine grained soils. *Special Technical Publication*, ASTM, n. 163, p. 56-67, 1955.

LAMBE, T. W. The engineering behavior of compacted clay. *Journal of the Soil Mechanics and Foundation Division*, ASCE, v. 84, n. SM2, May 1958a.

LAMBE, T. W. The structure of compacted clay. *Journal of the Soil Mechanics and Foundation Division*, ASCE, v. 84, n. SM2, May 1958b.

LAMBE, T. W. Soil technology in soil engineering. *Transaction ASCE*, v. 126, part I, p. 780-794, 1961.

LAMBE, T. W.; MARTIN, R. T. Composition and engineering properties of soil. *Proceedings of the Highway Research Board*, Washington D.C., v. 36, Dec. 1957.

LAMBE, T. W.; WHITMAN, R. V. *Soil Mechanics*. New York: John Wiley & Sons, 1969.

LEANDRO et al. Hydraulic properties. In: INTERNATIONAL CONFERENCE ON GEOMECHANICS IN TROPICAL LATERITIC AND SAPROLITIC SOILS, 1., 1985, Brasília. *Progress Report...* 1985. p. 67-113.

LEROUIEL, S. Compressibility of clays: fundamental and practical aspects. *Journal of Geotechnical Engineering*, p. 534-543, 1996.

LITTLE, A. L. Definition, formation and classification. In: INTERNATIONAL CONFERENCE ON SOIL MECHANICS AND FOUNDATION ENGINEERING, 7., 1969, Mexico. *General Report of the Specialty Session on Engineering Properties of Lateritic Soils*. 1969. v. 2, p. 1-11.

LOHNES, R. A.; DEMIREL, T. Strength and structures of laterites and lateritic soils. *Engineering Geology*, v. 7, p. 13-33, 1973.

LUMB, P. The properties of decomposed granite. *Géotechnique*, London, v. 12, p. 226-243, 1962.

MARINHO, R. L. *Estudo da variabilidade estatística de ensaios de classificação de solos*. Dissertação (Mestrado) – Universidade Federal da Paraíba, Campina Grande, 1976.

MARQUES FILHO, P. L. et al. Características usuais e aspectos peculiares do manto de alteração e transição solo-rocha em basaltos. In: CONGRESSO BRASILEIRO DE GEOLOGIA DE ENGENHARIA, 3., 1981, Itapema, SC. *Anais...* 1981. v. 2, p. 53.

MARSAL, R. J. Mechanical properties of rockfill. In: HIRSCHFELD, R. C. *Casagrande's Volume*. New York: John Wiley & Sons, 1973. p. 109-200.

MARTIN, L.; MORNER, N. A.; FLEXOR, J. M.; SUGUIO, K. *Reconstrução de antigos níveis marinhos do Quaternário*. CTCQ/SBG; Instituto de Geociências-USP, 1982. p. 1-154.

MARTIN, L.; SUGUIO, K.; FLEXOR, J. M. As flutuações do nível do mar durante o Quaternário superior e a evolução geológica dos deltas brasileiros. *Boletim IG-USP - Publicação Especial*, São Paulo, v. 15, maio 1993.

MASSAD, F. Reflexões sobre os limites de Atterberg e o ensaio do cone de penetração, à luz do modelo de Roscoe. In: CONGRESSO BRASILEIRO DE MECÂNICA DOS SOLOS E ENGENHARIA DE FUNDAÇÕES, 7., Recife. *Anais...* 1982. v. 4, p. 206-216.

MASSAD, F. Engineering properties of two layers of lateritic soils from São Paulo City, Brazil. In: INTERNATIONAL CONFERENCE ON GEOMECHANICS IN TROPICAL LATERITIC AND SAPROLITIC SOILS, 1., 1985, Brasília. *Proceedings...* 1985a. v. 1, p. 331-343.

MASSAD, F. *As argilas quaternárias da Baixada Santista: características e propriedades geotécnicas*. Tese (Livre-Docência) – Escola Politécnica da Universidade de São Paulo, São Paulo, 1985b.

MASSAD, F. Propriedades dos solos à luz de sua gênese: uma reflexão crítica sobre alguns aspectos da experiência brasileira. In: CONGRESSO BRASILEIRO DE MECÂNICA DOS SOLOS E ENGENHARIA DE FUNDAÇÕES, 8., 1986, Porto Alegre. *Relato Geral do Tema 1*: propriedades dos solos. São Paulo: ABMS, 1986. v. 7, p. 7-44.

MASSAD, F. Propriedades dos sedimentos marinhos. In: FALCONI, F. F.; NEGRO Jr., A. (Ed.). *Solos do Litoral Paulista*. São Paulo: ABMS (NRSP), 1994. v. 1, p. 99-128.

MASSAD, F. Sea-level movements and preconsolidation of some Quaternary marine clays. *Revista Solos e Rochas*, São Paulo, v. 17, n. 3, 1995.

MASSAD, F. Baixada Santista: implicações da história geológica no projeto de fundações. *Revista Solos e Rochas*, v. 22, n. 1, p. 3-49, 1999.

MASSAD, F. O uso de ensaios de Piezocone no aprofundamento dos conhecimentos das argilas marinhas de Santos, Brasil. In: CONGRESSO NACIONAL DE GEOTECNIA, 9., 2004, Aveiro, Portugal. *Atas*... Aveiro: Universidade de Aveiro, 2004. v. 1, p. 309-318.

MASSAD, F. *Escavações a céu aberto em solos tropicais da Região Centro-Sul do Brasil*. São Paulo: Oficina de Textos, 2005a.

MASSAD, F. Marine soft clays of Santos, Brazil: building settlements and geological history. In: INTERNATIONAL CONFERENCE ON SOIL MECHANICS AND GEOTECHNICAL ENGINEERING, 18., Osaka, Japan. *Proceedings*... Osaka, 2005b. v. 2, p. 405-408.

MASSAD, F. Os edifícios de Santos e a história geológica recente da Baixada Santista. In: SIMPÓSIO DE PRÁTICA DE ENGENHARIA GEOTÉCNICA DA REGIÃO SUL, GEOSUL, 5., 2006, Porto Alegre. Porto Alegre, 2006. v. 1, p. 1-10.

MASSAD, F. *Solos marinhos da Baixada Santista*: características e propriedades geotécnicas. São Paulo: Oficina de Textos, 2009.

MASSAD, F. Resistência ao cisalhamento e deformabilidade de solos sedimentares. In: ABMS-NRSP; ABMS-NRPR (Org.). *Twin cities*: solos de São Paulo e Curitiba. 1. ed. São Paulo, 2012. p. 107-133. 1 v.

MASSAD, F.; PINTO, C. S.; NADER, J. J. Resistência e deformabilidade dos solos da bacia de São Paulo. In: *Solos da Cidade de São Paulo*. São Paulo: Associação Brasileira de Mecânica dos Solos (ABMS); Associação Brasileira de Engenharia de Fundações e Serviços Geotécnicos Especializados (ABEF), 1992. p. 141-179.

MAYNE, P. W.; MITCHELL, J. K. Profiling of OCR in clays by field vane. *Canadian Geotechnical Journal*, v. 25, p. 150-157, 1988.

MELFI, A. J.; CARVALHO, A.; CHAUVEL, A.; SILVA, F. B. R; NÓBREGA, M. T. Characterization, identification and classification of tropical lateritic and saprolitic soils for geotechnical purposes. In: COMMITTEE ON TROPICAL SOILS OF INTERNATIONAL SOCIETY OF SOIL MECHANICS AND FOUNDATION ENGINEERS, 1985, Rio de Janeiro. *Progress Report*... ABMS, 1985. p. 9.

MELLO, V. F. B. de. *Contribuição ao estudo da resistência ao cisalhamento dos solos*. São Paulo: Geotécnica S. A., 1956.

MESRI, G.; FENG, T. W. Settlement of embankments on soft clays. In: CONFERENCE ON VERTICAL AND HORIZONTAL DEFORMATIONS OF FOUND AND EMBANKMENT SETTLEMENT, 1994, New York. *Geotech. Special Publication*, ASCE, New York, v. 1, n. 40, p. 8-56, 1994.

MIKASA, M. Discussion. In: INTERNATIONAL CONFERENCE ON SOIL MECHANICS AND FOUNDATION ENGINEERING, 6., 1965, Canada. *Proceedings...* 1965. v. 3, n. 450 and 459.

MITCHELL, J. K. *Fundamentals of soil behavior.* New York: John Wiley & Sons, 1976.

MITCHELL, J. K.; HOOPER, D. R.; CAMPANELLA, R. G. Permeability of compacted clay. *Journal of ASCE,* v. 91, n. SM4, p. 41-65, 1965.

MOHR, H. A. *Exploration of soil conditions and sampling operations.* 1940. (Harvard Soil Mechanics Series, n. 9).

NÁPOLES NETO, A. D. F. *Apanhado sobre a história da mecânica dos solos no Brasil.* 1970.

NOGAMI, J. S. *Principais rochas de interesse à Engenharia Civil.* São Paulo: Escola Politécnica da Universidade de São Paulo, 1977. Apostila da disciplina PMI-811.

NORMAN, L. E. J. A comparison of values of liquid limit determined with apparatus with bases of different hardness. *Géotechnique,* v. 8, n. 1, p. 79-91, 1958.

NPN - NATIONAL PHYSICAL LABORATORY. *Modern computing methods*: notes on Applied Science. 2nd. ed. London, 1961. n. 16.

O'REILLY, M. P. Written discussion. Specialty session on eng. properties of lateritic soils. In: INTERNATIONAL CONFERENCE ON SOIL MECHANICS AND FOUNDATION ENGINEERING, 7., 1969, Mexico. *Proceedings...* 1969. v. 2, p. 61.

OLIVEIRA, H. G. *O controle de compactação de obras de terra pelo Método de Hilf.* São Paulo: Instituto de Pesquisas Tecnológicas, 1965. n. 778.

OLIVEIRA, H. de. Open excavation in residual soils derived from gneiss. Contribution presented to the Panel of Division III (unpublished). In: PANAMERICAN CONFERENCE ON SOIL MECHANICS AND FOUNDATION ENGINEERING, 3., 1967, Caracas, Venezuela. (Uma síntese dessa contribuição encontra-se no v. 3, p. 270-271, 1967).

OLMSTEAD, F. R.; JOHNSTON, C. M. A comparison of rapid methods for the determination of liquid limits of soils. *Public Roads,* v. 28, n. 3, p. 50-54, 1954.

OLSEN, H. W. Hydraulic flow through saturated clays. In: NATIONAL CLAY CONFERENCE, 9., 1960. *Proceedings...* Lafayette, IN, USA: Purdue University, 1962. p. 131-161.

OLSEN, H. W. Deviations from Darcy's Law in saturated clays. *Soil Science Society of America Journal Proceedings,* v. 29, p. 135, 1965.

OLSON, R. E. Consolidation under time dependent loading. *Journal of the Geotechnical Division,* ASCE, v. 103, n. GT1, p. 55-60, 1977.

OSTERBERG, J. O.; TSENG, K. M. *The effectiveness of various waxes for sealing soil samples.* 1946.

PACHECO SILVA, F. Controlling the stability of a foundation through neutral pressure measurements. In: INTERNATIONAL CONFERENCE ON SOIL MECHANICS AND FOUNDATION ENGINEERING, 3., 1953, Suisse. *Proceedings...* 1953a. v. 1, p. 299-301.

PACHECO SILVA, F. Shearing strength of soft clay deposit near Rio de Janeiro. *Géotechnique,* v. 3, n. 7, p. 300-305, 1953b.

PACHECO SILVA, F. Uma nova construção gráfica para a determinação da pressão de pré-adensamento de uma amostra de solo. In: CONGRESSO BRASILEIRO DE MECÂNICA DOS SOLOS, 4., 1970, Rio de Janeiro. Anais... 1970. v. 2, n. 1, p. 219-223.

PARRY, R. H. G. Triaxial compression and extension tests on remoulded saturated clay. Géotechnique, v. 10, p. 166-180, 1960.

PAULING, L. General chemistry. New York: Dover Publication, 1988.

PAUTE, J. L.; MACE, Y. Le pénétromètre de consistance: évaluation de consistance des sols fins. Bulletin des liaison, Laboratoire Routiers-Ponts et Chaussées, v. 33, p. 105-116, 1968.

PECK, R. B. Investigating residual metamorphics for tunnels. In: INTERNATIONAL CONFERENCE ON SOIL MECHANICS AND FOUNDATION ENGINEERING, 10., 1981, Stockholm. Proceedings... 1981. v. 1, p. 341-34.

PENNA, A. S. D. Estudo das propriedades das argilas da cidade de São Paulo aplicado à Engenharia de Fundações. Dissertação (Mestrado) – Escola Politécnica da Universidade de São Paulo, São Paulo, 1983.

PETRI, S.; SUGUIO, K. Stratigraphy of the Iguape-Cananéia lagoonal region sedimentary deposits, São Paulo, Brasil. Part II: heavy mineral studies, micro-organisms inventories and stratigraphical interpretations. Boletim IG, São Paulo, p. 71-85, 1973.

PICHLER, E. Regional study of the soils from São Paulo, Brazil. In: INTERNATIONAL CONFERENCE ON SOIL MECHANICS AND FOUNDATION ENGINEERING, 2., 1948, Rotterdam. Proceedings... 1948. v. 3, p. 222-226.

PICHLER, E. Argilas. Anais ABMS, v. 1, 1951.

PINTO, C. S. Influência da granulometria das areias na capacidade de carga investigada por meio de modelos. 1966. Tese (Doutorado) – Escola Politécnica da Universidade de São Paulo, São Paulo, 1966. São Paulo: Instituto de Pesquisas Tecnológicas, 1969a. Publicação n. 823.

PINTO, C. S. Relatório interno do Instituto de Pesquisas Tecnológicas. São Paulo, 1969b.

PINTO, C. S. Método numérico para a determinação do Coeficiente de Adensamento. In: CONGRESSO BRASILEIRO DE MECÂNICA DE SOLOS, 4. Anais... 1970. v. 1, n. 1, p. 20-34.

PINTO, C. S. Sobre as especificações de controle de compactação das barragens de terra. In: SEMINÁRIO NACIONAL DE GRANDES BARRAGENS, 7., 1971, Rio de Janeiro.

PINTO, C. S. Comunicação pessoal. 1979.

PINTO, C. S. Curso básico de Mecânica dos Solos. São Paulo: Oficina de Textos, 2000.

PINTO, C. S. Considerações sobre o Método de Asaoka. Revista Solos e Rochas, v. 24, n. 1, p. 95-100, 2001.

PINTO, C. S.; YAMAMOTO, T. Influência da espessura das camadas na compactação de solos em laboratório. In: SIMPÓSIO SOBRE PESQUISAS RODOVIÁRIAS, 2., 1966, Rio de Janeiro.

PINTO, C. S.; MASSAD, F. Características dos solos variegados da cidade de São Paulo. São Paulo: Instituto de Pesquisas Tecnológicas, 1972. Publicação n. 984.

PINTO, C. S.; NAKAO, H.; MORI, R. T. Determinação da resistência ao cisalhamento de solos da barragem de Ilha Solteira. In: CONGRESSO BRASILEIRO DE MECÂNICA DOS SOLOS E FUNDAÇÕES, 4., 1970, Guanabara. *Anais...* 1970. v. 1, p. 68.

RICHART, F. E.; HALL, J. R. *Vibration of soils and foundations.* New Jersey: Prentice Hall Inc., 1970.

RICOMINI, O. *Rift continental do sudeste do Brasil.* 1989. Tese (Doutorado) – Instituto de Geociências da Universidade de São Paulo, São Paulo. 1989.

SANDRONI, S. S. Solos residuais. Pesquisas realizadas na PUC/RJ. In: SIMPÓSIO BRASILEIRO SOBRE SOLOS TROPICAIS, 1981, Rio de Janeiro. *Anais...* 1981. v. 2, p. 30-65.

SCHIFFMAN, R. L. Consolidation of soil under time-dependent loading and variable permeability. *Proceedings of Highway Research Board*, v. 37, p. 584, 1958.

SCHIFFMAN, R. L.; GIBSON, R. E. Consolidation of non-homogeneous clay layers. *J. Soil. Mech. Found. Div.*, ASCE, v. 90, n. SM5, p. 1-30, 1964.

SCHOFIELD, A.; WROTH, P. *Critical state soil mechanics.* London: McGraw-Hill, 1968.

SEED, H. B.; CHAN, C. K. Structure and strength characteristics of clays. *Journal of ASCE*, v. 85, n. SM5, p. 87-128, 1959.

SEED, H. B.; WOODWARD, R. J.; LUNDGREN, R. Clay mineralogical aspects of the Atterberg Limits. *Journal of ASCE*, v. 90, n. SM4, p. 107-131, 1964a.

SEED, H. B.; WOODWARD, R. J.; LUNDGREN, R. Fundamental aspects of the Atterberg Limits. *Journal of ASCE*, v. 90, n. SM4, p. 75-105, 1964b.

SENÇO, W. *Manual de técnica de pavimentação.* 1. ed. São Paulo: Pini, 1997. v. 1.

SETZER, J. Os solos do município de São Paulo. *Boletim Paulista de Geografia*, n. 20, p. 3-30, 1955.

SILVA, R. F. Geologia geral do Canal de Pereira Barreto. In: SEMANA PAULISTA DE GEOLOGIA APLICADA, 1., 1969, São Paulo. *Anais...* 1969. v. 1, p. 1-10.

SKEMPTON, A. W. Notes on the compressibility of clays. *Quarterly Journal of the Geological Society*, v. 100, p. 119-135, 1944.

SKEMPTON, A. W.; NORTHEY, R. D. The sensitivity of clays. *Géotechnique*, v. 3, p. 30-53, 1952.

SKEMPTON, A. W. The coloidal activity of clays. In: INTERNATIONAL CONFERENCE ON SOIL MECHANICS AND FOUNDATION ENGINEERING, 3., 1953, Suisse. *Proceedings...* Suisse, 1953.

SKEMPTON, A. W. Discussion on the design and performance of the Sasumua dam. *Proceedings of the Institution of Civil Engineers*, v. 11, p. 344-365, 1958.

SUGUIO, K. Síntese dos conhecimentos sobre a sedimentação da bacia de São Paulo. In: ABGE/SBG. *Aspectos geológicos da bacia sedimentar de São Paulo.* São Paulo, 1980. p. 25 e ss.

SUGUIO, K.; MARTIN, L. *Progress in research on Quaternary sea level changes and coastal evolution in Brazil.* Preprint: Variations in sea level in the last 15000 years, magnitudes and cavies. South Carolina, USA: University of South Carolina, 1981.

SUGUIO, K.; MARTIN, L. Geologia do quaternário. In: FALCONI, F. F.; NEGRO Jr., A. (Ed.). *Solos do Litoral Paulista*. São Paulo: ABMS (NRSP), 1994. v. 1, p. 69-98.

TAYLOR, D. W. *Research on consolidation of clays*. Mass.: MIT Press, 1942.

TAYLOR, D. W. *Fundamentals of soil mechanics*. New York: Wiley International Edition, 1948.

TEIXEIRA, A. H. Condições típicas do subsolo e problemas de recalques em Santos, Brasil. In: CONGRESSO PANAMERICANO DE MECÂNICA DOS SOLOS E FUNDAÇÕES, 1., 1960, México. Anais... 1960a. v. 1, p. 149-177.

TEIXEIRA, A. H. Caso de um edifício em que a camada de argila (Santos) encontrava-se inusitadamente sobre-adensada. In: CONGRESSO PANAMERICANO DE MECÂNICA DOS SOLOS E FUNDAÇÕES, 1., 1960, México. Anais... 1960b. v. 1, p. 201-215.

TEIXEIRA, A. H. Fundações rasas na Baixada Santista. In: FALCONI, F. F.; NEGRO Jr., A. (Ed.). *Solos do Litoral Paulista*. São Paulo: ABMS (NRSP), 1994. v. 1, p. 137-154.

TERZAGHI, K. *Theoretical soil mechanics*. New York: John Wiley & Sons, 1943.

TERZAGHI, K. Design and perfomances of the Sasumua dam. *Proceedings of the Institution of Civil Engineers*, v. 9, p. 369-394, 1958.

TERZAGHI, K. [1920]. New facts about surface friction. In: TERZAGHI, K. *From theory to practice in Soil Mechanics*. New York: Wiley, 1960. p. 165-172.

TERZAGHI, K.; PECK, R. *Soil mechanics and engineering practice*. 2. ed. New York: John Wiley & Sons, 1967.

TERZAGHI, K.; PECK, R.; MESRI, G. *Soil mechanics and engineering practice*. 3. ed. New York: John Wiley & Sons, 1996.

TUNCER, E. R.; LOHNES, R. A. An engineering classification of certain basalt-derived lateritic soils. *Engineering Geology*, v. 11, p. 319-339, 1977.

USBR - UNITED STATES BUREAU OF RECLAMATION. *Earth Manual*: a guide to the use of soils as foundation and as construction materials for hydraulic structures. 1. ed. Denver, Colorado, 1963.

UTIYAMA, H.; NOGAMI, J. S.; CORREA, F. C.; VILLEBOR, D. F. Pavimentação econômica: solo arenoso fino. *Revista DER*, v. 124, p. 6-58, 1977.

VARGAS, M. Some engineering properties of residual clay soils occuring in Southern Brazil. In: INTERNATIONAL CONFERENCE ON SOIL MECHANICS AND FOUNDATION ENGINEERING, 3., 1953, Zurich. Proceedings... 1953. v. 1, p. 67-71.

VARGAS, M. Situação dos conhecimentos das propriedades dos solos brasileiros. In: CONGRESSO BRASILEIRO DE MECÂNICA DOS SOLOS E ENGENHARIA DE FUNDAÇÃO, 4., 1970. Relatos... 1970.

VARGAS, M. Structurally unstable soils in Southern Brazil. In: INTERNATIONAL CONFERENCE ON SOIL MECHANICS AND FOUNDATION ENGINEERING, 8., 1981, Moscow. Proceedings... 1973a. v. 2, p. 239-246.

VARGAS, M. Aterros na Baixada de Santos. *Revista Politécnica*, edição especial, p. 48-63, 1973b.

VARGAS, M. Engineering properties of residual soils from south-central region of Brazil. In: INTERNATIONAL CONGRESS OF THE INTERNATIONAL ASSOCIATION OF ENGINEERING GEOLOGY, 2., 1974, São Paulo. *Proceedings...* São Paulo, 1974. v. 1.

VARGAS, M. *Introdução à Mecânica dos Solos*. São Paulo: McGraw-Hill do Brasil, 1977.

VARGAS, M. História dos conhecimentos geotécnicos: Baixada Santista. In: FALCONI, F. F.; NEGRO Jr., A. (Ed.). *Solos do Litoral Paulista*. São Paulo: ABMS (NRSP), 1994. v. 1, p. 17-39.

VENDRAMINI, C. A.; PINTO, C. S. CBR em função do processo de compactação. In: CONGRESSO BRASILEIRO DE MECÂNICA DOS SOLOS, 5., 1974, São Paulo. *Proceedings...* São Paulo, 1974. v. 2, p. 71-83.

WAKELING, T. R. M. Discussion on the design and performance of the Sasumua dam. *Proceedings of the Institution of Civil Engineers*, v. 11, p. 344-365, 1958.

WES - WATERWAYS EXPERIMENT STATION. Simplification of the liquid limit test procedure. *Technical Memorandum*, n. 3-286, Vicksburg, Mississipi, 1949.

WESLEY, L. D. Some basic engineering properties of haloysite and allophane clays. *Géotechnique*, v. 23, n. 4, p. 471-479, 1974.

WESLEY, L. D. Shear strength properties of haloysite and allophane clays in Java, Indonesia. *Géotechnique*, v. 27, n. 2, p. 125-133, 1977.

WESLEY, L. D.; IRFAN, T. Y. Classification of residual soils. In: BLIGHT, G. E. *Mechanics of residual soils*. Balkema: Brookfield, 1997. chapter 2.

WILSON, S. D. Small soil compaction apparatus duplicates field results closely. *Engineering News Record*, v. 145, n. 18, 1950.

WOLLE, C. M.; SILVA, L. C. R. Solos da cidade de São Paulo. In: WOLLE, C. M.; SILVA, L. C. R. (Org.). *Solos da cidade de São Paulo*: taludes. São Paulo: ABMS, 1992. p. 249-277.

WROTH, C. P.; WOOD, D. M. The correlation of index properties with some basic engineering properties of soils. *Canadian Geotechnical Journal*, v. 15, n. 2, p. 137-145, 1978.

YODER, E. J. *Principles of pavement design*. 2. ed. New York: John Wiley & Sons, 1975.